Die Konstruktionsstähle
und ihre Wärmebehandlung

Von

Dr.-Ing. Rudolf Schäfer

Mit 205 Textabbildungen
und einer Tafel

Berlin
Verlag von Julius Springer
1923

ISBN-13:978-3-642-90345-8 e-ISBN-13:978-3-642-92202-2
DOI: 10.1007/978-3-642-92202-2

Alle Rechte, insbesondere das der Übersetzung
in fremde Sprachen, vorbehalten.

Copyright 1923 by Julius Springer in Berlin.

Softcover reprint of the hardcover 1st edition 1923

Vorwort.

„Es ist eigentlich verwunderlich, was alles vom Eisen verlangt wird: es soll so weich sein wie Silber, so elastisch wie Elfenbein, so hart wie Diamant, so zäh und so fest wie nichts anderes, so spröde wie Glas und dehnbar wie Gummi. Es soll sich gießen und fräsen, schleifen und polieren, sägen und hämmern, schmieden und biegen lassen, es soll wetterbeständig, säurebeständig und feuerbeständig sein, ja welche Eigenschaften in aller Welt soll es nicht haben und wie oft soll es nicht eine, sondern gleich ein paar von ihnen zur selben Zeit besitzen!"

Engelbert Leber
(Stahl und Eisen 1915, S. 234).

Eisen und Stahl beherrschen die Welt, sie entscheiden das Schicksal der Völker. Dasjenige Land wird im Streit der Kräfte bestehen, das die größte Eisenindustrie besitzt. Daher zielen alle Bemühungen eines aufstrebenden, von Rohstoffen abhängigen oder unabhängigen Volkes dahin, seine Eisen- und Stahlindustrie zu fördern und zu vervollkommnen.

Der berufene Vertreter in allen diesen Fragen ist der Eisenhüttenmann. Er wird aber der Mithilfe des Konstrukteurs nicht entraten können, an dessen Schöpfungen hinsichtlich des Materials mitunter nur schwer erfüllbare Anforderungen gestellt werden. So konnte erreicht werden, daß man im Laufe der letzten Jahrzehnte zu einem immer besseren Konstruktionsstoff gelangte, dessen Grenzglieder in ,,Schweißeisen" und ,,Qualitätsstahl" ihren Ausdruck finden. Jedes neue auf den Markt gebrachte durch besondere Eigenschaften sich auszeichnende Material wird anderseits den Konstrukteur zwangsläufig veranlassen, sich Aufgaben zuzuwenden, denen er vordem keine Beachtung zu schenken in der Lage war.

Diese Andeutungen kennzeichnen die Berufsauffassung von Eisenhüttenmann und Konstrukteur. Beide sind Kulturträger im wahrsten Sinne des Wortes, indem auf der einen Seite ein zielbewußtes Streben nach Zuverlässigkeit des Materials vorherrscht, auf der anderen Seite die Auswertung der neuen Errungenschaften für das Wohl des Ganzen der Leitgedanke aller Arbeit ist. ,,Nicht bloß, weil das Gesetz es verlangt, sondern aus Pflichtbewußtsein und Menschlichkeit sind doch zuletzt die Normen für Kesselbleche, die Festigkeitsvorschriften und Abnahmebedingungen für Gußeisen und Walzeisen entstanden, sind die wissenschaftlichen mühevollen Untersuchungen zu erklären. Die Tausende von Bergleuten, die täglich an dünnen Seilen zur Grube fahren, die Maschinisten vor hochgespannten Dampfkesseln und explosionsgefährlichen Schwungrädern und wieder Tausende, die über kühn geschwungene Brücken und Abgründe schnellen, sie wollen nicht nur alles dies mit Sicherheit und Seelenruhe tun", sondern sie sollen sich auch an dem Bauwerk erfreuen, das des Menschen Geist schuf. „Denn immer wieder handelt es sich um die Qualitätsfrage des Eisens, d.h. um das Wohl der Menschen, um Kultur im höchsten Sinne des Wortes" (Leber).

Diesem Gedanken zu dienen, war der Leitstern bei der Abfassung des vorliegenden Werkes. Es galt, aus der übergroßen Fülle des vorhandenen Schrifttums das „Körnchen Wahrheit" zu finden, es in ein leichtfaßliches Gewand zu kleiden, um nicht nur den Konstrukteur, sondern auch alle die, die mit der Technik in mittelbarer oder unmittelbarer Beziehung stehen, den Kaufmann und Gewerbetreibenden über die Eigenheiten des wichtigsten Baustoffes, das Eisen, aufzuklären. Nicht zuletzt aber wird auch der Eisenhüttenmann selbst an einer scharf umrissenen Abhandlung über die Gesetzmäßigkeiten und Eigentümlichkeiten seiner Erzeugnisse Interesse haben. So ergibt sich die Einteilung des Stoffes, die in ähnlicher Weise vorgenommen wurde, wie sie sich in dem Werke von Brearley-Schäfer: „Die Werkzeugstähle und ihre Wärmebehandlung" bewährt zu haben scheint. Eigene Erfahrungen und Beobachtungen des Verfassers aus einer langjährigen Tätigkeit im Großbetriebe geben dem vorliegenden Werke eine persönliche Note.

Der Konstrukteur wird sich bei der Auswahl seiner Werkstoffe leicht durch hochklingende Namen beeinflussen lassen und glaubt ein erstklassiges Erzeugnis vor sich zu haben, das die angepriesenen Eigenschaften in vollem Maße besitzt. Der verlangte hohe Preis stört ihn nicht. Vielfach wird er aber zu spät erfahren, daß ein Material vorliegt, das er mit niedrigeren Kosten überall erhalten konnte. Dies schließt natürlich nicht aus, daß er auch teuere hochwertige Stähle benutzen muß, wenn sein Bauwerk hierdurch im Vergleich zu gewöhnlichen Flußeisensorten leichter und gefälliger ersteht, also trotzdem eine größere Wirtschaftlichkeit erzielt wird.

Daher ist ihm anzuraten, vor Beginn seiner Arbeit erst Festigkeitsversuche vornehmen zu lassen und auch sonst das Material nach allen Richtungen hin zu prüfen. Der Beschreibung des Zerreißversuches, der wichtigsten mechanischen Prüfung, wurde daher in diesem Buche ein breiterer Raum gewidmet. Da man auch heute noch eigenartigen Anschauungen über Eisen und Stahl begegnet, so erschien es von besonderem Wert, über die Einteilung und Benennung dieser bedeutendsten Baustoffe ausführlich zu berichten.

Hinsichtlich der Preise seiner Werkstoffe, die zumeist von der Zusammensetzung und der hüttenmännischen Gewinnung und Verarbeitung abhängen, sind dem Konstrukteur aber andererseits wieder vielfach Grenzen gezogen. Mitunter muß er auf ein vorzügliches Material verzichten und sich mit einem geringwertigeren begnügen, seine Berechnungen und Überlegungen also so einstellen, daß sein Bauwerk oder seine Maschine mit den zur Verfügung stehenden Mitteln noch eben auszuführen ist. Daher ist ihm nicht immer damit gedient, Tatsachen hinzunehmen, ihm sozusagen „Faustformeln" zu bieten, er will wissen, welche Zusammenhänge bestehen oder bestanden haben, um die vorhandenen Mittel so gestalten zu können, daß seine Konstruktionsteile auch dem beabsichtigten Zweck genügen. Infolgedessen mußten über manche Punkte eingehendere Darlegungen gebracht werden, die den ausübenden Ingenieur, aber auch Konstrukteur und Techniker zum Nachdenken zwingen.

Bei der Auswertung konstruktiver Besonderheiten sind daher genügende Materialkenntnisse unumgänglich nötig. Der Konstrukteur darf nicht nach dem Gefühl urteilen, da er sonst leicht Trugschlüssen anheimfällt, er muß auch imstande sein, das ihm zur Verfügung stehende Material in seinem Innenleben zu verstehen, wenn er seine Arbeit fruchtbringend gestalten will. Dieses Innenleben von Eisen und Stahl, das sich in wunderbaren Formen nach natürlichen Gesetzmäßigkeiten vollzieht, steht in unmittelbarem Zusammenhang mit dem Gefügeaufbau und wird durch jede Wärmebehandlung beeinflußt, über die der Konstrukteur im gegebenen Falle selbst Anweisungen zu treffen in der Lage sein muß. Die entsprechenden Ausführungen in dem vorliegenden Werke konnten zumeist nur kurz und bündig gegeben werden, da weitausholende wissenschaftliche Erklärungen seiner Eigenart nicht entsprochen hätten. Zudem durfte der Umfang des Buches nicht über ein begrenztes Maß hinausgehen.

Der Konstrukteur, der sein Material richtig berechnet und womöglich noch eine vielfache Sicherheit vorgesehen hat, vermutet nicht, daß dieses trotzdem den Anforderungen nicht entspricht, daß es zuweilen nach kurzem Gebrauche versagt. Man kann füglich behaupten, daß viele Unglücksfälle zum größten Teil auf Materialfehler zurückzuführen sind und die Kenntnis gerade der im Eisen und Stahl vorkommenden Mängel muß dem Konstrukteur geläufig sein, um diese bei seinen Berechnungen in Erwägung ziehen zu können. Materialmängel lassen sich aber vielfach auf ihren Ursprung zurückführen und daher ist die Wechselbeziehung zwischen Material und Konstruktion ein Erfordernis des Tages, um größte Leistungen zu vollbringen. Ist doch jeder technische Fortschritt schließlich nur eine Materialfrage.

Der Abschnitt über „Einsatzhärtung" wurde der zweiten Auflage der „Werkzeugstähle" von Brearley - Schäfer entnommen, der in der dritten Auflage wegfiel. Hierdurch wurde der vorliegenden Arbeit eine abgerundete Gestalt gegeben. Diese beiden Werke, die „Werkzeugstähle" und die „Konstruktionsstähle", jedes für sich das betreffende Sondergebiet behandelnd, geben mithin ein abgeschlossenes Bild über das Gesamtgebiet der Stähle.

Krieg und Nachkriegszeit mit ihren umwälzenden Geschehnissen haben dem eingeengten und bedrängten Vaterlande gezwungenermaßen den Ansporn zu grundlegenden Arbeiten über die Verbesserung bekannter und vorhandener sowie zur Erprobung neuer Konstruktionsstähle gegeben. Die Erfolge der Rüstungsindustrie, des Kraftwagen- und Flugzeugbaues legen beredtes Zeugnis über deutschen Forschungsgeist ab. Namen wie Heyn, Bauer, Goerens, Oberhoffer, Mars u. a., den hinlänglich bekannten ausgezeichneten deutschen Vertretern auf dem Gebiete der Erforschung von Eisen und Stahl in diesem Werke ein Denkmal zu setzen, erschien dem Verfasser pflichtgemäß und ehrenvoll.

Nicht zuletzt aber ist es auch Pflicht des Unterzeichneten, dem Verlage zu danken, der trotz der Ungunst der Zeit die Herausgabe dieses Werkes vollbrachte.

Berlin, im Januar 1923.

Schäfer.

Inhaltsübersicht.

		Seite
I.	Einteilung und Benennung des gewerblichen Eisens	1
II.	Der Gefügeaufbau von Eisen und Stahl	13
III.	Veränderungen im Eisen und Stahl bei der Erhitzung und Abkühlung	36
IV.	Die Festigkeit von Eisen und Stahl	47
V.	Die Nebenbestandteile im Eisen und Stahl	75
VI.	Das Warmrecken: Schmieden	108
VII.	Das Schweißen	124
VIII.	Das Kaltrecken: Ziehen	131
IX.	Das Ausglühen, Überhitzen, Verbrennen	156
X.	Das Härten und Anlassen des Stahls	174
XI.	Die Einsatzhärtung	176
XII.	Das Vergüten	197
XIII.	Stahlguß, Schweißeisen, Elektrolyteisen	211
XIV.	Die Siliziumstähle	259
XV.	Die Manganstähle	277
XVI.	Die Chrom- und Wolframstähle	292
XVII.	Die Molybdän- und Titanstähle	306
XVIII.	Die Vanadin- und Aluminiumstähle	310
XIX.	Die Nickel- und Nickelchromstähle (Chromnickelstähle)	314
Sachverzeichnis		366

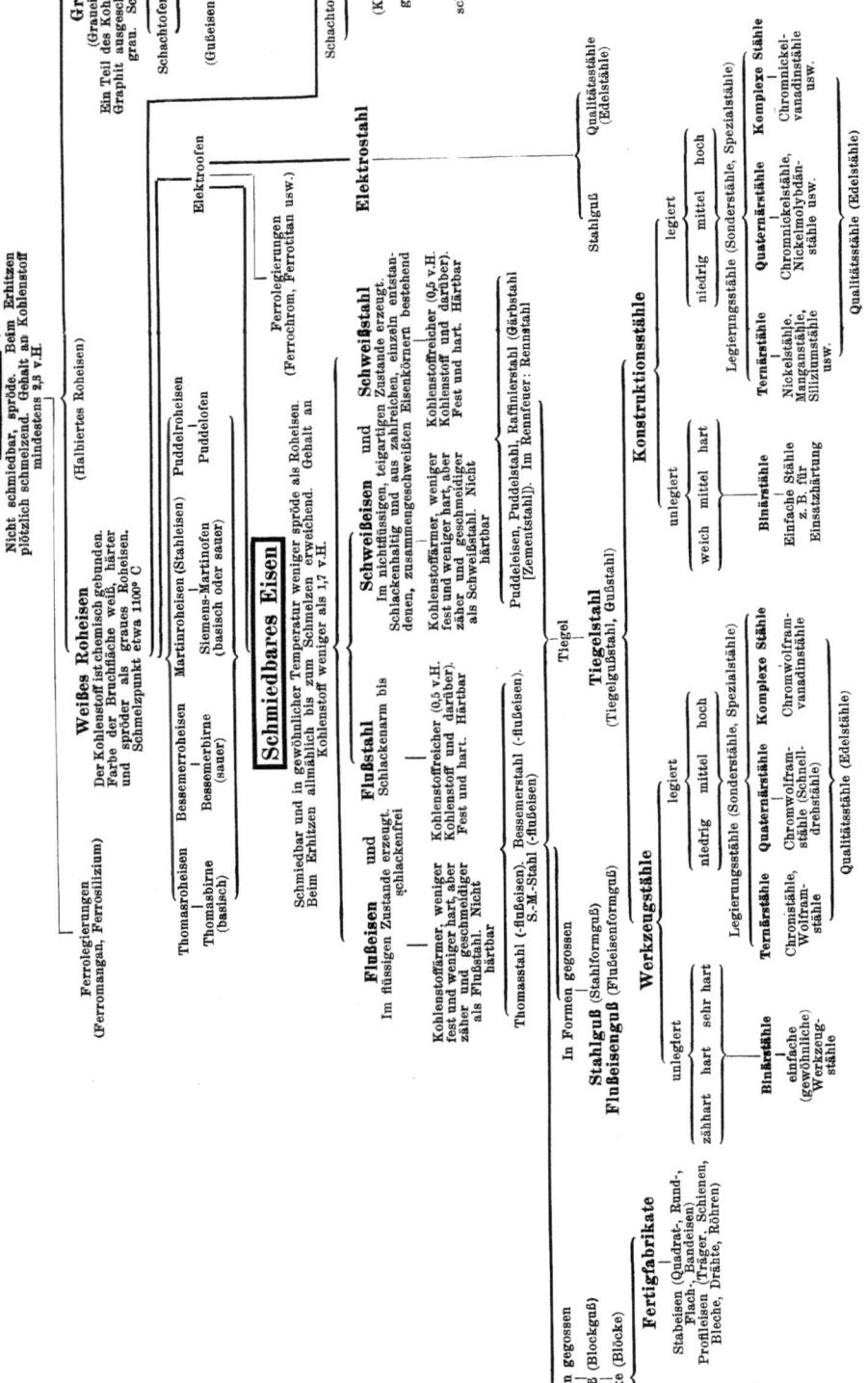

Die Einteilung des gewerblichen Eisens.

I. Einteilung und Benennung des gewerblichen Eisens.

Wenn der Konstrukteur für irgendein Bauwerk Eisen oder Stahl vorsieht, so schweben ihm zunächst immer bestimmte mechanische Eigenschaften dieser Werkstoffe vor, die er seinen Erwägungen und Berechnungen zugrunde legt. Hier sind es in erster Linie die Festigkeitseigenschaften, denen er sein ganz besonderes Augenmerk zuwendet. Die Art des Eisens oder Stahls ist ihm gewöhnlich gleichgültig, wenn nur der beabsichtigte Zweck, den sein Bauwerk erfüllen soll, mit diesen Stoffen erreicht wird. Daher kommt es, daß der Konstrukteur oder Ingenieur, überhaupt jeder, der in einem eisenverarbeitenden Betriebe mit Eisen und Stahl umgeht, sofern er sich nicht von Hause aus mit der Natur dieser wichtigen Baustoffe befaßt hat, meist im unklaren über das große Gebiet des technisch verwerteten Eisens ist, wenn hier zunächst an dessen Einteilung und genaue Bezeichnung und Begriffsbestimmung gedacht wird. Da aber diese Kenntnis für den Konstrukteur ungemein wichtig ist, wenn er ein klares Bild über seinen bedeutendsten Werkstoff erhalten will, so muß er zunächst die genaue Bezeichnungsweise und den Sinn aller Eisensorten kennen, mit denen er täglich zu tun hat.

Alle in der Industrie verwendeten Eisensorten sind Legierungen des Eisens mit einer mehr oder weniger begrenzten Anzahl von gewollten oder nicht gewollten Metallen oder Nichtmetallen. Von den Nichtmetallen nimmt besonders der Kohlenstoff die erste Stelle ein, denn die Eigenschaften des Eisens werden sowohl in physikalischer als auch chemischer Beziehung unmittelbar und einschneidend durch den Kohlenstoff beeinflußt.

Sämtliche Eisensorten enthalten daher als bevorzugten Bestandteil Kohlenstoff, sie sind mithin in erster Linie Eisenkohlenstofflegierungen, in denen aber fast immer noch gewisse Anteile von Mangan, Silizium, Schwefel und Phosphor vorhanden sind. Es soll hier gleich bemerkt werden, daß Schwefel und Phosphor ganz unerwünschte Begleiter sind, da sie auf die Eigenschaften des Eisens und Stahls schädlich einwirken. Bei der Erzeugung von Eisen und Stahl ist daher der Eisenhüttenmann ganz besonders bestrebt, diese Bestandteile auszuschalten oder auf das geringste Maß herabzudrücken.

Die Eisenkohlenstofflegierungen verhalten sich genau so wie alle übrigen Metallegierungen, indem ihre Eigenschaften durch den gegenseitigen Hundertsatz der legierten Elemente bestimmt werden. Die Wesensart des handelsüblichen Eisens wird also durch die Art der Eisenkohlenstofflegierung umgrenzt, wenn die in der Regel vorhandenen Beimengungen, namentlich Phosphor und Schwefel, jene Grenze nicht überschreiten, die die praktische Verwendbarkeit des technischen Eisens ausschließen.

Solange das Eisen nur in Form von Eisenkohlenstofflegierungen gewonnen wurde, beschränkte man sich vielfach darauf, die einzelnen Sorten nach ihrer Verarbeitungsfähigkeit in Roheisen, Stahl und Schmiedeeisen einzuteilen und verband mit diesen Ausdrücken ganz bestimmte Eigenschaften. Diese Namen haben viele Jahre hindurch sowohl für den Hersteller als auch Verbraucher genügt, bis durch die großartige Entwicklung der Eisenindustrie in den letzten Jahrzehnten schließlich Eisenlegierungen auf den Markt kamen, die sich in jene alte Einteilung der verschiedenen Eisenkohlenstofflegierungen nicht mehr einfügen ließen.

Über die Einteilung des Eisens nach den verschiedensten Gesichtspunkten ist von unseren bedeutendsten Hüttenleuten wiederholt berichtet worden. Aber auch auf eisenhüttenmännischen Versammlungen wurde der Namengebung des Eisens gedacht. Insbesondere hat der „Internationale Verband für die Materialprüfungen der Technik" Ersprießliches auf diesem Gebiete geleistet.

Während bei den meisten anderen Metallegierungen, wie z. B. bei denen des Kupfers und Nickels für jede Abweichung in der Zusammensetzung ein neuer Name erfunden wurde und man bei diesen Legierungen erst in neuerer Zeit seit dem Aufschwunge der Metallographie mehr planmäßige Bezeichnungen einzuführen beginnt, hat man den verschiedenen Eisenkohlenstofflegierungen außer dem oben erwähnten Namen „Stahl" keine abweichenden Namen gegeben. Da man aber gezwungen war, die verschiedenen technisch hergestellten Eisensorten wegen ihres verschiedenen Verhaltens bei ihrer Verarbeitung voneinander zu scheiden, so ist man schließlich dazu übergegangen, die Art der Herstellung als maßgebend für die Eigenschaften der Eisenkohlenstofflegierungen anzusehen und dementsprechend Namen wie „Flußeisen", „Siemens-Martinstahl" usw. zu wählen. Hierzu kommt noch, daß die meisten dieser Namen in den eisenerzeugenden Ländern für Eisenkohlenstofflegierungen ganz verschiedener Herstellungsverfahren verwendet wurden, so daß es dem Konstrukteur und Techniker, aber auch dem Kaufmann gewöhnlich unmöglich war, von dem Namen auf die Beschaffenheit des Erzeugnisses zu schließen. Diese große Unsicherheit in der Benennung des technischen Eisens veranlaßte die Fachleute, bestimmte neue Vorschläge für eine einheitliche Benennung der Eisenkohlenstofflegierungen zu machen.

Wenn auch eine einheitliche Namengebung für das gesamte technische Eisen stets mit Schwierigkeiten verbunden sein wird, da jedes eisenerzeugende Land von seinen besonderen Bezeichnungen nur ungern abgehen wird, weil sich diese Namen zu sehr eingebürgert haben, so ist doch im Jahre 1876 der erste Schritt getan worden, um wenigstens eine allgemeine internationale Bezeichnungsweise für die Hauptarten des Handelseisens einzuführen. **Roheisen** und **schmiedbares Eisen** wurden als allgemein gültige Namen für jene beiden großen Gruppen der Eisenkohlenstofflegierungen anerkannt, deren Eigenschaften durch die gewählten Namen selbst zum Ausdruck gebracht werden. Der Konstrukteur muß sich also hiernach ganz besonders einprägen, daß das sämtliche handelsübliche Eisen in **Roheisen** und **schmiedbares Eisen** getrennt ist. Hält er sich diese Einteilung stets vor Augen, so wird es ihm ein leichtes sein, alle ihm in die Hand kommenden Eisensorten in diese oder jene Gruppe einzufügen und sie eindeutig zu umgrenzen.

Die Wirkung des Kohlenstoffs auf die Eigenschaften des Eisens wird durch die Form bedingt, in der er im Eisen vorkommt. Man unterscheidet hierbei zwei wesentliche Formen, den **gebundenen**, legierten **Kohlenstoff** und den **ungebundenen** (ausgeschiedenen, amorphen, elementaren) **Kohlenstoff**.

Wie der Ausdruck sagt, ist der gebundene Kohlenstoff chemisch mit dem Eisen gebunden und er wird daher mit dem bloßen Auge auf der Bruchfläche eines Eisenstückes nicht erkennbar sein, wohingegen der ungebundene Kohlenstoff als reiner Kohlenstoff gewöhnlich in Form von Graphit (oder Temperkohle) zwischen den Eisenkristallen eingelagert ist und er wird daher auch im Gefüge einer Bruchfläche sehr leicht als dunkle Adern aufgefunden werden können. Die Temperkohle findet sich gewöhnlich in punktförmigen Ansammlungen. Hieraus erhellt, daß Eisen mit gebundenem Kohlenstoff eine größere Festigkeit innerhalb des Gefüges besitzen muß im Gegensatz zu Eisensorten mit ungebundenem, graphitischem Kohlenstoff, da durch die eingelagerten freien Kohlenstoffteilchen der Zusammenhang zwischen den einzelnen Eisenkristallen unterbrochen wird.

Enthält das Eisen nur wenig Kohlenstoff, so ist es weich, wächst der Kohlenstoffgehalt, so wird das Eisen hart. Weiches, also kohlenstoffarmes Eisen läßt sich sowohl in kaltem als auch warmem Zustande leicht bearbeiten, indem es z. B. durch Schmieden, Pressen, Walzen oder Ziehen in jede gewünschte Gebrauchsform gebracht werden kann. Der Name ,,schmiedbares Eisen" für diese Eisenkohlenstofflegierung gibt also auch dem Konstrukteur diejenigen Eigenschaften an, die er von diesem Material erwarten darf. Kohlenstoffreiches Eisen ist also hart und spröde und setzt seiner Form Widerstand entgegen, der so groß sein kann, daß das Eisen bei der Formänderung zerbricht. Da diese Eisenkohlenstofflegierungen das Ausgangsmaterial für das schmiedbare Eisen darstellen, so ist der Name ,,Roheisen" auch für dieses Material kennzeichnend und geschickt gewählt.

Die Eisenkohlenstofflegierungen werden in viel höherem Maße durch den gebundenen als durch den graphitischen Kohlenstoff geändert. Die Bildung dieser beiden Kohlenstofformen hängt jedoch von der Art der Abkühlung ab, der das flüssige Roheisen ausgesetzt ist.

Bekanntlich vermag jede Flüssigkeit, also auch das flüssige Eisen, bei höheren Temperaturen größere Mengen anderer Stoffe, in diesem Falle den Kohlenstoff, aufzulösen als bei niedrigerer Temperatur. In flüssigem Eisen ist der Kohlenstoff stets in gebundener Form, und zwar als Eisenkarbid (Fe_3C) vorhanden, der sich in dem kohlenstofffreien Eisen auflöst und sich in diesem gleichmäßig verteilt. Sobald das Eisen mit dem aufgelösten Kohlenstoff aus dem flüssigen in den festen Zustand übergeht und sich langsam abkühlt, so zerlegt sich ein Teil des in Lösung befindlichen Karbids in seine beiden Bestandteile: Eisen und Kohlenstoff. Das erstarrte und langsam abgekühlte Eisen stellt also — einen genügend hohen Kohlenstoffgehalt vorausgesetzt — ein mechanisches Gemenge mit den Bestandteilen: reines Eisen, Eisenkarbid und freier Kohlenstoff, in diesem Falle als Graphit, dar.

Für die Schmiedbarkeit des Eisens hat der in Form von Graphit ausgeschiedene Kohlenstoff keine Bedeutung. In schmiedbaren Eisensorten findet sich der Kohlenstoff nur in gebundener Form als Eisenkarbid (Fe_3C).

Da die Eigenschaften der Eisenkohlenstofflegierungen von der Menge des in ihnen vorhandenen Eisenkarbids bzw. des Gesamtkohlenstoffs abhängen, so hat man die alte aus der Praxis entstandene Einteilung: Roheisen, Stahl und Schmiedeeisen in eine chemische Einteilung umgeändert, indem man den Hundertsatz an Kohlenstoff als Maßstab für das Handelseisen gewählt hat. Es wird daher wiederholt, daß Eisen mit hohem Kohlenstoffgehalt „Roheisen", mit niedrigem Kohlenstoffgehalt „schmiedbares Eisen" darstellt.

Die Grenze zwischen Roheisen und schmiedbarem Eisen ist nicht genau anzugeben, weil auch die Eisenkohlenstofflegierungen wie alle anderen Naturerzeugnisse sich nicht durch eine willkürliche Einteilung in genau abgestimmte Gruppen zwingen lassen. Mit einer gewissen Annäherung wird man jedoch sagen können, daß die Grenze bei etwa 2 v. H. Kohlenstoff liegt. Alle Eisensorten über 2 v. H. Kohlenstoff heißen Roheisen, unter 2 v. H. schmiedbares Eisen. Es hat sich gezeigt, daß Eisen mit einem Gehalt von etwa 1,7—2,3 v. H. Kohlenstoff ohne erhebliche Mengen anderer Bestandteile sich weder gut schmieden noch gut gießen läßt. Für die praktische Verwendbarkeit scheiden also solche Eisensorten aus.

Die beiden großen Gruppen „Roheisen" und „schmiedbares Eisen" unterscheiden sich aber nicht nur hinsichtlich ihres Kohlenstoffgehaltes und ihres Verhaltens gegenüber mechanischen Einwirkungen, sondern auch durch die Höhe ihrer Schmelztemperatur. Roheisen schmilzt bei niedrigeren Temperaturen (1100—1300° C) als schmiedbares Eisen (1300 bis 1500° C) und geht, ohne einen längeren Erweichungszustand durchzumachen, fast sofort aus dem flüssigen in den festen Zustand (und umgekehrt) über. Durch

Umschmelzen des Roheisens in besonderen Schmelzöfen und Eingießen in Formen lassen sich Gebrauchsgegenstände erhalten. Solches Eisen heißt dann **Gußeisen** (**Eisenguß**). Auf die Eigenschaften des Gußeisens soll später noch kurz zurückgekommen werden. Nach dem grauen Aussehen der frischen Bruchfläche führt das Gußeisen auch den Namen **Grauguß** (Herd- oder Kastenguß, Massen-, Lehm- oder Sandguß). Finden Gußstücke keine praktische Verwendung, werden sie vielmehr wieder eingeschmolzen, so führt solches Eisen den Namen **Bruch**- oder **Alteisen**, auch **Gußbruch**. Grauguß läßt sich leicht durch Drehen, Hobeln, Bohren usw. bearbeiten. Hat das Gußeisen (durch schnelle Abkühlung) einen weißen oder wenigstens in den Außenschichten einen weißen Bruch erhalten, so führt es den Namen **Hartguß**, weil es sich gar nicht oder nur sehr schwer bearbeiten läßt. Werden dünnwandige Eisengußwaren mit weißem Bruch (von einer bestimmten chemischen Zusammensetzung) in Sauerstoff abgebenden Mitteln, z. B. Eisenoxyden, lange Zeit geglüht (getempert), so erhält man den **Temperguß** (**schmiedbaren Guß**, **Weichguß**, **schmiedbares Gußeisen**), auch **Glühstahl** genannt, wenn das Material nur der Einwirkung der Luft ausgesetzt war.

Wenn auch für den Konstrukteur die Kenntnis der verschiedenen Roheisensorten weniger von Belang ist, so soll hier doch noch erwähnt werden, daß das Roheisen je nach der Herstellungsart, ob es im Holzkohlen-, Koks- (oder Anthrazit-) Hochofen gewonnen wurde, eingeteilt werden kann in **Holzkohlen**-, **Koks**- (oder **Anthrazit**-) **Roheisen**, nach der Temperatur des Gebläsewindes in **kalterblasenes** oder **warmerblasenes Roheisen**. Die Unterscheidung nach dem Bruchaussehen in **weißes** und **graues Roheisen** (Gießerei-Roheisen) ist allgemein üblich. **Halbiertes Roheisen** ist weder ganz weiß noch ganz grau, es liegt in der Mitte dieser beiden genannten Roheisenarten. Im grauen Roheisen ist der Kohlenstoff in der Hauptsache in graphitischer, freier Form, im weißen Roheisen in gebundener Form vorhanden. Größere Mengen von Silizium sind im grauen Roheisen stets anwesend, das auf die Ausscheidung des Kohlenstoffs als Graphit hinwirkt, während beim weißen Roheisen ein höherer Mangangehalt den Kohlenstoff in gebundener Form, als Karbid, zurückhält. Mangan hat mithin das Bestreben, die Aufnahmefähigkeit des Eisens für Kohlenstoff zu steigern. Daraus ergibt sich, daß weiße Roheisensorten gewöhnlich einen höheren Kohlenstoffgehalt aufweisen, als graue. Die graphitreichsten Roheisensorten enthalten etwa 3,5—4,5 v. H. Kohlenstoff, während weiße Roheisensorten bis zu etwa 6 v. H. Kohlenstoff aufweisen können. Im Holzkohlenroheisen ist der Graphit im allgemeinen viel feiner eingelagert als im Koksroheisen. Auch sonst ist dieses Roheisen wegen seiner Reinheit an schädlichen Beimengungen namentlich Phosphor und Schwefel ein sehr gesuchtes Material für die Erzeugung von besten Eisensorten, wird aber im allgemeinen nur noch wenig hergestellt.

Es würde zu weit führen, die Unterarten des Koksroheisens hier anzuführen, über die sich der Konstrukteur aus dem vorhandenen Schrifttum belehren kann[1]). Wichtiger sind für ihn die Unterteilungen, denen man das schmiedbare Eisen unterworfen hat.

Das schmiedbare Eisen kann man nach zwei Gesichtspunkten einteilen: nach der **Herstellungsart** — ob im nichtflüssigen oder flüssigen Zustande gewonnen — oder nach der **chemischen Zusammensetzung** hinsichtlich des Kohlenstoffgehaltes bzw. nach dem **physikalischen Verhalten** des Materials. Nach der Herstellungsart unterscheidet man **Schweißeisen** (durch Zusammenschweißen zahlreicher teigiger Eisenkörner entstanden) und **Flußeisen** (in schmelzflüssigem Zustande erhalten). Berücksichtigt man mehr die chemischen Eigenschaften des schmiedbaren Eisens, dann spricht man von **Schmiedeeisen** und **Stahl**. Unter Schmiedeeisen (meist kurz **Eisen** genannt) versteht man ein Material, das sich gar nicht oder nicht merkbar **härten** läßt, während Stahl härtbar ist. Die **Härtbarkeit** ist aber in erster Linie von dem Kohlenstoffgehalt abhängig. Berücksichtigt man daher den Kohlenstoffgehalt, dann ist Schmiedeeisen (Eisen) ein Material mit höchstens 0,5 v.H. Kohlenstoff, Stahl mit über 0,5 v.H. Kohlenstoff. Diese chemische Einteilung ist aber nicht mehr zulässig, wenn außer Eisen und Kohlenstoff noch andere Bestandteile (z. B. Mangan, Chrom, Wolfram usw.) vorhanden sind, die schon in geringen Mengen dem Eisen Stahlgepräge verleihen, so daß z. B. schon unter Umständen ein Eisen mit nur 0,2 v.H. Kohlenstoff vollkommen härtbar ist.

---

[1]) Geiger, Handbuch der Eisen- und Stahlgießerei. Bd. 1. S. 115 und Ledebur, Handbuch der Eisenhüttenkunde. II. 5. Aufl. S. 17.

8 Einteilung und Benennung des gewerblichen Eisens.

Nicht unerwähnt bleiben soll der Vorschlag[1]), statt der Härtbarkeit die **Schmiedbarkeit** als gemeinsame Kennzeichen aller **Eisenlegierungen** zu wählen. Hiernach gibt es **unschmiedbare Legierungen** (Fertigerzeugnisse, z. B. Gußeisen, dann Vorlegierungen [Ferrolegierungen, z. B. Ferrowolfram] und Roheisen) und **schmiedbare Legierungen** oder **Stähle**, zu denen die Kohlenstoffstähle und alle legierten Stähle gehören. An Stelle der chemischen Einteilung hat man schon früher vorgeschlagen, als Unterscheidungsmerkmal zwischen Eisen und Stahl die **Zugfestigkeit** einzuführen. Nach den Bestimmungen der Preußischen Eisenbahnverwaltung im Jahre 1889 sowie nach den Vorschlägen des Verbandes für die Materialprüfungen der Technik soll dasjenige schmiedbare Eisen, das mehr als 50 kg Festigkeit auf den Quadratmillimeter besitzt, als Stahl bezeichnet werden, bei Schweißmaterial soll die Grenze zwischen Eisen und Stahl bei 42 kg auf den Quadratmillimeter liegen. Da aber die Festigkeit von der Vorbehandlung des Materials (ob ungeglüht, ausgeglüht, gewalzt, gezogen) und der Art des Probestabes, der für die Bestimmung der Festigkeitseigenschaften unumgänglich nötig ist, abhängt, so läßt sich die Einteilung des schmiedbaren Eisens nach seiner Festigkeit nicht streng durchführen. Die Unsicherheit, die demnach auch heute noch trotz der vielfachen Bestrebungen nach einer Vereinheitlichung der Namengebung vorhanden ist, wird noch dadurch erhöht, daß man in außerdeutschen Ländern, vornehmlich in Frankreich, Großbritannien und Nordamerika, alles in flüssigem Zustande gewonnene schmiedbare Eisen ohne Ausnahme mit Stahl (acier, steel) bezeichnet. Diese Benennung wird auch in Deutschland noch ganz willkürlich gebraucht ohne Rücksicht darauf, ob hartes, also kohlenstoffreicheres oder weniger hartes, also weiches Material vorliegt. Dies kommt zum Teil daher, daß man heute allgemein von ,,Stahlwerken" (,,Stahlblöcken" usw.) spricht, wenn auch in Wirklichkeit nicht immer Stahl, sondern weiches kohlenstoffarmes Flußeisen erzeugt wird. Den Namen ,,Flußeisenwerk" kennt man nicht.

Die Einteilung des schmiedbaren Eisens nach der Herstellungsart in Schweiß- und Flußmaterial und nach dem Endzustande in **Schweißeisen** und **Schweißstahl** und **Flußeisen** und **Flußstahl** liefert für den Erzeuger und Verbraucher immer

---

[1]) Mars, Die Spezialstähle. 1. Aufl. S. 3. Stuttgart 1912.

Einteilung und Benennung des gewerblichen Eisens. 9

noch die besten Unterscheidungsmerkmale. Der Konstrukteur sollte sich daher die vorstehende Tafel, die einen Überblick über sämtliche Gruppen und Unterabteilungen des technischen Eisens gibt, ganz besonders einprägen. In vereinfachter Gestalt wird diese sog. Nomenklatur in Deutschland für amtliche Zwecke (z. B. bei Handelsverträgen und in Zollangelegenheiten) und in wissenschaftlichen Arbeiten herangezogen.

Im Handel sind noch mannigfache Benennungen für die verschiedenen Arten von Schweiß- und Flußmaterial üblich, so daß ihre Aufzählung nicht umgangen werden kann. Schweißeisen und Schweißstahl (Rennstahl, Frischeisen und Frischstahl [Herdfrischstahl], Puddeleisen und Puddelstahl, letzterer zuweilen noch Luppenstahl genannt) werden in bestimmten Gegenden nach dem Bruchgefüge gesondert in Sehne, Grobkorn und Feinkorn (Feinkorneisen) und dementsprechend für besondere Zwecke verwendet. Zu erwähnen ist hier noch der Zementstahl, den man durch Glühen von stabförmigem Schweißeisen in Holzkohle erhält. Auf diese Weise wird das Material künstlich gekohlt, ist meist auf der Oberfläche blasig und heißt daher auch Blasenstahl (bleester steel). Dem Zementstahl verwandt ist der Gärbstahl, der durch Paketieren und Zusammenschweißen von Zementstahlstäben mit darauffolgender Ausstreckung (durch Hämmern, Walzen, Pressen) erhalten wird (Paketstahl, auch Raffinierstahl genannt).

Das Flußmaterial kann je nach dem Herstellungsverfahren unterschieden werden in: Bessemerflußeisen (Bessemereisen) und Bessemerflußstahl (Bessemerstahl), Thomasflußeisen (Thomaseisen) und Thomasflußstahl (Thomasstahl), Siemens-Martinflußeisen (Siemens-Martineisen) und Siemens-Martinflußstahl (Siemens-Martinstahl, saurer und basischer Siemens-Martinstahl). Die Namen Bessemerflußeisen, Thomasflußstahl usw. sind im Handel wenig gebräuchlich, vielmehr bezeichnet man alle Erzeugnisse nach dem Bessemerverfahren als Bessemerstahl, nach dem Thomasverfahren als Thomasstahl, dem Siemens-Martinverfahren als Siemens-Martinstahl oder Martinstahl. Namen wie Bessemereisen, Thomaseisen usw. sollten überhaupt nicht mehr für das entsprechende weiche Flußmaterial benutzt werden, sie sind nur irreführend, weil vielfach das für ihre Gewinnung erforderliche Roheisen gleichfalls unter derselben Benennung gehandelt wird.

Durch Umschmelzung von Stahl irgendeiner Erzeugungsart (Puddelstahl, Bessemerstahl, Zementstahl usw.) gewinnt man einen Stahl von vorzüglicher Reinheit und Gleichmäßigkeit, der den Namen **Gußstahl** führt. Erfolgt die Herstellung des Gußstahls im Tiegel, so heißt das Erzeugnis **Tiegelgußstahl** (**Tiegelstahl, Gußstahl**), wird zur Gewinnung von Stahl der elektrische Ofen verwendet, so heißt das Erzeugnis **Elektrostahl**. Allerdings kommt eine Menge von Erzeugnissen auf den Markt, die weder im Tiegel noch im Elektroofen gewonnen wurden, also als Gußstahl nicht zu bezeichnen sind, in der Regel sind sie Siemens-Martinstähle. **Werkzeugstahl** (**einfacher und legierter Werkzeugstahl**) ist in den meisten Fällen Tiegelstahl (häufig auch Elektrostahl), weniger wertvolle Werkzeuge werden aus Flußstahlsorten hergestellt.

Wird das auf dem Herde, in der Birne, im Tiegel oder im elektrischen Ofen eingeschmolzene Metall zu fertigen Gebrauchsgegenständen vergossen, so heißt das Erzeugnis **Stahlguß** (**Stahlformguß**). Dementsprechend unterscheidet man Bessemerstahlguß, Thomasstahlguß, Martinstahlguß, Tiegelstahlguß und Elektrostahlguß. Richtiger wäre in vielen Fällen die Bezeichnung „Flußeisenguß", da für eine große Anzahl von Formgußstücken nur weiches kohlenstoffarmes Material in Frage kommen kann. Ganz weiches, unter Zusatz von etwas Aluminium im Tiegel aus Schmiedeeisenbrocken erschmolzenes Eisen führt den Namen **Mitisguß**. Aus diesem Material lassen sich sehr dünnwandige Gegenstände gießen.

Während bei den schmiedbaren Eisensorten die Höhe des Kohlenstoffgehaltes von einschneidender Bedeutung für die Weichheit und Härte des Materials ist, trifft dies nicht mehr zu bei den **Spezialstählen, legierten Stählen** oder **Sonderstählen**. Die **Spezialstähle** sind Legierungen, die außer Eisen und Kohlenstoff noch einen, zwei oder mehrere Sonderbestandteile enthalten, die die Wesensart des Stahls in verschiedener Richtung beeinflussen. Auch wenn der Kohlenstoffgehalt in diesen Sondereisenlegierungen sehr gering ist, führen sie doch durchweg den Namen Spezialstähle. Durch Hinzufügung von Silizium zum Stahl erhält man den **Siliziumstahl**, durch Nickel den **Nickelstahl**, durch Wolfram den **Wolframstahl**, durch Chrom und Wolfram den **Chromwolframstahl** (die **Schnelldrehstähle** gehören hierhin) usw. Der Siliziumstahl ist ein **Ternärstahl**, da er aus Eisen, Kohlenstoff und Silizium besteht, der Chromwolframstahl ein **Quaternärstahl**, da er Eisen, Kohlenstoff, Chrom und Wolfram

Einteilung und Benennung des gewerblichen Eisens. 11

als Hauptbestandteile enthält, wohingegen der gewöhnliche Stahl (Kohlenstoffstahl), da er nur aus den beiden Hauptbestandteilen Eisen und Kohlenstoff zusammengesetzt ist, als Binärstahl angesehen werden kann. Stähle mit mehr als zwei Sonderbestandteilen (komplexe Stähle) werden nur für ganz bestimmte Zwecke gewählt, z. B. Chromnickelmolybdänstähle.

Bezeichnend für einige Spezialstähle ist, daß sie schon in natürlichem Zustande so hart sind wie abgeschreckte Kohlenstoffstähle. Solche Stähle heißen naturharte Stähle. Wieder andere haben die Eigenschaft, bei bloßer Abkühlung aus Rotglut glashart zu werden; sie führen den Namen selbsthärtende Stähle oder Selbsthärter.

Zur Herstellung der Spezialstähle benutzt man sog. Vorlegierungen (Ferrolegierungen), die einen größeren Gehalt des betreffenden das Stahlgepräge beeinflussenden Körpers enthalten. So verwendet man bei der Darstellung von Chromstahl Ferrochrom, von Titanstahl Ferrotitan usw. Die Vorlegierungen werden entweder im Hochofen, wie Ferromangan und Ferrosilizium, oder im elektrischen Ofen gewonnen.

Das große Gebiet der Stähle, ob Kohlenstoffstähle oder Spezialstähle, kann je nach der Verwendungsart noch gruppiert werden in Werkzeug- und Konstruktionsstähle. Jene erfüllen ihren Zweck am vollkommensten, wenn sie zu Werkzeugen verarbeitet werden, diese, die auch als Baustähle bezeichnet werden, kommen nur für Konstruktionsteile in Betracht. Legierte Werkzeug- und Konstruktionsstähle sind Qualitätsstähle oder gemäß einer neueren Bezeichnung Edelstähle (Qualitätsstahlwerke, Edelstahlwerke), weil sie ein vorzügliches Material darstellen müssen.

In den obigen Ausführungen ist alles für den Konstrukteur und Techniker Wissenswerte über die Einteilung und Benennung des technischen Eisens mitgeteilt worden. Man erkennt, daß kein anderes Metall in so vielen Formen vorkommt, wie das Eisen. Dies ist auch der Grund dafür, daß man vielfach in Händler- und sonstigen Verbraucherkreisen ganz eigenartigen Vorstellungen über das Wesen des Eisens begegnet. Vielfach gibt der Verbraucher dem Eisen gefühlsmäßig einen ganz besonderen Namen, der durchaus falsch ist, verlangt aber, daß ihm der Erzeuger auch ein solches Material liefert. Auch Ingenieure und Konstrukteure sind des öfteren nicht in der Lage, scharfe Unterschiede zwischen den einzelnen Eisensorten zu treffen. Schwierig ist es für den Einkäufer namentlich großer Werke, der ständig hohe Abschlüsse in den verschiedensten Eisensorten tätigt, das große Gebiet des gewerblichen Eisens zu überschauen. Da er meist Kaufmann in leitender Stellung ist und mit den Eisenwerken selbst bzw. den Händlern ständig in engster Fühlung stehen muß, es diesen aber auf einen möglichst großen Absatz zu hohen Preisen ankommt, so ist es einleuchtend, daß er mit Sachkenntnis deren Anpreisungen zu prüfen gezwungen ist. Wenn auch im Eisenhandel die Unerfahrenheit des Verbrauchers mitunter ausgenutzt wird, indem ihm unter den wunderlichsten Namen Erzeugnisse angeboten werden, die in Wirklichkeit gar keine besonderen Eigenschaften zeigen, da sie einer gewissen Gruppe des Eisens mit ganz bestimmten Merkmalen angehören, so muß auch die Kenntnis einer genauen Klassifizierung des Eisens besonders dem Kaufmann angeraten werden. Ihm werden zwar durch Werbeschriften und sonstige Mitteilungen der Stahlwerke gewisse Kenntnisse vermittelt, aber wie ungemein wichtig ist es für ihn, wenn er selbst mit kritischem Blick das ihm angebotene Material sondern und die Preise dementsprechend stellen kann. Die Übersicht über das gesamte gewerbliche Eisen auf der beigefügten Tafel wird daher auch dem Kaufmann zu ständiger Belehrung dienen können.

Wenn allgemein in diesem Werke von **Konstruktionsstählen** die Rede ist, so darf nicht vorausgesetzt werden, daß nur legierte Stähle gemeint sind, welche Ansicht meist vorherrscht. Alle gewöhnlichen schmiedbaren Eisensorten, die für irgendwelche Bauzwecke herangezogen werden, sollen als Konstruktionsstähle bezeichnet werden, selbst wenn sie auch hinsichtlich ihres Kohlenstoffgehaltes nach den obigen Erklärungen nicht in das Gebiet der eigentlichen Stähle fallen, sondern weiche, nicht härtbare Erzeugnisse darstellen. Daher muß auch der Konstrukteur erst mit den Eigenschaften dieser **einfachen Konstruktionsstähle** genügend vertraut sein, um das Wesen der **legierten Konstruktionsstähle** zu verstehen.

II. Der Gefügeaufbau von Eisen und Stahl.

Nach den obigen Ausführungen ist der Begriff „Konstruktionsstahl" im Gegensatz zum „Werkzeugstahl" eindeutig umgrenzt. Bei diesem denkt man unwillkürlich daran, daß er durch plötzliches Abkühlen hart wird, mithin eine künstliche Härte annimmt, die so groß ist, daß die aus ihm gefertigten Werkzeuge imstande sind, von anderen selbst sehr harten Werkstoffen durch Schneiden, Bohren, Fräsen oder sonstige Bearbeitungsverfahren Späne abzuheben. Auf die weiteren mechanischen Eigenschaften dieser Eisenkohlenstofflegierung wird weniger Bedacht genommen, die aber bei den Konstruktionsstählen die wertvollsten Merkmale darstellen. In erster Linie sind es die Festigkeitseigenschaften, die den Wert eines Konstruktionsstahles ausmachen.

Hiernach wird also der Konstrukteur bei der Wahl eines Konstruktionsstahles sich zunächst nach dessen Festigkeitseigenschaften erkundigen. Sind ihm diese gegeben, dann wird er noch einen Schritt weitergehen und die chemische Zusammensetzung des Stahles zu erfahren versuchen, um vielleicht festzustellen, ob der gegebenenfalls aufgewendete hohe Preis auch im Einklang steht mit den Vorzügen, die diesem Stahle zugesprochen werden. Ist dies nicht der Fall, dann wird er zu anderen billigeren Konstruktionsstählen greifen, mit denen er die gleichen Wirkungen erzielen kann. Die Kenntnis der chemischen Zusammensetzung eines Stahls gibt also dem Konstrukteur schon Hinweise, wie der Stahl beschaffen ist und veranlaßt ihn auch zu Betrachtungen über das verschiedenartige Verhalten von als gleich wertvoll bezeichneten Stählen.

Diese Betrachtungen schließen auch eine Untersuchung über den Gefügeaufbau, den Zusammenhang der kleinsten Teilchen eines Baustoffes, ein, d. h. der Konstrukteur wird, wenn er ein umfassendes Bild seiner Materialien gewinnen will, zu erfahren

14   Der Gefügeaufbau von Eisen und Stahl.

versuchen, welche Beziehungen zwischen der Gefügebeschaffenheit und den mechanischen und sonstigen Eigenschaften von Eisen und Stahl bestehen. Er wird dann erkennen, daß die noch vielfach bestehende Ansicht nicht durchweg richtig ist, daß nämlich ein Konstruktionsstahl durch die Ermittlung der mechanischen und physikalischen Besonderheiten nicht immer umfassend bestimmt ist. Auch wird durch die Aufdeckung der Gefügebeschaffenheit dem Konstrukteur vielfach ein Schlüssel zu der Tatsache gegeben, daß Konstruktionsteile gleicher chemischer Zusammensetzung hinsichtlich ihrer mechanisch-physikalischen Eigenschaften sehr oft erheblich voneinander abweichen.

Alle Metalle und Metallegierungen, also auch Eisen und Stahl, sind aus Kristallen, Körnern, aufgebaut, die dem unbewaffneten Auge nicht sichtbar sind und nur unter der Lupe oder dem Mikroskop nach besonderer Vorbereitung eines kleinen, metallblank geschliffenen Stückes, des sog. Schliffs, erkannt werden können.

Die einzelnen Körner, die durch Kohäsionskräfte zusammengehalten werden, können verschieden groß und verschieden gelagert sein (Abb. 1 und 2), je nach der thermischen oder mechanischen Behandlung, denen das Ausgangsmaterial unterworfen wurde. Ein rohes Stahlgußstück hat fast stets ein grobkristallinisches Gefüge, ein grobes Korn, während z. B. Walzstahl oder Draht ein feines Korn, ein feinkristallinisches Gefüge aufweist. Auch schwankt in Metallstücken die Anzahl der Körner außerordentlich. So besitzt der Metallblock nach Abb. 3 verhältnismäßig wenig Körner, die sich in einer eigenartigen Weise ausgerichtet haben. Ein grobes Gefüge besitzt keine günstigen mechanischen Eigenschaften, Festigkeit und Zähigkeit sind zumeist nur gering gegenüber dem feinen Korn, mit dem gewöhnlich gute physikalische Merkmale einhergehen. Diese Tatsache ist dem Konstrukteur hinlänglich bekannt, denn wenn er z. B. bei einer gebrochenen Stahlstange einen groben Bruch, ein grobes Bruchkorn oder kurz ein stark ausgeprägtes Korn wahrnimmt, so kann er von vornherein annehmen, daß er diesem Stahl keine hohen mechanischen Beanspruchungen zumuten darf, dagegen bei einem Stahl mit feinem Korn brauchbare Eigenschaften voraussetzen kann.

Die Größe des Korns, die Korngröße, ist also von wesentlicher Bedeutung für die Beurteilung eines Baustahles hinsichtlich seiner Brauchbarkeit für einen bestimmten Zweck. Der Konstrukteur wird daher gewöhnlich von seinen Werkstücken verlangen

Der Gefügeaufbau von Eisen und Stahl. 15

Abb. 1. Ungleichmäßige Kornlagerung. Stahlguß, ungeglüht.
Vergrößerung (V) = 80.

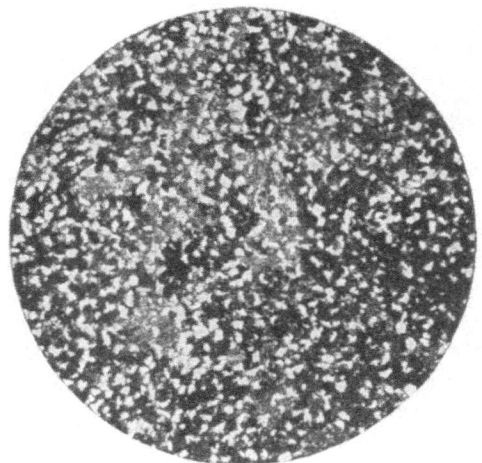

Abb. 2. Gleichmäßige Kornlagerung. Flußstahl, ausgeglüht.
V = 80.

16 Der Gefügeaufbau von Eisen und Stahl.

müssen, daß sie ein feines Korn aufweisen, und es ist Sache des Stahlfabrikanten, Mittel und Wege ausfindig zu machen, um den Wünschen der Konstruktionstechnik zu entsprechen, sei es, daß er z. B. das rohe Stahlgußstück bei einer bestimmten Temperatur genügend glüht, oder den Blockguß, den zu Blöcken in besonderen Formen (Kokillen) gegossenen und in ihnen erkalteten Stahl einer nachträglichen mechanischen Behandlung (Walzen, Schmieden usw.) zur Zertrümmerung des groben Korns unterwirft.

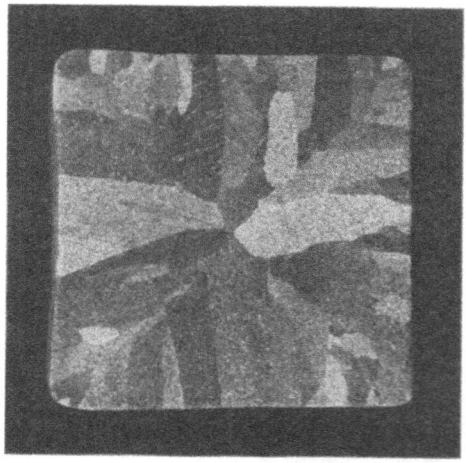

Abb. 3. Kornlagerung in einem Metallblock. Nach Brearley.

In den folgenden Abschnitten wird gezeigt werden, daß tatsächlich eine Verbesserung der Eigenschaften des Stahlmaterials durch diese beiden Behandlungsarten erreicht wird.

Dem Stahlhersteller wird daher gewöhnlich vorgeschrieben, daß dieses oder jenes Material für irgendwelche Zwecke besondere physikalische Eigenschaften aufweist: es muß eine genügende Festigkeit, Zähigkeit, Bearbeitbarkeit, Geschmeidigkeit, Widerstandsfähigkeit, Härte, bestimmte magnetische und elektrische Eigenschaften u. a. m. besitzen. Er wird in diesem Falle seinem Material zumeist nur eine bestimmte chemische Zusammensetzung geben und glaubt hiermit die Mittel erschöpft zu haben, die Qualität, die Güte des Stahls, festzulegen. In Wirklichkeit hängt aber die Güte des Materials von einer Anzahl verschiedener Umstände ab, die sich zu einer Gesamtwirkung addieren und die rein chemischer und rein physikalischer Natur sein können.

Hinsichtlich der rein chemischen Eigenschaften von Eisen und Stahl werden solche Elemente besonders bevorzugt werden müssen, die in zweckentsprechenden Mengen diese oder jene gewünschte Eigentümlichkeit des fertigen Stahls hervorrufen. Wieder andere werden entfernt werden müssen, die beeinträchtigende Wirkungen auslösen. Hierbei ist es nicht gleichgültig, in welcher Form diese Elemente im Stahl vorhanden sind, etwa als frei ausgebildete Kristalle oder in gelöster, in mit dem Eisen chemisch gebundener Form. In physikalischer Hinsicht wird der Konstrukteur verlangen müssen, daß das Material ein gleichmäßiges Gefüge und die geringste erreichbare Korngröße aufweist.

Diese Korngröße ist wiederum abhängig von der allgemeinen chemischen Zusammensetzung des Stahls. Der wichtigste Bestandteil aller Eisenlegierungen ist nach den Ausführungen im ersten Abschnitt der Kohlenstoff, der je nach seiner Höhe alle Eigenschaften grundlegend verändert. In den schmiedbaren Eisensorten, deren Kohlenstoffgehalt von 0 bis etwa 1,7 v.H. schwankt, ist der Kohlenstoff chemisch mit dem Eisen in Form eines Karbids (Eisenkarbid, Fe_3C) gebunden, er ist niemals im Stahl in elementarer Form, wie dies z. B. beim Gußeisen der Fall ist, vorhanden. Ist das chemisch reine Eisen aus gleichmäßig verteilten auf einem mit alkoholischen Säuren geätzten Schliffe unter dem Mikroskop erkennbaren Körnern, die den Namen Ferrit erhalten haben (Ferritkristalle, Ferritkörner), aufgebaut (Abb. 4), so ändert der geringste Gehalt an Kohlenstoff dieses einheitliche Gefüge, das Kleingefüge (Feingefüge) derart, daß an den Begrenzungsflächen der Ferritkörner durch die Wirkung des Ätzmittels dunkle Flächen auftauchen, die eben jenes Eisenkarbid enthalten. Der gesamte Kohlenstoffgehalt des Eisens hat sich in diesen dunklen Eisenkarbidflächen, die räumlich ebenfalls Körner, Kristalle darstellen, abgeschieden. Dieser unter dem Mikroskop erkennbare, das Eisenkarbid enthaltende Gefügebestandteil heißt Perlit, weil er bei der Ätzung meist einen schönen perlmutterähnlichen Glanz annimmt. Die Abb. 4 und 5 veranschaulichen deutlich, wie der Kohlenstoff das Gefüge des reinen Eisens vollkommen verändert. Das Eisen nach Abb. 5 stellt also ein mechanisches Gemenge von Ferrit (hell) und Perlit (dunkel) dar.

18   Der Gefügeaufbau von Eisen und Stahl.

Je höher der Kohlenstoffgehalt steigt, um so mehr nimmt die Größe der dunklen Flächen zu (Abb. 6 und 7), bis schließlich eine Grenze erreicht wird, bei der das ganze Gesichtsfeld nur aus diesen dunklen Flächen besteht. Diese Grenze liegt bei etwa 1 v.H. Kohlenstoff (genauer 0,95 v.H. Kohlenstoff), und das Kleingefüge eines solchen Stahls baut sich daher nur aus

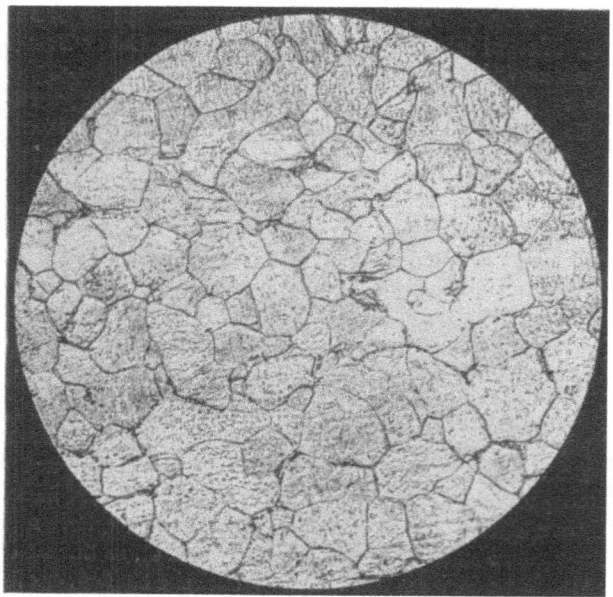

Abb. 4. Reines Eisen. Ferrit. V = 200.

Perlit auf (Abb. 8). Bei sehr starker Vergrößerung der dunklen Flächen erkennt man, daß auch dieser Perlit keine einheitlichen Kristalle, Körner, darstellt, vielmehr aus hellen und dunklen Schichten besteht, die parallel, lamellar zueinander geordnet sind (Abb. 9). Die hellen Lamellen sind reines Eisen, Ferrit, die dunklen Eisenkarbid, Fe_3C (oder umgekehrt), und in ihrer Gesamtheit, als Perlit (lamellarer Perlit), stellen sie ein Eutektikum dar, d. h. dieses Eutektikum behält immer den gleichen Kohlenstoffgehalt von etwa 1 v.H., so hoch auch der Kohlenstoffgehalt

Der Gefügeaufbau von Eisen und Stahl. 19

des betreffenden Eisens sein mag. Ein Eutektikum ähnlicher Art beobachtet man bei vielen Metallegierungen, und es sei nur an die Legierungen von Blei und Antimon erinnert, die bei 13 v.H. Antimon ein Blei-Antimon-Eutektikum enthalten, bei dem Schichten von Blei neben Schichten von Antimon liegen.

Man erkennt, daß Stählen mit 1 v.H. Kohlenstoff eine besondere Bedeutung zukommen muß, und es wird später gezeigt

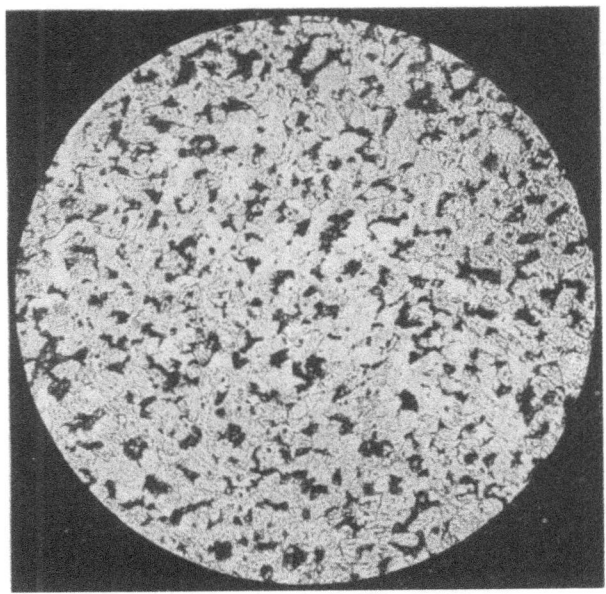

Abb. 5. Flußeisen mit 0,17 v.H. Kohlenstoff. Ferrit (hell) und Perlit (dunkel).
V = 200.

werden, worin diese Bedeutung besteht. Hier soll nur gesagt werden, daß der Perlit eine größere Härte aufweist als das reine Eisen, der Ferrit, da das im Perlit vorhandene Eisenkarbid Fe_3C sich an und für sich schon durch eine sehr große Härte auszeichnet, die diejenige des gehärteten Stahls noch übertrifft.

Jenseits der Grenze von 1 v.H. Kohlenstoff tritt neben dem Perlit im Kleingefüge des Stahls ein anderer Gefügebestandteil auf, das reine Eisenkarbid Fe_3C, das in dieser ausgeprägten Gestalt

2*

20 Der Gefügeaufbau von Eisen und Stahl.

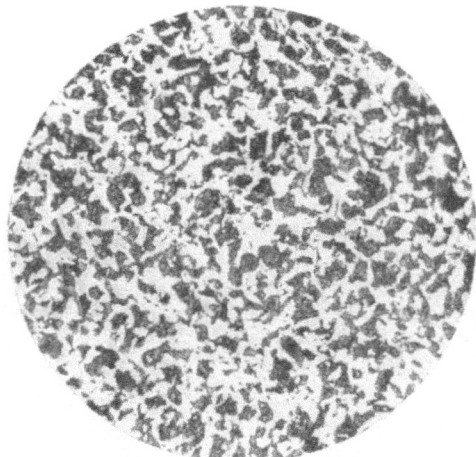

Abb. 6. Flußeisen mit 0,42 v.H. Kohlenstoff. Ferrit und Perlit.
V = 200.

Abb. 7. Flußstahl mit 0,83 v.H. Kohlenstoff. Perlit, wenig Ferrit.
V = 200.

Der Gefügeaufbau von Eisen und Stahl. 21

Abb. 8. Flußstahl mit 0,98 v.H. Kohlenstoff. Perlit.
V = 200.

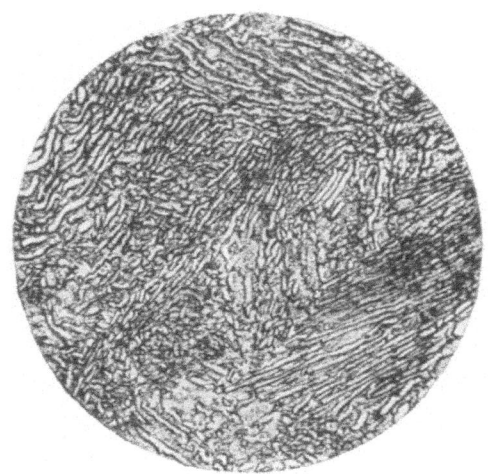

Abb. 9. Wie Abb. 8. V = 800.

22   Der Gefügeaufbau von Eisen und Stahl.

Abb. 10. Kohlenstoffstahl mit 1,54 v.H. Kohlenstoff. Perlit (dunkel) und Zementit (hell). V = 200.

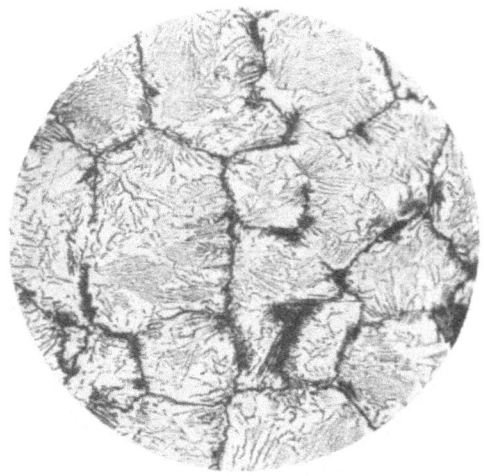

Abb. 11. Kohlenstoffstahl mit 1,48 v.H. Kohlenstoff. Mit Natriumpikrat geätzt. Der Zementit ist dunkel gefärbt. V = 200.

Der Gefügeaufbau von Eisen und Stahl. 23

Zementit heißt, weil es ein bevorzugter Bestandteil des bekannten Zementstahls ist. Dieser sehr harte, helle Zementit durchschneidet gewöhnlich in Adern die Perlitkörner, indem er ein Netzwerk bildet, in dessen Maschen der Perlit eingelagert ist. Aus der Abb. 10 geht diese Tatsache deutlich hervor und beim Vergleich dieser mit z. B. der Abb. 6 wird es ohne weiteres einleuchten, daß Stähle mit diesem verschiedenartigen Gefügeaufbau auch verschiedene Eigenschaften besitzen müssen.

Um den Zementit in Kohlenstoffstählen deutlich wahrnehmen zu können, ätzt man einen vorbereiteten Schliff mit heißer Natriumpikratlösung, der Zementit färbt sich dunkel, während der Perlit

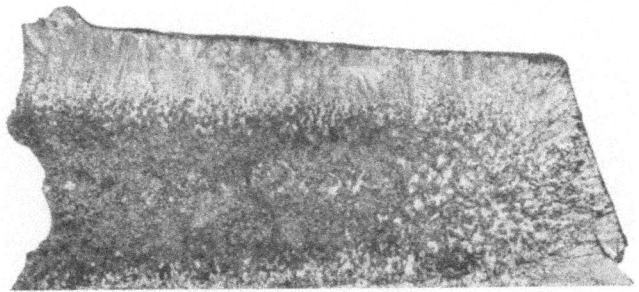

Abb. 12. Halbiertes Roheisen. Bruchfläche. Nat. Größe.

hell bleibt (Abb. 11, überhitzter Stahl), im Gegensatz zu Ätzmitteln aus alkoholischen Mineralsäuren, die das umgekehrte Bild ergeben.

Es kommen also in den schmiedbaren Eisensorten drei Gefügebestandteile vor, der weiche, dehnbare und zähe Ferrit, der härtere Perlit und der sehr harte Zementit. Stähle mit 1 v.H. Kohlenstoff nennt man eutektische, Stähle mit weniger bzw. mehr Kohlenstoff untereutektische bzw. übereutektische Stähle.

Um den Konstrukteur auch mit den weiteren Gefügebestandteilen bekanntzumachen, die in Eisenkohlenstofflegierungen mit über 1,7 v.H. Kohlenstoff vorkommen, sollen einige Betrachtungen über Roheisen, Gußeisen, Hartguß und Temperguß angeschlossen werden, obgleich sie nicht in das Gebiet der Konstruktionsstähle gehören. Sie sind aber wichtig genug, um dem Konstrukteur ein abgeschlossenes Bild über den Gefügeaufbau aller Eisenkohlen-

24   Der Gefügeaufbau von Eisen und Stahl.

stofflegierungen zu geben und ihm zu zeigen, daß gewisse physikalische Eigenschaften, namentlich bei Gußeisen und Temperguß, ebenfalls wichtigen Werkstoffen, allein daraus zu erklären sind, daß diese ein ganz anderes Gefüge aufweisen als das schmiedbare Eisen und dessen Legierungen, die in den Sonderstählen zusammengefaßt werden.

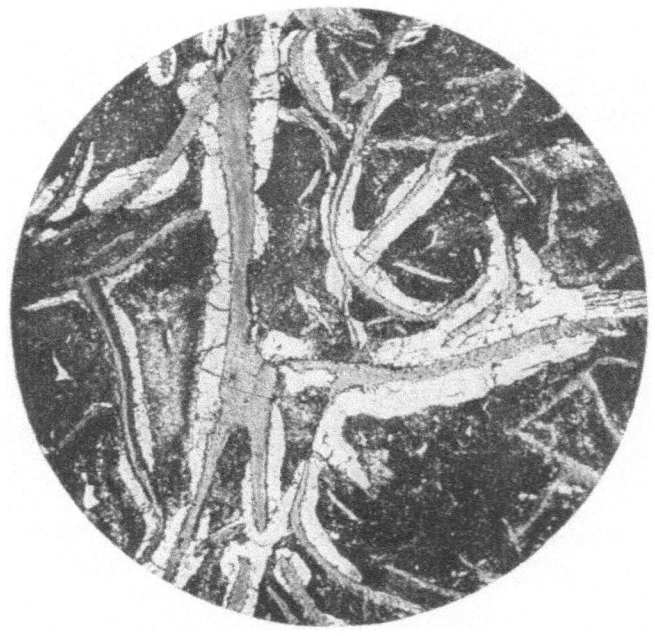

Abb. 13. Graues Roheisen. Graphit (graue Adern), Ferrit (weiße Höfe) und Perlit (dunkel). V = 100.

Im ersten Abschnitt wurde bereits gesagt, daß im Hochofen Roheisen erzeugt wird, daß entweder graues oder weißes Roheisen sein kann, weil die Bruchfläche jeweils von grauer oder weißer Beschaffenheit ist. Die Abb. 12 stellt die Bruchfläche eines halbierten Roheisens dar, der Rand ist weiß, der Kern grau. Das Kleingefüge eines grauen und weißen Roheisens geben die Abb. 13 und 14 wieder. Der Unterschied der beiderseitigen Gefüge springt sofort in die Augen. Das graue Roheisen durch-

Der Gefügeaufbau von Eisen und Stahl. 25

ziehen langgestreckte, graue Adern, die aus elementarem Kohlenstoff, Graphit, bestehen. Diese Adern sind gewöhnlich von weißen Höfen aus Ferrit umgeben, während die dunklen Flächen den bekannten Perlit veranschaulichen. Ganz anders ist das Kleingefüge des weißen Roheisens (Abb. 14). Der gesamte Kohlenstoffgehalt ist hier als Eisenkarbid Fe_3C vorhanden. In der hellen Grundmasse

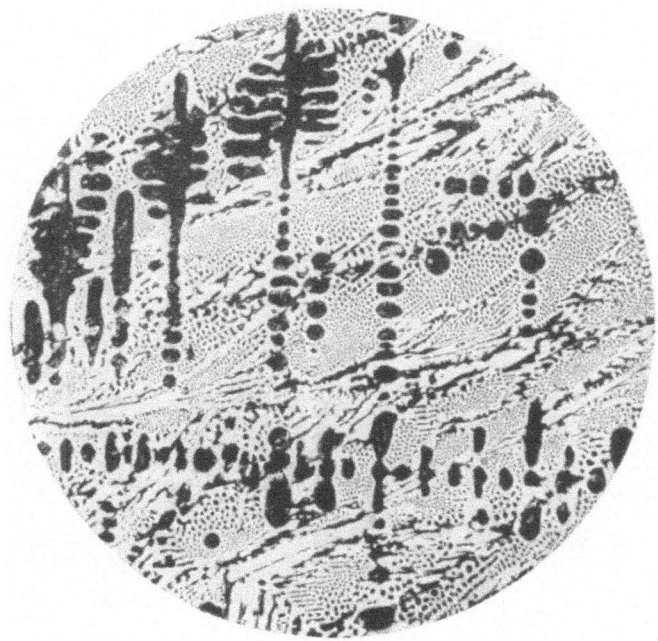

Abb. 14. Weißes Roheisen. Ledeburit (punktförmig) und Perlit (dunkel).
V = 100.

von Eisenkarbid (Zementit), das auch der Bruchfläche die weiße Farbe erteilt, sind regelmäßig gelagerte dunkle Punkte von Perlit eingeschlossen. Dieses Gebilde von kleinen dunklen Punkten in der hellen Grundmasse stellt das zweite Eutektikum der Eisenkohlenstofflegierungen dar, das in diesem Falle Ledeburit heißt. Dieses hat den unveränderlichen Gehalt an Kohlenstoff von rund 4,2 v.H., und man kann daher ein Roheisen mit diesem Kohlenstoffgehalt eutektisches Roheisen nennen. Die dunklen, das ganze Gesichtsfeld durchziehenden tannenbaumförmig gestalteten Aussonderungen sind Perlit. Ohne auf weitere Einzelheiten hinsichtlich der Entstehung von weißem und grauem Eisen einzugehen — Andeutungen hierüber sind bereits im ersten Abschnitt gegeben worden — soll an dieser Stelle nur darauf hingewiesen werden, daß das graue und weiße Roheisen auf Grund ihres Gefügeaufbaues auch eine ganz verschiedene Härte haben müssen. Das erstere wird eine geringere Härte besitzen als das letztere, da bei dem grauen Roheisen gewöhnlich der weiche Ferrit vorkommt.

Ganz ähnlich liegen die Verhältnisse bei den umgeschmolzenen Erzeugnissen des grauen und weißen Roheisens, dem Gußeisen

Abb. 15. Bruchfläche von Gußeisen. Nat. Größe.

(Grauguß, Abb. 15) und dem Hartguß. Auch das Kleingefüge des Gußeisens ist von Graphitadern durchsetzt (Abb. 16), während der Hartguß in der Hauptsache aus Ledeburit und Perlit besteht.

Die Gefügebeschaffenheit des Graugusses gibt dem Konstrukteur den Schlüssel, warum Bauteile aus diesem Material hohen Beanspruchungen nicht ausgesetzt werden dürfen. Die Graphitadern unterbrechen nämlich den Zusammenhang des Gefüges, schwächen also den Gesamtquerschnitt, und aus diesem Grunde ist der Konstrukteur gezwungen, wenn er gußeiserne Bauteile stark beansprucht, diese mit großen Abmessungen zu versehen. Dadurch wird aber das Bauwerk zu massig und zu schwer, und wenn man sich vergegenwärtigt, daß die Zähigkeit des Gußeisens infolge seiner besonderen Gefügebeschaffenheit nur sehr gering ist, so wird es nicht schwer sein, zu verstehen, daß das Gußeisen

Der Gefügeaufbau von Eisen und Stahl. 27

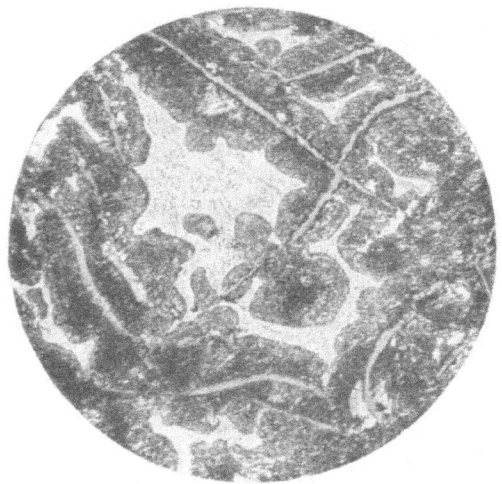

Abb. 16. Gußeisen. Graphit, Perlit und Ledeburit. V = 60.

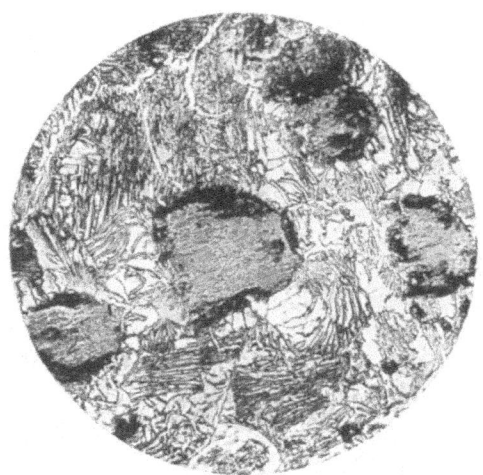

Abb. 17. Temperguß. Temperkohle. Ferrit und Perlit. V = 100.

28 Der Gefügeaufbau von Eisen und Stahl.

als Baustoff für stark beanspruchte Teile nur untergeordnete Bedeutung haben kann. In den folgenden Abschnitten wird sich die Gelegenheit bieten, die Eigenschaften des Gußeisens vergleichsweise mit den Konstruktionsstählen näher zu besprechen.

Auch der Hartguß kommt, wie sein Name schon besagt, nur für ganz besondere Zwecke in Betracht. Stark auf Verschleiß beanspruchte Konstruktionsstücke werden aus Hartguß gefertigt. So findet man Hartgußwalzen, Hartgußräder usw. Die Hauptbedeutung des Hartgusses liegt jedoch darin, daß er den Rohstoff für den Temperguß oder schmiedbaren Guß darstellt. Wird nämlich Hartguß bei hohen Temperaturen (900 bis 1000° C) in Sauerstoff abgebenden Mitteln, z. B. Roteisenerz, längere Zeit geglüht, getempert, so zerlegt sich das Eisenkarbid Fe_3C in seine

Abb. 18. Temperguß. Schichtenbildung infolge fortschreitender Entkohlung. V = 4.

Bestandteile Eisen und Kohlenstoff, und man wird daher im Gefüge des Tempergusses stets Ferrit und elementaren Kohlenstoff, der in diesem Falle Temperkohle heißt, vorfinden (Abb. 17). Die Theorie des für die Herstellung des Tempergusses sehr wichtigen Prozesses des Glühfrischens kann an dieser Stelle nicht näher erklärt werden, aber das Enderzeugnis, der Temperguß, findet noch vielseitige Anwendung im gesamten Maschinenbau, wenn es sich namentlich um kleinere verwickelte Stücke handelt, die in Schmiedeeisen nur schwer auszuführen sind. Dünnwandige Stücke lassen sich bei genügend langer Glühzeit in vollständig weiches, ferritisches Eisen überführen, gewöhnlich ist aber immer noch ein Kern vorhanden, in dem die Temperkohle und der Perlit vorherrschen (Abb. 18). Auch die Temperkohle unterbricht den Zusammenhang des Gefüges, wenn auch nicht in der Weise wie der Graphit beim Gußeisen, und daher wird der Konstrukteur

Der Gefügeaufbau von Eisen und Stahl.

auch die Anforderungen an Temperguß ebenfalls geringer stellen müssen, als wenn er Schmiedeeisen für seine Werkstücke heranzieht. Sehr häufig begegnet man der Bezeichnung „Temperstahlguß" und will hierdurch andeuten, daß dieses Material ganz besonders günstige Eigenschaften, die denen des Stahls ähneln, besitzt. Der „Temperstahlguß" ist aber nichts weiter als Temperguß, und die erstere Bezeichnung gibt nur zu Irrtümern Anlaß, indem man sehr oft der Ansicht begegnet, daß man es mit Stahlguß zu tun hat. Der Normenausschuß der Deutschen Industrie ist mit Recht grundsätzlich für die vollständige Beseitigung der Bezeichnung „Temperstahlguß", an dessen Stelle ganz allgemein nur Temperguß gesetzt werden soll.

Die Kenntnis des Kleingefüges von Eisen und Stahl ist also nach diesen Ausführungen von ganz besonderer Wichtigkeit. Nicht minder wichtig ist aber für den Konstrukteur die Fähigkeit, auch das Grobgefüge (Großgefüge) zu deuten, das alle Brüche aufweisen und das man daher auch unter dem Namen Bruchgefüge zusammenfassen kann. Aus dem erwähnten groben Bruchgefüge des Stahlgußstückes (S. 15) konnte man z. B. schon schließen, daß es noch von roher Beschaffenheit war und seine besten Eigenschaften erst nach zweckmäßiger Ausglühung erhält, so daß alsdann das Bruchgefüge ein feineres Korn darbietet. Da die Umstände, die zur Erzielung eines feinen Korns durch Ausglühen führen, von Bedeutung sind, so werden sie später eingehend beleuchtet werden.

Dieser Stahlguß hat einen groben, kurzen Bruch, Bruchflächen anderer Baustoffe sind von sehniger, faseriger oder stengeliger Gestalt. In diesem Falle wird man bei den betreffenden Werkstoffen eine größere Zähigkeit und Dehnung voraussetzen können als bei solchen mit grobem, kurzem Bruchgefüge. Man sagt auch, daß dieser Bruch grobkristallinisch, ein anderer feinkristallinisch ist, doch kann auch andererseits ein feinkristallinischer Bruch zu einem Werkstück gehören, das von geringer Zähigkeit ist. Es muß hier die Vorbehandlung berücksichtigt werden, der das Material ausgesetzt gewesen war. Gehärteter Stahl z. B. hat ein feines samtartiges Bruchgefüge, der ungehärtete dagegen nicht. Diesem ist immer noch eine gewisse Zähigkeit eigen, der gehärtete Stahl dagegen hat seine Zähigkeit vollständig verloren. Überhitztes schmiedbares Eisen hat gewöhnlich auch im Bruchgefüge ein grobes Korn, während es in seinem Ausgangszustand von feinkristallinischer

30 Der Gefügeaufbau von Eisen und Stahl.

Beschaffenheit ist. Diese Beispiele lassen sich noch vermehren, doch erhellt schon aus den angeführten, daß die Beurteilung des Grobgefüges die sichere Kenntnis über die Entstehung und Vorbehandlungsarten des betreffenden Materials voraussetzt. Daher ist es nicht immer angängig, wie es vielleicht noch geschieht,

 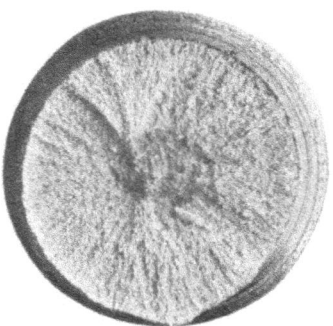

Abb. 19. Bruchfläche einer zerrissenen Schraube. $V = 1^1/_2$.   Abb. 20. Bruchfläche einer zerrissenen Schraube. $V = 1^1/_2$.

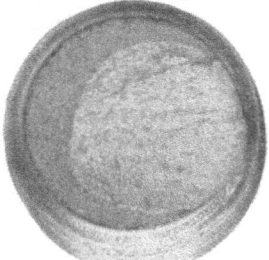 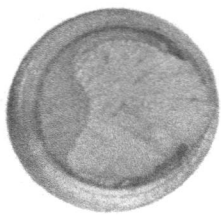

Abb. 21. Bruchflächen von zerrissenen Schrauben. Nat. Größe.

auf dem Bruchaussehen von Zerreiß-, Biege- und anderen Festigkeitsproben ein Urteil über die Beschaffenheit eines Werkstoffes aufzubauen.

Finden sich auf der Bruchfläche irgendeines Eisen- oder Stahlstückes Unterschiede in Farbe, Glanz- und Bruchverlauf, so ist nicht immer gesagt, daß Fehler im Werkstoff vorliegen, wie man fast stets anzunehmen geneigt ist. Besonderheiten im Bruchaus-

Der Gefügeaufbau von Eisen und Stahl. 31

sehen kommen oft bei Zerreiß-, Biege- und Schlagproben vor. In den Abb. 19 bis 23 sind einige Brucherscheinungen zusammengestellt, die beim Zerreißen von Schrauben aus Flußeisen erhalten wurden. Der Bruch nach Abb. 19 zeigt ein nach der Mitte zu laufendes strahliges Gefüge, das in der Regel auf ein ausgezeichnetes

Abb. 22. Bruchflächen von zerrissenen Schrauben. Nat. Größe.

Abb. 23. Bruchfläche einer zerrissenen Schraube. Schieferbruch. V = 2.

Material schließen läßt. Dieses strahlige Gefüge ist auch in Abb. 20 erkennbar, doch hebt sich ein dunklerer Kern scharf von der übrigen Fläche ab. Wieder anders ist das Bruchgefüge der Schrauben nach Abb. 21. Hier ist ein exzentrischer Rand von stumpfer, grauer Farbe deutlich wahrnehmbar.

Wollte man aus diesen Farbenunterschieden ein und derselben Bruchstelle schließen, daß das verschiedene Aussehen der Zerreißfläche auf Ungleichmäßigkeiten im Werkstoff, auf Werkstofffehler, zurückzuführen ist, so würde dies ein Trugschluß sein, der verhängnisvolle Wirkungen haben könnte, wenn man namentlich den Lieferanten dieser Schrauben ersatzpflichtig machen würde. Dieser würde mit Recht darauf hinweisen, daß die Ergebnisse des Zerreißversuches durchaus die Eigenschaften wiederspiegeln, die er bei der Abgabe des Materials gewährleistet hatte. In Wirklichkeit sind daher Materialien mit zwiefältigem Bruchgefüge von vollkommen einwandfreier Beschaffenheit und die Farbenunterschiede sind nur dadurch entstanden, daß verschiedenartige Spannungen, beim Zerreiß- und auch Biegeversuch neben Zugspannungen auch Schubspannungen, im Verlauf des Versuches auftreten, die verschiedene Trenngeschwindigkeiten im Gefolge haben. Unbedeutende örtliche Fehler, Bläschen, kleine Verletzungen, Dreh- und Hobelriefen usw. geben ebenfalls sehr leicht Veranlassung zu ebensolchem zwiefältigem Bruchaussehen, die infolge ihrer Geringfügigkeit das Material durchaus nicht verschlechtern. Ausgeprägte Fehler im Werkstoff, die an und für sich schon den Zusammenhang des Gefüges schwächen, wie Schlackeneinschlüsse, Seigerungen usw., verleihen dem Bruchgefüge ebenfalls ein verschiedenes Aussehen, aber dieses ist leicht auf seinen Ursprung zurückzuführen, da die schlechte Stelle von der gesunden Stelle ganz besonders absticht. Die Abb. 22 und 23 geben einen Vergleich zwischen einem gesunden und einem durch Schlackeneinschlüsse erheblich geschwächten Querschnitt von Schrauben aus Flußeisen. In Abb. 23 ist die Bruchfläche einer zerrissenen Schraube mit Schieferbruch wiedergegeben, der zumeist phosphorreiche Ansammlungen enthält. Diese grauen, an die Schieferfarbe erinnernden Stellen beeinträchtigen ebenfalls die Festigkeitseigenschaften von Eisen und Stahl ganz erheblich.

In das gleiche Gebiet wie die oben besprochenen Fälle gehören auch die sog. Dauerbrüche, d. h. Brüche, die bei dauernd wechselnden Belastungen von Null bis zu einem Höchstwert und umgekehrt entstehen. Auch hier sind im Bruchgefüge verschiedenartig ausgebildete Flächen wahrnehmbar, die scharf voneinander getrennt sind, wie aus Abb. 24 ersichtlich ist, die das Bruchaussehen der Achse eines schnelllaufenden Elektromotors veranschaulicht. Die Ursache ist bei diesem Beispiel ebenfalls auf verschiedenartige Spannungszustände bzw. -verteilung zurückzuführen. Der Riß schreitet von außen allmählich fort und hinterläßt eine feinkörnige Trennungsfläche. Allmählich aber hat sich der restlich beanspruchte Querschnitt derart verringert, daß er den auf ihm lastenden Kräften nicht mehr standhält und plötzlich bricht, indem er ein gröberes Bruchgefüge hinterläßt. Gefördert werden Dauerbrüche an den Stellen, wo ein starker Querschnitt unvermittelt in einen schwächeren übergeht. In

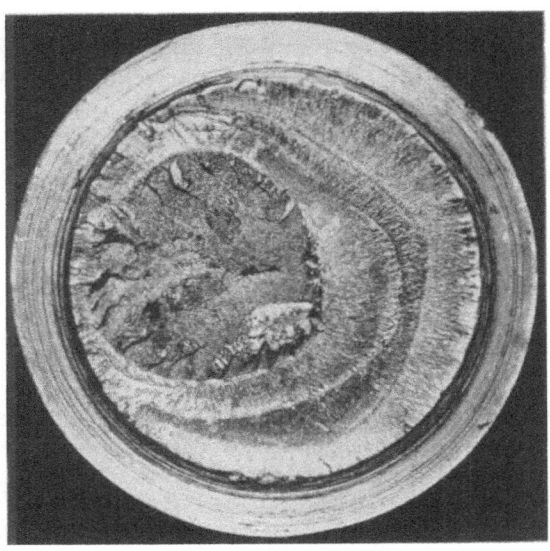

Abb. 24. Bruchfläche einer im Betriebe gebrochenen Achse eines Elektromotors. Dauerbruch. V = $3^1/_2$.

Abb. 24 gibt der große Durchmesser den starken Teil der Achse wieder, an den sich deutlich erkennbar der schwächere Teil derselben anschließt. Scharfe Übergänge sind aber als Kerben zu betrachten, die einen günstigen Unterboden für die schädlichen Kerbwirkungen abgeben. Daher müssen scharfe Übergänge von starken zu schwachen Querschnitten abgerundet, oder, wie man im Maschinenbau sagt, mit Hohlkehlen versehen werden, die nicht so leicht den Anreiz zu Dauerbrüchen geben (S. 73). Aber auch in diesem Falle können Schlackeneinschlüsse, Haarrisse, Gasblasen, Poren usw. auch Drehriefen, Dauerbrüche einleiten,

34   Der Gefügeaufbau von Eisen und Stahl.

die hauptsächlich bei Achsen, Wellen und Walzen und ähnlich umlaufenden, auf Biegung oder Verdrehung beanspruchten Maschinenteilen beobachtet werden. Diese ermüden leicht und daher spricht man bei Dauerbrüchen auch von Ermüdungserscheinungen. Auch der Bruch der Vierkantfeder nach Abb. 25 ist der Dauerbeanspruchung zuzuschreiben, der sie ausgesetzt war. Vielleicht hat hier ein kleiner Materialfehler den Dauerbruch eingeleitet. Man kann sogar Dauerbrüche künstlich erzeugen und hat zu diesem Zwecke zur Vornahme von sog. Dauerversuchen Einrichtungen gebaut, die einen sich drehenden Probestab von einem Höchstwert zu einem Mindestwert und

Abb. 25. Bruchfläche einer Vierkantspiraldruckfeder. Dauerbruch.
V = 2.

umgekehrt abwechselnd und dauernd belasten, bis der Bruch erfolgt, obgleich die ausübende Kraft weit unterhalb der Bruchgrenze oder sogar der Elastizitätsgrenze liegt.

Vielfach ist die Entscheidung bei der Beurteilung von Brüchen schwierig, um welches Material es sich handelt. So hatte ein Großabnehmer von seinem Lieferanten „Temperstahlguß" erhalten, dessen Beschaffenheit mit der Zeit immer mehr zu wünschen übrig ließ. Werkstücke mit längeren Ansätzen brachen bei geringer Betriebsbeanspruchung kurz ab, woraus sich ergab, daß die Dehnung sehr gering sein mußte. Die Bruchfläche war hellglänzend und strahlig, und es lag zunächst die Vermutung nahe, daß kein „Temperstahlguß" vorlag, sondern nur der Rohabguß, also Hartguß. Indessen ließ sich der Bruch mit der Feile leicht bearbeiten, so daß es sich also um Hartguß nicht handeln konnte. Alsdann konnte nur ein zu lange im Temperofen geglühter „Temperstahlguß" in Frage kommen. Hierdurch wäre das Material zwar genügend durchgetempert worden, aber die zu lange Glühdauer hätte bei dem verhältnismäßig dünnwandigen Stück bewirken können, daß sich das Korn vergröberte, also das Stück an Festigkeit und Dehnung stark einbüßte. Um sich aber über das Material einwandfrei zu unterrichten, wurde eine mikroskopische Untersuchung vorgenommen, und es ergab sich die überraschende Tatsache, daß überhaupt kein „Temperstahlguß" vorlag, sondern einfacher Stahlguß, der nicht ausgeglüht war, um das Korn zu verfeinern, also die Festigkeitseigenschaften zu verbessern. Der Abnehmer hatte also anstatt des von ihm verlangten teuren „Temperstahlgusses" den billigeren Stahlguß erhalten, und er konnte mithin von dem Lieferanten vollen Ersatz in „Temperstahlguß" verlangen, wenn er es nicht doch vorzog, ihn wegen des falschen Materials zur Rechenschaft zu ziehen. Dies tat er zwar nicht, wohl aber verzichtete er auf diesen Lieferanten, da er ihm kein Vertrauen mehr entgegenbringen konnte. Auch aus diesem Beispiel folgt, daß die Bezeichnung „Temperstahlguß" aus der eisenhüttenmännischen Fachsprache verschwinden sollte, und es muß hierfür nur die Bezeichnung Temperguß gewählt werden, um auch das Material Stahlguß eindeutig zu kennzeichnen. Weiter aber ergibt dieses Beispiel, daß die Untersuchung des Kleingefüges die letzten Zweifel über ein Material beheben kann[1]).

---

[1]) Zur eingehenden Belehrung über das Gefüge von Eisen und Stahl und über die Verfahren zur Sichtbarmachung desselben für das Mikroskop können die Werke von Goerens, Einführung in die Metallographie, 3. und 4. Aufl., Halle a. S. 1922 und Preuß, Die praktische Nutzanwendung der Prüfung des Eisens durch Ätzverfahren und mit Hilfe des Mikroskops, 2. Aufl., Berlin 1921, herangezogen werden.

III. Veränderungen im Eisen und Stahl bei der Erhitzung und Abkühlung.

Dem Konstrukteur ist die Tatsache geläufig, daß das Eisen bei gewöhnlicher Temperatur magnetisierbar oder, wie allgemein gesagt wird, magnetisch ist, d. h. es besitzt die Eigenschaft, von einem Magneten angezogen zu werden oder auch eine Magnetnadel abzulenken. Wird dagegen bei einer bestimmten Temperatur erhitztes Eisen an einer Magnetnadel vorbeigeführt, so schlägt sie nicht aus, das Eisen ist durch die Erwärmung unmagnetisch geworden. Dieser Fall tritt dann ein, wenn die Temperatur 769° C erreicht hat, d. h. oberhalb dieser Temperatur ist das Eisen unmagnetisch, kühlt es sich unter diese Temperatur ab, so wird es wieder magnetisch. Hieraus folgt, daß das Eisen während der Erhitzung in einen anderen Zustand übergeht, der vollständig verschieden von dem erkalteten Eisen ist. Diese verschiedenen Zustandsformen des Eisens, die man auch als allotrope Zustände, allotrope Modifikationen oder kurz als Modifikationen, auch Phasen bezeichnet, sind außerordentlich wichtig nicht nur für den Konstrukteur, sondern auch für den Stahlhärter, der über die Zustandsänderungen von Eisen und Stahl wohl unterrichtet sein muß, wenn er seine Arbeit erfolgreich durchführen will.

Die Umwandlungen im erhitzten Eisen haben eine Wärmeabgabe bzw. Wärmebindung im Gefolge, so zwar, daß während der Erhitzung beim Durchgang durch die Umwandlungstemperatur Wärme gebunden, bei der Abkühlung dagegen Wärme frei wird. Nur durch besonders fein ausgebildete Geräte lassen sich die genauen Umwandlungstemperaturen oder Umwandlungswärmen (Wärmetönungen) ermitteln (thermische Analyse), und wenn man z. B. die ansteigende oder abfallende Temperatur eines Eisenstückes in Form eines Linienzuges aufzeichnen würde, so würde diese die sprunghafte Veränderung des Wärmeinhaltes in Gestalt von Knicken anzeigen, die als Umwandlungs-

Veränderungen im Eisen und Stahl bei der Erhitzung und Abkühlung. 37

punkte, Haltepunkte, kritische Punkte oder auch als kritische Temperaturen bezeichnet werden. In der Tat sind schon frühzeitig solche Linienzüge von Eisen und Stahl aufgestellt worden, durch die es erst ermöglicht wurde, Einblick in manche unerklärlichen Vorgänge zu gewinnen und das Innenleben dieser Werkstoffe wie auch anderer Legierungen vollständig aufzudecken.

Geht man zunächst von reinem Eisen, also einem Eisen ohne Kohlenstoff und sonstige Nebenbestandteile aus und ermittelt von diesem die Abkühlungs- und Erhitzungskurve, so erhält

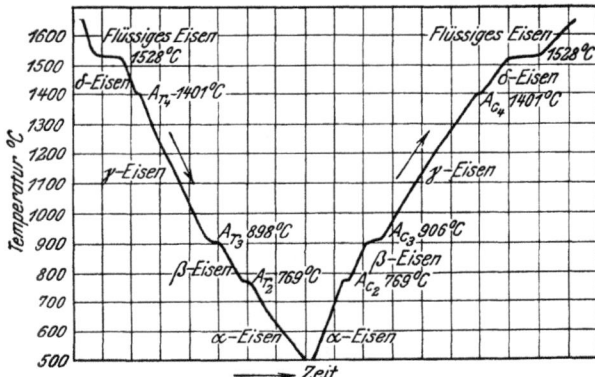

Abb. 26. Erhitzungskurve (rechts) und Abkühlungskurve (links) von reinem Eisen.

man den in Abb. 26 dargestellten Linienzug. Es sind mehrere Knickpunkte, Haltepunkte, zu erkennen, die besagen, daß bei der jeweiligen Temperatur gewisse Veränderungen im Eisen vorgegangen sein müssen. Denn bei 1528° C (Abkühlungskurve) beginnt das anfänglich flüssige Eisen fest zu werden, ist bei 1401° C vollständig erstarrt, um über 898° C und 769° C auf gewöhnliche Temperatur zu fallen. In ähnlicher Weise verändert sich das reine Eisen bei der Erhitzung. Man ist übereingekommen, die Haltepunkte bei Eisen und Stahl mit A (Arrêt = Halten) zu bezeichnen und, falls die Abkühlungskurve gemeint ist, an das A noch den Buchstaben r (refroidissement = Abkühlung) bzw. bei der Erhitzungskurve den Buchstaben c (chauffage = Erhitzung) anzufügen. Demzufolge enthält die Abkühlungskurve die Haltepunkte Ar_4, Ar_3 und Ar_2 und die Erhitzungskurve die Haltepunkte Ac_2, Ac_3 und Ac_4. Ferner wird das Eisen zwischen seinem Erstarrungs- bzw. Schmelzpunkt und Ar_4 bzw. Ac_4 mit δ-Eisen, zwischen Ar_4 bzw. Ac_4 und Ar_3 bzw. Ac_3 mit γ-Eisen, zwischen Ar_3 bzw. Ac_3 und Ar_2 bzw. Ac_2 mit β-Eisen und unterhalb Ar_2 bis zu gewöhnlicher Temperatur bzw. von dieser bis zum Punkte Ac_2 mit α-Eisen bezeichnet (Osmonds Allotropentheorie).

Es ist auffallend, daß sowohl in der Abkühlungs- als auch Erhitzungskurve der Umwandlungspunkt A_1 (Ar_1 und Ac_1) fehlt. Dieser ist auch bei reinem Eisen nicht gefunden worden. Dagegen tritt er bei allen Eisenkohlenstofflegierungen auf. Er liegt bei rund 700° C, und zwar Ar_1 bei etwa 680 bis 670° C und Ac_1

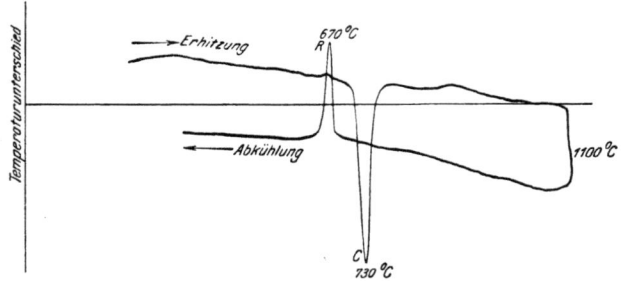

Abb. 27. Haltepunktskurve eines eutektischen Stahls. $^1/_2$ nat. Größe.

bei 720 bis 730° C, wie die Haltepunktskurve eines eutektischen Kohlenstoffstahls (1 v.H. Kohlenstoff) nach Abb. 27 deutlich wiedergibt[1]). Der Haltepunkt in der Erhitzungskurve heißt Kaleszenzpunkt (C), der Haltepunkt der Abkühlungskurve Rekaleszenzpunkt (R). Die Abb. 27 ist auch noch aus einem anderen Grunde besonders lehrreich.

Werden nämlich Eisenkohlenstofflegierungen mit wachsendem Kohlenstoffgehalt von 0 bis 1,7 v.H. thermisch analysiert, so rücken die Punkte Ar_3 und Ar_2 bzw. Ac_3 und Ac_2 in tiefere Temperaturen herab, bis sie sich schließlich bei einem Stahl mit 1 v.H. Kohlenstoff, dem eutektischen Stahl, in einem einzigen Punkte vereinigen (Abb. 27).

---

[1]) Der Linienzug wurde nach dem Verfahren von Le Chatelier-Saladin erhalten. Eine genaue Beschreibung dieses Verfahrens findet sich in Brearley-Schäfer, Die Werkzeugstähle und ihre Wärmebehandlung. 3. Aufl., S. 300. Berlin 1922. Julius Springer.

Veränderungen im Eisen und Stahl bei der Erhitzung und Abkühlung. 39

Diese drei vereinigten Haltepunkte kann man daher zusammenfassen in Ar_{321} bzw. Ac_{123}, und da auch durch vielfältige Untersuchungen festgestellt worden ist, daß das β-Eisen keine besondere ausgeprägte Modifikation darstellt, so wird man bei Stählen oberhalb 700⁰ C nur γ-Eisen und unterhalb 700⁰ C nur α-Eisen vorfinden.

Bei der Betrachtung der Abb. 26 springt weiter in die Augen, daß die Haltepunkte Ar_3 und Ac_3 nicht bei derselben Temperatur, vielmehr um 8⁰ C auseinander liegen. Diese Beobachtung macht man bei fast allen Metallegierungen, wenn sie abgekühlt oder erhitzt werden. Man bezeichnet diesen Temperaturunterschied als Hysteresis, und diese kann in Vergleich gesetzt werden zu der Hysteresis, die man bei der magnetischen Untersuchung von Eisen und Stahl erhält. Die Hysteresis des eutektischen Stahls nach Abb. 27 beträgt sogar 60⁰ C. Sie ist abhängig von der Geschwindigkeit, mit der die Proben abgekühlt und erhitzt werden. Je schneller die Abkühlung des Eisens erfolgt, um so mehr liegen die entsprechenden Haltepunkte auseinander, und es ist der Fall wohl denkbar, daß bei außerordentlich langsamem Abfall bzw. Zufluß der Wärme die Haltepunkte der Abkühlungskurve mit denen der Erhitzungskurve vollständig übereinstimmen. Durch sehr schnelles Abkühlen (Ablöschen) eines Stahls ist es sogar möglich, die Umwandlungen ganz oder teilweise zu unterdrücken, so daß dann bei gewöhnlicher Temperatur ein Material vorliegt, das nach seiner Beschaffenheit einer höheren Wärmestufe entspricht. Diese gewaltsame Festhaltung eines bei höherer Temperatur bestehenden Zustandes eines Stahlstückes findet in dem Abschrecken in kaltem Wasser usw. seine praktische Verwendung, und aus diesem Grunde ist die Kenntnis der Umwandlungen von Eisen und Stahl für den Stahlhärter von ganz besonderer Bedeutung. Dieser muß diese Punkte genau kennen, um einem Schneidwerkzeug durch Abschrecken die größte Härte zu verleihen, die allerdings in den meisten Fällen durch Anlassen gemildert wird.

Bezogen sich diese Darlegungen und die Deutung der Haltepunkte nur auf reine Kohlenstofflegierungen, so ändert sich das Bild, wenn diesen Eisenkohlenstofflegierungen andere Bestandteile, z. B. zur Erzeugung von Sonderstählen zugefügt werden. Schon ein bestimmter Gehalt an Nickel oder Mangan usw. übt auf die Lage der Haltepunkte einen einschneidenden Einfluß aus. Gewöhnlich werden die Haltepunkte in tiefere Temperaturgebiete verlegt, und es ist sogar möglich, daß gewisse Sonderstähle

40 Veränderungen im Eisen und Stahl bei der Erhitzung und Abkühlung.

einen Haltepunkt schon bei gewöhnlicher Temperatur aufweisen. Die Kenntnis der Temperaturkurven der Sonderstähle ist daher für den Konstrukteur besonders wichtig. Ist er doch mit deren Hilfe imstande, die Wärmebehandlung dieser Legierungen im voraus zu bestimmen und diejenigen Eigenschaften aus ihnen herauszuholen, die er für bestimmte Zwecke gebrauchen muß. Bei der späteren Besprechung dieser für Konstruktionszwecke wichtigen Stahllegierungen sollen diese Umstände besonders beleuchtet werden, die um so leichter verständlich sind, je gründlicher sich der Konstrukteur mit den Verhältnissen bei den einfachen Eisenkohlenstofflegierungen vertraut gemacht hat.

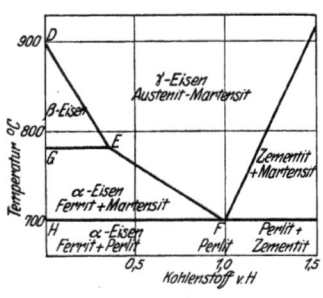

Abb. 28. Zustandsdiagramm der Eisenkohlenstofflegierungen von 0 bis 1,5 v.H. Kohlenstoff.

Werden von allen Legierungen des Eisens mit Kohlenstoff von 0 bis 6 v.H. Kohlenstoff die Abkühlungskurven aufgenommen — Erhitzungskurven fallen gewöhnlich aus — und die ermittelten Haltepunkte in ein besonderes System gebracht, so erhält man das sog. Zustandsdiagramm oder Schaubild der Eisenkohlenstofflegierungen. Die Abb. 28 gibt nur einen Ausschnitt aus diesem Diagramm, der für den Konstrukteur von Bedeutung ist, er enthält das Gebiet des schmiedbaren Eisens von 0 bis 1,5 v.H. Kohlenstoff. Das Gebiet des Roheisens würde demnach als Fortsetzung in Betracht kommen. Für die für den Konstrukteur wichtigen Sonderstähle sind ebenfalls Zustandsdiagramme aufgestellt worden, die später eingehend gewürdigt werden sollen.

Aus diesen kurzen Darlegungen über die Zustandsänderungen von Eisen und Stahl, die keinen Anspruch auf Vollständigkeit machen sollen, werden dem Konstrukteur nunmehr manche Vorgänge verständlich sein, die er beim Abkühlen und Erhitzen von Eisen und Stahl beobachtet bzw. ihm bei der Erforschung besonderer Stahllegierungen und bei der Auswertung ihrer Versuchsergebnisse auffallen. Nicht nur die eingangs erwähnte Unterschiedlichkeit im Magnetismus von unerhitztem und erhitztem Eisen, sondern auch alle sonstigen Eigenschaften, wie elektrische Leitfähigkeit, spezifisches Gewicht, Längenänderung usw. erfahren

Veränderungen im Eisen und Stahl bei der Erhitzung und Abkühlung. 41

bei den allotropischen Umwandlungen ebenfalls sprunghafte Veränderungen, die in den betreffenden Linienzügen ihren Ausdruck finden. So stellt Abb. 29 die Längenänderung dar, die ein Stab aus weichem Flußeisen (0,05 v.H. Kohlenstoff) erfährt, der auf etwa 1000° C langsam erwärmt und wieder abgekühlt wird[1]). Von 0 bis etwa 838° C dehnt sich der Stab im großen und ganzen gleichmäßig aus, zieht sich dann plötzlich zusammen, um sich von 889° C ab wieder zu verlängern. Dieselben Störungen treten während

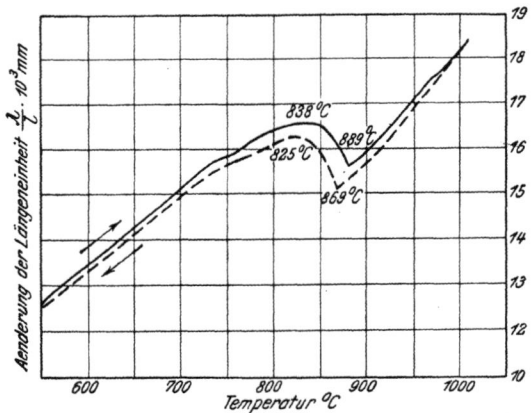

Abb. 29. Längenänderung von weichem Flußeisen in Abhängigkeit von der Temperatur. Nach Driesen.

der Abkühlung bei etwas geringeren Temperaturen auf. Ähnliche Unregelmäßigkeiten in den betreffenden Linienzügen zeigen sich auch dann, wenn höher gekohlte Eisensorten erhitzt und abgekühlt werden, nur daß sich die Knicke mit steigendem Kohlenstoffgehalte allmählich bis etwa 700° C, dem eutektischen Punkte oder Perlitpunkte, erniedrigen. Ja selbst der Linienzug für die Zerreißfestigkeit (Zugfestigkeit) eines erhitzten Eisens nimmt bei den jeweiligen Haltepunkten eine Richtungsänderung an (vgl. Abb. 73).

In grundlegender Weise wird das Gefüge von Eisen und Stahl verändert, wenn sie aus dem einen allotropen Zustande in den anderen übergehen. Zunächst sollen hier die Veränderungen betrachtet werden, die das Gefüge eines Stahls mit etwa 1 v.H.

[1]) Driesen, Ferrum 1913/14. S. 129.

42 Veränderungen im Eisen und Stahl bei der Erhitzung und Abkühlung.

Kohlenstoff, eines eutektischen Stahls, erleidet, wenn er während der Erhitzung das Umwandlungsgebiet von etwa 700⁰ C, in dem alle drei Haltepunkte in einem einzigen Punkte zusammenfallen (Ac_{123}), durchschreitet.

Der eutektische Stahl besteht bekanntlich aus Perlit, einem den ganzen Stahl gleichmäßig beherrschenden Gefüge, das wiederum

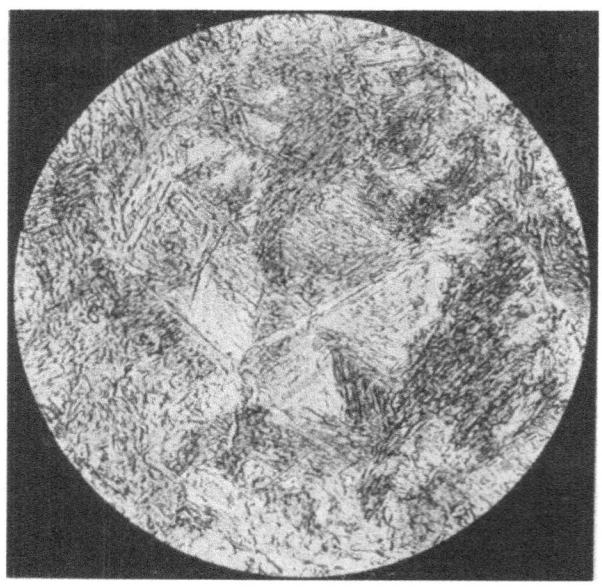

Abb. 30. Gehärteter Kohlenstoffstahl. Martensit. V = 600.

ein mechanisches Gemenge von Ferrit und Zementit darstellt. Wird ein solcher perlitischer Stahl (Abb. 8 u. 9) über 730⁰ C erhitzt, so tritt er aus der α-Modifikation in die γ-Modifikation über und dieser Übergang äußert sich darin, daß sich die beiden Bestandteile Ferrit und Zementit ineinander auflösen, also einen grundverschiedenen Zustand gegenüber dem Ausgangsmaterial einnehmen. Man spricht in diesem Falle von einer **festen Lösung**, weil diese Erscheinung im festen Material vor sich geht. Diese feste Lösung ist das oben besprochene γ-Eisen. Dieses γ-Eisen läßt sich natürlich im hocherhitzten Stahl unter dem Mikroskop nicht beobachten,

Veränderungen im Eisen und Stahl bei der Erhitzung und Abkühlung. 43

wohl aber ist man imstande, dieses durch plötzliches schroffes Abkühlen festzuhalten, so daß dann dieser abgeschreckte Stahl der mikroskopischen Betrachtung zugänglich gemacht werden kann. Man kann dann feststellen, daß dieser abgeschreckte Stahl ein ganz anderes Gefüge aufweist, als wie es im Ausgangsmaterial vorhanden war. Der lamellare Perlit ist verschwunden und an seine Stelle ist der sog. Austenit getreten, die feste Lösung des Eisenkarbids im Eisen (Zementit in Ferrit). Der reine Austenit

Abb. 31. Gehärteter Werkzeugstahl. Heller Austenit zwischen den Martensitnadeln. V = 200.

besteht gewöhnlich aus gleich großen Körnern und ähnelt dem Ferrit. Da aber der Austenit bei den üblichen Abschrecktemperaturen nicht rein erhalten und nur bei sehr hohen Temperaturen (etwa 1000° C und darüber) erkennbar wird, so erscheint er bei den vom Stahlhärter angewendeten Abschrecktemperaturen nicht, vielmehr wird er durch ein anderes Gefüge, den Martensit, ersetzt, der als ein Zerfallsprodukt des Austenits angesehen werden kann. In schroff abgeschreckten Stählen findet man daher nur Martensit, der unter dem Mikroskop an seinen meist sich kreuzenden Nadeln leicht festzustellen ist (Abb. 30). Manchmal entdeckt man aber auch in gehärteten Schneidwerk-

44 Veränderungen im Eisen und Stahl bei der Erhitzung und Abkühlung.

zeugen aus Kohlenstoffstahl ein Gemisch von Austenit und Martensit (Abb. 31). Ein solches Gefüge berechtigt zu dem Schluß, daß ein solcher Stahl schon bei unzweckmäßigen hohen Temperaturen abgeschreckt wurde. Bei ungewöhnlich hohen Abschrecktemperaturen tritt hin und wieder auch der Ledeburit auf (Abb. 32), eben jenes Gefüge, das dem weißen Roheisen eigentümlich

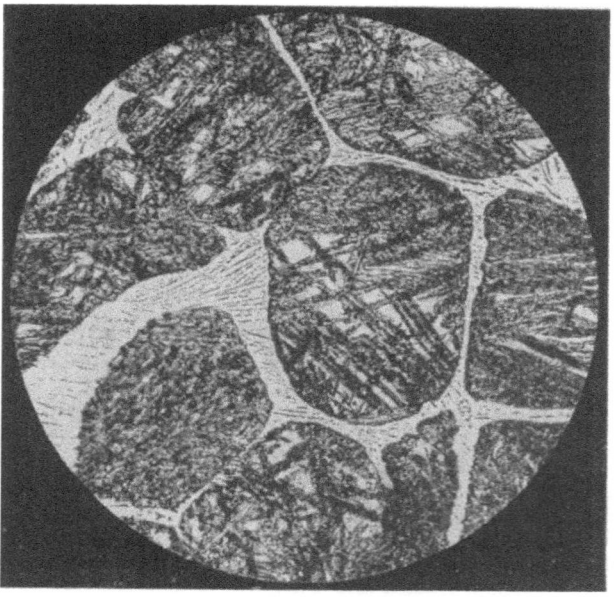

Abb. 32. Werkzeugstahl mit 1,54 v.H. Kohlenstoff bei 1350° C in Wasser abgeschreckt. Ledeburit in Austenit-Martensit. V = 200.

ist. Das Vorhandensein von Ledeburit in einem gehärteten Stahl ist ein Zeichen dafür, daß dieser bis nahe an den Schmelzpunkt erhitzt wurde. Zu erwähnen ist noch, daß der Martensit härter als der Austenit ist und schon aus diesem Grunde wird der Stahlhärter darauf Bedacht nehmen müssen, nur Martensit zu erhalten, d. h. nur solche Abschrecktemperaturen zu wählen, die etwas oberhalb des Umwandlungspunktes von 730° C liegen. Mit Abschrecktemperaturen von 760° C bis höchstens 800° C kommt er vollständig aus.

Veränderungen im Eisen und Stahl bei der Erhitzung und Abkühlung. 45

Beim Abschrecken von Stahl treten leicht Risse, sog. Härterisse, auf, die das betreffende Werkstück gewöhnlich unbrauchbar machen. Diese Härterisse kann man vielfach in solchen Werkstücken beobachten, die bei zu hohen Temperaturen abgeschreckt wurden. Hier ist auch der Martensit zumeist in grober Form vorhanden (Abb. 33).

Bei Stählen mit unter 1 v.H. Kohlenstoff, den untereutektischen Stählen, die aus Perlit und Ferrit bestehen, geht bei der

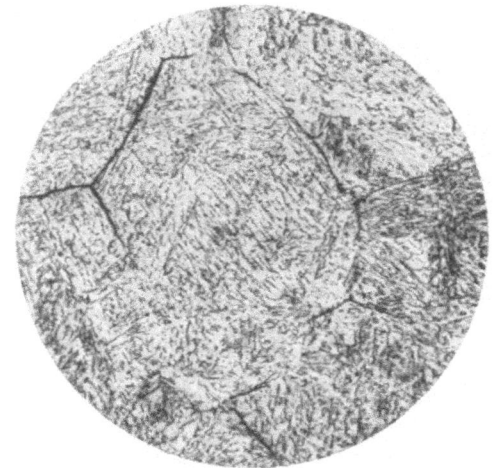

Abb. 33. „Härterisse" in einem gehärteten Stahl. V = 600.

Erhitzung über den Haltepunkt von 730° C zunächst nur der Perlit in die feste Lösung über. Bei höherer Temperatur vermischt sich dann auch der Ferrit mit dieser festen Lösung, so daß dann nach dem Abschrecken dieses Stahls ein einheitliches Gefüge, eben der Austenit oder Austenit mit Martensit bzw. reiner Martensit erkennbar wird. Bei Abschrecktemperaturen wenig über 730° C wird man bei untereutektischen Stählen noch Ferrit im Martensit vorfinden (Abb. 34).

Wenn Stähle mit mehr als 1 v.H. Kohlenstoff, übereutektische Stähle, also solche mit Perlit und freiem Zementit, über die Umwandlungstemperatur von 730° C erhitzt werden, so geht auch hier zunächst der Perlit in die feste Lösung über, mit der sich dann bei Temperaturen von ungefähr 900° C auch der Zementit vermischt. Man wird daher bei den üblichen Abschrecktemperaturen Martensit neben Zementit, im anderen Falle nur Martensit vorfinden. Werden hocherhitzte Stähle zur Festhaltung der festen Lösung nicht abgeschreckt, sondern langsam bis auf gewöhnliche Temperaturen abgekühlt, so hat die feste Lösung wieder Zeit, in die ursprünglichen Bestandteile zu zerfallen, so daß man schließlich wieder Perlit oder Perlit und Ferrit oder Perlit und Zementit erhält.

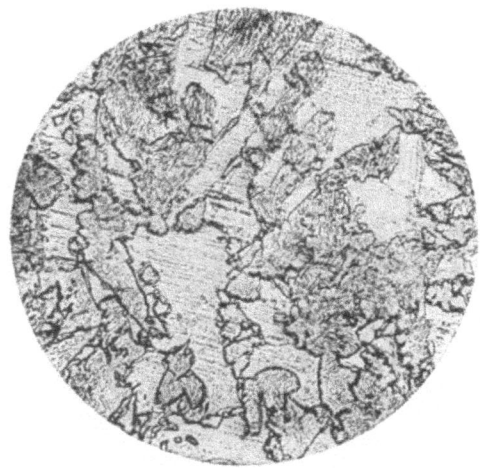

Abb. 34. Weicher Stahl mit 0,35 v.H. Kohlenstoff bei 750° C in Wasser abgeschreckt. Ferrit und Martensit. V = 200.

Die Kenntnis der hier kurz besprochenen Vorgänge sind das Rüstzeug jedes gewandten Stahlhärters. Aber auch der Konstrukteur wird aus ihnen großen Nutzen ziehen können, denn alle Wärmebehandlungsarten von Eisen und Stahl werden im letzten Grunde stets mit den allotropischen Umwandlungen in Einklang gebracht werden müssen, um den beabsichtigten Zweck bei irgendeinem Werkstück aus Eisen oder Stahl auch vollkommen zu erreichen. In den folgenden Abschnitten wird daher stets auf die Zustandsänderungen zurückgegriffen werden, die auch von besonderer Wichtigkeit für sämtliche legierten Konstruktionsstähle sind.

IV. Die Festigkeit von Eisen und Stahl.

Aus den Betrachtungen über das Gefüge und Bruchaussehen von Eisen und Stahl wird der Konstrukteur entnommen haben, daß ein unmittelbarer Zusammenhang zwischen dem Aufbau und den physikalischen, namentlich den **mechanischen Eigenschaften** der Konstruktionsstähle bestehen muß. Ohne genaue Kenntnis der Gefügebeschaffenheit und der verschiedenartigen Einflüsse, die sowohl durch die chemische Zusammensetzung als auch durch gewisse vorausgegangene Behandlungsverfahren (**chemische oder mechanische Vorbehandlung**) bedingt sind, wird er auch nicht imstande sein, die Ergebnisse namentlich seiner mechanischen Untersuchungen eindeutig auszuwerten. Aber gerade die Kenntnis der mechanisch-physikalischen Eigenschaften von Eisen und Stahl verschafft ihm erst die Grundlage über die Tauglichkeit seines Baustoffes für irgendeinen besonderen Zweck. Daher nimmt es auch nicht wunder, daß, solange eine Konstruktionstechnik besteht, in erster Linie die mechanischen Eigenschaften der Baustoffe herangezogen werden und diese gewonnenen zahlenmäßigen Belege allen Konstruktionsberechnungen das Gepräge geben. Diese zahlenmäßig erfaßten Werte werden in den sog. **Lieferungsbedingungen** (Lieferungsvorschriften) festgehalten und stellen zumeist Grenzwerte dar, die nicht unter- oder überschritten werden dürfen, wenn anders das Bauwerk den mit ihm beabsichtigten Zweck erfüllen soll. Durch diese Lieferungsbedingungen (Güteprüfungen) kann also erreicht werden, Werkstoffe fernzuhalten, bei deren Verwendung sich gegebenenfalls Mängel des Bauwerks einstellen würden.

Hinsichtlich der verschiedenen Arten der mechanisch-physikalischen Eigenschaften kommen für den Konstrukteur zunächst die **Festigkeitseigenschaften** von Eisen und Stahl in Betracht, und von diesen wiederum in erster Linie die **Zugfestigkeit** oder **Zerreißfestigkeit**, die auch unter dem Namen Bruchfestigkeit oder kurz Festigkeit geläufig sind, weil hier das Material, zu Bruch gekommen, eine bestimmte Umschreibung erfahren hat. Auf die Ermittlung der Zugfestigkeit legt daher der Konstrukteur den Hauptwert, wenn er auch andere Eigenschaften bei Verwendung von Eisen und Stahl, die durch den sog. Zug- oder Zerreißversuch nicht erfaßt werden, berücksichtigen wird. Zu den ergänzenden Prüfungen dieser Art gehören der Druck-, Biegungs-, Schlag-, Scher-, Verdrehungs-, Beschuß- und Lösungsversuch, denen noch Härteprüfungen, die Ermittlung des spezifischen Gewichts und magnetische und elektrische Untersuchungen zugestellt werden können.

Hieraus folgt ganz allgemein, daß bei der Prüfung von Eisen und Stahl auf ihre Festigkeitseigenschaften genau überlegt werden muß, ob das Material im fertigen Bauwerk oder in einer Maschine auch so beansprucht wird wie beim Versuch, denn es ist ein Unding z. B. die erhaltene Zugfestigkeit in Rechnung zu stellen, wenn das Konstruktionsstück Biegungsbeanspruchungen ausgesetzt ist. In diesem Falle muß anstatt der Zugfestigkeit die Biegungsfestigkeit ermittelt werden. Auch darf das Konstruktionsstück während der Bauausführung oder im fertigen Bauwerk keiner irgendwie gearteten Nachbehandlung unterworfen werden, da es dann gegebenenfalls dem ihm zugedachten Zweck nicht mehr gerecht wird.

Zu den chemischen Behandlungsverfahren gehört das Ausglühen, Abschrecken, Anlassen, Vergüten, Einsatzhärten und Tempern, die in dem allgemeinen Ausdruck „Wärmebehandlung" (im engeren Sinne) zusammengefaßt werden können (s. S. 108). Durch jede dieser Wärmebehandlungsarten wird der Chemismus, der innere Aufbau, das Gefüge, verändert (s. S. 156) und es ist klar, daß, wenn ein Konstruktionsteil ihnen nachträglich unterworfen wird, es nicht mehr die Eigenschaften haben kann, die ihm anfänglich zugesprochen wurden. Die mechanische Behandlung schließt das Schmieden, Schweißen, Walzen, Pressen, Ziehen usw. ein, und eine Vereinigung von mechanischer und chemischer Behandlung kann vorliegen, wenn z. B. eine Stahlstange gewalzt und dann ausgeglüht, oder geschmiedet, abgeschreckt und angelassen wird, wie dies z. B. bei der Fertigung von Schneidwerkzeugen (Meißeln, Drehmessern) der Fall ist. Auch auf andere vorkommende Möglichkeiten muß der Konstrukteur achten, denn es ist für die Bewertung eines Konstruktionsstückes nicht gleichgültig, ob das Ausgangsmaterial als gegossener oder aber als gegossener und darauf geglühter Block vorgelegen hat, oder ob der zu prüfende Baustahl beim Glühen langsam oder schnell durch das Umwandlungsgebiet (700° C) hindurchgegangen ist. Nicht zu vergessen ist die Tatsache, daß die Festigkeitseigenschaften des schmiedbaren Eisens auch von der Temperatur abhängig sind. Da aber die Prüfung von Eisen und Stahl bei hohen Temperaturen (Warmzerreißversuche) gewöhnlich nicht stattfindet und nur in Ausnahmefällen bei Kesselblechen, Material für Dampfturbinen usw. herangezogen wird (vgl. S. 121), so kommt bei der Ermittlung der mechanischen und physikalischen Eigenschaften nur die gewöhnliche Temperatur, also die mittlere Tagestemperatur (Zimmertemperatur) von etwa 20° C in Betracht.

Zur Bestimmung der technisch wichtigen Eigenschaften eines Baustoffes bedient sich der Konstrukteur des sog. **Probestabes**, den er gewöhnlich äußeren Beanspruchungen unterwirft. Bei vergleichenden Versuchen müssen natürlich auch gleiche Behandlungszustände vorliegen, wie auch durch gelegentliche **makroskopische und mikroskopische Untersuchungen** festgestellt werden muß, ob auch ein gleichmäßiges Gefüge vorhanden ist, da nur bei diesem allein ein einwandfreies in Rechnung zu stellendes Ergebnis erwartet werden kann. Durch die **chemische Untersuchung** allein kann die Beschaffenheit des Materials für einen gedachten Zweck gleichfalls nicht immer bestimmt werden, da z. B. Seigerungen, Schlackeneinschlüsse, Gasblasen usw. das Untersuchungsergebnis trüben können und hierdurch eine falsche Bewertung des Materials hinsichtlich seiner Eigenschaften nicht ausgeschlossen ist.

In den meisten Fällen werden die Festigkeitseigenschaften des schmiedbaren Eisens nur an dem **ausgeglühten** Material ermittelt, da nur dieses das Gefügegleichgewicht besitzt, das auch im allgemeinen das fertige Bauwerk haben muß. Der Probestab wird fast stets aus dem Vollen geschnitten und nur in vereinzelten Fällen werden **rohe** Probestäbe untersucht, wie z. B. bei Gußeisen und Temperguß, und unter Umständen auch bei Stahlguß, um die bei diesen Stoffen vorhandene **Gußhaut**, die auch das fertige Gußstück selbst besitzt, mit zu berücksichtigen, die bekanntlich nicht ohne Einfluß auf das Ergebnis der Festigkeitsprüfung ist. Entweder werden dann die rohen Probestäbe für sich aus der gleichen Schmelzung gewonnen, oder aber an das Gußstück angegossen, da ein angegossener Probestab viel eher die übereinstimmende

50 Die Festigkeit von Eisen und Stahl.

Beschaffenheit mit dem Gußstück selbst verbürgt, um so mehr, als durch einigermaßen gleiche Abkühlungsverhältnisse auch ein dementsprechend gleiches Korn und damit zu übertragende Festigkeitswerte auf das fertige Gußstück gewährleistet sind. Wie man sieht, sind also eine Reihe von Möglichkeiten zu berücksichtigen, wenn an einem Baustahl die Festigkeitseigenschaften bestimmt werden sollen. Der Probestab für den Zerreißversuch, der in besonderen Festigkeitsprüfungsmaschinen, den Zerreißmaschinen, vorgenommen wird, hat in den meisten Fällen überall einen kreisrunden Querschnitt. Dieser Rundstab erhält genau festgelegte Abmessungen. Stäbe mit diesen Abmessungen werden als Nor-

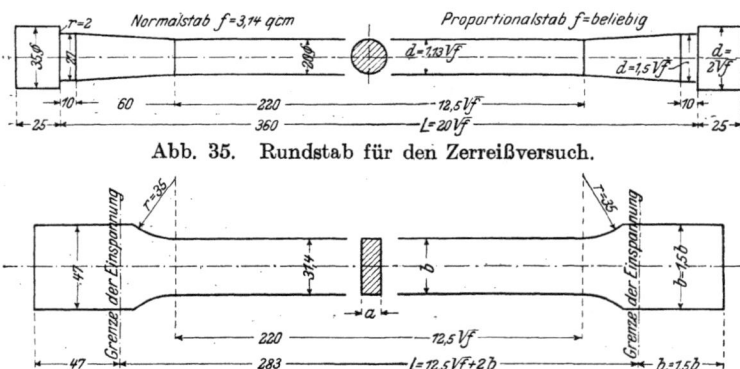

Abb. 35. Rundstab für den Zerreißversuch.

Abb. 36. Flachstab für den Zerreißversuch.

malrundstäbe bezeichnet (Abb. 35). Lassen sich aus irgendeinem Grunde Normalrundstäbe nicht herstellen, wenn z. B. das zu prüfende Stück einen schwächeren Querschnitt hat, so muß man gezwungenermaßen einen Probestab mit kleineren Abmessungen wählen, wobei aber zu beachten ist, daß dann die Stabform geometrisch ähnlich dem Normalstab ausfällt, um miteinander vergleichbare Festigkeitswerte, namentlich Dehnungswerte, die ebenfalls zu den Festigkeitswerten gehören, zu erzielen. Auf diese Weise erhält man den sog. Proportionalstab, dessen Abmessungen die rechte Hälfte der Abb. 35 wiedergibt. Sowohl Rundstäbe als auch Proportionalstäbe sind an den Enden mit Ansätzen, den Einspannköpfen, versehen, um in die Prüfmaschine eingespannt werden zu können. An die Einspannköpfe des Rundstabes schließt sich je ein abgestumpfter Kegel an. Die

Die Festigkeit von Eisen und Stahl. 51

Entfernung des kleinsten Querschnitts dieser beiden Kegel voneinander wird als Versuchslänge bezeichnet. Innerhalb der Versuchslänge wird die Meßlänge zur Ermittlung der Dehnung aufgetragen (S. 58). Bei der Prüfung von Blechen, z. B. Kesselblechen, ist gewöhnlich die Anwendung des Rundstabes nicht möglich, weshalb man zu dem Flachstab greift, der ohne Entfernung der Walzhaut ebenfalls als Normalflachstab oder als Proportionalflachstab ausgebildet sein kann (Abb. 36)[1]).

Es sollen nunmehr die für den Konstrukteur wichtigen Vorgänge beim Zerreißen eines Probestabes aus weichem schmiedbarem Eisen in der Zerreißmaschine betrachtet werden. In dieser wird die Zugkraft erzeugt, die so lange auf den Stab einwirkt, bis er gewöhnlich nach einer Einschnürung zerreißt. Die aufgewendete Zugkraft wird in den meisten Fällen durch einen Kraftanzeiger (Manometer), aber auch durch ein Laufgewicht angezeigt. In Abb. 37 werden die einzelnen Zustände des Stabes beim Zerreißversuch veranschaulicht: links der unverletzte, in der Mitte der eingeschnürte und rechts der an der eingeschnürten Stelle zerrissene Stab[2]).

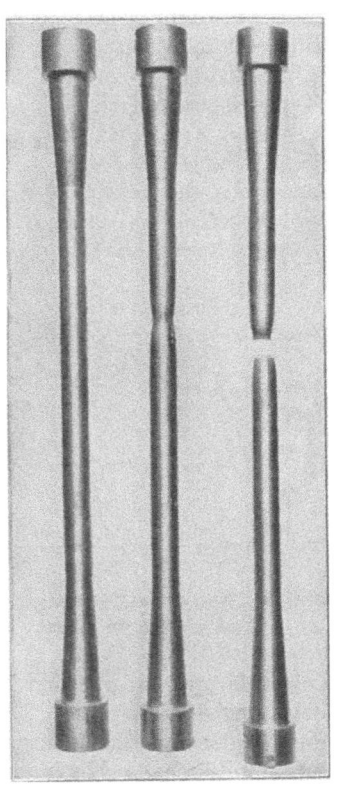

Abb. 37. Rundstab: unverletzt, eingeschnürt, zerrissen.

Die Einschnürung gibt ein getreues Bild von der Tatsache, daß das

---

[1]) Zur durchgreifenden Belehrung sei hingewiesen auf: Martens, Handbuch der Materialienkunde. 1. Teil. Berlin 1898 und Wawrziniok, Handbuch des Materialprüfungswesens. Berlin 1908, dem die Abb. 35, 36, 38 und 43 entnommen sind.

[2]) Aus Miethe, Die Technik im zwanzigsten Jahrhundert. 3. Bd. S. 21. Braunschweig 1912.

4*

schmiedbare Eisen in Übereinstimmung auch mit anderen Baustoffen die allgemeine Eigenschaft besitzt, unter der Einwirkung einer Zugkraft dieser beständig nachzugeben, sich zu längen, zu dehnen, daß es sich aber andererseits auch verkürzt, wenn es einer Druckbelastung unterworfen wird. Die dem weichen schmiedbaren Eisen zukommende ausgeprägte Dehnung bei Zugbeanspruchungen läßt sich in Anhängigkeit von der aufgewendeten Zugkraft (Zugspannung oder kurz Spannung) in Gestalt eines Schaubildes nach Abb. 38 darstellen. In diesem entspricht die Senkrechte (Ordinate) der Zugkraft (Spannung), die Wagerechte (Abszisse) der Dehnung, d. h. die aufgewendeten ziehenden Kräfte (Spannungen) sind nötig, um dem Stab die jeweilige Dehnung zu erteilen. Man erkennt aus diesem Schaubilde weiter, daß bei dem Punkte O die Last (Zugkraft) und die Dehnung Null sind. Bei zunehmender Belastung wächst zunächst die sehr geringe Dehnung gleichmäßig und stetig (proportional) der Zugkraft, Spannung, die mit σ bezeichnet werden soll, d. h. bei stufenweiser Belastung nimmt die Dehnung für jede Laststufe um den gleichen Betrag zu, z. B. bei einer doppelten Belastung wird auch die Dehnung verdoppelt, ähnlich wie bei einer Federwage aus einer doppelten Dehnung der Feder auch auf eine doppelte Kraft, eine doppelte Belastung geschlossen werden kann. Es verläuft also der Linienzug zunächst als schräg ansteigende Gerade bis zu einem bestimmten Punkte, wo sich dieses stetige Bild ändert.

Bei diesem in dem Schaubild mit P bezeichneten Punkte heißt die bei der betreffenden Belastung vorhandene Zugspannung Proportionalitätsgrenze, d. h. von hier ab werden in dem weiter beanspruchten Stabe Veränderungen auftreten, die vorher nicht vorhanden waren. Von hier aus wachsen nämlich die Dehnungen schneller als die Spannungen, die Dehnung ist also nicht mehr proportional der jeweiligen Spannung. Kurz vorher ist jedoch

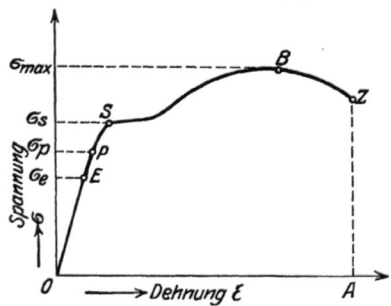

Abb. 38. Spannungs-Dehnungslinie von schmiedbarem Eisen.

Die Festigkeit von Eisen und Stahl. 53

noch ein anderer Punkt durchschritten worden, der Punkt E, die sog. Elastizitätsgrenze. Dies bedeutet, daß der Stab bis zu der Belastung E, eben der Elastizitätsgrenze, elastische oder federnde, keine bleibenden Dehnungen ausgehalten hat, daß also der Stab, wenn die Belastung an dieser Stelle aussetzt, er also entlastet wird, in seine ursprüngliche Länge zurückkehrt, also verkürzt wird. In Vergleich hiermit kann man z. B. das Verhältnis von Gummi ziehen, der bekanntlich durch seine weitgehenden elastischen Formänderungen bei irgendeiner auf ihn einwirkenden Kraft ausgezeichnet ist. Wird die Kraft abgestellt, so nimmt der elastische Gummi wieder seine ursprüngliche Gestalt an. Er ist dann, wie auch der besprochene Eisenstab, wieder spannungslos.

Abb. 39. Fließfiguren auf einem bis zur Streckgrenze beanspruchten Flachstab. Nat. Größe.

Konstruktionsteile oder sogar fertige Bauwerke müssen in gewissem Sinne ebenfalls elastisch sein. Eine Brücke zittert und biegt sich durch, wenn ein Eisenbahnzug über sie hinfährt. Ist der Zug vorüber, so stellt sich die Brücke wieder auf ihre ursprüngliche Lage ein, was nicht eintreten würde, wenn nicht jeder Stab derselben nachgiebig wäre. Federn müssen elastisch sein, um ihrem Zwecke gerecht zu werden.

Doch die Zugkraft der Maschine, die Belastung, steigt weiter. Der Linienzug (Abb. 38) gelangt unter fast unsichtbarer Abbiegung bis zum Punkte S, der sog. Streckgrenze oder Fließgrenze. Hier wird der Stab plötzlich sichtbar länger, er streckt sich, fließt, der Linienzug bekommt einen plötzlichen Knick und läuft parallel zu der Wagerechten, der Achse der Dehnungen, weiter, ohne daß zur Erlangung dieser starken Dehnung eine Erhöhung der Belastung, der Zugkraft, erforderlich ist. Die Streckgrenze oder Fließgrenze des weichen Eisens ist also bei dem Punkte S erreicht. Der Kraftanzeiger der Zerreißmaschine zeigt eine ausgeprägte Streckgrenze sofort scharf an, er bleibt zeitweise stehen oder geht sogar zuweilen zurück oder bewegt sich hin und her.

Bei Verwendung von Maschinen mit Laufgewicht oder Gewichtsbelastung ist das Auftreten der Streckgrenze besonders deutlich wahrnehmbar, indem der Hebel der Wage sofort abfällt. Auch beobachtet man bei Erreichung der Fließgrenze auf dem Probestabe gewöhnlich die sog. **Streck- oder Fließfiguren** (Abb. 39)[1], die ebenfalls ein Zeichen dafür sind, daß in dem Stabe durchgreifende Gefügeänderungen eingetreten sind und die Stelle der höchsten Beanspruchung gekennzeichnet wird.

Alsdann steigt die Belastung, die Zugkraft, wenn auch nicht wesentlich mehr, weiter an. Der Stab dehnt sich sehr stark bis zum Punkte B, wo die höchste Spannung, die der Stab vor dem Bruche ertragen kann, erreicht ist. Bei dieser sog. **Bruchlast B** schnürt sich der Stab gewöhnlich zusehends ein, um schließlich beim Punkte Z unter der hier vorhandenen sog. **Zerreißlast Z** zu reißen, da hier die Formänderungsfähigkeit erschöpft ist.

Welche Bedeutung haben nun die an den einzelnen Punkten des Linienzuges im Schaubild 38 vorhandenen Spannungen für die Berechnungen des Konstrukteurs? Bei Punkt B ist die Spannung, die der Stab ertragen kann, am größten. Zur Ermittlung der Bruchfestigkeit (Zerreißfestigkeit), die für jeden Baustoff den wichtigsten Wert darstellt, ist also auch die Spannung B, die am Kraftanzeiger abzulesen ist, in Rechnung zu stellen und es ergibt sich die nach allgemeinem Gebrauch auf den ursprünglichen Querschnitt f bezogene Zerreißfestigkeit zu

$$\sigma_B = \frac{B}{f}.$$

Die bei den übrigen Punkten vorhandenen Spannungsgrenzen lassen sich in der gleichen Weise ermitteln, nur wird die Zerreißlast für den Bruchquerschnitt f_1 berechnet, der leicht an dem gebrochenen Stab gemessen werden kann.

Man erhält alsdann folgende Beziehungen [2]:

Proportionalitätsgrenze $\quad \sigma_P = \dfrac{P}{f};$

Streckgrenze $\quad \sigma_S = \dfrac{S}{f};$

Zerreißgrenze $\quad \sigma_Z = \dfrac{Z}{f_1}.$

---

[1] Aus Bach-Baumann, Konstruktionsmaterialien. 2. Aufl. Berlin 1921.
[2] Vgl. Hinrichsen, Das Materialprüfungswesen. S. 39. Stuttgart 1912.

Die Festigkeit von Eisen und Stahl.

Allgemein ist die Zugspannung σ:
$$\sigma = \frac{P}{f} = \frac{\text{Zugkraft}}{\text{Querschnitt}},$$
wenn man annimmt, daß sich die Zugkraft in kg gleichmäßig über den ganzen Stabquerschnitt verteilt. Dieser Stabquerschnitt wird beim Zerreißversuch zumeist in qmm angegeben, wenn man auch zuweilen Berechnungen antrifft, bei denen der Querschnitt in qcm angesetzt wurde.

Die Kenntnis der elastischen Eigenschaften von Eisen und Stahl hat für den Konstrukteur erhöhte Bedeutung. Gewöhnlich ist die Streckgrenze nicht so scharf ausgebildet wie in Abb. 38, und man geht meist von der Elastizitätsgrenze aus, als welche man diejenige Belastung (Spannung) bezeichnet, bei der nach der Entlastung des Stabes eine bleibende Verlängerung (Dehnung) von 0,2 v.H. der Meßlänge erzielt wird. Dies besagt nun nicht, daß Elastizitätsgrenze und Streckgrenze verwechselt werden dürfen, wie in England vielfach von Elastizitätsgrenze gesprochen wird, wenn in Wirklichkeit die Streckgrenze gemeint ist.

Der „Internationale Verband für die Materialprüfungen der Technik" bezeichnet als Elastizitätsgrenze diejenige Spannung, bei der das Material in praktisch ausreichender Weise noch als vollkommen elastisch angesehen werden kann. Dieser Zustand ist noch vorhanden, wenn die bleibende Formänderung noch kleiner ist als 0,001 v.H. der Meßlänge des Probestabes. Hingegen wird als Streckgrenze diejenige Spannung angesehen, bei der die bleibende Verlängerung zwischen 0,2 und 0,5 v.H. der Meßlänge beträgt.

Die Vorschläge des Verbandes sind nicht überall angenommen worden und man kann im Zweifel sein, ob die Ergebnisse mancher Festigkeitsuntersuchungen praktisch verwertbar sind. Immerhin mag die Angabe der Streckgrenze bei Güteprüfungen zweckdienlich sein, wie dies auch in den meisten Fällen geschieht, für praktische Zwecke ist die Feststellung der Elastizitätsgrenze von ungleich höherem Wert.

Nun wird zwar in den meisten Fällen auf die Ermittlung der Elastizitätsgrenze verzichtet, weil sie nur mit Feinmeßgeräten, z. B. mit dem Martensschen Spiegelapparat möglich ist, deren Handhabung umständlich und zeitraubend ist. Auch sind

56   Die Festigkeit von Eisen und Stahl.

zumeist die üblichen Materialprüfungsmaschinen nicht empfindlich genug. Die Feinmeßgeräte müssen Längenänderungen bis auf 0,0005 v.H. anzeigen, es können sogar Stabverlängerungen von $^1/_{100000}$ cm gemessen werden. Für auskömmliche Berechnungen hat daher der Linienzug im Schaubild 38 nicht diesen Verlauf, sondern er geht von O sofort nach S über B nach Z, der gewöhnlich selbsttätig von der Prüfungsmaschine durch eine besondere Anzeigevorrichtung auf einem Papierblatt aufgezeichnet wird, um so mehr, als beim schmiedbaren Eisen Proportionalitätsgrenze und Elastizitätsgrenze hinreichend genau zusammenfallen.

Spannungen, wie sie der Stahl an der Streckgrenze besitzt, kommen für Konstruktionszwecke nicht in Frage, weil Formänderungen von der Größe derjenigen an der Streckgrenze das Bauwerk gefährden können. Auch Spannungen an der Elastizitätsgrenze dürfen bei Konstruktionsteilen nicht erreicht werden, geschweige denn solche, die auf der Linie SBZ liegen, weil hier ohne wesentliche Kraftzufuhr ein starkes Dehnen des Stabes stattfindet. Diese hohe Inanspruchnahme kann natürlich einem Baustoff nicht zugemutet werden, und man bleibt bei der Ermittlung der höchstmöglichsten Belastung von der Elastizitätsgrenze oder auch Proportionalitätsgrenze aus Sicherheitsgründen noch um ein wesentliches Stück zurück. Gewöhnlich stellt man nur ein Viertel oder Fünftel dieser Spannung in Rechnung und man sagt alsdann, daß die Konstruktion vierfache oder fünffache Sicherheit bietet, womit also angedeutet wird, daß man das Vierfache oder Fünffache der zu erwartenden Belastung aufwenden muß, um überhaupt den Stab zu Bruch zu bringen.

In dem Schaubild 38 bedeutet die Wagerechte die Bruchdehnung oder kurz Dehnung, d. h. der durch die äußere Kraft P in seiner Längsrichtung beanspruchte Stab wird allmählich seine Form ändern, er wird länger werden und demgemäß auch einen kleineren Querschnitt annehmen. Ist l die ursprüngliche Länge und l_1 die unter der Zugkraft P hervorgebrachte spätere Länge des Stabes, so ist in cm die Längenänderung, Verlängerung λ:

$$\lambda = l_1 - l.$$

Gewöhnlich wird die Verlängerung λ auf die ursprüngliche Stablänge l bezogen und man erhält dann die Dehnung ε (elastische Dehnung) nach:

$$\varepsilon = \frac{l_1 - l}{l}.$$

Die Festigkeit von Eisen und Stahl. 57

Die Dehnung ε setzt sich beim schmiedbaren Eisen aus der elastischen oder federnden und der bleibenden Dehnung zusammen. Wie oben gezeigt wurde, hört die elastische Dehnung nach der Entlastung des Probestabes auf, während die bleibende Dehnung nicht zurückgeht, also denjenigen Wert darstellt, um den der entlastete Stab dauernd länger ist als vor der Belastung. Bis zum Punkte E, der Elastizitätsgrenze, erleidet der Stab nur elastische Dehnungen. Die an der Elastizitätsgrenze vorhandene Spannung σ_e liegt nach dem Schaubild 38 gewöhnlich sehr nahe an der Proportionalitätsgrenze, die ebenfalls vielfach verwechselt werden. Dies ist an sich auch nicht schlimm, da sie bei Eisen befriedigend zusammenfallen.

Die elastische Dehnung eines Stabes und die Spannung an der Proportionalitäts- oder Elastizitätsgrenze finden einen gemeinsamen Ausdruck in dem sog. **Elastizitätsmodul (Elastizitätsmaß) E**, d. h. es ist
$$E = \frac{\sigma}{\varepsilon}.$$

Indessen kann diesem nur theoretischer Wert zugesprochen werden, da er die Spannung bedeutet, die nötig wäre, um einen Stab, ohne daß er zu Bruch ginge, auf seine doppelte Länge zu dehnen. Statt des Elastizitätsmoduls verwendet man daher im allgemeinen bei Festigkeitsberechnungen den umgekehrten (reziproken) Wert des Elastizitätsmoduls und nennt ihn alsdann den **Dehnungskoeffizienten** oder die **Dehnungszahl** α, also
$$\alpha = \frac{\varepsilon}{\sigma},$$
die die in cm gemessene Verlängerung eines Probestabes von 1 cm Länge bedeutet, wenn auf diesen Stab eine Spannung von 1 kg/qcm ausgeübt wird. Der Elastizitätsmodul E würde dann wiederum den reziproken Wert der Dehnung darstellen, mithin:
$$E = \frac{1}{\alpha}.$$
Die Dehnung ε wird sein:
$$\varepsilon = \alpha \cdot \sigma$$
(Hookesches Gesetz) und mithin die Verlängerung λ:
$$\lambda = \alpha \cdot \sigma \cdot l.$$

Um den Dehnungskoeffizienten bzw. den Elastizitätsmodul von Stahl einwandfrei zu bestimmen, müssen die erforderlichen

Maschinen bis auf ± 0,5 v.H. genau anzeigen. Für Eisen ist der Elastizitätsmodul etwa 2 000 000 kg/qcm, für Stahl 2 200 000 kg/qcm. Wie wird nun die Dehnung (Bruchdehnung), die ebenfalls als Wertmesser für die Güte eines Materials von ausschlaggebender Bedeutung und in Lieferungsbedingungen für Eisen und Stahl stets zu finden ist, bestimmt? Es wurde oben bereits angedeutet, daß auf dem für den Zerreißversuch vorgesehenen Probestab auch stets die sog. Meßlänge l vor Beginn des Versuches als eine Strecke von bestimmter Länge aufgetragen wird, indem man sie auf dem Stab zwischen Körnern oder Reißnadelstrichen festlegt. Alsdann wird die Meßlänge in Strecken von 1 cm Länge eingeteilt, wie es bei den Normalstäben geschieht. Bei den Proportionalitätsstäben entspricht die Meßlänge gleich dem 11,3fachen Wert der Wurzel aus der Größe des Querschnitts ($l = 11,3 \sqrt{f}$). Diese Festsetzung über die Meßlänge ist aus dem Grunde wichtig, um bei Stäben von verschiedenen Abmessungen vergleichbare Werte hinsichtlich der Dehnung zu gewinnen.

Da sich die einzelnen Teile der Meßlänge nicht gleichmäßig dehnen, wird diese Tatsache dadurch sichtbar gemacht, daß die ganze Meßlänge des Normalstabes in 20 gleiche Abschnitte eingeteilt wird. Alsdann ist man in der Lage, nach dem Bruch des Stabes jeden Abschnitt einzeln auszumessen.

Die Bruchdehnung δ (v.H.) errechnet sich aus

$$\delta = \frac{l_1 - l}{l} \cdot 100,$$

wenn l die Größe der Meßlänge vor dem Versuch, l_1 die Größe der Meßlänge nach dem Versuch bedeutet. Praktisch wird sie in der Weise ermittelt, daß nach dem Bruch die beiden Stabteile mit den Bruchflächen so aneinandergelegt werden, daß eine gerade Linie als gemeinsame Achse gebildet wird. Hierauf wird die Verlängerung zwischen den Endmarken gemessen, vorausgesetzt, daß die Bruchflächen genau ineinander passen. Da dies aber meist nicht der Fall ist, sondern zwischen den aneinandergelegten Bruchflächen fast stets eine Lücke vorhanden ist, die den Wert der Dehnung trübt, so muß bei der Ermittlung der Dehnung auf diesen Umstand geachtet werden. Die Abb. 40 u. 41 geben die Reißenden eines 20 mm-Normal-Rund- sowie -Flachstabes wieder. Beim Flachstab (Abb. 41) ist nach dem Zusammenlegen der Stücke eine deutliche Lücke sichtbar [1]).

---

[1]) Aus Bach-Baumann, a. a. O. S. 13.

Die Festigkeit von Eisen und Stahl. 59

Bei schmiedbaren Eisensorten zeigt sich an der Bruchstelle des zerrissenen Probestabes gewöhnlich eine kräftige Einschnürung (Abb. 40 u. 41). Naturgemäß wird in der Nähe dieser Einschnürungsstelle die Dehnung stärker als an den übrigen Stellen des Stabes sein, weil die Teile des Stabes in der Nähe der Bruchstelle bedeutend länger geworden sind als bei den übrigen. Die Teile in der Nähe der Einspannköpfe weisen dann auch die geringste Dehnung auf,

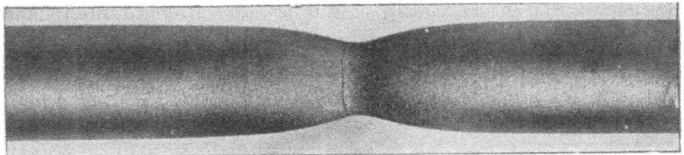

Abb. 40. Zerrissener Rundstab. Einschnürung an der Bruchstelle.
$^3/_4$ nat. Größe.

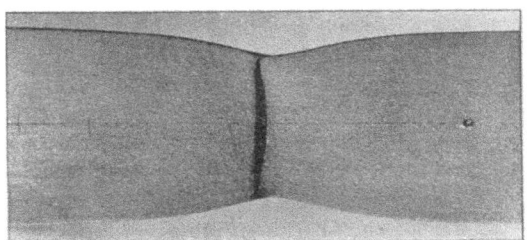

Abb. 41. Zerrissener Flachstab. Klaffen der eingeschnürten Bruchstelle.
$^3/_4$ nat. Größe.

was seinen Grund u. a. darin hat, daß die stärkeren kegelförmigen Ansätze an sich schon eine geringere Dehnung erleiden. Aber auch auf einen anderen Umstand muß bei der Ermittlung der Verlängerung geachtet werden, um die genaue Dehnung zu erhalten. In den seltensten Fällen wird der Probestab genau in der Mitte reißen. Gewöhnlich erfolgt der Bruch in der näheren oder weiteren Entfernung von den kegelförmigen Ansätzen, vielfach auch außerhalb der Meßlänge. Unter der Annahme, daß die Bruchstelle genau in der Mitte der Meßlänge, also auch des Probestabes liegt, mißt man von jedem Bruchstücke die Entfernung von der Endmarke bis zur Bruchstelle, deren Summe alsdann die Länge l_1 angibt. Liegt jedoch die Bruchstelle z. B. zwischen dem dritten und vierten Teilstrich (Abb. 42), so wird zunächst die Entfernung der Endmarke bis zur Bruchstelle etwa des linken Stückes gemessen. Auf dem anderen Stabteil werden dann zehn Teilstriche von der Bruchstelle bis 14 abgegriffen, und man fügt dann die Länge der Teile 8 bis 14 zu den vier Abschnitten des linken Stabstückes hinzu, um gewissermaßen auf beide Stabstücke 10 Teilstriche zu legen. Dies kann aus dem Grunde geschehen, weil sich die Dehnung von der Bruchstelle aus gleichförmig nach beiden Seiten verteilt[1]). Man ist übereingekommen, solche Proben als zuverlässig anzusehen, die innerhalb des mittleren Drittels des Stabes reißen, um den sonst auftretenden Ungenauigkeiten aus dem Wege zu gehen.

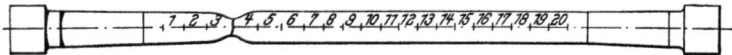

Abb. 42. Ermittlung der Dehnung an einem zerrissenen Probestab.

Nicht unerwähnt bleiben darf die Tatsache, daß bei zu starken Körnermarken und zu tiefen Teilstrichen sich ebenfalls Ungenauigkeiten in den Meßergebnissen zeigen, weil ungünstige Kerbwirkungen dann nicht ausgeschlossen sind, die das Ergebnis beeinträchtigen (s. S. 33 u. 69).

Aber auch die Querschnittsverminderung (Querschnittsverringerung, Zusammenziehung, Kontraktion) des Stabes, die an der Einschnürung am größten ist, kann ähnlich wie die Bruchdehnung als Maßstab für die Güte des Materials herangezogen werden. Je größer die Querschnittsverminderung als auch die Dehnung ist, um so größer ist die Zähigkeit und Geschmeidigkeit des Materials. Während des Zerreißversuches wird die Querschnittsverminderung gewöhnlich nicht berechnet, jedoch in den meisten Fällen am Ende des Versuches, nach dem Bruche des Stabes. Die Querschnittsverminderung wird stets in Prozenten des ursprünglichen Stabquerschnittes angegeben. Wird dieser vor der Belastung mit f, nach der Belastung, also nach dem Bruche des Stabes, an der geringsten Einschnürungsstelle mit f_1 bezeichnet, so ist die Querschnittsverminderung q:

$$q = \frac{f - f_1}{f} \cdot 100.$$

---

[1]) Aus Geiger, Handbuch der Eisen- und Stahlgießerei. 1. Bd. S. 275. Berlin 1911.

Die Festigkeit von Eisen und Stahl. 61

Man könnte voraussetzen, daß sich eine einfache Beziehung zwischen Querschnittsverminderung und Dehnung leicht finden ließe, um so mehr, als theoretisch das Volumen des Stabes vor und nach der Belastung gleich sein müßte. Dies ist aber nicht der Fall, denn da es fast kein Material mit vollkommen dichtem Gefüge gibt, wie dies auch bei Eisen und Stahl zutrifft, wenn z. B. Gasblasen vorhanden sind, so wird auch das Volumen des beanpruchten Stabes zunehmen.

Die Beziehung zwischen Querschnittsverminderung und Dehnung wird daher auch bei den einzelnen Metallen und Legierungen verschieden sein, welches Verhältnis in der sog. Poissonschen Konstante, die bei Metallen im allgemeinen zwischen drei und vier liegt, seinen Ausdruck findet.

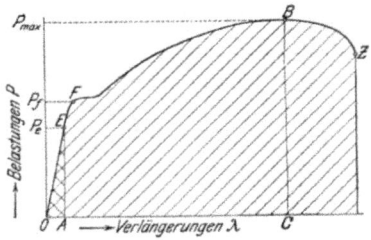

Abb. 43. Spannungs-Dehnungsbild.

Das in Abb. 38 dargestellte Spannungs-Dehnungsbild (Spannungs-Dehnungsdiagramm) ist auch noch in anderer Hinsicht wertvoll. Es kann nämlich dazu dienen, die zum Zerreißen des Probestabes aufgewendete Arbeit bzw. das Arbeitsvermögen des Materials zu bestimmen. Das neue Schaubild Abb. 43 stellt mithin ein Arbeitsdiagramm dar, bei dem die schraffierte

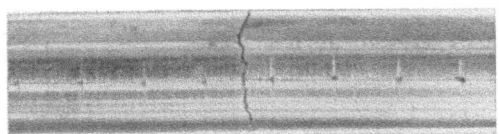

Abb. 44. Zerrissener Rundstab aus Gußeisen. Keine Einschnürung.
$^3/_4$ nat. Größe.

große Fläche, die die Spannungs-Dehnungslinie begrenzt, diejenige Arbeit angibt, die notwendig ist, um den Stab überhaupt zu zerreißen, während die kleine schraffierte Fläche OEA die elastische Formänderungsarbeit des Probestabes innerhalb der Meßlänge bedeutet, wenn in diesem Falle Proportionalität zwischen Spannung und Dehnung besteht. Es ist klar, daß derjenige Baustoff die größte Widerstandsfähigkeit gegenüber äußeren

Beanspruchungen, namentlich Erschütterungen und Stößen (fahrender Eisenbahnzug über eine Brücke) hat, der die größere Arbeitsfläche aufweist, welch letztere hinwiederum also auch als Maß für die Stoßfestigkeit eines Materials angesehen werden kann. Bei Gußeisen wird diese Stoßfestigkeit gering sein, da ein Probestab infolge der kaum merklichen Dehnung glatt reißt (Abb. 44) [1]), welche Tatsache sich in dem Spannungs-Dehnungsbild (Abb. 45) ausdrückt. Spannungen und Dehnungen sind bei Gußeisen nicht proportional. Die Arbeitsfläche der Abb. 43 kann man planimetrisch oder auf andere Weise ausmessen.

Nach diesen wichtigen Betrachtungen über die Festigkeitseigenschaften des schmiedbaren Eisens, die aus dem Zerreißversuch abgeleitet werden, drängt sich die Frage auf, welche Beziehungen ganz allgemein zwischen den Festigkeitseigenschaften und dem Hauptbestandteil des Eisens, dem Kohlenstoff, bestehen. Bekannt ist dem Konstrukteur die Tatsache, daß mit steigendem Kohlenstoffgehalt auch die Festigkeit steigt, die Dehnung aber abnimmt, wie aus Abb. 46 hervorgeht. Da diese beiden Eigenschaften die wichtigsten darstellen, um den Wert des betreffenden Materials zu kennzeichnen, so wird in den Lieferungsbedingungen für Eisen und Stahl fast auch stets nur verlangt, daß dieses oder jenes Material eine bestimmte Festigkeit und Dehnung besitzen muß.

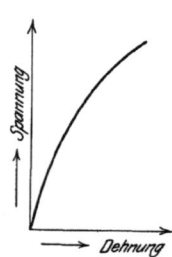

Abb. 45. Spannungs-Dehnungslinie von Gußeisen.

In seltenen Fällen dehnt sich die Vorschrift auf Streckgrenze und Querschnittsverminderung aus. Im gewöhnlichen Leben wird anstatt Zerreißfestigkeit fast immer nur, wie oben schon angedeutet wurde, von Festigkeit gesprochen, und es heißt dann zum Beispiel, daß dieser oder jener Stahl 65 kg Festigkeit haben muß. Hierunter wird nur die Zerreißfestigkeit verstanden, die 65 kg/qmm beträgt. Auch wenn von Dehnung die Rede ist, so wird hierunter nur die Bruchdehnung verstanden.

Auch die Zahlentafel S. 64 gibt einen lehrreichen Überblick über die Festigkeitseigenschaften von Stählen in geglühtem und ungeglühtem Zustande. Elastizitäts- und Fließgrenze wurden dem Spannungs-Dehnungsdiagramm entnommen, das aus den

---

[1]) Aus Bach-Baumann, a. a. O. S. 122.

Die Festigkeit von Eisen und Stahl.

beobachteten Dehnungen und Spannungen aufgezeichnet wurde. Unter der Annahme der Gültigkeit des Hookeschen Gesetzes wurden zur Berechnung des Dehnungskoeffizienten bzw. Elastizitätsmoduls die bis zur Elastizitätsgrenze gehörigen Spannungen und Dehnungen verwendet [1]).

In dieser Zahlentafel gilt die obere Zahlenreihe für ungeglühte, die untere für geglühte Stähle. Sie läßt erkennen, daß zunächst durch das hohe Ausglühen bis 1050° C Festigkeit und Bruchdehnung sich vermindert haben, ferner aber, daß die Elastizitätsgrenze erheblich fällt, dagegen der Elastizitätsmodul nicht wesentlich verändert wird. Erstere liegt bei sämtlichen Stählen erheblich unter der Fließgrenze, und zwar bei geglühten in höherem Maße als bei ungeglühten. Hiernach muß ganz besonders gefordert werden, den Begriff der Elastizitätsgrenze bzw. Fließgrenze bei Festigkeitsversuchen scharf zu umgrenzen.

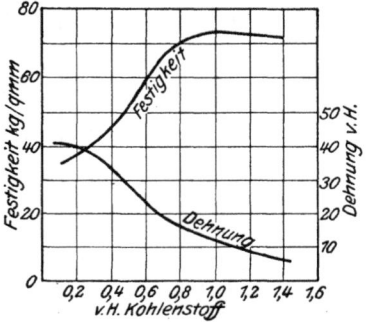

Abb. 46. Festigkeit und Dehnung des schmiedbaren Eisens.

Weiter findet man die Tatsache bestätigt, daß die Festigkeit an der Bruchgrenze (innerhalb gewisser Grenzen) bei einem Kohlenstoffgehalt von etwa 1 v.H. am größten ist. Sie nimmt bis zu diesem Gehalte um etwa 0,44 kg/qmm auf 0,01 v.H. Kohlenstoff zu. Jenseits von rund 1 v.H. Kohlenstoff nimmt die Festigkeit wieder ab. Die Bruchdehnung ermäßigt sich auch hier mit zunehmendem Kohlenstoffgehalte, und zwar sowohl bei den geglühten als auch bei den ungeglühten Stählen. Bei den geglühten Stählen liegt die Elastizitätsgrenze um so niedriger, je höher der Kohlenstoffgehalt ist, die ungeglühten zeigen diese Abhängigkeit nicht in dem gleichen Maße. Also auch hinsichtlich der Festigkeitseigenschaften stellen die Stähle mit 1 v.H. Kohlenstoff, die eutektischen Stähle, einen besonderen Fall dar, was auch nicht zu verwundern ist, da sie das feinste und gleichmäßigste Gefüge, das überhaupt im Stahl vorkommt, das perlitische, aufweisen (Abb. 8).

---

[1] Wawrziniok, Metallurgie 1907. S. 810.

Chemische Zusammensetzung				Elastizitätsgrenze	Fließgrenze	Bruchgrenze	Bruchdehnung	Reziproker Wert des Dehnungskoeffizienten an der Elastizitätsgrenze: Elastizitätsmodul
Kohlenstoff v.H.	Mangan v.H.	Silizium v.H.	Schwefel v.H.	kg/qcm	kg/qcm	kg/qcm	v.H.	
0,63	0,36	0,09	0,02 {	3750 2069	4130 3310	7480 6620	8,6 13,8	2 098 000 2 110 000
0,64	0,30	0,04	0,01 {	2800 1620	3790 2030	7380 6530	13,8 9,6	2 095 000 2 117 000
0,86	0,43	0,05	0,02 {	3530 1400	5410 2530	8770 7310	10,0 8,1	2 098 000 2 097 000
0,94	0,43	0,04	— {	2800 1650	4060 2440	8470 6460	9,9 4,9	2 086 000 2 089 000
0,96	0,45	0,06	0,02 {	5000 1550	5730 2300	8220 6530	7,6 5,0	2 083 000 2 088 000
1,32	0,50	0,02	0,01 {	3800 800	4850 2000	7650 4940	5,5 2,2	2 096 000 2 073 000

Die Proportionalitätsgrenze wird durch den Kohlenstoffgehalt ebenfalls erhöht und auch die Querschnittsverminderung, also das Fließvermögen des Stahls nimmt nicht unwesentlich ab.

Abb. 47 bestätigt noch besonders, daß der Elastizitätsmodul ausgeglühter Stähle mit wachsendem Kohlenstoffgehalt abnimmt, was bei ungeglühten Stählen nicht ohne weiteres zutreffen wird, da hier infolge der vorhergegangenen mechanischen Behandlung (Kalt- oder Warmbearbeitung) und auch durch Spannungen die Ergebnisse überdeckt werden (Wawrziniok). Im allgemeinen scheint der Elastizitätsmodul in höherem Maße von der Bearbeitung und Dauer der Glühung als von der chemischen Zusammensetzung abhängig zu sein.

Da also die Eisensorten von großer Festigkeit nur eine geringe Zähigkeit besitzen und umgekehrt ein sehr zähes Eisen keine erhebliche Festigkeit aufweist, so kann hieraus gefolgert werden, daß das Eisen um so vorzüglicher ist, je größer das Maß beider Eigenschaften nebeneinander ist.

Man könnte daher versucht sein, die Werte beider Eigenschaften zu einer einzigen Zahl zu vereinigen. Diese errechnete Zahl, die Güteziffer, könnte dann einen Maßstab für die Zuverlässigkeit des betreffenden Eisens abgeben. So hat Wöhler vorgeschlagen, die Zugfestigkeit des Eisens (in kg/qmm) und die Querschnittsverringerung an der Bruchstelle (in Hundertteilen des ursprünglichen Querschnitts) zusammenzuzählen und diese Summe als Maßstab für die Güte des Materials, als Güteziffer, zu benutzen. Hat z. B. ein Stahl eine Festigkeit von 60 kg/qmm und eine Querschnittsverringerung von 35 v.H., so wird die Güteziffer 60 + 35 = 95, oder entsprechend 70 + 30 = 100 sein. Bei Anwendung einer solchen Güteziffer muß sowohl für die Festigkeit als auch Querschnittsverringerung ein zulässiges geringstes Maß vorgeschrieben werden, auch muß die Summe dieser beiden zulässigen Werte tiefer liegen als die Güteziffer. Das von Tetmajer vorgeschlagene

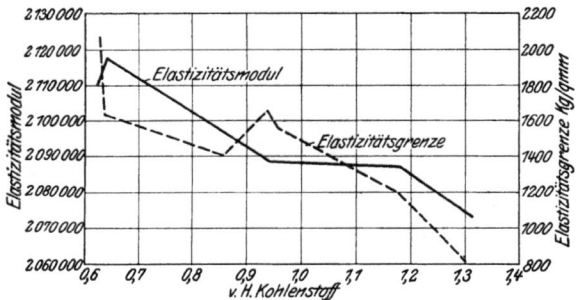

Abb. 47. Veränderung des Elastizitätsmoduls beim schmiedbaren Eisen mit wachsendem Kohlenstoffgehalt. Nach Wawrziniok.

Verfahren geht dahin, die Zahl der zum Bruche erforderlichen Belastung und die stattgefundene Längenausdehnung zu multiplizieren und das erhaltene Produkt als Güteziffer zu bezeichnen.

Den Verfahren von Wöhler und Tetmajer muß jedoch jede Brauchbarkeit abgesprochen werden, denn es ist nicht angängig, zwei ganz verschiedene Begriffe, z. B. Belastung und Querschnittsverminderung zu addieren. Weiterhin gibt die meßbare Querschnittverringerung keinen Maßstab z. B. für die Widerstandsfähigkeit des Eisens gegen Erschütterungen ab.

Aus dem gleichen Grunde ist auch eine Güteziffer aus dem Produkte: Zerreißfestigkeit, Streckgrenze und Dehnung zu verwerfen. Den Lieferanten von Eisen und Stahl wäre bei Einführung einer solchen Güteziffer Tür und Tor geöffnet, fast jedem Material, das in einem der drei Festigkeitswerte den vorgeschriebenen Bedingungen nicht entspricht, durch irgendeine Behandlungsart

(Kalt- oder Warmbehandlung) die verlangte Güteziffer zu verleihen, das Material also abnahmefähig zu machen.

Die Unzweckmäßigkeit der Güteziffer haben zahlreiche Eisenbahnverwaltungen veranlaßt, sie aus ihren Lieferungsbedingungen zu entfernen [1]).

Härte (Brinellsche Härtezahl) und spezifisches Gewicht ändern sich ebenfalls mit zunehmendem Kohlenstoffgehalt nach Abb. 48, die Härte nimmt zu, das spezifische Gewicht ab. Die Bestimmung der Härte nach Brinell und anderen Verfahren soll später besprochen werden (S. 74).

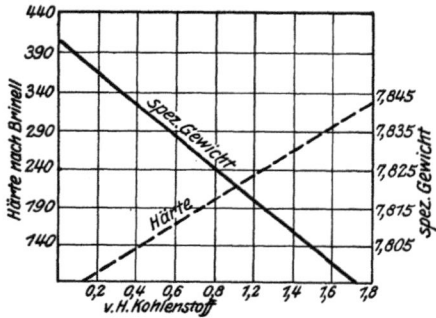

Abb. 48. Veränderung der Härte und des spezifischen Gewichts des schmiedbaren Eisens.

Die aus dem Zugversuch erhaltenen sog. Qualitätszahlen, in erster Linie Festigkeit und Dehnung, geben jedoch in manchen Fällen keine vollständige Beurteilung über die Geeignetheit von Eisen und Stahl für Konstruktionszwecke. Nach der allgemeinen Anschauung wird durch die Ermittlung der Bruchdehnung auch die Zähigkeit des Materials festgelegt, was aber nicht immer der Fall ist, da es viele Materialien gibt, die zwar beim Zugversuch befriedigende Werte für die Festigkeit und Bruchdehnung liefern, aber im fertigen Bauwerk oder in der Maschine sich als spröde erweisen und ihren Zweck vollkommen verfehlen. Gerade im Maschinenbetrieb kommen verhältnismäßig selten solche Bedingungen vor, wie sie im Zugversuch ausgedrückt werden. Dies ist auch der Grund dafür, warum in den Lieferungsvorschriften z. B. die Querschnittsverminderung, die ebenfalls in gewissem Sinne, wie oben schon besprochen wurde, als Maß für die Zähigkeit angesehen werden kann, zumeist fehlt. Solange ein Maschinenteil einer ruhigen, langsam wirkenden Beanspruchung ausgesetzt ist, sind die Qualitätszahlen aus dem Zugversuch wichtig, es ändert sich aber das Bild, sobald der Bauteil einer stoßweisen Belastung

---

[1]) Ledebur, Handbuch der Eisenhüttenkunde. III, S. 34. 5. Aufl.

Die Festigkeit von Eisen und Stahl. 67

ausgesetzt wird. In diesem Falle hat der Zugversuch seine ausschlaggebende Bedeutung verloren und es müssen Untersuchungen zur Erprobung des Materials herangezogen werden, die mit den Beanspruchungen übereinstimmen, denen das Werkstück während seiner Dienstleistung unterliegt.

Ein Mittel, um die Eigenschaften eines Baustoffes gegenüber Stoß- oder Schlagwirkung zu bestimmen, ist in dem sog. **Schlagversuch** gegeben, durch diesen läßt sich die Zähigkeit bzw. Sprödigkeit des Materials einwandfrei festlegen. Der Schlagversuch ist ein ausgesprochener **dynamischer** Versuch, während der Probestab beim Zugversuch nur **statischen** Einwirkungen ausgesetzt wird. Bei Schienen, Radbandagen usw. sind die dynamischen Festigkeitsprüfungen schon lange im Gebrauch, da es sich herausgestellt hat, daß erstere z. B. durch Biegen sich zwar so weit zusammenbiegen lassen, daß sich die Schenkel eines Probestückes berühren, unter Schlagwirkungen, z. B. unter einem Fallwerk, aber ohne große Formänderung zerbrechen. Dieses verschiedenartige Verhalten hat seinen Grund darin, daß beim Schlagversuch innerhalb eines Bruchstückes einer Sekunde die Formänderung plötzlich erfolgt, während welcher die einzelnen Teilchen ganz im Gegensatz zu statischen Beanspruchungen keine Zeit finden, ohne Aufgabe des Zusammenhanges ihre gegenseitige Lage zu ändern. Erst im letzten Jahrzehnt ist der Schlagversuch ganz allgemein als wertvolles Hilfsmittel bei der Materialprüfung herangezogen worden.

Das folgende Beispiel gibt eine Bestätigung für die Tatsache, daß Werkstoffe, wenn sie beim Zugversuch befriedigende Ergebnisse geliefert haben, stoßweisen Beanspruchungen nicht die gleich große Widerstandsarbeit entgegensetzen[1]).

Material	Streckgrenze kg/qmm	Bruchgrenze kg/qmm	Dehnung v.H.	Widerstandsarbeit cmkg/cm³	Zahl der Schläge bis zum Bruch
I	4500	8000	16	1280	6
II	7500	9000	14	1260	20
III	6500	10500	10	1050	3

[1]) **Martens-Heyn**, Handbuch der Materialienkunde. II a, S. 254. Berlin: Julius Springer, 1912.

Legt man den Hauptwert bei der Beurteilung dieser drei Materialien auf die Streckgrenze, so müßte man beim Material II die besten Eigenschaften voraussetzen, selbst wenn auch beim Material I die Widerstandsarbeit, das Formänderungsvermögen, etwas geringer ist als bei I. Material II ergibt aber bei stoßweiser Beanspruchung eine wesentlich höhere Widerstandsarbeit gegenüber Material I, und man wird Material II auf alle Fälle als höherwertigen Konstruktionsstoff bevorzugen und Material III, auch wenn dieses günstige Eigenschaften beim Zugversuch gezeigt hat, ganz außer acht lassen.

Ist in diesem besprochenen Beispiel für die Beurteilung des Materials hinsichtlich seiner Zähigkeit (und Sprödigkeit) die Anzahl der Schläge maßgebend, die den Bruch herbeiführen, so wird für gewöhnlich die Schlagfestigkeit bestimmt, die die Arbeit darstellt, die nötig ist, um das Probestück zu Bruch zu bringen.

Aus der Reihe der Schlagversuche ragt als wichtigster der Schlagbiegeversuch hervor, der daher auch die weiteste Verbreitung im Materialprüfungswesen als einfaches und zuverlässiges Verfahren gefunden hat. Man bedient sich bei dieser Prüfung eines Pendelhammers, der in Kugellagern um eine wagerechte Achse schwingt. Der aus seiner senkrechten Ruhelage bis zu einer bestimmten meßbaren Höhenlage angehobene Hammer wird fallen gelassen, trifft auf seinem Wege das festgelagerte Probestück, zerschlägt es gewöhnlich mit einem Schlage und schwingt dann über die senkrechte Lage hinaus nach der anderen Seite bis zu einer bestimmten Höchstlage, die ebenfalls gemessen werden kann. Die zur Zertrümmerung des Probestückes aufgewendete Arbeit, die Schlagarbeit, kann mithin als Gütemaß eindeutig festgelegt werden. Man bestimmt jedoch stets die sog. spezifische Schlagarbeit, d. h. die auf den Rauminhalt (1 qcm des Bruchquerschnitts) bezogene Arbeit.

Der Schlagbiegeversuch wird fast ausnahmslos an eingekerbten Probestäben vorgenommen, der daher auch allgemein als Kerbschlagprobe (Kerbschlagversuch) bezeichnet wird. Eingekerbte Stäbe sind bekanntlich gegenüber Stoßwirkungen viel empfindlicher als uneingekerbte, und deshalb ist die Kerbschlagprobe ein ausgezeichnetes Mittel, die Sprödigkeit von Konstruktionsmaterialien zu bestimmen, die gewöhnlich beim Zugversuch günstige Festigkeits- und Dehnungswerte aufweisen. Hierdurch wird

Die Festigkeit von Eisen und Stahl. 69

es auch erklärlich, warum scharfe Übergänge, Einschnitte, kleine
Risse oder sogar Kerben unbedingt zu vermeiden sind, wenn Konstruktionsteile auf Schlag oder Stoß beansprucht werden (S. 33).
Von dieser Tatsache macht bekanntlich der Schmied Gebrauch,
wenn er ein Eisenstück zerbrechen will. Er kerbt den Stab ein,
hält das eine Ende fest und führt auf das andere Schläge aus,
wodurch der Stab in der Kerbe zerbrochen wird, und schon aus
diesem Grunde kann man die beim Kerbschlagversuch gemessene
Eigenschaft des Materials als **Kerbzähigkeit** bezeichnen, die
der spezifischen Schlagarbeit entspricht. Diese Kerbzähigkeit ist
zuweilen gering, selbst wenn die Zugprobe genügende Zähigkeit

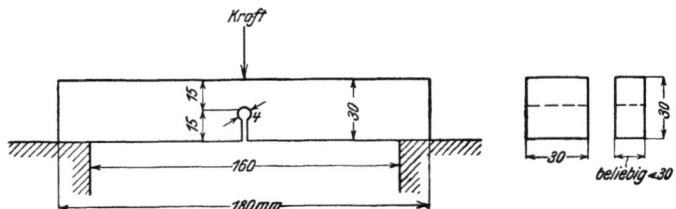

Abb. 49. Probestab für den Kerbschlagversuch.

und eine günstige Widerstandsfähigkeit ergeben hat. Dies trifft
namentlich bei Stahlguß zu, der zwar gewöhnlich hohe Dehnung
und Querschnittsverminderung besitzt, aber von geringerer Kerbzähigkeit ist.

Als einheitliche vom „Internationalen Verband für die Materialprüfungen der Technik" vorgeschriebene Gestalt des Probestabes
gilt die in Abb. 49 dargestellte Form. Die kleineren Querschnittsmaße gelten z. B. für Kesselbleche. Der auf zwei Stützen aufliegende Probestab ist mit einem Rundkerb versehen, da nur
dieser sich im Gegensatz zum Dreieckskerb genauer herstellen
läßt, wodurch u. a. sich auch die Ergebnisse bei Schlagversuchen
vergleichen lassen, was bei Dreiecksкerben wegen ihrer unscharfen
Herstellung nicht ohne weiteres möglich ist. Der Schlitz zu der
Bohrkerbe von 4 mm wird zweckmäßig durch Aussägen erhalten.
Der der Berechnung unterworfene Querschnitt (in Abb. 50
schraffiert) beträgt 4,5 qcm (1,5 × 3,0). In Abb. 51 sind Kerbschlagproben verschiedener Werkstoffe zusammengestellt[1]).

---

[1]) Kruppsche Monatshefte 1920. S. 50.

Der Konstrukteur wird erkannt haben, daß den Kerbwirkungen eine ganz besondere Bedeutung bei der Herstellung von Maschinenteilen u. dgl. zukommt. Heyn[1]) sagt, „daß Kerbung eines auf Biegung beanspruchten Stabes zu starken örtlichen Längsdehnungen im Grunde des Kerbs Veranlassung gibt, woraus auf sehr starke örtliche Zugspannungen an dieser Stelle geschlossen werden darf". Beim ungekerbten Stab verteilt sich die Dehnung auf größere Strecken und erreicht nicht die hohen Beträge, denen der gekerbte Stab ausgesetzt ist. Diese örtliche Anhäufung der Beanspruchungen im Kerbgrunde hat eine bleibende Änderung des Gefüges im Gefolge, die man nach dem Verfahren von Fry[2]) durch eine besondere Ätzung dem Auge sichtbar machen kann. Es entstehen die sog. Kraftwirkungsfiguren, die bei weichen Eisensorten eigentümliche Formen annehmen und den Fließfiguren ähnlich sind (Abb. 39).

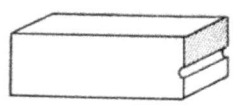

Abb. 50. Schlagquerschnitt (schraffiert) des Normalprobestabes.

Daher muß der Konstrukteur hieraus die Lehre ziehen, „daß plötzliche Querschnittsänderungen in durch Kräfte beanspruchten Bauteilen nach Möglichkeit zu vermeiden sind, da sie in ihrer Wirkung Kerben gleichen. Sind solche plötzlichen Querschnittsänderungen nicht zu umgehen, so muß danach gestrebt werden, den Übergang von einem Querschnitt zum andern durch möglichst große Abrundung zu bewirken".

Werden die durch Kerbung hervorgerufenen wesentlichen Spannungssteigerungen bei der Bemessung von Maschinen und sonstigen Bauteilen nicht bedacht, so wird der Sicherheitsgrad der Konstruktion ganz wesentlich herabgedrückt. „Die Kerbwirkung wird aber nicht nur durch scharf einspringende Kanten hervorgerufen, sondern auch durch Löcher, mögen diese in der Nähe der Oberfläche oder in der Mitte der Teile liegen. Dies ist namentlich bei Blechvernietungen zu beherzigen, wo die Nietlöcher eine ganze Reihe von Kerben im Material bilden. Es ist auch keine seltene Erscheinung, daß in gerissenen Blechen der Riß von einem Nietloch zum anderen überspringt und sich über eine ganze Reihe Nietlöcher fortsetzt."

Materialien, die dauernd zwischen zwei Höchstgrenzen einer wechselnden Angriffsrichtung, also Dauerbeanspruchungen aus-

---

[1]) Martens-Heyn, a. a. O., S. 366, 369 und 376.
[2]) Stahl und Eisen 1921.

Die Festigkeit von Eisen und Stahl. 71

gesetzt sind, sind gegenüber der Einwirkung einspringender Kanten ganz besonders empfindlich. Dies ist namentlich dann der Fall, wenn Zug und Druck oder Zug und Biegung usw. miteinander abwechseln. Schon kleine Anritzungen, ja selbst als harmlos angesehene Verletzungen der Oberfläche haben im Gefolge, daß sich die Zahl der bis zum Bruch führenden Beanspruchungen wesentlich vermindert. Diese anscheinend geringfügigen Mängel sind aber

Abb. 51. Kerbschlagproben. Oben: spröder Werkstoff; mitte: mittelharter Werkstoff; unten: zäher Werkstoff. $^1/_2$ nat. Größe.

nichts weiter als Kerben, die besonders bei Werkstoffen mit starken Reckspannungen das Aufreißen erleichtern (S. 141), weil durch den ungleichen Reckgrad die Spannungen örtlich besonders gesteigert werden.

Viele vorzeitige Brüche von Konstruktionsteilen haben ihre Ursache in der nicht genügenden Berücksichtigung der Entstehung von Kerbwirkungen bei einspringenden Kanten. Nicht alle Baustoffe sind gleich empfindlich gegenüber Kerben. Die größere Zähigkeit der Nickel- und Nickelchromstähle im Vergleich zu den Kohlenstoffstählen wird durch die Kerbschlagprobe viel eher ausgedrückt als durch den Zugversuch. Die Überlegenheit der zuerst genannten Stähle ist daher unbestreitbar, die nur durch die Kerbschlagprobe offensichtlich wird. Ist es dem Konstrukteur aus konstruktiven Gründen nicht möglich, einspringende Kanten, wenn auch noch so geringfügig, abzurunden, so muß er das Material besonders sorgfältig auswählen, wenn namentlich der betreffende Konstruktionsteil wechselnden Beanspruchungen ausgesetzt wird. Brüche in Kurbelwellen beginnen sehr oft in den einspringenden Kanten, um sich dann allmählich bis zum vollständigen Bruch fortzusetzen (Abb. 71). Um dies zu verhindern, hat man bereits mit gutem Erfolge Kurbelwellen aus einzelnen Teilen durch Aufschrumpfen zusammengebaut.

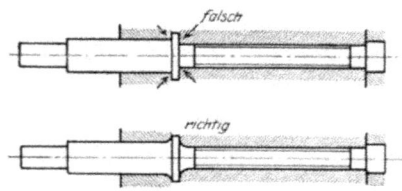

Abb. 52. Hahnspindel einer Corliß-walzenzugmaschine.

Es läßt sich eine große Reihe von Beispielen anführen, aus denen erhellt, daß Brüche an Konstruktionsteilen mit scharfen Eindrehungen, einspringenden Winkeln usw. die Lebensdauer derselben ganz erheblich herabsetzen. Die hochbeanspruchten Pleuelstangenschrauben brechen oft an der scharfen Eindrehung zum Gewinde ab. Scharfkantig eingeschnittene Keilnuten, eingeschlagene Zahlen und Zeichen begünstigen die Rißbildung. Scharfkantig eingesetzte Laufradschaufeln für Dampfturbinen können für diese Maschinen verhängnisvoll werden. Schroffe Querschnittsübergänge von Wellen und Achsen machen oftmals alle Berechnungen zunichte (Abb. 52[1]). An stoßweise Beanspruchungen und Dauerbelastungen muß daher bei der Berechnung von beweglichen Maschinenteilen stets gedacht werden. Eisenbahnachsen z. B. erleiden durch die Schienenstöße, die Wellen von Kraftwagen durch die Unebenheiten der Straße sich stets wiederholende schlagartige Beanspruchungen. Wenn die Konstruktionen nicht geändert werden können, so sind sanfte Übergänge, wenn möglich kräftige Hohlkehlen, ein Mittel, die Gefährlichkeit der Kerbwirkungen zu mildern (S. 23). An diese überaus wichtige Regel muß der Konstrukteur immer wieder erinnert werden, wenn er Bauteile entwirft oder in der Werkstatt herstellt.

---

[1] Falsch und richtig ausgeführte Konstruktionsstücke finden sich bei Wendt, Zeitschr. d. Ver. deutsch. Ingenieure 1922. S. 606, 642 und 670.

Die Festigkeit von Eisen und Stahl. 73

Der Kerbschlagversuch muß unbedingt dort gefordert werden, wo ein Material durch den Zugversuch nicht einwandfrei bewertet werden kann. Zug- und Kerbschlagversuch müssen daher vielfach Hand in Hand gehen. In der nachstehenden Zahlentafel sind Ergebnisse von Zerreißfestigkeits- und Kerbschlagversuchen an Kohlenstoffstählen zusammengestellt[1]). Eine gesetzmäßige Beziehung zwischen den Werten der Zugprobe und der spezifischen Schlagarbeit bei der Kerbschlagprobe besteht hiernach nicht.

Bruch-grenze	Streck-grenze	Dehnung	Quer-schnitts-verminderung	Spez. Schlag-arbeit	
kg/qcm	kg/qcm	v.H.	v.H.	mkg/qcm	
4330	2300	26,5	64	4,6	zu heiß verschmiedet
4510	2560	26,0	70	20,4	
4510	2560	26,7	60	4,6	zu heiß verschmiedet
4510	3010	20,4	56	18,5	
4650	2830	26,3	63	22,4	
4760	—	17,5	30	11,2	
4860	2390	29,2	56	17,2	
4910	—	18,3	19	12,0	
5040	2950	24,5	70	22,6	
5050	2810	26,4	60	4,7	Eisenbahnachse im Betrieb gebrochen
5090	—	26,9	57	19,9	
5330	—	26,1	59	18,8	
5480	3450	26,3	61	22,4	
5570	3090	25,0	64	24,1	
5710	2740	22,0	52	4,6	Eisenbahnachse im Betrieb gebrochen
5920	3890	28,3	57	15,1	
6100	3090	19,3	53	4,6	} Eisenbahnachse im Betrieb gebrochen
6330	3010	19,4	44	3,7	
6450	4070	28,3	65	22,1	
6540	3360	20,0	57	7,1	
6630	3180	19,3	39	3,8	} zu heiß verschmiedet
6720	3800	22,0	59	9,0	
6720	4220	18,6	56	15,7	
8750	4950	12,8	22	5,6	
10000	6540	12,1	36	8,5	
11230	7520	10,0	35	5,6	

Mit den hier näher beschriebenen, für den Konstrukteur wichtigsten mechanischen Untersuchungsverfahren ist das Gebiet der Prüfung von Eisen und Stahl keineswegs erschöpft. Wie eingangs schon bemerkt wurde, kommt auch noch eine Reihe anderer Beanspruchungen vor, denen Konstruktionsstücke während ihrer Dienst-

---

[1]) Ehrensberger, Stahl und Eisen 1907. S. 1797.

leistung ausgesetzt sind (S. 48). Zunächst sind es weitere dynamische Beanspruchungen: Druck, Biegung, Knickung, Scherung, Verdrehung. Die bei diesen Versuchen ermittelten Endergebnisse finden ihren Ausdruck in der **Druckfestigkeit, Biegungsfestigkeit, Knickfestigkeit, Scherfestigkeit (Schubfestigkeit)** und **Verdrehungsfestigkeit (Torsionsfestigkeit)**. **Dauerversuche** sind bei solchen Bauteilen am Platze, die ständig wechselnde Beanspruchungen und Stöße erleiden. Eine genaue Beschreibung aller dieser Prüfungsverfahren ist an dieser Stelle nicht möglich, und es muß daher für eine eingehende Belehrung auf das in der Fußnote 1 S. 51 angeführte Schrifttum verwiesen werden. Hier finden sich auch alle Einzelheiten über Prüfungsmaschinen und sonstige Geräte, die für die mechanische Untersuchung von Eisen und Stahl von Wichtigkeit sind.

Von besonderer Bedeutung sind für den Konstrukteur die sog. **technologischen Proben**. Diese lassen schon ohne besondere maschinelle Einrichtungen mit einfachen Mitteln ein Urteil über die Brauchbarkeit von Konstruktionsteilen namentlich hinsichtlich der Zähigkeit, Bildsamkeit und Bearbeitbarkeit zu, und sie werden daher, da sie schnell und leicht auszuführen sind, sehr oft als Ergänzung zu eingehenderen mechanischen Untersuchungen herangezogen. Es kommen hier namentlich die **Schmiedeprobe, Biegeprobe** und **Schweißprobe** in Betracht (S. 133).

Die Bestimmung der **Härte** (**natürliche** und **künstliche Härte**) wird sehr oft in den Bereich der Materialprüfung gezogen. Mit Härte kann man den Widerstand bezeichnen, den ein Körper dem Eindringen eines anderen Körpers entgegensetzt. Die praktische Härteprüfung bedient sich gewöhnlich des **Eindruckverfahrens**, der Bestimmung der **Sprunghärte** und der **Ritzhärte**. Nach dem ersten Verfahren, z.B. nach dem von **Brinell**, wird die Härte mit Hilfe einer Stahlkugel, die in die zu prüfenden Werkstoff langsam eingedrückt wird, ermittelt (**Brinellsche Härtezahl, Brinellsche Härte, Brinellhärte, Kugeldruckhärte**). Das zweite Verfahren bedient sich einer fallenden Kugel, z. B. nach **Shore** (**Shorehärte, Skleroskophärte, Kugelfallhärte, Sprunghärte**), während bei der Bestimmung der **Ritzhärte** ein Diamant in Tätigkeit tritt, der unter einer eingestellten Belastung einen Ritz (Ritzbreite wird gemessen) in dem Probestück erzeugt. Eine genaue Beschreibung aller dieser Verfahren findet sich in den in der Fußnote 1 Seite 51 genannten Werken.

V. Die Nebenbestandteile im Eisen und Stahl.

Im ersten Abschnitt ist bereits betont worden, daß alle Eisen- und Stahlsorten stets gewisse Mengen von Nebenbestandteilen, wie Mangan, Silizium, Schwefel und Phosphor, zuweilen auch Kupfer, Arsen und andere Fremdkörper, etwa Schlackeneinschlüsse, Gase usw. enthalten, die je nach ihrer Höhe einen bestimmenden Einfluß namentlich auf die Festigkeitseigenschaften des Eisens ausüben können. Diese Tatsache ist dem Konstrukteur bekannt und ganz besonders weiß er, daß namentlich Schwefel und Phosphor dem Eisen schlechte Eigenschaften verleihen: dieser erzeugt Kaltbruch, jener Rotbruch, d. h. übersteigt der Phosphorgehalt ein bestimmtes Maß, so ist das Eisen bereits im kalten Zustande gegen plötzliche Beanspruchungen, etwa Stoß, sehr empfindlich, während ein zu hoher Schwefelgehalt Eisen und Stahl bei höheren Temperaturen, etwa Schmiedehitze, brüchig macht. Aus dieser Erkenntnis heraus schreibt der Konstrukteur auch den Stahlwerken vor, daß das zu liefernde Material einen festgelegten Schwefel- und Phosphorgehalt nicht überschreiten darf, das nicht abgenommen wird, wenn sich dieser Gehalt nachträglich als zu hoch erweist. Alle Abnahmevorschriften für Eisen- und Stahlerzeugnisse enthalten daher in der Regel die Grenzwerte für Schwefel und Phosphor, denen der Erzeuger, der Hüttenmann, unbedingt Rechnung tragen muß. Zeigen sich beim Einbau von Konstruktionsteilen späterhin bei dem verwendeten Material irgendwelche Mängel, so wird der Konstrukteur, selbst wenn die verlangten Festigkeitseigenschaften voll erreicht sind, noch nachträglich eine chemische Untersuchung vornehmen, um festzustellen, ob ihm das Stahlwerk vorschriftsmäßig zusammengesetztes Material geliefert hat. Er wird dann, wenn sich trotzdem die geringe Brauchbarkeit des Materials für bestimmte Konstruktionsstücke, für die ihm das Stahlwerk die Gewähr gegeben hat, herausgestellt hat und

Fehler in der späteren Behandlung (Glühen, Schmieden, Schweißen usw.) nicht vorgelegen haben, dieses für den entstandenen Schaden verantwortlich machen. Es erscheint daher angebracht, dem Konstrukteur diejenigen Tatsachen zu vermitteln, die durch die ungewollten Beimengungen im Eisen und Stahl sich als feststehend erwiesen haben. Hier kommt nur der Einfluß der Metalloide auf Eisen und Stahl in Betracht: Schwefel, Phosphor, Arsen und des Metalls Kupfer, die bereits als Begleitstoffe in dem für die Herstellung von schmiedbarem Eisen verwendeten Roheisen enthalten sind und von Wasserstoff, Stickstoff und Sauerstoff, die in Eisen und Stahl bei ihrer Gewinnung hineingekommen sind.

Infolge der großen Verwandtschaft des Schwefels zum Eisen, der aus den Eisenerzen und namentlich aus dem Brennstoff, dem Koks, während des Niederschmelzens im Hochofen herrührt, werden auch das erzeugte Roheisen und die aus ihm in weiteren Verfahren gewonnenen schmiedbaren Eisensorten stets Schwefel enthalten, der im Roheisen bis zu 0,2 v.H. und darüber steigen kann. Zwar kann durch besondere Verfahren der Schwefelgehalt des Roheisens auf seinem weiteren Gange zum schmiedbaren Eisen durch gewisse Schmelzmaßnahmen beträchtlich vermindert werden, jedoch ist es bisher noch nicht geglückt, den letzten Rest des Schwefels zu beseitigen.

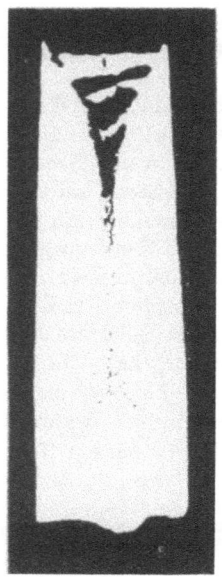
Abb. 53. Rohblock, nicht gepreßt.

Abb. 54. Nach dem Harmetverfahren gepreßter Block.

Die Nebenbestandteile im Eisen und Stahl. 77

Infolge von Lunkererscheinungen, zu denen sich auch noch nachteilige Seigerungsvorgänge (Abb. 53 u. 55) beim Erstarren des Gußblocks, aus dem durch Walzen und Schmieden die verschiedensten Handelseisensorten hergestellt werden, gesellen, sind neben Schwefel auch alle anderen Bestandteile, denen man im Eisen begegnet, wie Kohlenstoff, Silizium, Mangan und Phosphor im oberen Teile (am Kopfende) des erstarrten Blocks, und zwar

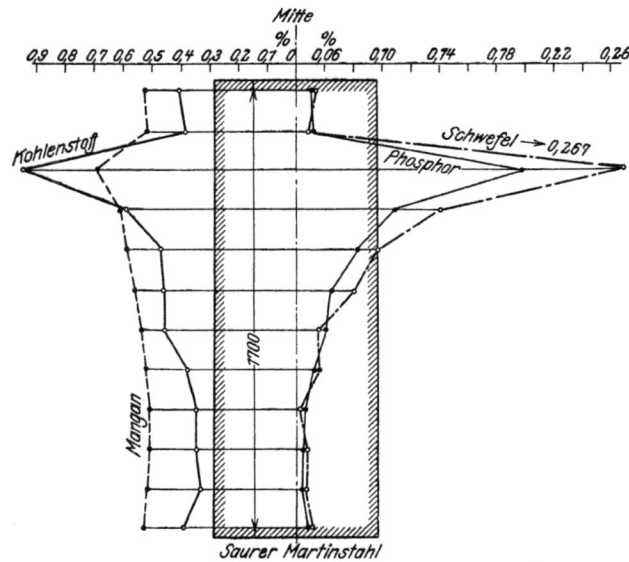

Abb. 55. Seigerung in einem Flußeisenblock.

vornehmlich nach der Mittelachse zu angereichert, dagegen ist diese Anhäufung im Blockende wenig oder gar nicht zu spüren. Recht deutlich geht diese Entmischung, Seigerung des Blocks aus der Abb. 55 hervor [1]. Schwefel, Phosphor und Kohlenstoff sind im Blockkopfe stark angereichert und gewöhnlich dort, wo der Block am längsten flüssig bleibt [2]). Die aus der Pfanne entnommene Durchschnittsprobe enthielt 0,38 v.H. Kohlenstoff,

---

[1]) Die Abb. 53, 54, 63, 66, 83, 99, 160 und 166 sind aus Oberhoffer, Das schmiedbare Eisen. Berlin: Julius Springer 1920. — Abb. 55 ist aus Bauer-Deiß, Probenahme und Analyse von Eisen und Stahl. Berlin: Julius Springer 1922.

[2]) Heyn, Stahl und Eisen 1906. S. 583.

0,52 v.H. Mangan, 0,05 v.H. Phosphor und 0,06 v.H. Schwefel, der Kopf des gegossenen Blocks dagegen 0,95 v.H. Kohlenstoff, 0,70 v.H. Mangan, 0,20 v.H. Phosphor und 0,27 v.H. Schwefel. Phosphor und Schwefel sind also um etwa viermal höher als beim flüssigen Pfannenmaterial. Die Seigerung wird wesentlich durch das Temperaturgefälle zwischen Blockrand und Blockmitte beeinflußt. Wäre es praktisch möglich, dieses Temperaturgefälle während der Erstarrung des Blocks vollständig auszugleichen, so könnte von einer nennenswerten Seigerung keine Rede sein.

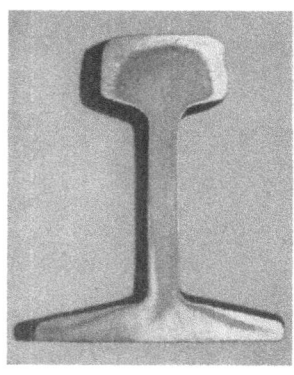

Abb. 56. Querschliff einer Grubenschiene. Seigerung. ½ nat. Größe.

Es ist klar, daß die Seigerungen auch dann verbleiben, wenn die betreffenden Stahlblöcke durch Schmieden oder Walzen gestreckt werden. In diesen Schmiede- oder Walzerzeugnissen wird alsdann eine ausgesprochene Zonenbildung vorhanden sein, es wird sich an die schwefel- und phosphorarme Randzone die stark schwefel- und phosphorhaltige Kernzone anschließen. Durch besondere Ätzverfahren, die später ausführlich besprochen werden, kann Seigerung in Schienen, Stangen, Blechen usw. leicht festgestellt werden (S. 87). Abb. 56 gibt den Querschliff einer Grubenschiene mit starker scharf begrenzter Seigerung wieder [1]).

Selbstverständlich werden auch die Festigkeitseigenschaften von Eisen und Stahl durch Seigerung beeinflußt. Der Zugversuch kehrt die Unterschiede zwischen Rand und Kern nicht besonders deutlich hervor, doch die Kerbschlagbiegeprobe kann hier schnell Auskunft geben. So stellte Heyn [2]) bei einer im Betrieb gebrochenen Pleuelstangenschraube, die im Kern Seigerung aufwies (0,08 v.H. Schwefel und 0,08 v.H. Phosphor), fest, daß ein Probestab aus diesem nur eine Biegung, der Rand (0,05 v.H. Schwefel und 0,05 v.H. Phosphor) dagegen drei Biegungen aus-

---

[1]) Von Herrn Professor Loebe, Technische Hochschule Charlottenburg, freundlichst zur Verfügung gestellt.
[2]) Stahl und Eisen 1906. S. 13.

hielt. Die Randzone stellte daher ein vorzügliches Material dar, während die spröde Kernzone stoßweisen Beanspruchungen nicht gewachsen war.

Beim Zugversuch wurden mit dem gleichen Material folgende Werte erzielt:

	Streckgrenze	Bruchgrenze	Dehnung auf 100 mm Meßlänge
	kg/qmm	kg/qmm	v.H.
Randzone	23,8	37,1	25,5
Kernzone	27,5	42,5	22,4

Die Materialprüfung wird daher bei der Entnahme von Versuchsstäben auf Seigerung Rücksicht nehmen müssen. Probestäbe aus der Mitte von starken Werkstücken geben oftmals ein falsches Bild von den Festigkeitseigenschaften des Materials. An der frischen Bruchstelle solcher Probestäbe kann man mitunter Seigerungen, die einen matteren Glanz und eine dunklere Farbe als ein gesunder Bruch zeigen, wahrnehmen.

Zur Vornahme von chemischen Untersuchungen an Walz- oder Schmiedeerzeugnissen müssen die Analysenspäne über den ganzen Querschnitt entnommen werden, erst dann erhält man eine einwandfreie Durchschnittsprobe.

Da die Tatsache der Ansammlung der verschiedenen Beimengungen im oberen Teile des Flußeisen- oder Stahlblocks dem Hüttenmann nicht neu ist und er dieser Anreicherung, namentlich der schädlichen Verunreinigungen, nicht in vollem Maße begegnen kann, muß er diesen angereicherten Teil des Blockes, den verlorenen Kopf, entfernen, bevor er den restlich größeren Teil des Blockes in das Walzwerk gibt. Auf Erfahrungstatsachen gestützt, wird der Hüttenmann genau die Größe des abzutrennenden verlorenen Kopfes kennen, der restliche Teil wird die zulässige Grenze des Schwefel- und auch des Phosphorgehaltes im ausgewalzten Material dann gewöhnlich nicht überschreiten. Dennoch kommt es vor, daß fertige Eisen- und Stahlstangen, wenn sie der Verbraucher später chemisch untersucht, hin und wieder einen höheren Schwefel- und Phosphorgehalt aufweisen. Diesen höheren Schwefelgehalt findet man zumeist in den Stangenenden, woraus gefolgert werden muß, daß der verlorene Kopf diesmal nicht in der richtigen Größe abgetrennt wurde. Werden dann diese Stahlstangen jeweils verkürzt, so kann man sicher gehen, daß nunmehr der Rest der Stangen vollkommen einwandfrei ist.

Die abgeschnittenen Enden lassen sich dann für weniger hochbeanspruchte Konstruktionsteile verwenden, Ausschuß in ausgesprochenem Sinne sind sie jedenfalls nicht.

Man hat Verfahren erdacht, um unter Umgehung des verlorenen Kopfes den noch eben flüssigen bis teigigen Block zu dichten. Ein solches Verfahren rührt von Harmet her, das bereits bei einer Reihe von Stahlwerken eingeführt ist. Durch eine besondere Anlage wird das Material durch Wasserdruck in die sich nach oben verjüngende Blockform hineingepreßt, wodurch also von allen Seiten ein Druck auf das Eisen ausgeübt und der Lunkerbildung, der Entstehung von Schwindhohlräumen, vorgebeugt wird (Abb. 54).

In welcher Form befindet sich nun der Schwefel im Eisen? Die chemische Analyse wird hierüber nichts aussagen können, da sie nur den Schwefel als Element angeben kann, nicht aber die Verbindung, die er möglicherweise mit dem Eisen eingeht. Sorgfältige Untersuchungen der verschiedensten Forscher haben nun gezeigt, daß der Schwefel sowohl an das Eisen als Schwefeleisen (FeS), als auch an das Mangan, das bekanntlich in jedem Handelseisen vorkommt, als Schwefelmangan (MnS) gebunden vorkommen kann.

Während man dem Schwefelmangan einen weniger schädlichen Einfluß auf die mechanische Widerstandsfähigkeit des Eisens zuschiebt, ist dies in erheblichem Maße bei dem Schwefeleisen der Fall, das mit dem Eisen sog. Mischkristalle bildet. Diese Mischkristalle (feste Lösung mit dem Eisen) sind bei etwa 850° C sehr spröde und dementsprechend muß als die schlimmste Temperatur der Rotbrüchigkeit des Eisens die Rotglut bezeichnet werden. Das Schwefeleisen erfährt nämlich bei dieser Temperatur Umwandlungen, die mit Volumenvergrößerungen verbunden sind, lockert also bei dieser Temperatur das Gesamtgefüge des Eisens auf, wobei es auf die umgebende Eisenhülle einen Druck von etwa 3000 Atm. ausüben soll[1]). Dieser Wert liegt an der Elastizitätsgrenze des reinen Eisens, jedoch unterhalb von Nickel- und Kohlenstoffstählen. Das Schwefeleisen ist bei starker Vergrößerung, natürlich nur bei ungewöhnlich hohem Schwefelgehalt des Eisens in den Zwischenräumen zwischen den einzelnen Eisenkristallen in Form eines die Ferritkörner umhüllenden Netzwerkes zu erkennen oder in Form von Bändern oder Adern

---

[1]) Treitschke und Tammann, Zeitschr. f. anorg. Chem. 1906. S. 320.

Die Nebenbestandteile im Stahl und Eisen. 81

zwischen den Eisenkristallen zu finden, andererseits aber enthalten die Eisenkristalle bei niedrigeren Schwefelgehalten einen feinen Staub von Schwefeleisen, der sich aber anscheinend erst nach ihrer Kristallisation ausgeschieden hat. Die Hauptmasse des Eisens besteht aus hellem Ferrit, in welchem dunkle Inselchen verstreut sind, die neben Perlit zum großen Teil aus Sulfideutektikum bestehen. Abb. 57 zeigt ein Eisen mit 0,24 v.H. Kohlenstoff und 0,40 v.H. Schwefel[1]). Auch hier ist die Grundmasse Ferrit, in dem gradlinig

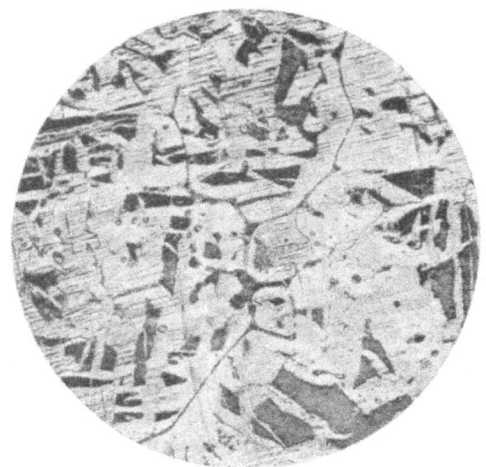

Abb. 57. Flußeisen mit 0,24 v.H. Kohlenstoff und 0,40 v.H. Schwefel. Ferrit, Perlit und Schwefeleiseneutektikum (netzartig). V = 100.

begrenzte Flächen von Perlit eingestreut sind. Außerdem sieht man noch ein Netzwerk von grauem Schwefeleiseneutektikum, wodurch sehr grobe Körner entstehen. Dieses Eutektikum ist in allen Fällen auch ohne besondere Ätzung unter dem Mikroskop sichtbar.

Der Schwefelgehalt bewirkt also in niedriggekohlten Eisensorten eine Vergröberung des Korns, bei höher gekohlten Eisensorten, bei denen also der Perlit vorherrscht, befindet sich das Schwefeleiseneutektikum nicht in Form eines Zellenwerks an den Begrenzungsflächen des Ferrits allein, sondern in der Hauptsache in Form von rundlichen Knötchen oder Flecken sowohl im Perlit als auch

[1]) Liesching, Metallurgie 1910. S. 257.

Schäfer, Konstruktionsstähle.

im Ferrit zusammengezogen, woraus gefolgert werden muß, daß das eutektische Gemisch bei weniger als 1 v.H. Schwefeleisen nicht mehr ausreicht, um ein die Ferritkörner umschließendes Netzwerk zu bilden. Hier werden sie also als Knötchen oder rundliche Flecken vorhanden sein. Auf alle Fälle schwächt also das bereits bei etwa 1000° C schmelzende Schwefeleiseneutektikum den Materialzusammenhang ganz wesentlich.

Es hat sich gezeigt, daß dieses Schwefeleiseneutektikum bei der Erhitzung Sauerstoff aufnimmt. Je höher die Temperatur steigt, um so mehr wird dieses Eutektikum in das Schwefeleisen-Sauerstoffeutektikum umgewandelt. Diese Schwefeleisen-Sauerstoffverbindung, die im Gegensatz zum taubengrauen Schwefelmangan und dem gelb erscheinenden Schwefeleisen durch alkoholische Salzsäure dunkel gefärbt wird, erkennt man unter dem Mikroskop etwa in der Farbe des Bleiglanzes. Durch die Aufnahme des Sauerstoffs in das Schwefeleiseneutektikum läßt sich das Auftreten des Rotbruches schon bei 700° C erklären. Wenn also technische Eisensorten mit höherem Schwefelgehalt bei Rotglut bearbeitet werden, so nehmen sie auf alle Fälle Sauerstoff infolge der großen Neigung dieses Eutektikums für Sauerstoff auf. In diesem Falle kann man daher auch sagen, daß der Einfluß des Schwefels der nämliche ist, wie der vom Eisen aufgenommene Sauerstoff in Form eines Oxyds, der dann ebenfalls Rotbruch veranlaßt. Die Wirkung des Schwefels und Sauerstoffs bei Rotglut auf das schmiedbare Eisen, welch letzterer erst beim Schmieden in das Eisen hineinkommt, ist also gleich. Beide erzeugen Rotbruch, und zwar durch den in jedem Falle entstandenen Oxydgehalt des Eisens[1]).

Es ist bereits gesagt worden, daß auch der Schwefel in Form von Schwefelmangan sich besonders natürlich in manganreichen Eisensorten vorfindet. Mangan besitzt eine noch größere Verwandtschaft zum Schwefel als das Eisen, weshalb man dieses Element als Entschwefelungsmittel bei eisenhüttenmännischen Verfahren anwendet. Dieses bei etwa 1620° C erstarrende reine Schwefelmangan sondert sich im spezifisch schwereren flüssigen Eisen ab, steigt an die Oberfläche des Metallbades und wird hier von der Schlacke aufgenommen. Dies ist namentlich dann der Fall, wenn das Eisen einen größeren Gehalt an Kohlenstoff hat, der Erstarrungspunkt des Eisens also verhältnismäßig niedrig liegt.

---

[1]) Becker, Stahl und Eisen 1912. S 1017.

Das schmiedbare Eisen dagegen hat eine hohe Erstarrungstemperatur, und daher ist es leicht erklärlich, daß gewisse Teilchen von Schwefelmangan nicht so schnell an die Oberfläche steigen können, sondern vom Bade festgehalten werden, besonders wenn dieses nicht mehr dünnflüssig genug oder zu früh erstarrt ist. Dieses Schwefelmangan findet sich dann später in dem festen Eisen wieder. Unter dem Mikroskop erkennt man auf einem ungeätzten Schliff diese Teilchen von Schwefelmangan als Einsprenglinge meist in Form von Kügelchen an ihrer blaugrauen Farbe, das daher leicht von dem gelblichbraunen Schwefeleisen bzw. dessen Eutektikum zu unterscheiden ist. Es wird angenommen, daß es sich hier nicht um reines Schwefelmangan, sondern um eine bei 1365° C erstarrende Schwefelmanganeisenverbindung handelt, die für die praktische Verwendbarkeit des Eisens nicht so gefährlich ist wie die Schwefeleisenverbindung, da sie eine gewisse Zähigkeit besitzt und beim Walzen, Ziehen, Strecken usw. nicht so leicht zerbricht, sondern Formänderungen zugänglich ist[1]. Dieses einen hohen Schmelzpunkt besitzende Schwefelmangan hat nun aber nicht die Eigenschaft, Sauerstoff aufzunehmen wie das Schwefeleiseneutektikum, und daher wird dieses Schwefelmangan nicht Rotbruch verursachen. Dieser ist vielmehr immer auf den an das Eisen gebundenen Schwefel zurückzuführen. Die chemische Analyse eines Eisens zeigt stets den Gesamtschwefelgehalt an, sie läßt nicht erkennen, wieviel Schwefel an Eisen und wieviel an Mangan gebunden ist. Von verschiedenen Forschern ist bisher ohne jeden Erfolg versucht worden, analytische Verfahren zur Trennung von Schwefeleisen und Schwefelmangan auszubilden. Diese Kenntnis des Anteils des Schwefels an Eisen oder Mangan ist an sich auch weniger von Bedeutung, vielmehr wird der Konstrukteur die wichtige Folgerung hieraus ziehen müssen, daß manganhaltiges Schmiedeeisen oder manganhaltiger Stahl mit nicht zu hohem Schwefelgehalt keine Neigung zum Rotbruch zeigen, für den Rotbruch vielmehr nur der an das Eisen gebundene Schwefel verantwortlich ist. Da aber alle schmiedbaren Eisensorten Mangan enthalten, so kann der Schwefelgehalt, ohne Rotbruch zu erzeugen, um so höher sein, je höher der Mangangehalt ist. Eine Unterscheidung von Schwefeleisen und Schwefelmangan läßt sich nur durch besondere Ätzverfahren erreichen.

---

[1] Vgl. Röhl, Stahl und Eisen 1913. S. 565 und Ferrum 1913/14. S. 220.

Es soll noch auf die Tatsache hingewiesen werden, daß Verbrennungsgase und die Gase der Glühöfen zumeist Schwefeldioxyd (schweflige Säure) enthalten. Diese Gase oxydieren das Eisen und der sich gebildete Glühspan nimmt leicht Schwefel auf. Man findet daher im Glühspan mitunter wesentliche Schwefelmengen. So ermittelte Oberhoffer im Glühspan von großen Schmiedestücken, die vorher in einem Ofen erwärmt waren, 0,2 v. H. Schwefel[1]). Wenn man auch annehmen kann, daß dieser Glühspan das darunter befindliche metallische Eisen vor der Schwefelaufnahme schützt, so muß doch der Hüttenmann darauf achten, daß die zur Verfeuerung gelangenden Kohlen für Glühöfen schwefelarm sind. Andererseits wird man aber auch bei der Vornahme der chemischen Analyse von Eisenstücken darauf Bedacht nehmen müssen, daß der Glühspan entfernt wird, da man sonst bei der Auffindung eines zu hohen Schwefelgehaltes sehr leicht in der Ansicht bestärkt wird, daß das ganze Stück reichlich Schwefel enthält, also für Konstruktionszwecke verworfen werden muß.

Der Konstrukteur braucht aber nicht sogleich ängstlich zu sein, wenn er gelegentlich einen verhältnismäßig hohen Schwefelgehalt in seinem Baueisen findet. Bewegt sich der Mangangehalt auf einer gewissen Höhe, so kann er sicher gehen, daß Rotbruch nicht zu befürchten ist. Immerhin wird man aber darauf sehen müssen, daß der Schwefelgehalt die Grenze von 0,05 v. H. in schmiedbaren Eisensorten bei einem Mangangehalt von 0,6—0,8 v. H. nicht überschreitet. Ist der Mangangehalt außerordentlich gering, oder ist Mangan überhaupt nicht nachzuweisen, was allerdings in den seltensten Fällen vorkommen wird, so können schon 0,02 v.H. Schwefel gefährlich sein. Sofern die Vorschriften für die Abnahme von Eisen und Stahl auch die chemische Zusammensetzung einschließen, wird man stets die oben angedeuteten Grenzzahlen für Schwefel und Mangan finden.

Um sich schnell ein Bild von der Verteilung des Schwefels im Stahl und Eisen zu machen, bedient man sich der sog. Schwefelprobe. Die Schwefelprobe von Heyn und Bauer, ein Abdrückverfahren zum Nachweis von Sulfiden, stützt sich auf die Tatsache, daß die im Eisen und Stahl vorkommenden Sulfide des Eisens und Mangans (Schwefeleisen bzw. Schwefelmangan) mit verdünnter Salzsäure Schwefelwasserstoff entwickeln. Zu diesem Behufe wird auf die Schliffffläche des betreffenden Probestückes

---

[1]) Das schmiedbare Eisen. S. 47.

ein Seidenläppchen gelegt, das mit einer salzsauren Quecksilberchloridlösung getränkt ist. Etwaige Sulfideinschlüsse entwickeln Schwefelwasserstoff, der als schwarzes Schwefelquecksilber auf dem Seidenläppchen ausfällt. Auf diese Weise können stärkere örtliche Ansammlungen von Schwefelseigerungen erkannt werden, wie sie z. B. Abb. 58 deutlich anzeigt. Hier weisen die dunklen Streifen und Punkte auf Sulfideinschlüsse in Material hin.

Nach der Baumannschen Schwefelprobe können die Sulfideinschlüsse in ähnlicher Weise kenntlich gemacht werden wie nach dem obigen Verfahren. Dieses ist jedoch dem von Baumann, der in verdünnte Schwefelsäure eingetauchtes Bromsilberpapier benutzt, vorzuziehen, weil nach dem zweiten Verfahren nicht nur Sulfid-, sondern auch Phosphideinschlüsse mitangezeigt werden, daneben Schwefelwasserstoff auch Phosphorwasserstoff entsteht, der Silbersalze ebenfalls schwärzt. Eine scharfe Kennzeichnung von Schwefel- und Phosphoranreicherungen ist daher

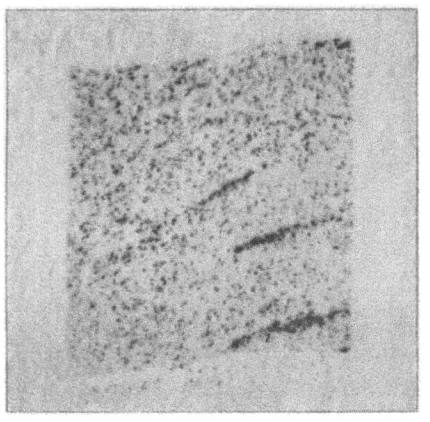

Abb. 58. Schwefelabdruck auf Seide.

nach diesem Verfahren nicht möglich, es liefert nur gute Dienste zur Feststellung von Seigerungsstellen, die zumeist schwefel- und phosphorreich sind. Werden jedoch für das Bromsilberpapier die richtigen Mischungsverhältnisse eingehalten (1 Teil konzentrierte Schwefelsäure vom spezifischen Gewicht 1,84 auf 60—100 Teile Wasser), so soll auch das Baumannsche Verfahren schwefelreiche Stellen in den technischen Eisensorten namentlich bei kurzer Einwirkungsdauer anzeigen.

Was nun den Einfluß des Schwefels auf die Festigkeitseigenschaften des schmiedbaren Eisens im allgemeinen betrifft, so sei hier auf die Untersuchungen von Unger verwiesen[1]), der feststellte,

---

[1]) Stahl und Eisen 1917. S. 592. — Die Abb. 58, 60 61 und 62 sind aus Bauer-Deiß, a. a. O.

daß bei den weichen Eisensorten mit 0,09 v.H. Kohlenstoff und steigendem Schwefelgehalt (von 0,03—0,18 v.H.) die Festigkeitseigenschaften gleich blieben, dagegen bei den mittelharten Stählen mit 0,32 v. H. Kohlenstoff und 0,032—0,23 v. H. Schwefel die Festigkeitszahlen etwas abfielen, wenn der Schwefelgehalt 0,1 v.H. überschritt (Abb. 59). Bei harten Stahlsorten mit 0,51 v. H. Kohlenstoff war bei steigendem Schwefelgehalt eine Abnahme der Bruchbelastung, jedoch eine Zunahme der Querschnittsverminderung, also der Zähigkeit, zu beobachten. Aus diesen Versuchen ergibt sich also, daß ein Stahl mit mehr als 0,1 v.H., etwa bis 2 v.H. Schwefel, nicht in gewöhnlichem Sinne als schlecht angesprochen werden darf, da er sich in qualitativer Hinsicht nicht oder nur kaum von dem schwefelarmen Material unterscheidet, wenn man von der Schlagfestigkeit absieht, die z. B. bei Schienen und Achsen mit steigendem Schwefelgehalte abnimmt.

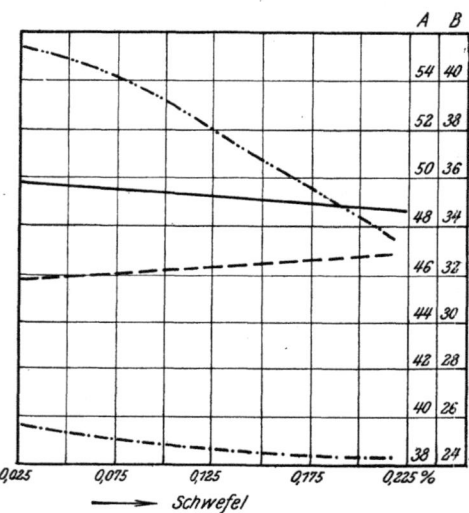

A   Festigkeit in kg/qmm
B — — — — Elastizitätsgrenze in kg/qmm
B —·—·—·— Dehnung in v.H (200 mm Meßlänge)
A —··—··— Querschnittsverminderung in v.H.

Abb. 59. Einfluß des Schwefels auf die Festigkeitseigenschaften von 200 mm U-Eisen mit 0,32 v.H. Kohlenstoff. Nach Unger.

Da aber nach den obigen Ausführungen der Schwefel sehr stark zum Seigern, also zu ungleichmäßiger Verteilung neigt, so ist natürlich bei der Klärung der Frage über die höchsten zulässigen Schwefelgehalte im Eisen und Stahl gerade diesem Umstande Rechnung zu tragen und dieser schon aus diesem Grunde möglichst niedrig zu halten.

Es erhebt sich oftmals die Frage, welchen höchsten Gehalt an Phosphor ein sonst normales Flußeisen haben darf, ehe es spröde und rissig wird. In schmiedbaren Eisensorten sollte der

Phosphorgehalt 0,04 v.H. nicht überschreiten, hin und wieder kommen aber auch höhere Gehalte vor, wie im Schweißeisen bis zu 0,2 v.H., ohne daß das Material für gewöhnliche Zwecke unbrauchbar wird. Da der Phosphor das Eisen **kaltbrüchig** macht und er aus diesem Grunde ein sehr unbeliebter Begleiter des Eisens ist, so ist die Kenntnis über die Art des Phosphors im Eisen wichtig, der ebenso wie der Schwefel aus dem Roheisen, namentlich dem Thomasroheisen (mit bis 2 v.H. Phosphor) stammt. Der in den Roheisensorten zur Herstellung von schmiedbarem Eisen vorhandene Phosphor kann durch hüttenmännische Verfahren (Thomasverfahren) nicht restlos entfernt werden, er wird daher auch in jedem schmiedbaren Eisen vorhanden sein. Man kann annehmen, daß der Phosphor an das Eisen als Eisenphosphid gebunden ist, der sich in niedriggekohlten Eisensorten in fester Lösung (als Mischkristalle) zumeist im freien Ferrit vorfindet und das Eisen grobkörnig macht. An sich wird das Gefüge durch die in den technischen schmiedbaren Eisensorten auftretenden sehr begrenzten Phosphormengen nicht verändert, auch sind diese Mengen zu gering, um das Auftreten neuer sichtbarer Gefügebestandteile zu veranlassen. Das Vorhandensein des Phosphors als feste Lösung ist für die Eigenschaften des Eisens günstiger als seine Anwesenheit in fester sichtbarer Form, wie dies beim Schwefel beschrieben ist. Diese zwischen den Eisenkristallen ausgeschiedene feste Form eines nichtmetallischen spröden Körpers unterbricht den Zusammenhang zwischen den einzelnen Eisenkristallen, während der Phosphor dank seiner festen Lösung sich auf einen größeren Raumteil des Eisens verteilt. Hierdurch wird die Einwirkung des Phosphors auf das Eisen wesentlich abgeschwächt und auch die Neigung zur ungleichmäßigen Verteilung, also zum Seigern, im Vergleich zum Schwefel geringer. Auch ist noch zu beachten, daß Phosphor auf das Eisen härtesteigernd wirkt.

In den Seigerungsstellen wird daher neben dem Schwefel auch der Phosphor stets angereichert sein, wie bereits in Abb. 55 gezeigt wurde.

Ähnlich wie die ungleichmäßige Verteilung des Schwefels durch besondere Verfahren nachgewiesen werden kann, so lassen sich auch die Phosphoranreicherungen nach einem anderen Verfahren von Heyn und Bauer leicht feststellen Dieses Verfahren besteht darin, daß man die vorbereitete Probe mit der nach oben gerichteten ebenen Fläche in ein mit Kupferammoniumchloridlösung (1:12) beschicktes Gefäß bringt, nach kurzem Schütteln des Gefäßes (20—30 Sekunden) die Probe unter einem Wasserstrahl abspült und den roten Kupferniederschlag mit einem Wattebausch entfernt. Die phosphorreichen Stellen werden durch das Ätzmittel tief dunkel gefärbt, nehmen auch einen bronzefarbenen Ton an, während die phosphorarmen oder phosphorfreien Stellen hell bleiben. In der Abb. 60 sind die scharf hervortretenden dunklen Streifen phosphorreiche Ansammlungen. Die Randzone enthält 0,09, die Kernzone 0,12 und die Kernzone sowie die dunklen Streifen und deren Umgebung weisen 0,20 v.H. Phosphor auf.

Dieses Heynsche Verfahren eignet sich jedoch nur für weiches Eisen, auch Schweißeisen, versagt aber bei gewöhnlichem Stahl und auch bei Sonderstählen, da bei kohlenstoffreicheren

Abb. 60. Querschliff eines Schiffsbleches Seigerung.

Eisensorten auch der Perlit durch Kupferammoniumchlorid dunkel gefärbt wird. Durch die mikroskopische Betrachtung dieser dunklen Stellen läßt sich jedoch dieser Perlit von den dunklen Phosphorseigerungen unterscheiden. Außerdem haftet bei Stahl der Kupferniederschlag zu fest an, so daß schon aus diesem Grunde die Heynsche Ätzung ausscheidet. Um Phosphoranreicherungen in kohlenstoffreicheren Eisensorten, also im Stahl festzustellen, bedient man sich des Verfahrens von Oberhoffer, nach dem eine Lösung von 500 ccm destilliertem Wasser, 500 ccm Äthylalkohol, 0,5 g Zinnchlorür, 1 g Kupferchlorid, 30 g Eisenchlorid und 50 ccm konzentrierte Salzsäure verwendet wird. Durch dieses Mittel werden die phosphorärmeren Stellen stärker angegriffen als die phosphorreicheren. Diese erscheinen hell und glänzend, während die ersteren aufgerauht sind und einen dunklen Ton annehmen, im Gegensatz zu der Ätzung mit Kupferammoniumchlorid (Abb. 61 und 62).

Sowohl das Heynsche als auch das Oberhoffersche Verfahren dient vorzugsweise zur makroskopischen Prüfung von

Die Nebenbestandteile im Eisen und Stahl.

Eisen und Stahl. Dies heißt, daß schon mit bloßem Auge nach der Ätzung die Phosphoranreicherungen wahrnehmbar sind. Den Einfluß des Phosphors auf die Eigenschaften des Flußeisens mit einem Kohlenstoffgehalte von 0,12 bis 0,16 v.H. und einem Phosphorgehalte von 0,012 bis zu 1,24 v.H. ansteigend hat d'Amico eingehend untersucht[1]), der zu dem Ergebnis gelangt, daß bis zu einem gewissen Phosphorgehalte eine Steigerung der Festigkeit auftritt. Da aber bekanntlich der Phosphor eine Vergröberung des Korns hervorruft und auch auf eine ungleichmäßige Verteilung des Ferrits und Perlits hinwirkt, so ist es einleuchtend, daß diese Steigerung der Festigkeit in dem Augenblick aufhört, wo die Wirkung des Phosphorgehaltes auf Korngröße und Kornverteilung einsetzt. Bereits ein Phosphorgehalt von 0,1 v.H. vergrößert das Korn erheblich, jenseits dieser Grenze wird dies nicht mehr wahrgenommen. Die Elastizitätsgrenze wird um etwa 2,7 kg/qmm für je 0,13 v.H. Phosphor erhöht, während die Zugfestigkeit bis zu einem Gehalte von etwa 0,5 v.H.

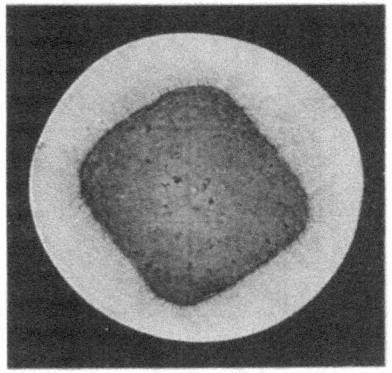

Abb. 61. Rundeisen mit Kupferammoniumchlorid geätzt. Seigerung.

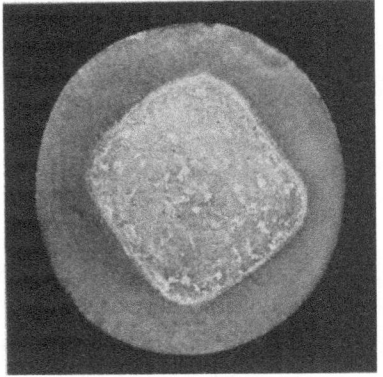

Abb. 62. Rundeisen mit dem von Oberhoffer verbesserten Rosenhainschen Ätzmittel geätzt.

gesteigert wird, um von da ab wieder zu fallen. Dehnung und Schlagfestigkeit werden bei geringem Phosphorgehalt entsprechend

---

[1]) Ferrum 1913. S. 289.

90 Die Nebenbestandteile im Eisen und Stahl.

der Festigkeitszunahme verringert, die bei höheren Phosphorgehalten ganz aufhören (Abb. 63).

Die einfache Biegeprobe wird noch oft dazu benutzt, um sich über die Qualität von Eisen und Stahl zu unterrichten und vor allen Dingen aus dem Grunde, um den durch Phosphor begünstigten Kaltbruch festzustellen. Ein einfacher eingekerbter Stab wird durch Hammerschläge umgebogen. Man kann auf das Vorhandensein von mehr oder weniger Kaltbruch schließen, je nachdem das Material kleinere oder größere Durchbiegungen erträgt, ehe es zu Bruch kommt. Eine schärfere Prüfung läßt jedoch der Schlagversuch zu. Die hierbei zu ermittelnde spezifische Schlagarbeit sinkt bei phosphorhaltigem Eisen mit steigendem Phosphorgehalt. Über 0,24 v.H. Phosphor ist das Material sehr spröde, was auch der entsprechende Linienzug in Abb. 63 anzeigt.

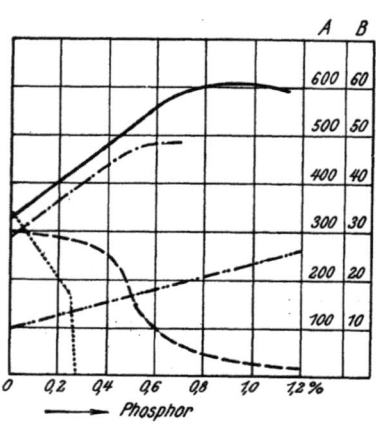

B ——— Zugfestigkeit kg/qmm
B – – – Dehnung v.H.
B –·–·– Streckgrenze kg/qmm
A —··—··— Härte nach Brinell
B ········ Schlagfestigkeit mkg/qcm

Abb. 63. Einfluß des Phosphors auf die Festigkeitseigenschaften, Härte und Schlagfestigkeit von weichem Flußeisen. Nach d'Amico.

Aus diesen Untersuchungsergebnissen erhellt, daß der Hüttenmann stets bestrebt sein muß, den Phosphorgehalt so niedrig wie möglich zu halten, damit unliebsame Überraschungen bei beanspruchten Konstruktionsteilen vermieden werden.

Auch Kupfer wird sowohl im Roheisen als auch im schmiedbaren Eisen gefunden. Die früher übliche Ansicht. daß Kupfer im Eisen und Stahl Rotbruch verursacht, ist jedoch nach neueren Forschungen bei geringeren Kupfergehalten nicht aufrecht zu erhalten. Die gründlichsten Untersuchungen über den Einfluß des Kupfers auf Eisen und Stahl rühren von Lipin[1]) her, die das Ergebnis lieferten, daß die Zerreißfestigkeit des Flußeisens mit

---

[1]) Stahl und Eisen 1910. S. 536.

Die Nebenbestandteile im Eisen und Stahl.

steigendem Kupfergehalte im allgemeinen zunimmt, während die Dehnung fällt (Abb. 64). Bei einem Flußeisen mit 0,7—0,15 v.H. Kohlenstoff tritt vollständige Rotbrüchigkeit erst bei 3 v.H. Kupfer auf. Auch das Schweißen wird durch einen Kupfergehalt erschwert und hört bei 2 v.H. ganz auf. Da Kupfer in den angegebenen Mengen in den technischen Eisensorten, zumal im schmiedbaren Eisen nicht vorkommt, und ein ungünstiger Einfluß des Kupfers in den gewöhnlich vorkommenden Grenzen auf die Eigenschaften des Eisens nicht festgestellt ist, so soll auch die gelegentliche Auffindung von abweichenden hohen Kupfergehalten keine Besorgnis erregen.

Arsen kommt in schmiedbaren Eisensorten bis zu höchstens 0,2 v.H. vor. Es stammt ebenfalls aus dem Eisenerz und läßt sich auf dem Wege vom Roheisen zum schmiedbaren Eisen nicht entfernen. Dieses wird in seinem Gefüge durch einen Arsengehalt nicht beeinflußt. Das Arsen ist wie der Phosphor im Eisen gelöst und schon aus diesem Grunde ist seine geringere Schädlichkeit für das Eisen gegeben. Man neigt sogar zu der Ansicht, daß die Annahme, Arsen verursache Rotbruch, übertrieben ist,

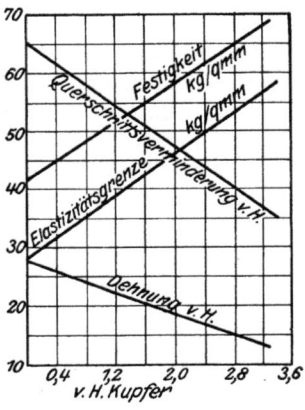

Abb. 64. Einfluß des Kupfers auf die Festigkeitseigenschaften von Stahl mit 0,4 v.H. Kohlenstoff. Nach Lipin.

und legt ihm weder einen nützlichen noch einen schädlichen Einfluß bei, wenigstens nicht bei den Gehalten, die man gewöhnlich in schmiedbaren Eisensorten findet. Jedenfalls sollte der Gehalt an Arsen die oben angegebene Grenze nicht überschreiten, da es dann auf alle Fälle ein unerwünschter Begleiter ist.

Von Interesse sind die Ergebnisse von Untersuchungen, die Liedgens[1]) über arsenhaltiges Flußmaterial (0,08—0,07 v.H. Kohlenstoff und 0,12—3,5 v.H. Arsen) angestellt hat. Hiernach ist anzunehmen, daß das Arsen die Schmiedbarkeit des Eisens in Hellrotglut (bis etwa 2,8 v.H. Arsen) nicht beeinträchtigt, erst darüber hinaus sind Anzeichen von Rotbruch bemerkbar.

---

[1]) Stahl und Eisen 1912. S. 2109.

Bei 0,4 v.H. beginnt bereits Kaltbruch, der bei höher steigendem Arsengehalt alsdann schnell zunimmt. Ein Arsengehalt von 0,27 v.H. verringert bereits die Schweißbarkeit im Feuer, die mit steigendem Gehalt an Arsen bald gänzlich aufhört. Dagegen verhält sich die autogene Schweißung besser und auch die elektrische Schweißung läßt sich noch mit höheren Arsengehalten durchführen. Auch hier zeigt sich ähnlich wie beim Schwefel die günstige Wirkung des Mangans. Ohne die Gegenwart von Mangan wird die Schmiedbarkeit beeinträchtigt, schon bei 2 v.H. Arsen wird sie stark vermindert und bei 1,25 v.H. tritt bereits Rotbruch auf. Auf die Kaltbrüchigkeit und Schweißbarkeit ist die gleichzeitige Anwesenheit von Mangan ohne nennenswerten Einfluß. Bis zu hohen Arsengehalten läßt sich Flußeisen noch gut walzen, auch auf das Emaillieren, Verzinken und Verzinnen von Blechen ist kein wesentlicher Einfluß von Arsen bemerkbar. Mit bis 1 v.H. Arsen lassen sich aus 0,5 mm starkem Blech noch Hohlgefäße ohne Anzeichen von Rissen herstellen.

Die Zugfestigkeit des Flußeisens sowohl im ausgeglühten als auch abgeschreckten Zustand wird bis etwa 2 v.H. Arsen gesteigert, darüber hinaus fällt sie ab. Bis zu einem Gehalte von etwa 1,6 v.H. Arsen fallen Dehnung und Querschnittsverminderung langsam und von da ab schnell bis etwa 3 v.H. Arsen.

Nach diesen Versuchen kann man dem Arsen weder einen nützlichen noch schädlichen Einfluß auf das schmiedbare Eisen zusprechen, jedenfalls kommt es für gewöhnlich in diesem nur in zu vernachlässigenden Mengen vor.

Was vom Arsen gesagt ist, dürfte sich im allgemeinen auch auf Antimon übertragen lassen. Da aber Antimon im Eisen und Stahl nur in seltenen Fällen anzutreffen ist, ist auch über den Einfluß des Antimons auf die Festigkeitseigenschaften und sonstigen Verhältnisse bei Eisen und Stahl nichts für den Konstrukteur Wichtiges bekannt geworden, wenn man von einigen Angaben Ledeburs absieht, nach dem Antimon bei einem Gehalt von 1 v.H. das Eisen gänzlich unbrauchbar macht[1]). Die Wirkung des Antimons läßt sich wohl mit derjenigen des Arsens vergleichen, wie auch die Wirkung des Arsens sehr wohl mit der Eigentümlichkeit des Phosphors im Eisen in Einklang gebracht werden kann.

---

[1]) Handbuch der Eisenhüttenkunde I, S. 374. 5. Aufl.

Die Nebenbestandteile im Eisen und Stahl. 93

Bezogen sich die vorstehenden Ausführungen auf die im schmiedbaren Eisen vorkommenden unerwünschten nichtmetallischen Stoffe, so muß aber auch der Konstrukteur darüber unterrichtet sein, wie sich das Eisen Gasen gegenüber verhält und wie namentlich dessen Festigkeitseigenschaften durch diese beeinflußt werden. Die häufig im schmiedbaren Eisen vorkommenden Hohlräume. die sogenannten Gasblasen, sind mit Gasen von verschiedener Zusammensetzung angefüllt (Abb. 65). Hauptsächlich kommen Gemische von Stickstoff, Kohlenoxyd, Kohlendioxyd und Wasser-

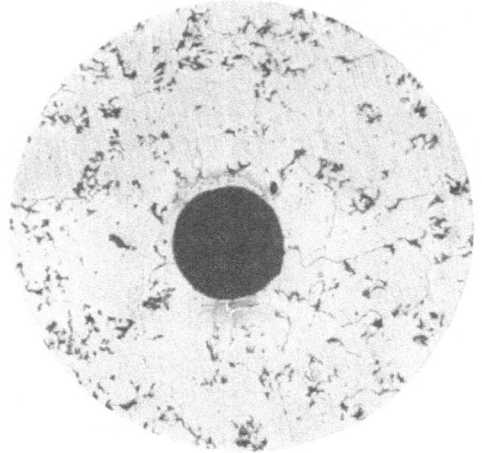

Abb. 65. Gasblase im Stahlguß. V = 80.

stoff vor, die entweichen, wenn man Eisenspäne erhitzt. Hinsichtlich der Zusammensetzung der vom Eisen in unsichtbarer Form festgehaltenen oder okkludierten Gase herrscht unter den Fachleuten keine Übereinstimmung.

Im Verlauf der verschiedenen Schmelzverfahren kommt das flüssige Eisenbad mit Heiz- oder Frischgasen verschiedener Zusammensetzung in Berührung, die in gewissem Sinne vom Eisen aufgenommen, gelöst werden. Je höher die Temperatur ist, um so größer ist auch das Lösungsvermögen des Eisens für Gase. Dies gilt gleichermaßen für das flüssige Eisenbad als auch für das nachträglich erhitzte Eisen.

Was zunächst den Stickstoff betrifft, so hat das Eisen die Neigung, diesen zu binden. Diese feste Verbindung des Stickstoffs mit dem Eisen soll nach Annahme der Stahlmacher auf das schmiedbare Eisen schädlich wirken. Schon frühzeitig hatte man gefunden, daß das Bessemereisen einen größeren Stickstoffgehalt aufweist als das Herdflußeisen, und glaubte die größere Sprödigkeit des Bessemereisens auf diesen höheren Gehalt an Stickstoff zurückführen zu müssen. Auch heute noch neigt man der Ansicht zu, daß die bisweilen beobachtete außergewöhnliche Brüchigkeit von Stahl ihre Ursache nicht in dem hohen Schwefel- und Phosphor-

Abb. 66. Eisen-Stickstofflegierung mit geringem Stickstoffgehalt. V = 100.

gehalt hat, sondern in dem hohen Stickstoffgehalt, der im Verlaufe der verschiedenen Schmelzverfahren vom Stahl aufgenommen wird.

Wenn auch die Frage über den Einfluß des Stickstoffs auf Eisen und Stahl noch keineswegs geklärt ist, so sollen doch die Ergebnisse der Untersuchungen von Tschischewski[1]) hier angeführt werden, der nachwies, daß Eisen z. B. aus einem Ammoniakstrom Stickstoff aufnimmt, und zwar ist der Stickstoff an Silizium und Mangan als Stickstoffsilizium bzw. Stickstoffmangan gebunden. Diese neuen Bestandteile gehen mit dem Eisen eine feste Lösung ein. Das so entstandene Eisennitrid ist auf einem geätzten Schliff

---

[1]) Stahl und Eisen 1916. S. 147.

Die Nebenbestandteile im Eisen und Stahl. 95

unter dem Mikroskop an seinem nadeligen Aussehen in den Ferritkörnern, die hierdurch spröde werden, erkennbar (Abb. 66). Dieses nadelige Gefüge ähnelt sehr dem Martensit in gehärteten Kohlenstoffstählen. Nach Strauß[1]) trifft man diese Nadeln im Gefüge von Martineisen mit einem Stickstoffgehalte von 0,01 v.H. und darunter nicht an, wohl aber im Thomaseisen mit einem Stickstoffgehalt von 0,028 v.H. Auch sind diese Nadeln stets in elektrisch geschweißten Schweißnähten vorhanden, die bis zu 0,12 v.H. Stickstoff aufweisen können, wohingegen autogen mit Azetylen geschweißte Proben mit bis 0,02 v.H. Stickstoff diese Nadeln nicht enthalten.

Duhr[2]) hat Thomasmaterial vor und nach der Desoxydation auf seinen Stickstoffgehalt untersucht. Er ermittelte folgende Werte:

Stickstoff v.H.

vor der Desoxydation	nach der Desoxydation
0,0123	0,0103
0,0131	0,0139
0,0264	0,0291

Tschischewski fand im Bessemerstahl 0,0135—0,153 v. H. Stickstoff, im Martinstahl erheblich weniger, nämlich 0,00312 bis 0,00532 v.H.

Die bisher vorliegenden Ergebnisse über den Einfluß des Stickstoffs auf die Festigkeitseigenschaften des Eisens scheinen nicht einwandfrei zu sein, da die verschiedenen analytischen Bestimmungsverfahren nicht übereinstimmende Werte liefern. Man neigt aber der Ansicht zu, daß das Verfahren von Tschischewski dem Verfahren von Braune, nach dem höhere Stickstoffwerte gefunden werden, vorzuziehen ist. Infolgedessen kann man auch den Ergebnissen von Tschischewski einigen Wert beimessen, die in Abb. 67 wiedergegeben sind. Man erkennt, daß die Dehnung mit steigendem Stickstoffgehalt stark fällt.

Der Hüttenmann wird daher zunächst nur Interesse für die Löslichkeit des Stickstoffs im flüssigen Eisen haben und wie dieser sich während der Erstarrung des Blocks in der Gußform verhält. Durch das Entweichen des Stickstoffs wird jedenfalls einer Blasen-

---
[1]) Stahl und Eisen 1914. S. 1814.
[2]) Vgl. Mitteilungen aus dem Kaiser-Wilhelm-Institut für Eisenforschung, II, S. 39. Düsseldorf 1921. — Ferrum 1914/15. S. 74.

bildung Vorschub geleistet. Es wäre aber eine dankenswerte Aufgabe, unter Berücksichtigung aller praktischen und theoretischen Umstände den Einfluß des Stickstoffs unter Würdigung aller bereits in neuerer Zeit vorliegenden ähnlichen Untersuchungsergebnisse auf das fertige Eisen- und Stahlmaterial einwandfrei zu klären, zumal analytische Verfahren zur quantitativen Bestimmung des Stickstoffs hinreichend genau ausgebildet sind.

Kohlenoxyd und Kohlendioxyd entstehen zum größten Teile im Verlaufe des Schmelzens und werden von schmiedbaren Eisen festgehalten. Der Wasserstoff rührt aus den Heiz- und Verbrennungsgasen, aber auch aus den Desoxydationsmitteln Ferromangan und Ferrosilizium her, um ebenfalls in das Metallbad überzugehen. Goerens und Paquet[1]) haben eine Reihe technischer Eisensorten auf ihren Gasgehalt untersucht, die in der folgenden Zahlentafel übersichtlich zusammengestellt sind.

Zusammensetzung					Werkstoff	Gewichtsprozente				Summe
Kohlenstoff v.H.	Mangan v.H.	Phosphor v.H.	Schwefel v.H.	Silizium v.H.		Kohlendioxyd	Kohlenoxyd	Wasserstoff	Stickstoff	
0,05	0,36	0,11	0,045	—	Thomas-	0,0040	0,0196	0,0003	0,0029	0,0268
0,08	0,40	0,08	0,048	—	flußeisen	0,0090	0,0352	0,0006	0,0025	0,0383
0,08	0,40	0,05	0,030	—	Martin-	0,0048	0,0341	0,0005	0,0061	0,0455
0,15	0,37	0,06	0,060	—	flußeisen	0,0048	0,0410	0,0009	0,0024	0,0443
0,15	0,49	0,011	0,012	0,02	Elektro-	0,0058	0,0092	0,0012	0,0048	0,0210
0,26	0,43	0,068	0,023	0,10	stahl	0,0053	0,0098	0,0012	0,0041	0,0214
0,45	0,38	0,018	0,022	0,27		0,0058	0,0167	0,0013	0,0042	0,0280
0,98	0,45	0,158	0,075	0,015		0,0043	0,0688	0,0010	0,0083	0,0842
1,16	0,38	0,017	0,016	0,18		0,0050	0,0900	0,0010	0,0124	0,1085
084	0,36	0,041	0,017	0,15	Tiegelstahl	0,0058	0,0391	0,0007	0,0015	0,0471
097	0,14	—	0,010	0,12		0,0098	0,0712	0,0017	0,0020	0,0847

Hiernach weisen die Elektrostahlsorten im allgemeinen einen geringeren Gasgehalt auf als die gewöhnlichen Flußeisensorten, eine Tatsache, die dazu beiträgt, daß diesem Material bessere Qualitätseigenschaften zugesprochen werden als den anderen schmiedbaren Eisensorten. Prozentual am niedrigsten ist bei allen

---

[1]) Ferrum 1914/15. S. 57 und 73.

Proben der Gehalt an Wasserstoff, vorausgesetzt, daß das Eisen sorgfältig hergestellt und gut desoxydiert ist.

Goerens und Collart[1]) haben durch Versuche nachgewiesen, daß die Gase in Flußeisenblöcken ebenfalls zu Seigerungen neigen wie die übrigen Fremdkörper. Man kann daher auch von Gasseigerungen im Eisen und Stahl sprechen. Im allgemeinen enthält die Blockmitte mehr Gas als der Rand. Man findet in Flußeisenblöcken vielfach gleichmäßig angeordnete Randblasen. Nur dann entsteht ein dichter Gußblock, wenn die entwickelten Gase im flüssigen Eisen aufsteigen können. Ein nachträgliches Dichten der Blöcke hat den Zweck, etwa vorkommende Gasblasen zu verschweißen (S. 80). Diese Verschweißung gelingt aus dem Grunde, weil infolge eines Überschusses an Kohlenoxyd und Wasserstoff die Innenflächen der Gashohlräume blank bleiben. Stehen diese aber mit der Außenluft in Verbindung, so überziehen sich die Oberflächen der Hohlräume mit einer Oxydhaut, die eine Verschweißung ausschließt. Beim Auswalzen eines solchen Blocks entsteht alsdann eine rissige Oberfläche, die dem Werkstück ein unsauberes Aussehen verleiht.

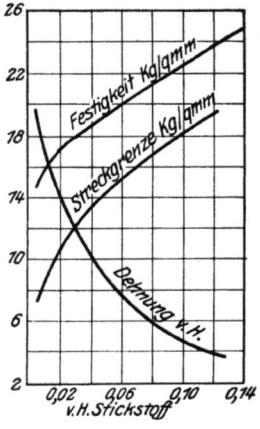

Abb. 67. Einfluß des Stickstoffs auf die Festigkeitseigenschaften von weichem Flußeisen. Nach Tschischewski.

Einer besonderen Eigentümlichkeit des Wasserstoffs soll noch gedacht werden, der der Konstrukteur erhöhte Aufmerksamkeit zuwenden muß. Wird nämlich schmiedbares Eisen zum Zwecke des Beizens, d. h. zur Reinigung der Oberfläche von Glühspan oder Zunder mit verdünnten Säuren behandelt, so wird der entstehende Wasserstoff vom Eisen aufgenommen, das hierdurch spröde und brüchig wird. Man spricht alsdann von der sogenannten Beizbrüchigkeit von Eisen und Stahl. Namentlich neigen schwache Querschnitte zur Beizbrüchigkeit, eine Tatsache, die man besonders bei der Draht- und Blechherstellung beobachten kann, da der Wasserstoff sich schneller eines dünnen Querschnitts bemächtigt. Ihren Ausdruck

---

[1]) Ferrum 1916. S. 145.

Schäfer, Konstruktionsstähle.

findet die Beizbrüchigkeit in der sehr schwachen Biegsamkeit des Drahtes oder Bleches. So kann man feststellen, daß einige Stunden mit verdünnter Schwefelsäure behandelte Drähte nur zwei oder weniger Biegungen aushalten, während sie im unbehandelten Zustande zehn und mehr Biegungen ertragen. Auch gehärtete und angelassene Stähle sind sehr empfindlich gegen das Beizen, was namentlich bei Federn sehr in die Wagschale fällt. Drähte können unmittelbar nach dem Beizen infolge ihrer Brüchigkeit nicht weitergezogen werden. Drahtseile, die mit säurehaltigen Grubenwässern in Berührung kommen, können hierdurch spröde werden. Bei der Klärung von Seilbrüchen ist auf diesen Umstand Bedacht zu nehmen. Auch die Schlagfestigkeit von gebeiztem Eisen verringert sich, dagegen scheint eine Beeinflussung der Zugfestigkeit durch das Beizen nicht stattzufinden.

Auf S. 254 wird besonders darauf hingewiesen, daß der im ungeglühten Elektrolyteisen vorhandene Wasserstoff dieses spröde und hart macht, die Sprödigkeit aber durch Glühen aufgehoben wird. Das gleiche gilt auch für gebeizte Drähte und Bleche. Schon eine mäßige Erwärmung treibt den Wasserstoff aus und hebt die Beizbrüchigkeit vollständig auf. Ebenso verschwindet die Wasserstoffsprödigkeit durch längeres Lagern der gebeizten Stücke an einem trockenen Orte schon bei gewöhnlicher Temperatur, so daß die ursprünglichen Eigenschaften des Eisens wiederkehren.

Dekapierte Bleche sind durch Säuren entzunderte Bleche (einmal und doppeltdekapierte Bleche).

Wenn Sauerstoff im Eisen nachgewiesen wird, so ist er an das Eisen als Eisenoxydul gebunden. Freier Sauerstoff ist bisher in Gasblasen nicht nachgewiesen worden. Die Annahme, daß Sauerstoff das Eisen rotbrüchig macht, glauben Oberhoffer und d'Huart[1]) widerlegt zu haben, die fanden, daß der in Form von Eisenoxyduleinschlüssen im Eisen vorhandene Sauerstoffgehalt in Höhe von sogar 0,14 v.H. auf die Schmiedbarkeit keineswegs ungünstig einwirkt, da diese mikroskopisch nachgewiesenen Einschlüsse plastisch sind und sich daher im Sinne der Formänderungskräfte recken lassen. Anscheinend hat hier ein hoher Mangangehalt verbessernd gewirkt, so daß das Ergebnis der genannten Versuche nicht ohne weiteres auch auf manganarme Eisensorten übertragen werden kann. Das Bestreben des Eisenhüttenmannes wird stets

---

[1]) Stahl und Eisen 1919. S. 165.

darauf gerichtet sein, das flüssige Eisen so sauerstoffarm wie möglich zu erhalten, zu welchem Behufe ihm die sog. Desoxydationsmittel (Aluminium, Ferromangan usw.) zur Verfügung stehen.

Nachdem nunmehr alle wichtigen fremden Bestandteile und Einlagerungen, die sich in den schmiedbaren Eisensorten vorfinden, besprochen worden sind, wird der Konstrukteur und der in der Praxis stehende Ingenieur erkannt haben, daß die eingehende Kenntnis aller dieser unerwünschten Nebenbestandteile ungemein wichtig ist. Viele Fehler, die sich nachträglich bei fertigen Konstruktionsstücken einstellen, haben oft in dem einen oder anderen der erwähnten ungewollten Begleiter ihren Ursprung. Sie sind zwar nicht immer sofort zu erkennen und lassen sich auch nicht mehr ausschalten, aber sie gewähren eine Handhabe, vor der Verwendung von Eisen und Stahl das brauchbare Material von dem unbrauchbaren zu scheiden. Der Verlust, der durch die Ausmerzung von fehlerhaften Stücken, Stangen, Blechen usw. vor ihrer Weiterverarbeitung entsteht, ist immer noch geringer, als wenn das fertige Stück später verworfen werden muß, nachdem sich herausgestellt hat, daß es sich für den beabsichtigten Zweck infolge der. gefundenen Materialmängel nicht eignet. Vollends aber kann der Schaden unermeßlich sein, nachdem sich nach der Ingebrauchnahme die Ungeeignetheit herausgestellt hat, zumal Menschenleben gefährdet oder durch das fehlerhafte Stück ganze Maschinen oder Bauwerke vernichtet werden können. Die frühzeitige Vornahme von Festigkeitsuntersuchungen ist nicht minder wichtig als eine Prüfung der chemischen Zusammensetzung des Materials, die beide durch makroskopische und mikroskopische Untersuchungen von geeigneten Stücken des aus dem Stahlwerk kommenden Rohstahls usw. unterstützt werden können. Bei der Probenahme zur Durchführung von chemischen Analysen muß der richtige Durchschnitt genommen werden, anderenfalls sind Trugschlüssen Tür und Tor geöffnet. Haben aber Erzeuger und Verbraucher von Eisen und Stahl alle die Umstände bedacht, denen das Material auf dem Wege zum Fertigerzeugnis ausgesetzt sein kann, so werden sich auch an Hand der vorstehenden Darlegungen Mittel und Wege finden, um zu vollkommen einwandfreien Baustoffen zu gelangen.

Diese Baustoffe aus Eisen und Stahl können bekanntlich nach verschiedenen Schmelzverfahren gewonnen werden. Aber die Ansichten über diesen oder jenen Baustoff aus schmiedbarem Eisen sind in den Kreisen der Abnehmer noch vielfach geteilt, wenn hier das Schweißeisen und der Schweißstahl auszuschließen sind, über deren Beschaffenheit und Verwendbarkeit keine Meinungsverschiedenheiten bestehen. Es dürfte daher hier der Platz sein, die aus dem Schmelzfluß erzeugten schmiedbaren Eisensorten näher zu beleuchten, zumal der Konstrukteur die Zusammenhänge kennen gelernt hat, die zwischen den Fremdkörpern und den Eigenschaften von Eisen und Stahl bestehen.

Sowohl in der Thomasbirne als auch im Siemens-Martinofen wird schmiedbares Eisen — in der Thomasbirne mehr Flußeisen als Flußstahl — hergestellt, das ausgiebigste Verwendung für Brücken- und Eisenbahnmaterial, Schienen, Bauwerkseisen aller Art, Träger, Bleche, Walzdraht usw. findet. Und doch begegnet man in Verbraucherkreisen — namentlich war dies während des Krieges der Fall — der veralteten Ansicht, daß für hochbeanspruchtes Kriegsgerät, vornehmlich Geschosse usw., der Siemens-Martinstahl dem Thomasstahl vorzuziehen ist. Es wird hierbei geäußert, daß im Thomasmetall ein höherer Gehalt an Phosphor (auch Sauerstoff), aus der Eigentümlichkeit des Thomasverfahrens herrührend, vorhanden ist als im Siemens-Martinstahl, die Qualität beider Materialien daher nicht zu vergleichen ist. Die lebhaftesten Meinungsverschiedenheiten traten während des Krieges auf, obgleich in Deutschland bereits im Jahre 1894 die letzten Schranken gegen das lange bekämpfte Thomaseisen fielen, als das Eisenbahnministerium basische Konverterschienen, also Thomasstahlschienen, für die Reichseisenbahnen zuließ, die bereits seit dem Jahre 1887 in der Schweiz verlegt wurden.

Woher kommt die vielfach heute noch bestehende Voreingenommenheit gegen das Thomaseisen, diese längst überwunden geglaubte Gegensätzlichkeit der Anschauungen? Gewiß gibt es Thomasflußeisen gewöhnlicher Qualität mit höherem Phosphorgehalt im Vergleich zum Siemens-Martinmaterial, während es in bezug auf die anderen Bestandteile, z. B. Kohlenstoff, Silizium, Mangan und Schwefel vollkommen mit dem letzteren übereinstimmt. Eine Beeinträchtigung der Qualität ist aber nicht zu befürchten, da der Phosphorgehalt stets in den üblichen Grenzen liegt und der Phosphor des Ausgangsmaterials, des Thomasroheisens, sich mit Sicherheit auf gänzlich unschädliche Mengen abscheiden läßt. Gerade diese Tatsache bedeutet die größte Errungenschaft in der

Metallurgie des Eisens, so daß der Thomasprozeß das technisch vollendetste Verfahren in der Metallurgie des Eisens darstellt. Das Thomaseisen wird daher nicht mehr und nicht weniger wegen seines Phosphorgehaltes zum Kaltbruch neigen als Siemens-Martineisen. Auch wird oft behauptet, daß das Thomasflußeisen einen restlichen Gehalt an Sauerstoff enthält, der dem Martineisen fehlt, und daß schon hierdurch das Thomaseisen qualitativ dem Martineisen nachsteht. Gewiß soll nicht geleugnet werden, daß ein Sauerstoffgehalt in Eisen (als Eisenoxydul) nachteilig auf dessen Festigkeitseigenschaften einwirkt. Beträgt der Gehalt an Eisenoxydul etwa 0,5 v.H. (etwa 0,1 v.H. Sauerstoff), so wird die Schmiedbarkeit in der Rotglut beeinträchtigt, es wird rotbrüchig; sobald dagegen Weißglut erreicht ist, hört der schädliche Einfluß auf und das Eisen wird wieder gut schmiedbar. Im flüssigen Metallbade, sowohl in der Thomasbirne als auch im Martinofen, steht das Eisenoxydul mit dem nie ganz fehlenden Kohlenstoff in Reaktion, es entsteht Kohlenoxydgas, und dieses wird beim Erstarren der Blöcke zu Hohlräumen Veranlassung geben. Aber sowohl bei einem gutgeleiteten Thomas- als auch Martinbetrieb wird die Desoxydation durch Manganzusatz so weit getrieben, daß von nachteiligen Einflüssen, die dem Sauerstoffgehalt zugeschrieben werden, keine Rede mehr sein kann. Auf S. 96 ist besonders gezeigt worden, welchen Anteil die verschiedenen Flußeisensorten an den entsprechenden Gasen haben können.

Bei der Untersuchung von Geschossen usw. aus Thomasstahl in der Kriegszeit wurde besonders betont, daß diese viel mehr Ausschuß ergeben als Geschosse aus Martinstahl. An fehlerhaften Geschossen konnten namentlich vielfach Lunkerstellen, Seigerungen und Fremdmetalleinschlüsse, Schlackeneinschlüsse, Poren und Löcher sowie andere Mängel, z. B. Walzrisse, harte und weiche Stellen, Sandadern usw. nachgewiesen werden. Harte Stellen sollten eher im Thomasstahl vorkommen als im Martinstahl, während weicher Thomasstahl nicht so gut bearbeitbar sein sollte als Siemens-Martinstahl. Auch soll das weiche Material nicht so gleichmäßig ausfallen, wie harter über 50 kg Festigkeit aufweisender Stahl. Die genannten Mängel lassen sich, wenigstens hinsichtlich der ersteren, auf Fehler im Ausgangsmaterial zurückführen, die allerdings nicht vorhanden sein durften, wenn nicht die eigene Truppe durch Frühkrepierer, Rohrzerscheller usw. gefährdet werden sollte. Es durfte aber hierbei nicht verkannt werden, daß die Eisenindustrie während des Krieges namentlich in der Erzeugung von Qualitätsmaterial mit großen Schwierigkeiten zu kämpfen hatte. Die Abschnürung der Manganerzzufuhr aus Rußland und Übersee erheischte die größte Sparsamkeit in der Verwendung von Mangan als Desoxydationsmittel zur Stahlerzeugung. Die Verhüttung wenig ergiebiger Eisenerze und mit über das gewöhnliche Maß hinausgehenden schädlichen Beimengungen sowie die Verwendung wenig reiner Brennstoffe und Zuschläge stellten den Eisenhüttenmann vor Aufgaben, die ihm sehr oft Kopfzerbrechen verursachten. Namentlich beim Thomaswindfrischen war er im Kriege auf Ersatzmittel angewiesen, die ehedem so gut wie verschmäht wurden. Dies galt namentlich für das als Desoxydationsmittel verwendete Kalziumkarbid, dessen Wirkungsweise erst erprobt werden mußte.

Die Anforderungen, die die Heeresverwaltung an das Geschoßmaterial stellte, mußten zweifellos sehr hohe sein, um die Kampfkraft der Truppe nicht zu schmälern. Es kam außerdem noch hinzu, daß ein Flußmaterial mit günstigen mechanischen Eigenschaften sich nicht ohne weiteres für Feldzwecke eignete. Bei der Begutachtung des Materials z. B. für Geschosse müssen statische und dynamische Beanspruchungen, die Art und Wirkungsweise von Pulvern und Sprengstoffen, die Formgebung des Geschosses u. a. m. berücksichtigt werden. Es war daher nur zu begrüßen, daß alle Vorschriften für die Lieferung und Abnahme von Thomasmaterial seitens der Heeresleitung mit den maßgeblichen Kreisen der Eisenindustrie durchberaten wurden, die, je länger der Krieg dauerte, vor immer größeren Hemmnissen stand. Man konnte ohne weiteres den alten Hüttenleuten vertrauen, die sich ihrer hohen Aufgabe, scharfe Waffen zu schmieden, vollauf bewußt waren und daher nur solches Material abgaben, von dem sie überzeugt waren, daß es den Wünschen der Heeresleitung entsprach. Der Streit über die Qualität des einen oder anderen Flußmaterials wird in der Nachkriegszeit verstummen und die Erkenntnis wieder festen Fuß fassen, daß Thomasflußeisen und Martinflußeisen, Thomasstahl und Martinstahl in jeder Hinsicht als völlig gleichwertige Erzeugnisse anerkannt werden. Irgendein Verfahren zur Unterscheidung von Thomasmaterial und Siemens-Martinmaterial gibt es zur Zeit nicht, wenn man sich nicht die vielfach vertretene Ansicht zu eigen machen will, daß

Thomasstahl im allgemeinen mehr Gas, besonders Stickstoff, enthält als Martinstahl. Während der Kriegszeit war ein Verfahren in Übung, nach dem sämtlicher Thomasrundstahl für hohlgebohrte Geschosse (Wurfgranatenschäfte usw.) schon im Stahlwerk untersucht wurde. Ein solches Verfahren ist unter dem Namen Röchlingsche Bruchprobe bekannt geworden. Das Verfahren gibt Unterlagen für die Beurteilung der Stahlstangen hinsichtlich ihres Widerstandes gegen Aufspalten (Schaftreißer), da Fehler in der Walzrichtung scharf erkannt werden können.

Nach dem Verlassen der Walze werden von jeder noch rotwarmen Rundstange von 82 mm Durchmesser 2—3 Scheiben von 15—20 mm Dicke abgeschnitten, in Wasser abgeschreckt und zerschlagen. Die sich nach dieser Abschreckprobe ergebenden Brüche lassen alle Materialungleichmäßigkeiten und Fehler, wie Blasen, Lunker, ausgesprochene Längsfaser usw., die zu vorzeitigem Zerschellen des Geschosses Veranlassung geben können, leicht erkennen.

Ist die Probe unmittelbar an der Walze nicht ausführbar, so wird von den gewalzten Stangen nach ihrem Erkalten an einem oder an beiden Enden je eine Scheibe von etwa 20 mm Stärke abgestochen, über den Durchmesser mit dem Kaltmeißel etwas eingekerbt und dann zerbrochen, aufgespalten. Auch diese Kaltspaltprobe läßt belangreichere Fehler deutlich erkennen und gestattet eine gute Übersicht über die Verwendbarkeit der betreffenden Schmelzung.

Stangen, die bei der Spaltprobe Lunker zeigen, sind ausnahmslos zu verwerfen, ebenso solche, deren Spaltproben in der Nähe des Randes gröbere Fehler wie langgestreckte Randblasen, Fasern oder Risse zeigen.

Aus einer größeren Anzahl solcher Spaltproben (20—50) ergibt sich ein gutes Bild, inwieweit die ganze Schmelzung oder nur ein Teil derselben einwandfrei erscheint. Die Anzahl der je Schmelzung vorzunehmenden Proben richtet sich nach den Erfahrungen des betreffenden Werkes mit diesem Geschoßmaterial.

Während noch Stangen von 50 mm Durchmesser sich für die Spaltprobe eignen, ist diese Untersuchung bei Stangen von weniger als 50 mm Durchmesser schwierig, da der Durchmesser zu klein ist, um die Scheiben fortlaufend zu zerschlagen. Es empfiehlt sich dann folgendes Verfahren: Es werden entsprechend längere Stücke abgeschnitten, um zu einer Scheibe von etwa 15 mm Dicke gestaucht zu werden. Diese Scheiben werden alsdann wie üblich abgeschreckt und zerschlagen. Sehnenbildung (S. 199) tritt hier besonders scharf hervor, da die Sehnen nicht mehr parallel zur Hauptachse verlaufen, sondern durch das Stauchen geknickt werden, dadurch einen großen Teil der Bruchfläche einnehmen und teilweise in Richtung des Durchmessers und teilweise senkrecht dazu liegen.

Um überhitztes Material feststellen zu können, genügt von jeder ausgewalzten Stange eine gleiche Probe wie für die Kaltspaltprobe, jene darf aber nicht abgekühlt werden. War das Material zu warm, so zeigt der Bruch ein grobkörniges Gefüge gegenüber dem des normal abgekühlten Stahls, während bei zu kaltgewalztem Stahl ein langgestrecktes Korn erkannt werden kann. Eine weitere Untersuchung geschieht zweckmäßig im Anschluß an das Richten der auf Länge zersägten Stangen. Hier wird das Material auf äußere Risse, die etwa durch Reckspannungen (S. 140) hervorgerufen sein können, und sonstige Fehler untersucht.

Wie wichtig diese Untersuchungen sind, zeigen Schmelzungen, bei denen die Gütezahlen erreicht wurden, trotzdem das Material unbrauchbar war. Dies rührt wohl zum Teil daher, daß die Zerreißproben gewöhnlich aus dem äußeren Drittel des Querschnittes entnommen wurden. Hier ist das Material durch das Walzen besser durchgearbeitet als in der Mitte. Wo sich die Spaltproben nicht durchführen lassen, empfehlen sich daher außer den Zerreißproben aus dem äußeren Drittel noch Stichproben aus der Mitte der Stahlstange.

Was hier ausführlich über Thomas- und Martinstahl gesagt werden mußte, gilt in gleicher Weise über die Meinungsverschiedenheiten, die gelegentlich noch über saures und basisches Siemens-Martinmaterial, über saures und basisches Birnenmaterial, wie diese noch z. B. in England vorkommen[1]). Auch hier bestehen nach keiner Richtung hin Qualitätsunterschiede, doch glaubt man bewiesen zu haben, daß der saure Martinstahl dem basischen überlegen ist, und zwar nicht nur im angelieferten Zustande, sondern auch im warmbehandelten. Mit demselben Rechte könnte man andererseits z. B. darauf hinweisen, daß in der Möglichkeit einer mangelhaften Entphosphorung beim Puddel-

---

[1]) Vgl. Campion und Longbottom, Ferrum 1914/15. S. 65, Stahl und Eisen 1915 und Pickard und Potter, Ferrum 1916/17. S. 197.

eisen gegenüber dem basischen Flammofeneisen ein Vorwurf gegen das erste Material ausgesprochen wird. Wenn beispielsweise neben den obengenannten Mängeln noch etwa Längsrissigkeit, Abspaltungen, Abblätterungen usw. beim fertigen Erzeugnis vorkommen, so fallen diese nicht dem betreffenden Verfahren, sondern lediglich der Sorglosigkeit in der Ausführung desselben zur Last, und gerade die Sorgsamkeit, die auf das Arbeitsverfahren gelegt wird, bedingt im letzten Grunde die Güte des erzeugten Eisens. Wird diese Sorgsamkeit außer acht gelassen, so kann z. B. ein basischer Martinstahl schlechter sein als ein saurer Bessemerstahl, ein Thomasstahl schlechter als Puddelstahl. Bauwerkseisen in Siemens-Martinqualität oder in Thomasgüte sollten daher in Zukunft auch vom Konstrukteur als völlig gleichwertig anerkannt werden.

Einig sind sich die Fachleute über die vorzügliche Beschaffenheit des Tiegelstahls (Tiegelgußstahl, Gußstahl) und des im elektrischen Ofen erzeugten Elektrostahls. Diese beiden Werkstoffe werden daher fast ausschließlich zur Herstellung von erstklassigen Werkzeugen und zu Konstruktionsteilen herangezogen. Das im Tiegel erschmolzene Metall kommt mit dem Sauerstoff der Außenluft oder mit sonstigen oxydierenden Gasen nicht in Berührung, da die kohlenstoffhaltigen Tiegelwände diese fernhalten. Etwaige beim Beginn des Schmelzens gelöste kleine Mengen von Eisenoxyden werden durch das sog. Abstehenlassen des flüssigen Stahls zerstört, sie gelangen an die Oberfläche des Bades und werden nach dem Erkalten des Gußblocks entfernt, indem ein gewisser beschränkter Teil desselben abgeschnitten wird. Auch der schädliche Wasserstoff hat keine Gelegenheit, in das Bad zu dringen und Gasblasen zu bilden.

Infolge der Verwendung von an Fremdkörpern sehr reinen Ausgangsmaterialien ist auch der Gehalt an unerwünschten Nebenbestandteilen im allgemeinen geringer als bei Flußeisen und Flußstahl. Der Phosphorgehalt des Tiegelstahls bewegt sich gewöhnlich in den Grenzen zwischen 0,01 und 0,03 v.H., sinkt sogar zuweilen auf 0,008 v.H. herab. Auch der Schwefelgehalt übersteigt selten die Grenze von 0,03 v.H., Kupfer findet man bis 0,2 v.H., selten darüber. Der Mangangehalt schwankt zumeist zwischen 0,2 und 0,3 v.H. Auch der Siliziumgehalt ist gering, er beträgt gewöhnlich 0,2 v.H., seltener darüber.

Der Unterschied zwischen Tiegelstahl und gewöhnlichem Flußstahl liegt also darin, daß der erstere sich durch Gasfreiheit auszeichnet, dichter ist und ein sehr geringes Maß an Fremdkörpern aufweist. Trotzdem die Erzeugung des Tiegelstahls auch heute noch ein wichtiges Glied in der gesamten Eisengewinnung darstellt und für Qualitätserzeugnisse noch immer in bevorzugtem Maße herangezogen wird, so hat man doch in der Herstellung des Elektrostahls und seiner Raffination so bedeutende Fortschritte gemacht, daß die elektrothermischen Verfahren den teueren Tiegelstahlprozeß immer mehr verdrängen. Daher sind auch Werkzeugfabrikant und Konstrukteur gezwungen, auf den Elektrostahl ihr ganz besonderes Augenmerk zu richten und sich mit dessen ausgezeichneten Eigenschaften hinreichend bekannt zu machen. Denn wenn auch hinsichtlich der Qualität des Stahls im Ausbau und der Verbesserung der alten Stahlherstellungsverfahren in den letzten Jahrzehnten große Fortschritte zu verzeichnen sind, so werden aber doch die Anforderungen, die der Konstrukteur an sein Material zu stellen gezwungen ist, immer größer. Es sei nur an die Bedingungen erinnert, die die Heeresverwaltung an die Beschaffenheit von Kriegsgerät aller Art stellte, ferner an das Automobilwesen, den Brückenbau, das Flugzeugwesen und die Materialien für den Eisenbahnbau usw., um zu verstehen, daß der Konstrukteur jedes neue Verfahren der Eisen- und Stahlerzeugung mit dem größten Interesse verfolgt, wenn eine Verbesserung der Qualitätseigenschaften des Stahls in Aussicht steht. Es muß die Tatsache festgestellt werden, daß vielfach die Anforderungen des Konstrukteurs an die Güte des Stahlmaterials dem Können der Stahlwerke vorauseilen. Es ist daher nicht zu verwundern, daß der Konstrukteur der Gewinnung von Eisen und Stahl auf elektrischem Wege sein ganz besonderes Augenmerk zuwendet.

Die elektrischen Schmelzverfahren sind heute so weit ausgebildet, daß man sich von der Beschaffenheit des Rohmaterials unabhängig machen kann, um hochwertigen und gleichmäßigen Stahl von großer Reinheit zu gewinnen. Eichhoff gelang es sogar, aus schlechtestem phosphorhaltigem Eisen einen Stahl bis unter 0,005 v.H. Phosphor herzustellen, einen Stahl also, den man bisher nicht einmal aus bestem steirischem oder schwedischem Eisen in solcher Reinheit erhalten konnte. Auch aus alten Kesselroststäben mit 1,5 v.H. Phosphor und 0,85 v.H. Schwefel wurde ein Stahl mit nur 0,012 v.H. Phosphor und 0,008 v.H. Schwefel erzielt[1]).

---

[1]) Aus einem Vortrage in der Berliner Bergakademie am 27. Januar 1914.

Man geht daher in der Annahme nicht fehl, daß dem Elektroschmelzverfahren sicherlich nach Überwindung von mancherlei Schwierigkeiten namentlich hinsichtlich der Kostenfrage die Zukunft gehört, wenn auch die Länge des Krieges der Entwicklung dieser Verfahren außerordentlich hinderlich gewesen ist.

Nicht allein weiche Qualitäten, z. B. Dynamobleche usw., und Mittelqualitäten für billige Werkzeuge, Federn usw., sondern auch höher kohlenstoffhaltige Stahlsorten, an die große Anforderungen in bezug auf Festigkeit, Härte, Zähigkeit und Widerstandsfähigkeit gegen Verschleiß gestellt werden (Bandagen, Achsen, Schienen, Herzstücke) werden im elektrischen Ofen erschmolzen. Auch findet man den Elektrostahl bei Brücken und Automobilen, Lokomotiven und Kriegsgerät, Schiffen und Flugzeugen (nahtlose Röhren). Selbst Schnelldrehstähle und andere legierte Stähle, die man neuerdings unter dem Namen Edelstähle zusammengefaßt hat, werden aus dem elektrischen Ofen gewonnen.

Namentlich aber dürfte der Erzeugung von Stahlguß im elektrischen Ofen das Wort geredet werden (Elektrostahlguß), wenn es sich um blasenfreien Guß besonders guter Qualität handelt, womit natürlich nicht gesagt sein soll, daß nicht auch im Siemens-Martinofen ein ausgezeichnetes Material gewonnen wird.

VI. Das Warmrecken: Schmieden.

Das flüssige schmiedbare Eisen oder der flüssige Stahl erhalten in der Blockform, der Kokille, nur eine vorläufige Gestalt. Bevor diese Werkstoffe daher irgendeinem Verwendungszweck zugeführt werden können, müssen sie eine mechanische Nachbehandlung erfahren, die darin besteht, daß der aus der Blockform entnommene Stahlblock in rotglühendem Zustande entweder durch Walzen geschickt wird oder unter dem Hammer oder der Presse eine entsprechende Gebrauchsgestalt erhält. Bei diesen Behandlungsarten ist es wichtig, daß das Werkstück nicht unterhalb Rotglut weiterbearbeitet wird, da dann das Material nach den früheren Betrachtungen in einen anderen Zustand übergeht, es also nicht mehr die Beschaffenheit besitzt, die es vorher hatte. Die Beweglichkeit der kleinsten Teilchen, die im rotglühenden Material vorhanden war, hört auf und es muß wieder eine Erhitzung auf höhere Wärmestufen stattfinden, um das Walzen, Schmieden oder Pressen zu Ende führen zu können. Alle diese Behandlungsarten, die das rotglühende Material bis zur bleibenden Formänderung in festem Zustande durchmachen kann, werden unter dem allgemeinen Namen Warmrecken (Warmstrecken, Warmformgebung) zusammengefaßt, und man spricht daher von Warmwalzen, Warmschmieden, Warmpressen usw. (Wärmebehandlung im weiteren Sinne, s. S. 48). Im Gegensatz hierzu steht das Kaltrecken (Kaltwalzen, Kalthämmern, Kaltziehen, Kaltpressen [Drücken], Prägen usw.), bei welchem Verfahren das Material eine bleibende Formänderung, eine Umlagerung der Masse, durch eine mechanische Kaltbearbeitung bei gewöhnlichen Wärmegraden erfährt, wobei die Bruchgrenze des Werkstoffes nicht erreicht werden darf, da sonst eine Beschädigung oder gar völlige Zertrümmerung erfolgt, wenn die Höhe der aufgewendeten Kraft dessen Festigkeit übersteigt. So spielt beim Warm- als auch beim Kaltrecken neben dem Formänderungswiderstand natürlich auch das Formänderungsvermögen oder

Das Warmrecken: Schmieden.

der **Bildsamkeitsgrad** des Eisens, wie überhaupt aller Metalle und Legierungen, eine wichtige Rolle, der gewöhnlich so gekennzeichnet wird, daß man von hämmerbaren, preßbaren, prägbaren, walzbaren, schmiedbaren, ziehbaren und dergleichen Eigenschaften spricht, denen man noch durch nähere Bezeichnungen in „warm" oder „kalt" eine scharfe Umgrenzung gibt.

Was zunächst das **Warmrecken** des schmiedbaren Eisens angeht, so wird der Konstrukteur in erster Linie dem **Warmschmieden**, kurz **Schmieden** seine besondere Aufmerksamkeit zuwenden, ist doch gerade die Schmiede neben der Härterei ein wichtiges Glied jedes technischen Betriebes. Warmwalzen und Warmpressen sind dagegen Behandlungsarten, die mehr im Stahlwerk selbst ausgeführt werden. Es sollen daher an dieser Stelle ganz besonders diejenigen Merkmale und Eigentümlichkeiten besprochen werden, die sich auf das Schmieden beziehen und die sich auch in einem gewissen Sinne auf das Warmwalzen und Warmpressen übertragen lassen.

Dem Schmied liegt es ob, den vom Stahl- oder Walzwerk bezogenen rohen Werkstoff, den **Rohstahl**, selbst wenn er auch in vorgeschmiedetem Zustande vorliegt, gegebenenfalls unter geringer Materialzugabe (Bearbeitungszugabe) in seine endgültige Gebrauchsform zu bringen. Bei dieser Arbeit wird ihm die Tatsache stets vor Augen geführt, daß ein Eisen nur dann schmiedbar ist, wenn es die Fähigkeit besitzt, im hocherhitzten, nicht geschmolzenen Zustande bleibende Formveränderungen anzunehmen, in dem die kleinsten Teilchen ohne Zertrümmerung nach dieser oder jener Richtung verschoben werden, bis die endgültige Gebrauchsform erlangt ist. Die Erhitzung bezweckt bei dieser Arbeit also nichts anderes, als die natürliche Härte des Eisens zu verringern, die jeder beabsichtigten Formveränderung Widerstand entgegensetzt. Der Schmied hat es im Gefühl, wann das Eisen leicht oder schwer schmiedbar ist. In jenem Falle wird die aufzuwendende mechanische Arbeit verhältnismäßig gering sein, in diesem Falle wird es einer wesentlichen Kraftanstrengung bedürfen, um dem Werkstück die gewünschte Form zu verleihen. Dies besagt nichts anderes, als das in beiden Fällen, gleiche Schmiedetemperatur vorausgesetzt, noch andere Umstände mitsprechen, die dem Schmied vielfach nicht ohne weiteres geläufig sind, deren Kenntnis aber wichtig genug ist, um eine wirtschaftliche Arbeit im Rahmen der gegebenen Hilfsmittel zu ermöglichen.

Über die Arbeit des Schmiedens, die je nach der Art der Querschnittsveränderung ein Strecken, Stauchen und ein nach jedem Reckvorgang fast immer anschließendes Schlichten und auch noch Biegen, Lochen, Absetzen, Abhauen usw. umfaßt, ist der Konstrukteur hinlänglich unterrichtet. Indessen sind, wie gesagt, beim Schmieden eine Reihe von Umständen zu beachten, die nicht unterschätzt werden dürfen. Dies gilt nicht nur für die Innehaltung der richtigen Schmiedetemperatur, die von der Höhe des Kohlenstoffgehaltes des Eisens abhängt, um einerseits einen unnötigen Kraftaufwand bei zu niedriger Schmiedetemperatur zu vermeiden und andererseits bei zu hoher Temperatur das Eisen nicht zu verderben, sondern auch hinsichtlich der allgemeinen chemischen Zusammensetzung des zur Verarbeitung gelangenden Materials.

Nicht alle schmiedbaren Eisensorten sind gleich gut schmiedbar. Reines Eisen besitzt zwar bei gewöhnlicher Temperatur eine hohe Bildsamkeit, aber die sich hieraus ergebende Weichheit macht dieses Eisen für gewöhnliche technische Zwecke fast unanwendbar. Es folgt hieraus, daß die Bildsamkeit, die an und für sich für das Schmieden unerläßlich ist, mit der Höhe des Kohlenstoffgehaltes wächst, und daher wird der Schmied für gewöhnlich ein solches Eisen wählen, dessen Kohlenstoffgehalt eine genügende Bildsamkeit zuläßt.

Da der Kohlenstoff der wichtigste Bestandteil aller Eisen- und Stahlsorten ist, so ist vorauszusetzen, daß er auf die Warmbildsamkeit derselben nicht ohne Einfluß sein wird. Dies ist in der Tat der Fall, denn bereits bei den Ausführungen über die Benennung der Eisen- und Stahlsorten wurde dargetan, daß Eisen von etwa 1,7 v.H. Kohlenstoff an nicht mehr schmiedbar ist und es bis zu etwa 2,3—2,4 v.H. Kohlenstoff als Übergang zum Roheisen angesehen werden kann, das überhaupt nicht mehr warmbildsam ist. Hieraus ist zu schließen, daß reines Eisen, wie bereits bemerkt, die leichteste Schmiedbarkeit besitzt, während sie bei einem Eisen mit zunehmendem Kohlenstoffgehalt allmählich und gleichmäßig abnimmt. Daher ist es auch zu verstehen, daß bei der Einteilung des Eisens die Gruppe „schmiedbares Eisen" alle Sorten von 0 bis etwa 1,7 v.H. Kohlenstoff umfaßt. Hierbei ist Voraussetzung, daß die sonst noch im schmiedbaren Eisen auftretenden Bestandteile die üblichen Grenzen nicht überschreiten. Ist dies aber der Fall, dann wird auch die Schmiedbarkeit des Eisens in diesem oder jenem Sinne beeinflußt werden.

Für die Brauchbarkeit des Eisens für Schmiedezwecke ist neben dem Kohlenstoffgehalt auch der Mangangehalt, der in allen Eisensorten vorkommt, nicht minder wichtig. 0,5—0,8 v.H. Mangan können als die Mengen angesehen werden, die man allgemein antrifft. Bis zu dieser Höhe wird das Mangan ohne nennenswerte Beeinflussung sein, darüber hinaus läßt die Schmiedbarkeit nach, und es ist dann ein stärkerer Kraftaufwand nötig, um dem Widerstande gegen Formänderungsarbeiten zu begegnen. Über die Schmiedbarkeit von Eisensorten mit hohen Mangangehalten, den Manganstählen, wird später die Rede sein. Da aber das Mangan dem schädlichen Einfluß des Schwefels auf alle Eigenschaften des schmiedbaren Eisens entgegenwirkt, so müssen die Einflüsse von Mangan und Schwefel gemeinsam betrachtet werden, und es ergibt sich dann die Berechtigung für die landläufige Ansicht, daß Mangan für die Schmiedbarkeit des Eisens nur förderlich ist, indem es dem sog. Rotbruch entgegenwirkt. Dies ist so aufzufassen, daß das Eisen seine Bearbeitungsfähigkeit auch dann noch nicht einbüßt, wenn neben einem hohen Mangangehalt ein hoher Schwefelgehalt zugegen ist (S. 83 und 84), wie die beiden folgenden Beispiele an einem kohlenstoffarmen und kohlenstoffreicheren Material erkennen lassen [1]).

Kohlenstoff v.H.	Silizium v.H.	Phosphor v.H.	Kupfer v.H.	Mangan v.H.	Schwefel v.H.	Schmiedbarkeit
0,11	—	0,03	—	0,13	0,04	nicht rotbrüchig
0,05	—	0,08	—	0,19	0,06	etwas „
0,07	—	0,07	—	0,14	0,07	„ „
0,09	—	0,04	—	0,35	0,10	nicht „
0,06	—	0,04	—	0,22	0,10	stark „
0,10	—	0,04	—	0,53	0,17	nicht „
0,28	0,16	0,05	0,05	0,63	0,12	gut rotbrüchig
0,39	0,14	0,07	0,04	0,70	0,16	„ „
0,26	0,14	0,04	0,08	0,50	0,20	stark „
0,31	0,08	0,04	0,06	0,49	0,21	„ „
0,22	0,09	0,03	0,07	0,49	0,23	sehr stark rotbrüchig, zerfiel in Stücke

Nach seiner Entstehungsweise wird das Flußmetall stets Mangan enthalten, was beim Schweißmaterial nicht in dem gleichen

---

[1]) Thompson, Stahl und Eisen 1896. S. 413 und Wasum, Stahl und Eisen 1882. S. 192.

Maße zutrifft. Infolgedessen wird auch das letztere für Schwefel empfindlicher sein, und hier muß ganz besonders damit gerechnet werden, daß das manganfreie Eisen schon bei einem Schwefelgehalt von sogar 0,02 v.H. zuweilen Neigung zum Rotbruch zeigt (S. 84). Es ist deshalb erforderlich, daß in einem manganfreien oder manganarmen Eisen diese Grenze möglichst nicht überschritten wird. Da auch Kupfer und Sauerstoff gewöhnlich neben Schwefel auftreten und den gleichen Einfluß wie dieser ausüben, so ist es schwierig, die Wirkung geringer Schwefelmengen zahlenmäßig zu erfassen.

Nicht minder wichtig ist die Kenntnis über die Wirkung des Phosphors auf die Warmbildsamkeit des schmiedbaren Eisens. Innerhalb der im technischen Eisen vorkommenden Phosphormengen bis 0,2 v.H. ist eine Beeinflussung namentlich des Schmiedens nicht beobachtet worden. Es ist sogar festgestellt worden, daß ein Eisen mit 1,0 v.H. Phosphor in Rot- und Weißglut noch gut schmiedbar ist, wenn die sonstigen, die Warmbildsamkeit benachteiligenden Beimengungen fehlen. Auch d'Amico[1]) fand, daß Flußeisen mit 0,1—0,15 v.H. Kohlenstoff und mit bis 1,1 v.H. Phosphor noch walzbar war. Es wäre zu wünschen, daß eingehende Untersuchungen darüber angestellt werden, bis zu welcher Grenze man hinsichtlich des Phosphorgehaltes unter Berücksichtigung der sonstigen im schmiedbaren Eisen vorkommenden Bestandteile gehen kann, um die Schmiedbarkeit völlig aufzuheben.

Bezüglich des Einflusses des Siliziums auf die Schmiedbarkeit von Eisen und Stahl ist zu sagen, daß die Ansichten hierüber geteilt sind. Im allgemeinen ist jedoch das Silizium, wenn es das gewöhnliche im schmiedbaren Eisen vorkommende Maß (bis 0,6 v.H.) überschreitet, ein nicht gern gesehener Begleiter.

Im technischen Eisen kommt Kupfer gewöhnlich in Mengen bis 0,2 v.H. vor. Bis zu dieser Grenze ist ein nachteiliger Einfluß auf die Schmiedbarkeit nicht zu befürchten. Sogar noch höhere Mengen sind nach Beobachtungen einer Reihe von Forschern noch unschädlich, wenn namentlich der Kohlenstoff- und Schwefelgehalt gering bemessen sind.

Dagegen spricht man dem Arsen einen nachteiligen Einfluß zu. Es erzeugt Rotbruch, wenn es in Mengen auftritt, die

---

[1]) a. a. O.

außerhalb der Grenze des im Handelseisen beobachteten Gehaltes liegen (bis 0,2 v.H.). Andererseits ist aber wieder gefunden worden, daß ein Eisen mit 0,4 v.h. Mangan und mit bis 2,8 v.h. Arsen, ferner mit 0,1 v.h. Mangan und mit bis 1,25 v.H. Arsen sich gut walzen ließ (S. 92). In demselben Sinne wie Arsen scheint Antimon zu wirken, das man allerdings in technischen Eisensorten seltener beobachtet hat.

Über die Schmiedbarkeit von Eisen und Stahl, die gewollte Beimengungen wie Nickel, Chrom, Wolfram, Molybdän, Vanadin, Silizium usw. enthalten, wird später ausführlich gesprochen werden.

Um die Schmiedbarkeit einer bestimmten Eisensorte schnell zu erkennen, wird folgende Schmiedeprobe, die zu den technologischen Proben gehört, angewendet. Das zu prüfende Eisen wird in einem Schmiedefeuer auf Hellrotglut erwärmt und mit der Finne eines Hammers auf dem Amboß sowohl in der Längsrichtung gestreckt als auch in der Querrichtung ausgebreitet. Bei Abwesenheit von Rotbruch dürfen keine Kantenrisse entstehen, selbst wenn die Ausschmiedung bis auf wenige Millimeter gediehen ist. Gegebenenfalls muß nochmals erhitzt werden, um die Probeschmiedung zu vollenden, was namentlich bei höher gekohlten Eisensorten der Fall sein wird. Der ausgeschmiedete Streifen muß sich weiterhin ohne Rißbildung mehrmals bandartig glatt zusammenlegen lassen.

Gewöhnlich wird bei Blechen die Ausbreitprobe vorgeschrieben. Diese deckt sich mit dem oben beschriebenen Verfahren, nur muß der aus dem Blech herausgearbeitete rotwarme Flachstab mit einer Hammerfinne von 15 mm Halbmesser so lange bearbeitet werden, bis ein Teil des Stabes sich bis auf das $1^1/_2-2$-fache der ursprünglichen Breite ausgedehnt hat. Auch hierbei dürfen Risse nicht auftreten.

Rund- oder Quadratstäbe werden ohne vorherige Ausschmiedung über einem Dorn zu einer Schleife zusammengebogen, so daß sich die Schenkelenden berühren (Kaltbiegeprobe). Je kleiner der Schleifendurchmesser ohne Anzeichen von Rissen ist, um so besser schmiedbar ist das Eisen. Stäbe aus gut schmiedbarem Eisen lassen sich selbst bei einer Stärke bis 30 mm ohne Rißbildung im rotwarmen Zustande vollständig zusammenhämmern (Warmbiegeprobe).

Vielfach wendet man zur schnellen Erprobung von Schweißeisen als auch von Flußeisen die Stauchprobe an. Ein Rund- oder Quadratstab, der doppelt so lang ist wie sein Durchmesser oder seine Breite, muß sich in Hellrotglut ohne Rißbildung mindestens auf $1/_3$ seiner Länge zusammenstauchen lassen. Die Stauchprobe ist namentlich bei der Prüfung von Nieteisen am Platze. Die Probestücke müssen eine vorgeschriebene Stauchung ohne Bildung von Rissen aushalten können.

Wie eingangs bemerkt wurde, besteht das Schmieden in einer **Streckung**, die sich in einer Schlag- oder Druckwirkung auf eine oder mehrere Flächen auswirkt, wobei wenigstens eine Seite des Stückes sich zu ungehemmter Gestaltung weiten kann oder in einer **Stauchung**, dem Gegenteil der Streckung, wodurch eine Verkürzung (und Verdichtung) des Werkstückes herbeigeführt wird. Die wichtigste Arbeit ist das Strecken, da hierdurch das Material bis zu seiner letzten Gestaltung am gründlichsten durchgeknetet wird. Je nach dem Temperaturzustand, in dem sich das Werkstück befindet, ist der erforderliche Kraftaufwand zur Erreichung einer bestimmten Formänderung sowohl beim Strecken als auch beim Stauchen geringer oder größer. Bei hoher Erhitzung des Werkstückes ist die Streck- oder Stauchbehandlung am wirksamsten, wobei das Eisen in den Zustand des Fließens versetzt wird, d. h. nach Überschreitung der Elastizitätsgrenze (Fließgrenze) tritt bleibende Formänderung des Körpers durch das Schmieden ein, die um so tiefer liegt, je wärmer das Eisen ist. Daher ist auch, gleiche Verhältnisse vorausgesetzt, der Arbeitsverbrauch beim Warmrecken geringer als beim Kaltrecken. Hierin findet auch die im Volksmunde übliche Redewendung eine Auslegung, das Eisen so lange zu schmieden als es warm ist. Dies besagt nichts anderes, als daß das Eisen bei Rotglut, also nur oberhalb seiner Umwandlungstemperatur geschmiedet werden darf und daß das Schmieden einzustellen ist, wenn das Eisen sich bis zur Umwandlungszone abgekühlt hat. Alsdann muß es gegebenenfalls von neuem erhitzt werden, um die Schmiedearbeit zu vollenden.

Beim Schmieden selbst, wie bei jeder Warmverarbeitung muß man sich vor Augen halten, daß das Material, da es oberhalb des Umwandlungsgebietes (rund 900° C) erhitzt ist, sich im Zustande der festen Lösung befindet, d. h. die einzelnen Gefügebestandteile Ferrit und Perlit bestehen nicht mehr in dieser Form, sondern sie sind in Austenit bzw. Austenit-Martensit umgewandelt worden.

Das Warmrecken: Schmieden. 115

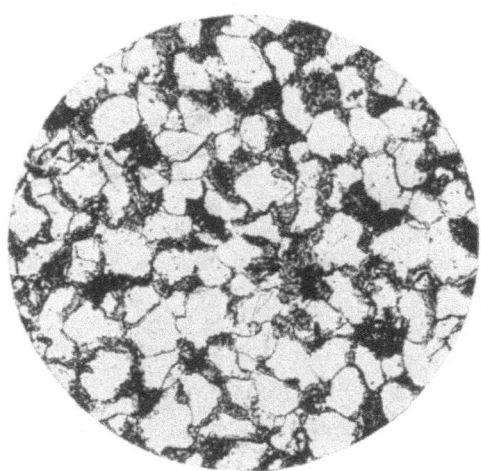

Abb. 68. Stahl bei 1000° C geglüht und langsam erkaltet. Grobes Gefüge.
V = 200.

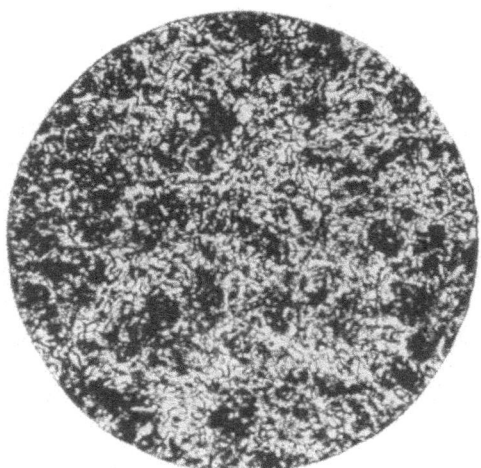

Abb. 69. Wie Abb. 68. Nach der Glühung geschmiedet. Feines Gefüge.
V = 200.

In diesem Zustande ist bei den gebräuchlichen Schmiedetemperaturen von 1100—1200° C das Material zweifellos **überhitzt**, und es zeigt, wenn es langsam abgekühlt ist, ein grobes Korn, mit dem bekanntlich eine Beeinträchtigung der mechanischen Eigenschaften einhergeht. Diese Überhitzung ist jedoch beim Schmieden ohne Bedeutung, da durch die fortgesetzte mechanische Bearbeitung das grobe Korn geknetet, verfeinert und gegebenenfalls zertrümmert, aufgeteilt wird. Der Grad dieser Kornverfeinerung geht z. B. aus den Abb. 68 und 69 hervor. Abb. 68 stellt das Gefüge eines bei 1000° C geglühten Stahls dar, während dasselbe Material, geschmiedet, ein feines Korn angenommen hat (Abb. 69). Selbstverständlich gilt das, was hier für Stahl gesagt ist, auch für kohlenstoffärmere Eisensorten. Bei dem besprochenen Vorgange ist natürlich neben dem Bearbeitungsgrad des Werkstückes auch die Bearbeitungstemperatur wichtig, da das für das Schmieden hocherhitzte Material mit seinem groben Überhitzungsgefüge um so feiner wird, je mehr die Temperatur dem Umwandlungspunkt (Perlitpunkt), der bei rund 700° C

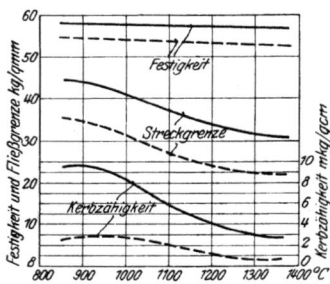

Abb. 70. Der Einfluß des Schmiedens auf die Festigkeitseigenschaften eines mittelharten Stahls. Nach Oberhoffer.

liegt, nahe kommt. Bei einer Bearbeitung unterhalb des Perlitpunktes wird das Gebiet des Kaltreckens beschritten (S. 131)[1].

Über den Einfluß der Schmiedetemperatur auf die Eigenschaften von weichem Flußeisen liegen bemerkenswerte Untersuchungsergebnisse vor. So haben sich Oberhoffer, Lauber[2] u. a. mit dieser Frage beschäftigt. Lehrreich ist folgende Übersicht, die einen Vergleich der Festigkeitseigenschaften von verschieden geschmiedeten Materialien mit ungeschmiedeten und dann geglühten, mit Siemens-Martinstahl und Stahlguß bringt. Material I hat 0,10 v.H. Kohlenstoff und 0,40 v.H. Mangan, Material II 0,40 v.H. Kohlenstoff und 0,70 v.H. Mangan, Material III 0,77 v.H. Kohlenstoff und 1,28 v.H. Mangan.

[1] Vgl. Siebel, Werkstatttechnik 1920. S. 492, 529 und 566.
[2] Stahl und Eisen 1916. S. 234. — Vgl. auch Stahl und Eisen 1913. S. 1507.

Werkstoff	Fließgrenze kg/qmm	Festigkeit kg/qmm	Dehnung v.H.	Querschnittsverminderung v.H.	Spezifische Schlagarbeit mkg/qcm	Härte
Material I bei 1150–1050° C geschmiedet	28–30	43–44	28–30	66	39	125
Schwedisches Martinmetall gleichen Kohlenstoffgehaltes (gewalzt) . . .	19	25	28	70	—	—
Material I ungeschmiedet, bei 900° C geglüht	26	42	21	42	37	115
Stahlguß ähnlicher Zusammensetzung (zweckmäßig geglüht)	25	41	31	64	—	110
Material II bei 1050–950° C geschmiedet	39–44	57–58	22	53–56	7–8	161
Schwedisches Martinmetall gleichen Kohlenstoffgehaltes (gewalzt) . . .	25	54	22	43	—	—
Material II ungeschmiedet, bei 850° C geglüht	32	54	22	44	3	152
Stahlguß ähnlicher Zusammensetzung (zweckmäßig geglüht)	33	56	19	33	—	163
Material III bei 950–850° C geschmiedet	49	99	10	18	0,7	230
Schwedisches Martinmetall gleichen Kohlenstoffgehaltes (gewalzt) . . .	42	86	10	18	—	—
Material III ungeschmiedet, bei 850° C geglüht	43	83	3	4	0,7	278
Stahlguß ähnlicher Zusammensetzung (zweckmäßig geglüht)	34	78	6	6	—	208

Aus diesen Untersuchungen geht hervor, daß beim Schmieden, überhaupt jeder Warmverarbeitung, mit einer Kornverfeinerung auch eine Verbesserung der Festigkeitseigenschaften verbunden ist. Zerreißfestigkeit und Fließgrenze werden erhöht, dagegen nehmen Dehnung und Querschnittsverminderung ab. Ganz besonders aber wird die Kerbzähigkeit durch das Schmieden beeinflußt. So ist sie nach Abb. 70 bei einer bei 900° C geschmiedeten Probe (0,40 v.H. Kohlenstoff, 0,70 v.H. Mangan, 0,09 v.H. Silizium, 0,01 v.H. Phosphor und 0,03 v.H. Schwefel), die im Querschnitt um $1/4$ geringer war als der Rohstahl, um mehr als dreimal so hoch als bei der geglühten Probe. Diese Eigenschaften stehen aber im Zusammenhang mit der Durcharbeitung des Materials. Die besten Eigenschaften werden nur bei einer genügenden Durcharbeitung erzielt, die von der

Streckung des Materials während der Bearbeitung abhängt. Es ist daher für jeden Schmied wichtig, beim Schmieden den richtigen Streckungsgrad zu wählen.

Selbst bei sorgfältigster Schmiedung werden die Längsfasern mehr gestreckt als die Querfasern. Aus diesem Grund wird ein Probestab, der längs zur Faser geschnitten ist, im allgemeinen auch eine höhere Festigkeit aufweisen als quer dazu. Dies tritt namentlich dann ein, wenn fremdartige Einschlüsse vorhanden sind, die in der Längsrichtung gequetscht sind, wodurch der metallische Zusammenhang nicht so oft unterbrochen wird als senkrecht zur Faser. Aus dem folgenden von Charpy gegebenen Beispiel ist ersichtlich, daß besonders die Kerbzähigkeit längs und quer zur Faser sehr verschieden ist, die in der Längsfaser noch mit dem Verschmiedungsgrade (ursprünglicher Querschnitt geteilt durch Endquerschnitt) wächst, wie dies auch bei der Dehnung zutrifft.

Ver- schmiedungs- grad	Zerreißfestigkeit kg/qmm		Dehnung v.H.		Kerbzähigkeit mkg/qcm	
	Längs- faser	Quer- faser	Längs- faser	Quer- faser	Längs- faser	Quer- faser
1,7	91,2	90,9	20	18	6,5	5,3
3,2	91,6	90,5	20	16	7,9	3,9
6,1	90,5	90,6	22	12	9,9	3,5

Die bei jedem Schmieden in dem behandelten Material aufkommenden Materialspannungen, die in dem nicht gleichmäßigen Strecken bzw. Stauchen über den ganzen Querschnitt ihre Ursache haben und der Entstehung von Rissen Vorschub leisten, lassen sich nur dann beseitigen, wenn das Schmiedestück nachträglich von höheren Temperaturen langsam abgekühlt oder nachträglich ausgeglüht wird. Die immerhin bei jeder Streckung in hohen Wärmegraden vorkommende und unter dem Mikroskop zu erkennende Ausrichtung (Orientierung) des Gefüges in der Streckrichtung wird durch eine besondere Wärmebehandlung, nämlich durch Ausglühen aufgehoben, so daß ein in seinen Bestandteilen gleichmäßig entwickeltes Gefüge auftritt (S. 156). Ist das Schmiedestück mit Schlacken- oder Oxydeinschlüssen durchsetzt, so ist meist eine ausgeprägte Zeilenstruktur zu beobachten, da erstere ebenfalls unter dem Hammer oder der Presse ausgestreckt werden. Da die genaue Kenntnis über die Zeilenstruktur und deren Bedeutung für Bauteile aller Art dem Konstrukteur nicht unbekannt sein darf, so soll später dieser Erscheinung ein besonderer Raum gewidmet werden (S. 145).

Eine in die Augen fallende Faserrichtung ist für die Festigkeit des Materials, wie schon bemerkt wurde, von Belang, da diese längs der Faser stets größer zu sein pflegt als quer dazu. Findet man doch zuweilen Unterschiede in der Festigkeit bei Schmiedestücken längs und quer zur Faser bis zu 20 v.H. und mehr. Wenn das Material, wie es zwar stets bei Konstruktionsstählen der Fall ist, im fertigen Bauwerk längs der Faser beansprucht wird, so hat die Faserrichtung keine Bedeutung. Wird aber aus einem geschmiedeten oder gewalzten Stück ein Gegenstand, z. B. eine Kurbelwelle, herausgearbeitet, so wird die Längsfaser durchschnitten und dem fertigen Stück wird man daher nicht die Beanspruchung zumuten dürfen wie einem solchen, das z. B. aus einem Knüppel im Gesenk geschlagen wurde. Hier bleiben die Fasern unverletzt, wenn sie auch bei dieser letzten Formgebung infolge des Biegens eine starke Dehnung erfahren haben (Abb. 71 und 72)[1]).

Das Gesenkschmieden ist im Gegensatz zum gewöhnlichen Schmieden (Reck- und Formschmieden) ein reiner Stauchvorgang.

Wenn bei irgendeiner Formgebungsarbeit oder bereits bei eingebauten oder fertigen Konstruktionsteilen aller Art sich Brüche oder sonstige Materialmängel einstellen, die durch große Sprödigkeit hervorgerufen wurden, so ist man in den meisten Fällen geneigt, diese auf ungeeignetes Material zurückzuführen, sei es, daß die chemische Zusammensetzung nicht richtig war, oder sei es, daß das Material bei seiner Herstellung nicht richtig behandelt wurde. Mit diesem raschen Urteil sollte man aber recht vorsichtig sein und sich überlegen, ob während der Fertigstellung des betreffenden Stückes nicht doch irgendwelche Fehler gemacht wurden. Man wird dann vielfach finden, daß das Ausgangsmaterial vollkommen einwandfrei gewesen war, nur hatte es nachträglich eine Wärmebehandlung erfahren, die ihm dann schlechte Eigenschaften verleihen mußte.

Eine solche fehlerhafte Wärmebehandlung liegt dann vor, wenn man das schmiedbare Eisen in der Blauwärme (Blauhitze), also in Temperaturen, bei denen das Eisen blau anläuft, irgendwelcher Formgebung, namentlich durch schlagende Arbeit (stoßweise

---

[1]) Kruppsche Monatshefte 1920, S. 95.

120   Das Warmrecken: Schmieden.

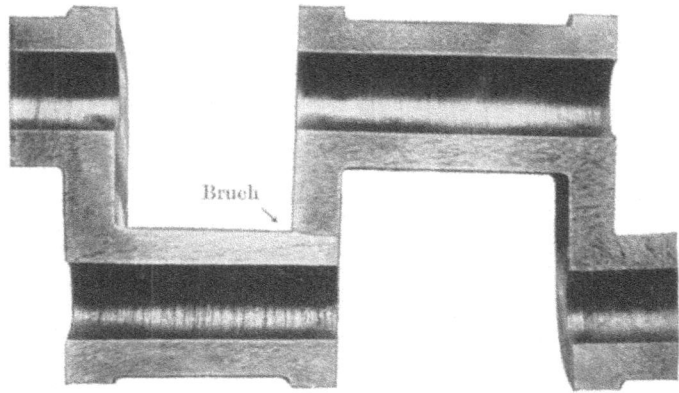

Abb. 71. Faserverlauf einer aus dem Vollen geschnittenen Kurbelwelle.

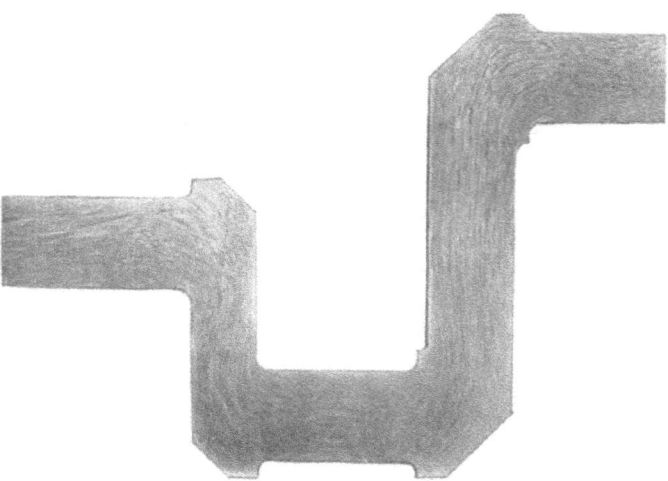

Abb. 72. Faserverlauf einer vorgebogenen und im Gesenk fertiggeschlagenen Kurbelwelle.

Beanspruchung, z. B. Schmieden) unterwirft. Schon beim Biegen von Blechen und Stäben kann dieses eigenartige Verhalten des Eisens in der Blauwärme erkannt werden. Während sich ein Stab im kalten oder rotwarmen Zustande um 180° biegen oder flach zusammenschlagen läßt, ohne zu brechen oder Risse zu zeigen, bricht er vorzeitig ab, wenn die gleiche Behandlung in der Blauwärme vorgenommen wird. Diese Blauwärme, die also eine besonders starke Verminderung der Formänderungsfähigkeit im Gefolge hat, liegt bei Temperaturen zwischen 300 und 500° C und es hat sich herausgestellt, daß in dem Eisen, das im Bereich dieser Temperaturen Formänderungen erleidet, erhebliche Wärmespannungen auftreten, die im Verein mit der bei dieser kritischen Temperatur einhergehenden örtlichen Sprödigkeit zu Rissen Veranlassung geben, die wiederum Unglücksfälle im Gefolge haben können. Es muß daher bei jeder Formänderungsarbeit von Eisen und Stahl stets beachtet werden, daß das Material in dieses Temperaturgebiet nicht hineingerät, wenn anders der Blaubruch oder die Blaubrüchigkeit vermieden werden soll, und das ganze Augenmerk beim Walzen, Schmieden, Pressen und Ziehen muß darauf gerichtet sein, jede Arbeit zu unterbrechen, wenn das Material bei seiner Abkühlung sich dieser Temperatur nähert, also die rotglühende Farbe verloren hat. Auch die Absicht, durch ein paar letzte Schläge z. B. dem noch heißen Schmiedestück die endgültige Form zu erteilen, um eine Wiedererhitzung auf Rotglut zu vermeiden, darf nicht aufkommen, und die Tätigkeit des Leiters einer Schmiede, einer Warmzieherei, eines Preßwerks (Biegen, Bördeln) oder einer Schweißerei schließt mit ein, auf die Gefahr der Blaubrüchigkeit immer wieder hinzuweisen und anzuordnen, daß eine neue Erhitzung auf Rotglut unbedingt vorgenommen werden muß, wenn das noch unfertige Stück unter Rotglut abgekühlt ist.

Mit der Klarlegung des Einflusses auf die Eigenschaften des schmiedbaren Eisens bei steigender Temperatur, die auch das Gebiet der Blauwärme berücksichtigt, hat sich eine Reihe von Forschern befaßt. Sie sind darin einig, daß der Blaubrüchigkeit alle schmiedbaren Eisensorten unterliegen. Geradezu auffällig ist die Abnahme der Schlagfestigkeit (Zähigkeit) in dem Gebiet der blauen Anlauffarbe, wie aus Abb. 73 hervorgeht [1]), während von hier ab wieder eine Steigerung derselben bis etwa 630° C vor-

---
[1]) Aus Ullmann, Enzyklopädie der technischen Chemie. IV. S. 341.

handen ist, um dann endgültig zu fallen. Zugfestigkeit und Härte werden weniger durch die Blauhitze beeinflußt, sie gleiten augenfällig erst von etwa 250° C abwärts, nachdem sie die tiefsten Werte bei etwa 50° C angenommen haben. Der Linienzug für die Dehnung weist keine in die Augen fallenden Merkmale in dem Gebiet der gefährlichen Blauhitze auf, sie steigt von dem tiefsten Wert bei etwa 120° C fortlaufend bis 700° C und darüber hinaus [1]). Insofern ist also die Abb. 73 für den Konstrukteur von besonderem praktischem Wert, als sie über den Einfluß einer steigen-

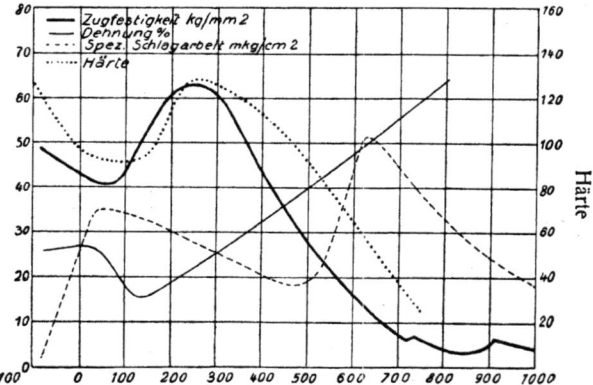

Abb. 73. Abhängigkeit der mechanischen Eigenschaften des Eisens von der Temperatur. Nach Goerens.

den Temperatur auf die Festigkeitseigenschaften des schmiedbaren Eisens ganz allgemein Auskunft gibt [2]). An diese Tatsache muß man ganz besonders bei solchen Gegenständen denken, die bei höheren Wärmegraden Dienst tun müssen, wie dies z. B. bei Dampfkesselteilen, Dampfleitungen usw. zutrifft. Die Gefahr der Brüchigkeit bei höheren Wärmestufen ist auch als Grund dafür anzusehen, daß die im Kriege als Notbehelf dienenden flußeisernen Feuerkisten der Lokomotiven in der Nachkriegszeit verschwanden und an ihre Stelle wieder die kupfernen Büchsen eingebaut wurden. Dies gilt auch für die flußeisernen Stehbolzen, mit denen man ebenfalls keine günstigen Erfahrungen gemacht hatte. Zwar haben

---

[1]) Vgl. Körber und Dreyer, Mitteilungen aus dem Kaiser-Wilhelm-Institut für Eisenforschung. 2. Band, S. 59. Düsseldorf 1921.
[2]) Vgl. Welter, Forschungsarbeiten. Heft 230. Berlin 1921.

sich Feuerkisten aus sog. Weicheisen, einem im Siemens-Martinofen besonders hergestellten sehr weichen Flußeisen besser verhalten, aber die Erprobungszeit ist noch zu kurz, um ein abschließendes Urteil über diesen Werkstoff abgeben zu können [1]).

Über die Natur der Blaubrüchigkeit gehen die Meinungen noch auseinander. Man neigt der Ansicht zu, daß bei der fraglichen Temperatur Umwandlungen unbekannter Art im schmiedbaren Eisen vorgehen, die mit dem Altern (längeres Lagern, vgl. S. 144 und 272). von Eisen und Stahl verglichen werden können, d. h., daß ähnliche Erscheinungen beim Blaubruch beobachtet werden, wenn deformiertes Eisen längere Zeit bei gewöhnlicher Temperatur gelagert hat [2]).

Der Einfluß von sehr niedrigen Temperaturen — unter 0^0 C — auf die Eigenschaften von Eisen und Stahl ist zwar wiederholt untersucht worden, aber die Ergebnisse dieser Versuche besitzen keine überzeugende Bedeutung, um allgemeine Schlüsse zuzulassen und die Konstruktionstechnik zu veranlassen, z. B. die Winterkälte bei der Berechnung und dem Entwurf von Bauteilen besonders zu berücksichtigen. Man nimmt aber an, daß bei sinkender Temperatur die Festigkeit bei ruhender Belastung steigt, die Zähigkeit dagegen geringer wird. Wenn beispielsweise Räder von Eisenbahnwagen oder Eisenbahnachsen und -schienen im Winter häufiger zu Brüchen neigen als im Sommer, so liegt die Verringerung der Widerstandsfähigkeit gegenüber Erschütterungen und Stößen zum Teil daran, daß der als Unterlage dienende gefrorene Erdboden eine zu geringe Nachgiebigkeit besitzt. Die Ergebnisse von Schlagwirkungen auf Eisenstäbe sind widerspruchsvoll. Während man auf der einen Seite eine Verminderung der Formveränderung des Eisens bei sehr tiefen Temperaturgraden, also ein Anwachsen des Elastizitätsmoduls annimmt, ist auf der anderen Seite selbst bei Temperaturen von -70^0 C eine weitgehende Biegungsfähigkeit beobachtet worden [3]). Versuche an Konstruktionsteilen, die mit flüssiger Luft in Berührung kommen, scheinen noch nicht gemacht worden zu sein, auch dürfte die Behauptung aus dem Kriege gewagt erscheinen, daß z. B. Geschützrohre im Winter Veränderungen erleiden, die die Treffsicherheit und andere wertvolle Besonderheiten beeinträchtigen.

---

[1]) Goerens und Fischer, Gießerei-Zeitung 1920. S. 146 und 160.
[2]) Vgl. Fettweis, Stahl und Eisen 1919. S. 1 und 34.
[3]) Ledebur, Eisenhüttenkunde III. S. 71. 5. Aufl.

VII. Das Schweißen.

Die Schmiede ist in der Regel diejenige Stätte eines technischen Betriebes, in der auch die vorkommenden Schweißarbeiten ausgeführt werden. Aus diesem Grunde muß der Schmied, wenn er Anspruch auf eine erste Arbeitskraft machen will, auch genügend Erfahrung im Schweißen besitzen, und man wird daher fast stets in der Schmiedewerkstatt auch eine Abteilung für Schweißarbeiten antreffen. Nicht zu vergessen ist die Tatsache, daß die Schmiedearbeit durch das Schweißen in vielen Fällen ganz bedeutend erleichtert wird.

Über die Grundbedingungen des Schweißens wird der Schmied genügend unterrichtet sein, doch besteht noch manche Unklarheit über sämtliche schweißtechnischen Vorgänge. Dies bezieht sich nicht allein auf die Eigenart der zur Verschweißung gelangenden Eisensorten, sondern auch auf die Art der Schweißpulver und die zu wählenden zweckentsprechenden Temperaturen, die namentlich bei der autogenen und elektrischen Schweißung von Bedeutung sind, welch letztere allerdings kein Schweißen im eigentlichen Sinne darstellt.

Die zu verschweißenden getrennten Werkstücke müssen so hoch erhitzt werden, daß sie sich gewöhnlich unter Zuhilfenahme eines Verbindungsmittels durch mechanische Behandlung, Druck oder Schlag, lückenlos vereinigen, also ein vollkommenes Ganzes bilden, das auch nach dem Erkalten des Schweißstückes eine feste und dauernde Verbindung bildet. Um dies zu erreichen, müssen die Stücke an der zu verschweißenden Stelle eine weiche bildsame Masse darstellen, damit die Anziehungskräfte (Adhäsionskräfte) der zu vereinigenden Kristalle der beiden Werkstücke wirken können. Dies ist nur dann der Fall, wenn die Stücke auf Weißglut erhitzt werden. Hiernach liegt die Schweißtemperatur unterhalb der Schmelztemperatur der betreffenden Eisensorte.

Die schmiedbaren Eisensorten sind nicht alle gleich gut schweißbar. Dies hat seinen Grund darin, daß die fremden Beimengungen, die im Handelseisen stets zugegen sind, die Schweißbarkeit beeinflussen. Da nach obigem auch nur dann eine Verschweißung im eigentlichen Sinne eintritt, wenn beide Teile sich im leicht bildsamen Zustande befinden, so wird z. B. Roheisen, das diesen Zustand nicht kennt, sondern sofort nach genügend hoher Erhitzung aus dem festen in den flüssigen Zustand und umgekehrt übergeht, nicht schweißbar sein. Das gleiche trifft auch bei denjenigen noch schmiedbaren Eisensorten zu, die reich an fremden Bestandteilen sind, die sich also dem Grade des Roheisens nähern. Auch hier ist der Erweichungsgrad nicht groß genug, um eine einwandfreie Schweißung zu erzielen.

Es folgt hieraus, daß das reine Eisen am leichtesten schweißbar ist. Mit der Zunahme des Kohlenstoffgehaltes nimmt die Schweißbarkeit ab, doch hat man beobachtet, daß ein sonst brauchbarer Stahl mit bis 1,2 v.H. Kohlenstoff, wenn er vorsichtig behandelt wird, noch Schweißbarkeit besitzt. Im allgemeinen wird man aber zum Schweißen nur ein Material bis 0,5 v.H. Kohlenstoff heranziehen, und wenn man bei höheren Kohlenstoffgehalten noch eine gute Schweißbarkeit feststellt, so ist dies dem Umstande zuzuschreiben, daß das in der Schweißhitze befindliche Material oberflächlich entkohlt wird, mithin in Wirklichkeit ein kohlenstoffärmeres Werkstück vorliegt. Kohlenstoffarmes Eisen verträgt am besten die Weißglut, während für mittelharten Stahl Gelbglut, für härtere Stähle beginnende Gelbglut (Hellrotglut) die besten Schweißtemperaturen darstellen. Im allgemeinen verträgt Flußeisen nicht die hohen Schweißtemperaturen wie Schweißeisen.

Da Sand oder ein ähnlicher Stoff als Flußmittel bei der Schweißarbeit unentbehrlich ist, sollte man vermuten, daß ein höherer Siliziumgehalt des Eisens die Schweißarbeit erleichtert. Dies ist jedoch nur bedingt richtig und es spielt hier die Art der Erzeugung des Eisens eine gewisse Rolle. Nach den Erfahrungen der Praxis soll im allgemeinen das zu schweißende Eisen nur einen geringen Siliziumgehalt aufweisen und 0,2 v.H. nicht überschreiten. In gut schweißbarem weichem Eisen findet man daher gewöhnlich selten mehr als 0,02—0,05 v.H. Silizium.

Hinsichtlich des Mangangehaltes gilt das gleiche. Auch hier soll dieser in den gewöhnlichen schmiedbaren Eisensorten vorkommende Bestandteil die Grenze von 0,8—1 v.H. nicht überschreiten. Je kohlenstoffärmer das Material ist, um so geringer soll auch der Mangangehalt sein. In diesem Fall geht man tunlichst nicht über 0,5 v.H. hinaus.

Der Phosphor- und Schwefelgehalt soll ebenfalls möglichst niedrig sein. Beim Schweißeisen hat sich herausgestellt, daß der im allgemeinen höhere Phosphorgehalt nicht störend wirkt. So ist dieses Material mit 0,4 v.H. Phosphor und 0,1 v.H. Kohlenstoff noch gut schweißbar. In Weißglut übt der Schwefelgehalt auf die Schweißbarkeit nicht den ungünstigen Einfluß aus wie auf die Schmiedbarkeit, der bei der betreffenden Rotglühhitze Rotbruch verursachen kann. Sauerstoff, Arsen und Kupfer sind ebenfalls nicht gern gesehene Begleiter des schweißbaren Eisens, sofern sie die im Eisen gewöhnlich gefundenen Mengen nicht überschreiten. Bei der autogenen und elektrischen Schweißung sind nachteilige Einflüsse des Arsens nicht festgestellt worden, auch wenn es bis auf 1,4 v.H. gesteigert wurde[1]).

Die Bedingungen für die Zusammensetzung gut schweißbarer Eisen- und Stahlsorten lassen sich folgendermaßen zusammenfassen [2]):

Kohlenstoff = 0,2—0,3, höchstens 0,5 v.H.
Silizium   = möglichst = 0, höchstens 0,2 v.H.
Mangan   = 0,7—0,8, bei weniger als 0,05 Silizium genügen 0,6 v.H.
Phosphor   = tunlichst nicht über 0,03, höchstens 0,05 v.H.
Schwefel   = tunlichst nicht über 0,04, höchstens 0,05 v.H.

Die zur Verschweißung kommenden Enden der zu vereinigenden Werkstücke werden bei der erforderlichen Weißglut stark überhitzt. Mit jeder Überhitzung geht aber stets eine Vergröberung des Korns und daher Sprödigkeit einher, deren Wirkung durch Warmrecken (Schmieden, Walzen, Pressen usw.) entgegengearbeitet wird. Um diese üble Wirkung auch beim Schweißen zu vermindern, muß die Schweißnaht und ihre weitere Umgebung bis herunter zur Rotglut gehämmert werden, denn sonst würde nicht nur allein die Schweißnaht, sondern auch die unmittelbar anschließenden Schichten würden grobes Gefüge und somit Sprödigkeit aufweisen. Würden die weiteren Schichten nicht gehämmert, so besitzt zwar die Schweißnaht ein günstiges Korn und auch genügende Festig-

---

[1]) Liedgens, Stahl und Eisen 1912. S. 2109.
[2]) Diegel, Stahl und Eisen 1909. S. 776. — Vgl. auch Diegel, Forschungsarbeiten. Heft 246. Berlin 1922.

keit, doch werden die benachbarten Stellen ihr grobes Korn und damit ihre Sprödigkeit behalten. An die Schweißung schließt sich daher gewöhnlich noch die Schmiedung des Werkstückes auf Fertigmaß an.

Über die Schweißfähigkeit von schmiedbarem Eisen kann man sich schnell ein Bild machen, wenn man eine **Probeschweißung** vornimmt. In einer Reihe von Lieferungsvorschriften wird die vorgängige **Schweißprobe** verlangt. Ein Flachstab wird in zwei Hälften geteilt und diese werden in einer Hitze ohne Anwendung von Schweißpulver zusammengeschweißt. Der geschweißte Stab muß sich in der Schweißstelle ohne Lockerung derselben um einen bestimmten Winkel verbiegen lassen. Anzeichen von Rissen dürfen höchstens neben der Schweißnaht vorkommen. Eine einwandfreie Verschweißung läßt sich auch durch den Zerreißversuch feststellen. Der Bruch darf auch hier nicht in der Schweißnaht erfolgen, auch muß die Bruchfestigkeit mindestens 90 v.H. der Bruchfestigkeit des ungeschweißten Probestabes betragen.

Selbst wenn auch gleichartige Stücke verschweißt worden sind, so findet sich doch fast stets eine Schweißnaht, was daraus zu erklären ist, daß bei der hohen Erhitzung die oberen Schichten sich mit dem Sauerstoff der Luft zu Oxyden verbinden, die man kurz mit **Hammerschlag** bezeichnet. Vor der eigentlichen Schweißung wird dieser zwar durch die Schläge des Hammers entfernt, doch bleibt zuweilen noch soviel Rest übrig, daß er an der Schweißstelle eingeschlossen wird und den Verlauf der Schweißnaht andeutet. Dies geht aus Abb. 74 hervor, während in Abb. 75 in der an sich guten Schweißnaht noch ein Riß sichtbar ist.

Hieraus folgt, daß bei der Schweißung die weitmöglichste Reinheit der zu vereinigenden Flächen von Oxyden zu erstreben ist. Dies kann aber nur dann bis zu einem gewissen vollkommenen Grade erreicht werden, wenn diese fremden Stoffe sich in flüssigem Zustande befinden. Die Eisenoxyde selbst sind aber auch bei der verwendeten hohen Schweißtemperatur nicht flüssig, und daher ist es erforderlich, daß sie in eine flüssige Form, also in Schlacke übergeführt werden. Bei den Hammerschlägen wird die sich gebildete bei der Schweißhitze leicht flüssige Schlacke aus der Fuge herausgequetscht und die zu verschweißenden Flächen werden daher vor Oxydation geschützt und somit möglichst metallisch rein erhalten.

128   Das Schweißen.

Bevor man daher an die eigentliche Schweißung herangeht, bestreut man die Schweißflächen gewöhnlich mit Sand (Schweißsand) oder Tonmehl oder mit besonderen Mitteln, die man als Schweißpulver bezeichnet. Die Zusammensetzung der Schweißpulver kann sehr verschieden sein, sie richtet sich zumeist nach der Höhe der jeweiligen aufzuwendenden Schweißtemperatur. Diese ist aber, wie oben schon bemerkt wurde, von der Höhe des Kohlenstoffgehaltes der zu verschweißenden Stücke abhängig.

Von den im Handel in vielen Marken angebotenen Schweißmitteln gibt es zweifellos eine Reihe sehr brauchbarer Mischungen.

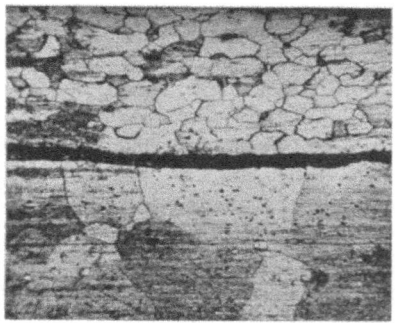

Abb. 74. Hammerschlag in der Schweißnaht. V = 50.

Teils in Pulverform, teils als Brei bestehen sie aus Flußmitteln wie Borax, Kochsalz, Pottasche, Salmiak, Glas usw., die zur Verhütung einer oberflächlichen Entkohlung der Schweißflächen noch reduzierende Stoffe wie Lederkohle, gelbes Blutlaugensalz usw. aufweisen. Durch diese Mittel soll die Schmelztemperatur der sich bildenden Eisenschlacke vermindert werden, was Alkalien besser als die meisten anderen Basen bewirken. Aber auch Schwerspat (Baryt, Bariumsulfat) bildet eine dünnflüssige Schlacke. Zum Schweißen harter Werkzeugstähle kann ein Gemisch von 6 Teilen Borax und 7 Teilen Eisenfeilspänen empfohlen werden. Andere Zusammensetzungen sind: 41,5 Gewichtsteile Borsäure, 35 Gewichtsteile Kochsalz, 15,5 Gewichtsteile Blutlaugensalz und 8,5 Gewichtsteile gebrannte Soda. Ferner ist eine Mischung gebräuchlich, die aus 8 Gewichtsteilen Borax, 1 Gewichtsteil Blutlaugensalz und 1 Gewichtsteil Salmiak besteht[1]). Gewöhnlich kann man bei der Verschweißung von Schweißeisen besondere Schweißmittel entbehren. Dies ist auch erklärlich, da die in diesem Werkstoff noch stets eingeschlossene Schlacke bei der hohen Schweißtemperatur flüssig wird und die neugebildeten Oxyde auflöst und reine Metalloberflächen zurückläßt. Daher

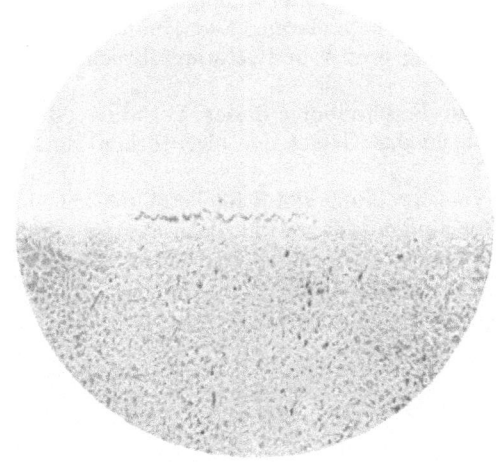

Abb. 75. Verschweißung von weichem Eisen (obere Bildhälfte) mit Stahl. Riß in der Schweißnaht. V = 20.

ist auch Schweißeisen im allgemeinen leichter schweißbar als Flußeisen sonst gleicher Zusammensetzung. Auch kann die Schweißhitze bei dem ersteren höher sein, da die Schlacke an sich schon eine Verbrennung des Eisens vermindert. Bei Schweißeisen erzielt man leicht die sog. saftige Schweißhitze, das Merkmal einer gutgelungenen Schweißung, wobei unter Hammerschlägen oder unter der Walze reichlich Schlacke abfließt.

Bei den in Anwendung stehenden anderen Schweißverfahren wird in Wirklichkeit keine eigentliche Schweißung erzielt, vielmehr wird wie bei der elektrischen Schweißung in beiden Stücken

---

[1]) Mars, Die Spezialstähle. S. 155. Stuttgart 1912.

eine oberflächliche Schmelzung eintreten und somit eine Vereinigung herbeigeführt, namentlich wenn noch Zusatzeisen, wie es als sog. Schweißstäbe in den Handel kommt, oder als Schweißdrähte zum Abschmelzen herangezogen wird. Die elektrische Punktschweißung zur Vereinigung dünner Gegenstände, von Blechen u. dgl., in der der elektrische Lichtbogen zur Geltung kommt (elektrische Lichtbogenschweißung), hat weite Verbreitung gefunden. Auch die autogene Schweißung, die mehr eine Lötung darstellt, hat viele Anhänger, während die Thermitschweißung nur in besonderen Fällen, namentlich wenn es sich um die Vereinigung großer und schwerer Stücke handelt, herangezogen wird.

Eine genaue Beschreibung dieser Verfahren dürfte sich erübrigen, da sie in das Gebiet der eigentlichen Metallbearbeitung gehören.

Über die Verschweißung von Schnellstahlstückchen auf Kohlenstoffstahlhalter finden sich ausführliche Angaben in Brearley-Schäfer: „Die Werkzeugstähle und ihre Wärmebehandlung." 3. Aufl. S. 234. Berlin 1922.

VIII. Das Kaltrecken: Ziehen.

Während das Merkmal des Warmreckens in der Verwendung von Temperaturen oberhalb der kritischen Zone liegt, kommen beim Kaltrecken nur Temperaturen unterhalb des Umwandlungsgebietes in Betracht. Die Arbeit des Kaltreckens, die im Kalthämmern, Kaltwalzen, Kaltziehen, Kaltpressen usw. ihren Ausdruck findet, liegt zumeist bei gewöhnlicher Temperatur. Manche Zweige der Industrie gründen sich auf das Kaltrecken; es seien hier nur genannt das Drahtziehen, Pressen, Drücken (Prägen) usw. Die hierbei auftretenden bleibenden Formänderungen haben auch eine Veränderung sämtlicher Eigenschaften im Gefolge. Hierbei ist besonders zu betonen, daß beim Kaltrecken die Festigkeitseigenschaften des Materials wesentlich verändert werden, so zwar, daß jeder weiteren Formveränderung stets ein größerer Widerstand entgegengesetzt wird, als er vorher vorhanden war. Dies besagt, daß jedes bei gewöhnlicher Temperatur bildsame Material mit zunehmendem Grade der Formveränderung seine Bildsamkeit verringert, die schließlich vollständig aufhört. Wird alsdann die Formänderung weitergetrieben, so wird das Material zerstört und für seine eigentliche Bestimmung unbrauchbar. Nun hat man aber ein Mittel in der Hand, die mit dem jeweiligen Grade der Formveränderung einhergehenden Änderungen der Eigenschaften des Materials wieder auf ihre früheren Werte zurückzuführen. Dieses Mittel ist das Ausglühen, das so gehandhabt wird, daß man gewöhnlich nach der jedesmaligen Formveränderung eine Glühung einschaltet. Auf diese Weise der stufenförmigen Formgebung und Glühung bis zum jedesmaligen Erkalten erhält schließlich das Material die gewünschte Gestalt. Es ist daher bei jedem Material, das einer Kaltreckung unterworfen wird, zu wissen wichtig, bis zu welchem Betrage man bei dieser Arbeit gehen darf, und welches die günstigste Glühbehandlung ist. In dem ursprünglichen ausgeglühten Zustande war das zum Kaltrecken verwendete Material weich, nach dieser Behandlung wird es härter und fester, weshalb man beim Kaltrecken von Metallen und Legierungen auch von Kalthärtung spricht. Diese Bezeichnung kann auch sehr wohl angewendet werden, da mit dem Kaltrecken Einwirkungen verbunden sind, die denen bei der gewöhnlichen Härtung von Stahl (Warmhärtung) ähnlich sind. Biegt man z. B. einen dünnen Draht oder ein dünnes Blech hin und her, so kann man beobachten, daß diese Arbeit schwieriger wird, je weiter sie fortgesetzt wird, wenn nicht ein vorzeitiger Bruch eintritt. Das Material ist schon allein durch diese Arbeit des Hin- und Herbiegens härter geworden und der Grad der Härtesteigerung läßt sich durch besondere Verfahren messen.

Vielfach wird an Stelle von Kaltreckung auch die allgemeine Bezeichnung Kaltbearbeitung (Kaltformgebung) gesetzt. Berücksichtigt man aber, daß mit der Kaltreckung stets bleibende Formveränderungen verbunden sind und man ferner unter Kaltbearbeitung auch jede mechanische Bearbeitung der Metalle und Legierungen mittels schneidender Werkzeuge verstehen kann (Bohren, Drehen, Schneiden, Fräsen usw.), so sollte für alle bei gewöhnlicher Temperatur vorgenommenen Formgebungsarbeiten stets nur der Ausdruck „Kaltrecken" gebraucht werden. Es soll hier gleich bemerkt werden, daß auch bei der mechanischen Bearbeitung unter Umständen ein Kaltrecken eintritt, wie man dies z. B. beim Schneiden von Blech beobachten kann. Je weiter der Schnitt in das Blech hineingeht, um so größer wird der dem Schneidwerkzeug infolge der Kalthärtung entgegengesetzte Widerstand.

Für kaltgerecktes Material bekundet auch der Konstrukteur ein ganz besonderes Interesse. Sind doch viele Baustoffe nur in kaltgerecktem Zustande brauchbar. Draht, Bandeisen, Bleche usw. geben wertvolle Konstruktionsteile ab. Es ist daher erforderlich, diejenigen Merkmale zu besprechen, die kaltgerecktem Eisen und kaltgerecktem Stahl eigentümlich sind.

Mit jeder Kaltreckung, Kalthärtung ist eine Querschnittsveränderung, eine Verdichtung des Materials verbunden, gleichgültig, in welcher Richtung (Längs- oder Querrichtung) diese Verdichtung (Strecken oder Stauchen) stattgefunden hat.

Das Ausgangsmaterial für jede Reckarbeit ist stets der gegossene Block. Gewöhnlich wird dieser aber durch Vorwalzen in eine Form gebracht, die die eigentliche Arbeit der Kaltreckung erleichtert. Für Drähte zum Kaltziehen dient daher gewöhnlich ein in rotwarmem Zustande hergestellter Walzdraht, der dann durch das nachfolgende Kaltziehen den gewünschten Querschnitt erhält. Hiernach geht also dem Kaltrecken fast immer ein Warmrecken voraus. Während aber jene Arbeit vor Erreichung des kritischen Gebietes aufhören muß, wird diese in kälteren Stufen vollendet. Es läuft mithin das Warmrecken eigentlich ohne scharfe Grenze in das Kaltrecken über.

Die Kaltreckung hat auf das Gefüge von schmiedbarem Eisen und Stahl insofern einen Einfluß, als die einzelnen Kristallkörner nicht nur ihre Form verlieren, sondern auch zertrümmert werden, so daß ihre Zahl zunimmt. Diese Tatsache läßt sich leicht an weichen Eisensorten beobachten, die hauptsächlich aus Ferrit bestehen. Bei höher gekohlten Eisensorten, namentlich den euktektischen Stählen (um 1 v.H. Kohlenstoff herum), ist die Erkennung der Formänderung und Zertrümmerung der Gefügebestandteile schwieriger. Dies ist auch bei diesen Stahlsorten nebensächlich, da für das Kaltrecken wie z. B. beim Drahtziehen meist nur weichere Sorten herangezogen werden, die infolge ihres geringeren Kohlenstoffgehaltes an und für sich schon eine größere Kaltbildsamkeit besitzen. Gewöhnlich wird am Schluß der Kaltreckung jedes Material wieder ausgeglüht, um Härte und Elastizität zu verringern, sofern nicht ganz besondere Zwecke mit diesen beiden Eigenschaften verfolgt werden.

In einem Schweißeisen mit 0,11 v.H. Kohlenstoff, 0,39 v.H. Mangan, 0,13 v.H. Phosphor und 0,02 v.H. Schwefel waren nach Goerens[1]) die Ferritkörner gleichmäßig gelagert und nur die Schlackeneinschlüsse in Richtung der vorhergegangenen Walzung gestreckt. Bei diesem Eisen konnte bereits nach dem ersten Zuge eine Richtungsänderung, eine Streckung der Körner beobachtet werden, die deutlich nach dem dritten Zuge erkennbar war. Auffallend war hier noch das Verhalten der Schlackenadern beim Ziehvorgang. Im Ausgangsmaterial besaßen diese Schlackenadern glatte Ränder, die aber beim Ziehen ein ausgefranstes Aussehen annahmen. Dies ist so zu erklären, daß die in der Kälte unbildsame Schlacke bei fortschreitendem Recken im Sinne der Ziehrichtung auseinandergerissen wird. Die einzelnen Schlackenteile entfernen sich dann voneinander und in die entstehenden Lücken werden beim Ziehen die Eisenkristalle hineingepreßt, und daher wird eine zackige Gestalt

---

[1]) Ferrum 1912/13. S. 65, 112 und 137. — Vgl. Altpeter, Stahl und Eisen 1915. S. 362.

der Einschlüsse hervorgebracht. Diese Kennzeichnung der Unterschiede in der Schlackenbegrenzung kann dazu dienen, noch nachträglich bei einem ausgeglühten Schweißeisen zu entscheiden, ob es einer Kaltreckung ausgesetzt gewesen war oder nicht. Auf den allgemeinen Ziehvorgang bezogen verträgt das Schweißeisen infolge der mechanischen Einlagerung von Schlacke eine geringere Ziehbarkeit als das Flußeisen. Aber auch zwischen dem Thomas- und Elektroflußeisen ist hinsichtlich der Ziehbarkeit manchmal ein Unterschied zu beobachten. Das erstere steht dem letzteren nach, was daraus erklärt werden könnte, daß auch im Thomasmetall immerhin noch infolge der Eigenart seiner Herstellung feinverteilte Desoxydationsprodukte vorhanden sind, die im Elektroflußeisen fast vollständig fehlen.

In der gleichen Weise wie bei dem sehr gering kohlenstoffhaltigen Schweißeisen nehmen auch höher gekohlte Flußeisensorten eine Streckung im Sinne der Zugrichtung an (Abb. 76 und 77). Der vorher feinkörnige nach der Ätzung dunkle Perlit wird nach dem Ziehen sozusagen in eine faserförmige Gestalt übergeführt, zwischen dem der weiche Ferrit gewissermaßen als Bündel von einzelnen Drahtfasern eingelagert ist. Weniger in die Augen springend ist die Streckung des Gefüges eines Stahls mit 0,5 v.H. Kohlenstoff (Abb. 77), die bei einem eutektischen Stahl infolge des einheitlichen perlitischen Gefüges nur sehr schwer wahrgenommen werden dürfte.

In welcher Weise die Eigenschaften bei zunehmender Kaltreckung geändert werden, konnte an einer Reihe von Eisensorten mit wechselndem Kohlenstoffgehalte (Kohlenstoff von 0,07 bis 0,98 v.H.) beobachtet werden, deren mechanische und thermische Vorbehandlung bekannt war. Dieses Material lag in Form von Walzdraht, dann aber auch als Bandeisen und Bandstahl vor, das durch Kaltziehen bzw. Kaltwalzen (nicht Kalthämmern) die gewünschten Abmessungen erhielt.

Wie schon mehrfach ausdrücklich festgestellt wurde, ist für die Eigenschaften aller Eisensorten der Kohlenstoffgehalt von überragendem Einfluß. Dies gilt auch für die Arbeit des Kaltreckens. Mit zunehmendem Kohlenstoffgehalt nimmt der Grad der Kaltbearbeitung, hier besser das Bearbeitungsmaß (Querschnittsverminderung in Prozenten des ursprünglichen Querschnitts:

$R = \dfrac{Q_1 - Q}{Q} \cdot 100$) ab. Aber auch die ursprünglichen Abmessungen

Das Kaltrecken: Ziehen.

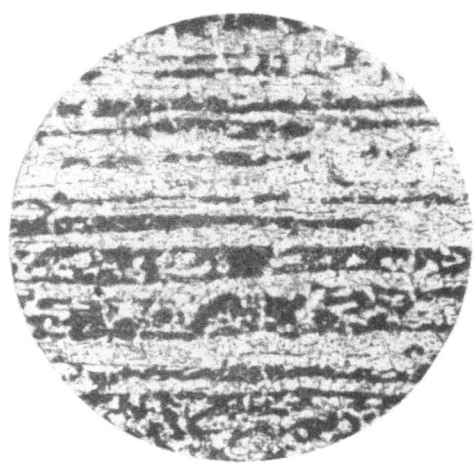

Abb. 76. Gezogener Eisendraht mit 0,28 v.H. Kohlenstoff.
V = 100.

Abb 77 Gezogener Stahldraht mit 0,52 v.H. Kohlenstoff.
V = 100.

136   Das Kaltrecken: Ziehen.

sind nicht ohne Einfluß auf den Betrag, bis zu welchem die Kaltformgebung gesteigert werden kann, ohne daß eine Zerstörung des Materials eintritt. So vertrug ein bis zur Bruchgrenze gezogenes kohlenstoffarmes Flußeisen mit einem ursprünglichen Querschnitt von 160 qmm ein Bearbeitungsmaß von etwa 60 v.H., während dieser Wert bei einem gleichartigen Draht mit 21,2 qmm Querschnitt bis 96,5 v.H. stieg. Bei mittelhartem und hartem Stahl konnten ähnliche Verhältnisse festgestellt werden.

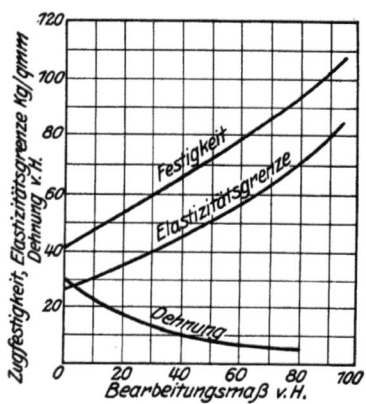

Abb. 78. Einfluß der Kaltformgebung auf die Festigkeit des Eisens. Nach Goerens.

Hinsichtlich der elastischen Eigenschaften ist bemerkenswert, daß diese durch die Kaltformgebung stark beeinflußt werden. Hartgezogener Draht oder hartgezogenes Blech federt bekanntlich besser als das ausgeglühte Material. Dies ist darauf zurückzuführen daß die einhergehende Erhöhung der Elastizitätsgrenze eine bleibende Dehnung bei kaltgehärtetem Material erst bei einer höheren Spannung bewirkt.

Elastizitätsgrenze und Proportionalitätsgrenze steigen mit dem Bearbeitungsmaß. Bei Eisen mit niedrigem und mittlerem Kohlenstoffgehalt und einem Bearbeitungsmaß von 85—95 v.H. kann die Elastizitätsgrenze durch Ziehen bis auf 90 kg/qmm gebracht werden (Abb. 78). Bei kohlenstoffreichem Eisen wird schon nach wenigen Zügen der Höchstwert von etwa 45 kg/qmm erreicht. Ein Material mit mittlerem Kohlenstoffgehalte (etwa 0,5 v.H.) dürfte daher für die Erreichung einer hohen Elastizitätsgrenze am geeignetsten sein, die man bereits bei verhältnismäßig niedrigen Bearbeitungsstufen erzielen kann. Unverändert dagegen von der Kalthärtung ist der Elastizitätsmodul, dagegen wird wieder die Zugfestigkeit gesteigert, Bruchdehnung und Querschnittsverminderung werden erniedrigt. Auch die anfänglich vorhandene Fließgrenze verschwindet bereits nach dem ersten Zuge oder wird höchstens nur schwach angedeutet. Die Festigkeit von Schweißeisen mit 0,09 v.H. Kohlenstoff und

41,5 kg/qmm stieg z. B. bei dem dritten Zuge auf 63,5 kg/qmm an, während die Dehnung nach dem ersten Zuge von 26,1 auf 10,7 und nach dem dritten Zuge auf 3,5 v.H. sank. Nach dem sechsten Zuge ergab ein Elektroflußeisen mit 0,12 v.H. Kohlenstoff und 41,3 kg/qmm Festigkeit eine solche von 84,5 kg/qmm, die Dehnung sank von 32,7 auf 6 v.H., die Querschnittsverminderung von 70 auf 30 v.H. Da bei kohlenstoffreicherem Material auch die Ziehbarkeit sinkt, so macht sich dies ebenfalls in den betreffenden Zahlen bemerkbar.

Bezogen sich die hier besprochenen, von Goerens erhaltenen Versuchsergebnisse auf gezogenes Material, so ist für **gewalztes** Material zu sagen, daß die Wirkungen dieser Formgebungsarbeit ähnlich sind wie beim Ziehen; nur werden hier nicht die hohen Festigkeiten wie beim Ziehen erhalten. So wurde beim Kaltwalzen von Siemens-Martinflußeisenblech mit 39,5 kg/qmm Festigkeit nach einem Bearbeitungsmaß von 74,5 v.H. nur eine Festigkeit von 57,5 kg/qmm erzielt.

Die **Härte**, sowohl die Kugeldruckhärte (Brinellhärte) als auch die Sprunghärte (Shorehärte), nehmen, wie vorauszusehen ist, bei wachsender Kaltstreckung zu. Dies steht auch im Einklang mit der allgemein bekannten Tatsache, daß durch Kaltrecken das Material hart wird (**hartgezogenes, hartgewalztes** usw. Material). Das **spezifische Gewicht** nimmt dagegen ab. So sank das spezifische Gewicht des anfänglichen Walzdrahtes von 7,853 auf 7,822 des hartgezogenen Drahtes. Ein Grund für die Verminderung des spezifischen Gewichtes könnte vielleicht darin gesucht werden, daß wiederholtes Ziehen eine Lockerung des Gefüges hervorruft. Bei kohlenstoffreicherem Material ist dagegen in bezug auf das spezifische Gewicht kaum ein Unterschied zwischen dem warmgewalzten und dem hartgezogenen Material zu erkennen[1]. Hinsichtlich der Lösungsgeschwindigkeit in Säuren wird auch hier die Tatsache bestätigt, daß kalt bearbeitetes Eisen sich in Säuren schneller auflöst als unbehandeltes. Durch den Lösungsversuch kann man mithin feststellen, ob das Material bei gewöhnlicher Temperatur bearbeitet wurde oder nicht.

Die Wirkungen des Kaltreckens können wieder durch **Ausglühen** beseitigt werden. Dies ist daraus zu erklären, daß das durch

---

[1] Vgl. Seyrich, Mitteilungen über Forschungsarbeiten. Heft 119. Berlin 1912.

die Kaltbearbeitung hervorgebrachte ausgesprochene sehnige Gefüge durch Ausglühen in ein körniges, wie es im ursprünglichen unbearbeiteten Material vorgelegen hat, ersetzt wird. Die gestreckten Körner erhalten also wieder die körnige Gestalt. Vom Standpunkte der Gefügelehre spricht man in diesem Falle von der Umkristallisation des Materials. Durch das Glühen wird bewirkt, daß die Härte nachläßt, das hartgezogene Material wird durch das Glühen wieder weich und geschmeidig. Bei einem Flußeisendraht mit 0,08 v.H. Kohlenstoff, 0,39 v.H. Mangan, 0,06 v.H. Schwefel und 0,06 v.H. Phosphor, der aus Walzdraht von 7 mm Durchmesser in fünf Zügen auf 2,7 mm Durchmesser heruntergezogen war, fand Goerens[1]), daß hinsichtlich der Festigkeit bereits bei einer Erwärmung auf 100° C eine merkliche Erniedrigung eintrat. Bei etwa 520° C änderte sich jedoch plötzlich das Bild, hier fiel die Festigkeit von der ursprünglichen Höhe von etwa 87 kg/qmm auf etwa 45 kg/qmm ab, senkte sich weiter bis 600° C auf den diesem Material zukommenden Wert von etwa 40 kg/qmm, der auch bei weiterer Erhöhung der Temperatur bis auf etwa 1100° C anhielt (Abb. 79). Das vorher vorhandene sehnige Gefüge war bei 500° C plötzlich in das körnige übergegangen.

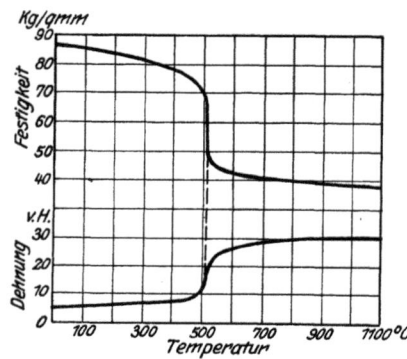

Abb. 79. Einfluß der Ausglühens auf die mechanischen Eigenschaften des kalt bearbeiteten Eisens. Nach Goerens.

Die Dehnung zeigt einen ähnlichen Verlauf wie die Werte für die Festigkeit. Auch hier steigt sie bis 500° C nur wenig von 6,7 auf 10 v.H., nimmt dann plötzlich um das Doppelte zu und verläuft allmählich bis zu einer Glühtemperatur von 700° C stetig weiter, um hier den normalen Wert von 30 v.H. zu erreichen, der bei weiterer Erhitzung beibehalten wird. Im gleichen Rahmen bewegen sich auch die Beträge für die Querschnittsverminderung. Abb. 79 gibt also die Veränderungen der Festigkeit und Dehnung beim Glühen in den entsprechenden Linienzügen deutlich wieder.

---

[1]) Ferrum 1912/13. S. 226 und 260.

Die anfänglichen Festigkeitszahlen werden bereits nach kurzer Glühdauer (schon nach wenigen Minuten) erreicht, so zwar, daß jeder Glühtemperatur eine bestimmte Festigkeit und Dehnung entspricht. Ein längeres Glühen kann schädlich wirken, da alsdann eine Kornvergröberung nicht unwahrscheinlich, auch eine unangenehme Einwirkung der oxydierenden Ofengase auf das Eisen nicht zu vermeiden ist. Die Biegefähigkeit stieg bei dem genannten hartgezogenen Draht bis 520° C nur wenig, indem sich die Biegezahl von 11 auf 16 erhöhte. Alsdann schnellte sie plötzlich auf 27 empor, um dann allmählich bis zur Höchstgrenze von 32 weiterzugehen, die auch bei stärkerer Erhitzung im großen und ganzen beibehalten wurde. Die elastischen Spannungen, die das Material durch das Kaltrecken erhält, werden also auch durch das Glühen infolge der Verminderung der inneren Reibung aufgehoben. Auch das spezifische Gewicht verändert sich beim Glühen von kaltgerecktem Material in der gleichen Weise. In der Nähe von 520° C steigt es plötzlich an, von rund 7,806 auf 7,822, also liegt eine Erhöhung von 0,205 v.H. vor.

Auch andere verschiedenartig zusammengesetzte, kaltgehärtete Eisensorten wurden von Goerens der gleichen Glühbehandlung unterworfen; es zeigte sich auch bei diesen die durchgreifende Veränderung aller Eigenschaften zwischen den Grenzen von 520 bis 560° C.

Für die Blech- und Drahterzeugung bieten diese mitgeteilten Versuchsergebnisse wertvolle Hinweise. Aber auch der Konstrukteur muß bei der Wahl eines Werkstoffes darauf achten, ob die aus ihm gefertigten Bauteile nicht auch bei höheren Temperaturen, bei denen eine Änderung der Eigenschaften kaltgereckter Metalle eintritt, Dienst leisten müssen. Im weiteren aber gestatten die Betrachtungen über das Kalt- und Warmrecken bestimmte Schlußfolgerungen, daß nämlich eine genaue Umgrenzung dieser beiden Vorbehandlungsarten gegeben werden kann. Die Grenze kann man allgemein bei etwa 520° C annehmen. Unterhalb dieser Temperatur liegt für das weiche Flußeisen das Gebiet des Kaltreckens, oberhalb des Warmreckens. Beim Fertigwalzen von Stahlstangen kommt es zuweilen vor, daß diese Arbeit bis zu niedrigen Temperaturen fortgeführt wird, das Material wird alsdann spröde. Die oben angegebene Temperatur genügt, um den Zustand der Kalthärtung aufzuheben und das Gleichgewicht wieder herzustellen. Dieses Ergebnis steht allerdings im Gegensatz zur allgemeinen

Ansicht, daß der normale Zustand von Eisen und Stahl, gleichgültig, ob diese Werkstoffe eine mechanische oder thermische Behandlung durchgemacht haben, nur oberhalb der Umwandlungstemperatur (Zustand der allotropen Umwandlung), die bekanntlich je nach der Zusammensetzung wenig oder mehr über 700° C liegt, erhalten werden kann und bis zu 900° C und höher ausgedehnt wird. In der Praxis des Drahtziehens wird diesem Umstand auch insofern Rechnung getragen, als gewöhnlich zwischen jedem Zuge eine Ausglühung eingeschaltet wird, da es sonst leicht vorkommen kann, daß bei der fortgesetzten Verringerung der Dehnung das Formänderungsvermögen des Werkstoffes aufhört, das Material erschöpft wird und zu Bruch geht. Die mit der Praxis nicht im Einklang stehende Ansicht der Goerensschen Auffassung hinsichtlich der Aufhebung aller Eigenschaften des kaltgereckten Materials bei 520—560° C glaubt Oberhoffer[1]) dahin erklären zu müssen, daß infolge der Nichtvornahme von Zwischenglühungen bei den Goerensschen Versuchen der sog. Verlagerungsgrad noch nicht erreicht worden ist. Bei den in der Praxis üblichen Zwischenglühungen liegt der Verlagerungsgrad (Deformationsgrad) niedriger und daher müssen höhere Glühtemperaturen angewendet werden. Namentlich ist dies bei Feinblechen, Stanz- und Falzblechen, aber auch bei hochsilizierten Dynamo- und Transformatorenblechen der Fall, deren Fertigwalztemperatur innerhalb des Kaltverarbeitungsgebietes liegt. Daher wird hier infolge des geringen Verlagerungsgrades eine höhere Glühtemperatur bis zu 1000 und 1050° C gewählt. Man ist alsdann sicher, daß eine vollständige Umkristallisation erreicht worden ist. Auch die Untersuchungen von Hanemann und Lind an einem kaltgewalzten Bandstahl mit 1 v. H. Kohlenstoff sind für die Praxis nicht ohne Bedeutung[2]).

Beim Kaltrecken muß der Konstrukteur auch noch andere Umstände beachten. Die durch das Kaltrecken in das Material hineingebrachten manchmal sehr hohen Spannungen (nach Heyn Eigenspannungen — Teile eines Körpers unter Spannungen, ohne daß er der Wirkung äußerer Kräfte ausgesetzt ist), bezeichnet Heyn als Reckspannungen, und zwar herrschen in einem kaltgezogenen Stabe in der Stabmitte Druck-, in den äußeren

---

[1]) Das schmiedbare Eisen. S. 239.
[2]) Stahl und Eisen 1913. S. 551.

Schichten Zugspannungen[1]). Gleichermaßen bewirken diese Spannungen in der Längsrichtung des Stabes Querdehnungen, mithin müssen auch Querspannungen innerhalb des Querschnittes vorhanden sein. Die Eigenspannungen werden durch Glühen des kaltgereckten Materials im großen und ganzen wieder aufgehoben. Die Ursache der Reckspannungen erklärt Heyn dadurch, daß er annimmt, daß die einzelnen Schichten beim Kaltrecken verschieden stark gereckt werden und daher auch verschiedene Längen annehmen. Der Reibung an der Wand des Zieheisens wirkt die bei der Reckung in den äußeren Stabschichten auftretende Kraft entgegen, die nach dem Inneren des Stabes zu geringer wird. Die äußeren und inneren Schichten sind aber durch die Kohäsionskräfte fest miteinander verkuppelt. Wäre dies nicht der Fall, so müßten die äußeren Schichten eine kleinere Länge annehmen als die inneren, und zwar so, daß die äußeren Schichten weniger stark gereckt sind als die inneren. Die innige Verkupplung aber bewirkt eine gleichmäßige Einstellung der inneren und äußeren Schichten auf eine mittlere Länge. Hieraus ergibt sich eine Zusammendrückung der inneren und eine Streckung der äußeren Schichten. Diese Formänderungen bedingen, da sie elastischer und nicht allein plastischer Art sind, Spannungen, die in den äußeren Schichten als Zug-, in den inneren als Druckspannungen anzusprechen sind.

Indessen können Fälle beobachtet werden, wo die Verhältnisse umgekehrt liegen. Eine Rundstange z. B., die unter beständigem Drehen bei gewöhnlicher Temperatur gehämmert wird, kann infolge der stärkeren Reckung der äußeren Schichten in der Längsachse aufreißen, während der Kern, da er weniger gereckt ist, ganz bleibt. Jedenfalls bleibt die Tatsache bestehen, daß beim Ziehen infolge der stärkeren Reckung der inneren Schichten sehr bald die Grenze der Kaltbearbeitung eintritt, also das Arbeitsvermögen erschöpft ist und infolgedessen das Material im Kern zu reißen beginnt, mithin eine plötzliche Abnahme der Festigkeit eintritt. Das Material ist überzogen. Überzogener Eisendraht ist keine Seltenheit. Nach Abb. 80[2]) nehmen die Risse, je weiter das Material gezogen wird, becherförmige Gestalt an, indem die Riß-

---

[1]) Martens-Heyn, Materialienkunde. IIa. S. 283.
[2]) Aus Brearley, The heat treatment of tool steel. 3. Aufl. S. 211. London 1918.

wandungen sich Rotationsparaboloiden nähern (Becherbruch), Für Drähte, die stark ausgezogen werden sollen, nimmt man zur Vermeidung des Überziehens bereits ein stark heruntergewalztes ausgeglühtes Walzmaterial, das nur noch wenigen Zügen ausgesetzt zu werden braucht, um den verlangten Durchmesser zu erhalten.

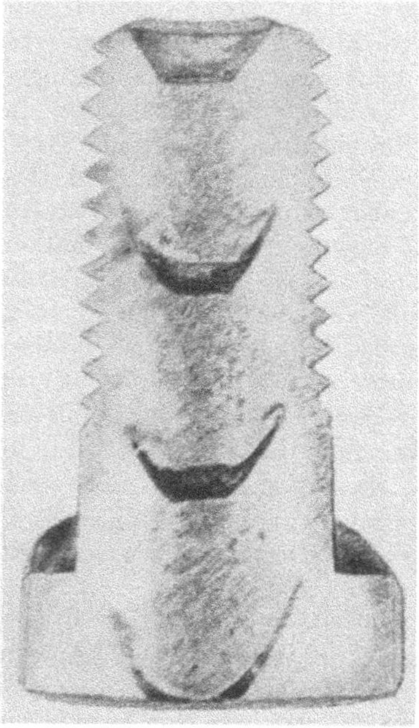

Die Abb. 80 ist noch besonders aus dem Grunde lehrreich, als die geätzte Fläche in der Kernzone infolge von Seigerung dunkler erscheint. Diese Seigerung hat offenbar noch die Entstehung des Becherbruches beim Durchgange des Drahtes durch das Zieheisen begünstigt.

Die beim Kaltziehen beobachteten besonderen Erscheinungen lassen sich nicht ohne weiteres auf das Kaltwalzen übertragen. Bei dieser Arbeit sind gewisse andere Umstände zu berücksichtigen, die in der Eigenart dieses Verfahrens liegen, namentlich hinsichtlich des Walzdruckes und der besonderen Schichtenverschiebung sowie der Walzenreibung. Immerhin kann es auch hier vorkommen, daß infolge des verschiedenartigen Streckungsgrades der äußeren und inneren Schichten und der dadurch bedingten verschiedenartigen Spannungen das Material im Kern ebenfalls aufreißt. Häufig beobachtet man dieses Aufreißen bei warmgeschmiedeten Metallen und Legierungen, wenn das Schmiedestück trotz der im Kern nicht vorhandenen genügend hohen Schmiedehitze weitergehämmert wird. Dieser bleibt daher in der Streckung zurück, und da er mit den stärker gereckten äußeren Schichten eng verbunden ist, so ist er bestrebt, der weitgehenden Streckung der Randschicht zu folgen. Die hierbei im Kern auftretenden Zugspannungen sind bei diesem Vorgang ebenso stark,

Abb. 80. Becherbruch bei einer Schraube. Vergrößert.

so daß sie sich auslösen müssen. Das Gleichgewicht zwischen den Spannungen hört also auf, wenn der Kern das Bearbeitungsmaß überschritten hat. Er reißt auf, und daher ist beim Warmschmieden stets darauf zu achten, daß auch der Kern die genügend hohe Schmiedehitze besitzt.

Ausgeprägte Verschiedenheiten der Festigkeitswerte in den einzelnen Schichten kaltgereckten Eisens sind bisher nicht festgestellt worden, dagegen konnte beobachtet werden, daß die spezifischen Gewichte in den verschiedenen Schichten von kaltgerecktem Material verschieden sind, und zwar nimmt das spezifische Gewicht, je mehr die Innenschichten erreicht werden, ab, wie Diegel an einer Aluminiumbronze gezeigt hat[1]).

Kaltgereckte Metalle und Legierungen kommen nach langer Zeit, zuweilen nach Jahren, noch nicht zur Ruhe, die Spannungen lösen sich dann plötzlich aus und bewirken ein Aufreißen des Materials. Dies ist namentlich dann der Fall, wenn kaltgereckte Gegenstände in irgendeiner Weise beansprucht werden, d. h. wenn zu den Reckspannungen (Zug und Druckspannungen) andere Kräfte, etwa Stoß, Belastung usw. treten. Die Bruchgrenze des Materials wird erreicht, und je nach der Stoßrichtung dieser Kraft erscheinen dann Längs- oder Querrisse. Aber auch eine nachträgliche ungleichmäßige Erwärmung oder Abkühlung in kaltgereckten Werkstoffen kann diese Spannungen auslösen, die ebenfalls Bruch herbeiführen können. So konnte Heyn an Turbinenschaufeln aus kaltgerecktem Nickelstahl mit 25 v.H. Nickel feststellen, daß die vom Dampf getroffenen Flächen aufgerissen waren. Bei Kupferlegierungen kann sogar eine Verletzung der Oberfläche durch Anritzen usw. oder sogar durch chemisch wirkende Stoffe (Ätzmittel) die vorhandene Spannung in dem verletzten Querschnitt derart vergrößert werden, daß die Bruchgrenze überschritten wird und Einreißen des Metalls eintritt. Nur durch Ausglühen lassen sich auch die Reckspannungen beheben, welche Wärmebehandlung dann am Platze ist, wenn das Kaltrecken eine weitgehende Querschnittsverminderung herbeiführen soll. Durch häufige Zwischenglühungen wird der Werkstoff nicht so leicht bis zur äußersten Grenze erschöpft und der gewünschte Querschnitt wird dann auch mit einem geringeren Kraftaufwande erhalten. Sofortiges oder späteres Aufreißen des Werkstückes ist dann nicht zu befürchten.

---

[1]) Verhandlungen des Vereins zur Beförderung des Gewerbfleißes 1906. S. 177.

Vorzugsweise bei kaltgereckten Metallen tritt die eigenartige Erscheinung auf, daß sie bei längerem Lagern bei Raumtemperatur ihre Eigenschaften verändern. Dieses lange Lagern, das sich auf Monate und Jahre erstrecken kann, nennt man Altern. Es hat sich gezeigt, daß mit der Zunahme der Lagerdauer die Elastizitäts-, Proportionalitäts- und Streckgrenze sowie die Zerreißfestigkeit wachsen, während Dehnung, Querschnittsverminderung und Dehnungszahl sinken. Diese Änderungen sind in der ersten Zeit nach der Reckung stärker als später. Die Lagerung kaltgereckten Eisens wirkt also im Sinne fortschreitender Kaltreckung. Eine Ausnahme macht die Dehnungszahl, die mit der Lagerdauer sinkt und sich dem Werte für den ausgeglühten Zustand nähert, während sie bekanntlich bei der Kaltreckung wächst. Aus folgender Zahlentafel[1]) sind die Veränderungen der Festigkeitszahlen von gealtertem Eisen mit 0,21 v.H. Kohlenstoff, 0,21 v.H. Silizium, 0,57 v.H. Mangan, 0,04 v.H. Phosphor und 0,04 v.H. Schwefel bei einer Lagertemperatur von 20° C zu entnehmen:

Bearbeitungsmaß	Lagerdauer	Elastizitätsgrenze	Proportionalitätsgrenze	Streckgrenze	Zerreißfestigkeit	Dehnung	Einschnürung	Dehnungszahl
v.H.	Tage	kg/qmm	kg/qmm	kg/qmm	kg/qmm	v.H.	v.H.	$\alpha \cdot 10^6$
7,9	1	48,5	45,1	50,1	53,7	17,2	53,1	48,2
8,8	5	49,6	46,9	51,6	53,4	13,7	51,9	47,7
8,7	83	56,4	56,1	56,8	57,4	9,5	54,0	47,2

Bemerkenswert ist noch, daß ein Anlassen auf 100° C dieselbe Wirkung auf die Festigkeitseigenschaften ausübt wie genügend langes Altern kaltgereckten Flußeisens.

Der nachteilige Einfluß des Alterns ist bei vielen Eisenkonstruktionen gegeben. Bestimmte Teile derselben sind nach mehrjähriger Inanspruchnahme nicht mehr von der gleichen Leistungsfähigkeit. Wenn sich auch Festigkeit und Streckgrenze erhöht haben, so kann aber die Abnahme der Dehnung um so gefährlicher werden, was namentlich dann der Fall ist, wenn das Konstruktionsstück schwankenden Be- und Entlastungen ausgesetzt ist, die den frühzeitigen Eintritt von Dauerbruch begünstigen.

---

[1]) Körber und Dreyer, a. a. O.

Nachdem nunmehr die Einflüsse beleuchtet worden sind, die das Recken (Warm- und Kaltrecken) im Gefolge hat, sollen zusammenfassend noch einige Bemerkungen über die Zeilenstruktur angefügt werden, die in letzter Zeit Gegenstand verschiedener Untersuchungen gewesen ist. Manche Besonderheiten hinsichtlich der mechanischen Eigenschaften von Eisen und Stahl lassen sich aus dem Vorhandensein einer Zeilenstruktur erklären, deren Entstehung und Beseitigung dem Konstrukteur bekannt sein muß. Es wurde schon verschiedentlich darauf hingewiesen (S. 78 und 88), daß die langgestreckte Form der Schlackeneinschlüsse

Abb. 81. Zeilenstruktur in einem mittelharten Kohlenstoffstahl. Helle Ferrit- und dunkle Perlitstreifen. V = 14.

und Seigerungen, welch letztere das Material streifenförmig durchziehen und die daher auch als Seigerungsstreifen bezeichnet werden, ihre Ursache darin haben, daß das Material bei irgendeiner Formgebungsarbeit in der Richtung dieser Stellen, sozusagen parallel zu ihnen, besonders stark beansprucht wurde. Diese Stellen haben sich dieser bevorzugten Richtung angepaßt, weil sie in gewissem Sinne als plastisch angesehen werden können. Nun beobachtet man aber in schmiedbaren technischen Eisensorten, z. B. Blechen oder Drähten, häufig nicht allein langgestreckte Schlackeneinschlüsse oder auch Seigerungsstreifen, sondern das gesunde Gefüge von Eisen und Stahlstücken kann ebenfalls z. B. beim Walzen oder Ziehen, sei es in warmem oder kaltem Ausgangszustande, ein gestrecktes, zeilenförmiges Aussehen annehmen.

In den betreffenden weichen schmiedbaren Eisensorten ist also eine band- oder zeilenförmige Anordnung der Gefügebestandteile

Ferrit und Perlit vorhanden. Gefüge dieser Art hat man mit dem Namen Zeilenstruktur (Zeilengefüge) belegt (Abb. 81 und 82). Diese Zeilenstruktur kann man zuweilen auch in übereutektischen, also perlit- und zementithaltigen Eisensorten wahrnehmen. Hier hat sich der Zementit zu Zeilen geformt, dagegen wird in eutektischen Stählen, in denen nur Perlit vorhanden ist, das zeilenförmige Gefüge nicht vorkommen können, weil dieses einheitlich die ganze Masse beherrscht (Abb. 8). Welche Bedeutung hat nun die Kenntnis der Zeilenstruktur für den Stahlfachmann und Konstrukteur? Die Bedeutung liegt

Abb. 82. Zeilenstruktur in einem harten Stahl. V = 5.

darin, daß von dem Auftreten der Zeilenstruktur die Festigkeitseigenschaften mehr oder weniger abhängig sind und daß es daher wichtig ist, diese Zeilenstruktur, wenn sie nachteilige Einflüsse hervorruft, nachträglich im fertigen Stück zu zerstören oder aber ihre Wirkung auf das geringste Maß zu schwächen.

Es sollen zunächst die Vorgänge betrachtet werden, die z. B. bei einem Flußeisenblock vorhanden sind, wenn er durch irgendeine Formgebungsarbeit, etwa durch Walzen, Pressen, Schmieden usw. in eine andere Gestalt gebracht wird. In einem gegossenen und zweckmäßig ausgeglühten (normalisierten) gesunden Flußeisenblock besitzen die Gefügebestandteile keine bevorzugte Richtung, sie sind im allgemeinen gleichmäßig verteilt, das Eisen hat ein gleichmäßiges körniges Gefüge. Würde man aus diesem Material einen

Probestab z. B. zur Vornahme von Festigkeitsuntersuchungen herausschneiden, so würde man, wie immer auch ein Schnitt gelegt wird, keine besondere außergewöhnliche Lagerung der Gefügebestandteile erkennen. Irgendeine der obengenannten Formgebungsarbeiten wird dagegen dem Gefüge, sofern das Material oberhalb des Punktes Ac_3 erhitzt war, eine andere Gestalt verleihen und die Wahl des Probestückes müßte daher eigentlich so vorgenommen werden, daß der Schnitt für das Probestück auf diese

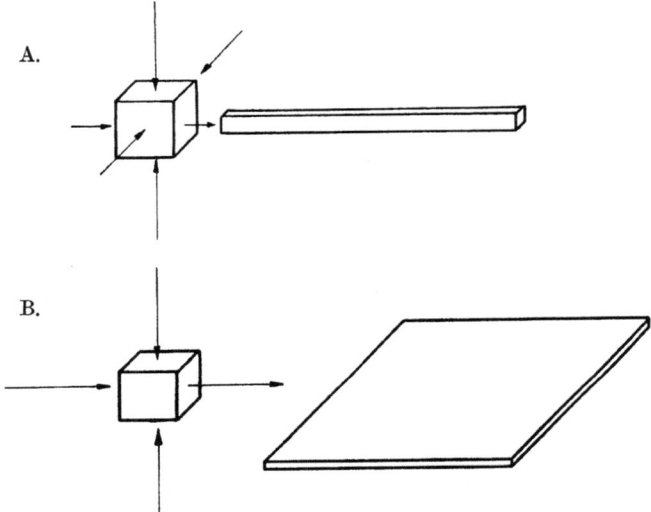

Abb. 83. A. Gestaltsveränderung eines würfelförmigen Einschlusses bei der Streckung unter allseitigem Druck. B. Gestaltsveränderung eines würfelförmigen Einschlusses bei der Streckung unter Druck von oben und unten.

veränderte Gefügegestaltung Rücksicht nimmt, um z. B. bei den später zu ermittelnden Festigkeitseigenschaften nicht überrascht oder enttäuscht zu werden, weil diese gewöhnlich je nach der Richtung, in der der Probestab nach dem fertig bearbeiteten Stück herausgeschnitten ist, verschieden ist. Als Streckrichtung kann man diejenige Richtung bezeichnen, in der das Material eine Längung erfährt. Bei dieser Längung werden aber die Querabmessungen des Materials verändert, und zwar so, daß mit der Längung auch eine Zusammenziehung bzw. Breitung einhergeht, je nachdem bei einer Druckbeanspruchung die Formänderung senkrecht zur Längs- bzw. Längs- und Breitungsrichtung ausgeübt wird, wie aus der Abb. 83 ersichtlich ist. In letzterem Falle wird ein allseitiger Druck auf das Stück vorhanden sein. Man kann also aus einem gestreckten Material jeweils Probestücke nach folgenden Schnitten entnehmen[1]:

1. Senkrecht zur Längsrichtung und parallel zur Druck- und Querrichtung . . . . Querschnitt.
2. Senkrecht zur Druckrichtung und parallel zur Längs- und Querrichtung . . . . Flachschnitt.
3. Senkrecht zur Querrichtung und parallel zur Längs- und Druckrichtung . . . . Längsschnitt.

Materialien mit kreisförmigem Querschnitt, Rundeisen aller Art, Drähte usw. erfahren bei ihrer Herstellung einen gleichartigen Druck von allen Seiten. Längs- und Flachschnitt sind daher einander gleich, dagegen sind bei solchen Materialien, die zu ihrer Herstellung einer besonderen Druckrichtung bedürfen, z. B. Kesselbleche, Längs- und Flachschnitt verschiedenartig. Bei Rundeisen usw. wird man daher nur in der Längsrichtung ausgeprägte Zeilenstruktur vorfinden, dagegen ist im Querschnitt die Länge der Zeile gleich ihrer Breite, so daß also der Bruch ein körniges Gefüge haben wird. Auch wird die Zeilenstruktur bei kleinen Querschnitten stärker ausgebildet sein als bei Stücken mit größerem Querschnitt. Es ist daher bei allen Probestücken, die zu Untersuchungszwecken aus einem Material, das irgendeiner Formänderungsarbeit unterworfen war, herausgeschnitten sind, nicht gleichgültig, ob die Längsfaser oder Querfaser z. B. zur Ermittlung der Zerreißfestigkeit beansprucht wird. Die Beantwortung der Frage nach der Ursache für die Entstehung der Zeilenstruktur dürfte daher nach den vorstehenden Ausführungen nicht schwierig sein, zumal die Temperatur, bei der das Material bearbeitet wird (Erhitzungs- und Abkühlungsverhältnisse, überhaupt Wärmebehandlung) und auch die Art der Formänderung von Bedeutung sind. Doch muß auch noch besonders darauf hingewiesen werden, daß die Zeilenstruktur ganz wesentlich durch Schlackeneinschlüsse und Seigerungsstellen begünstigt wird. Die ersteren kommen in fast jedem Handelseisen, wenn auch meist nur in geringerem Umfange vor, die bei der hohen Temperatur des noch flüssigen Blocks als sog. Keime

---

[1] Oberhoffer, Stahl und Eisen 1913, S. 1569.

(Kristallisationskeime) wirken, was durch die Tatsache bestätigt wird, daß langgestreckte Schlackeneinschlüsse zumeist von Ferrithöfen umgeben sind. Die Größe des Ferrithofes läßt einen Schluß auf die Abkühlungsverhältnisse des Blocks zu. Je größer der Ferrithof ist, um so langsamer wird auch der Block abgekühlt sein. Die Abb. 84 gibt ein Beispiel für die Form der Ferritabscheidung, die sich vollständig der Form des langgestreckten Schlackeneinschlusses angepaßt hat. In einem Handelseisen mit reichlichen

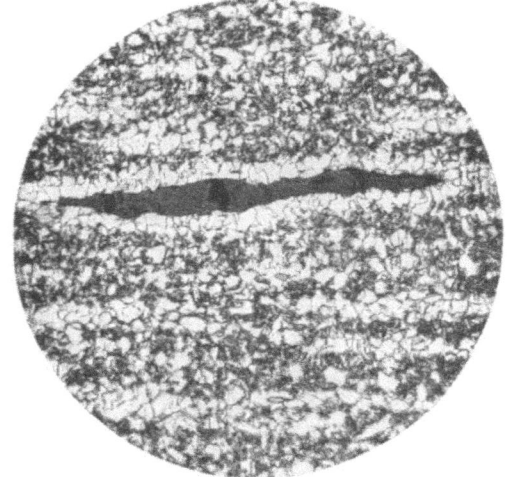

Abb. 84. Langgestreckter Schlackeneinschluß von einem Ferrithof umgeben
V = 80.

Mengen von Schlackeneinschlüssen wird man in höherem Grade die Zeilenstruktur antreffen als bei geringeren Mengen. Da auch von der Art des beanspruchten Materials die Formänderung der Schlackeneinschlüsse abhängt, so kann man die Zeilenstruktur in einem Arbeitsstück nicht nur in einer Richtung, sondern auch in zwei oder drei Richtungen antreffen.

Seigerungsstellen sind im Gegensatz zu dem übrigen gesunden Material immer schwefel- und phosphorreich, die sich durch Ätzung mit Kupferammoniumchlorid bloßlegen lassen (S. 88). Namentlich phosphorreiche Stellen befördern ebenfalls die Bildung der Zeilenstruktur, die bei der Formänderungsarbeit etwa beim

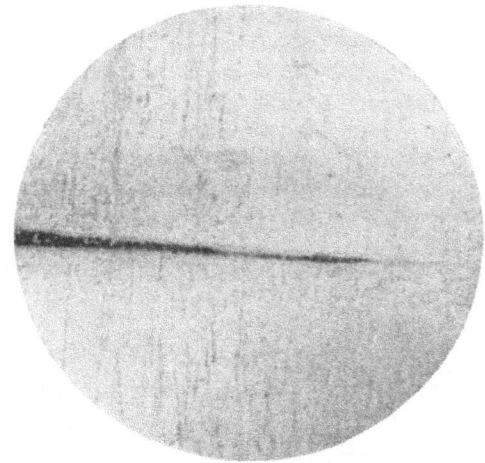

Abb. 85. Seigerungsstreifen im Siemens-Martinstahl. Mit Kupferammoniumchlorid geätzt. $V = 7$.

Abb. 86. Wie Abb. 85. Seigerungsstreifen und Zeilenstruktur. Mit alkoholischer Salpetersäure geätzt. $V = 7$.

Walzen eine bleibende Streckung erfahren (Abb. 85 und 86). Diese Phosphoranreicherung geht auch mit einer nahezu völligen Kohlenstofffreiheit des diese phosphorreichen Stellen umgebenden Materials Hand in Hand. Im Vergleich zu dem übrigen Material sind also die phosphorreichen kohlenstoffarmen Stellen ferritisch, wodurch sich recht deutlich die Zeilenstruktur von dem übrigen Gefügebild abhebt (Abb. 87). Im Querschnitt dagegen wird der Ferrit ein körniges Gefüge aufweisen.

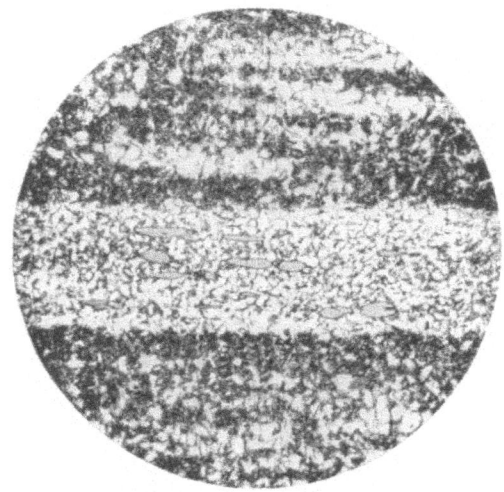

Abb. 87. Ferritzeile mit fremdartigen Einschlüssen. V = 80.

Man kann daher kurz zusammengefaßt sagen, daß die Schlackeneinschlüsse, aber auch Phosphor, als Zeilenbildner auftreten können, aber bisher haben die über diesen Gegenstand angestellten Untersuchungen noch nicht gezeigt, daß Phosphor allein eine Ursache der Zeilenbildung ist.

Für die Festigkeitseigenschaften des Materials kann die Zeilenstruktur, besonders wenn sie durch Phosphoranreicherungen veranlaßt worden ist, einen bestimmenden Einfluß ausüben. Ein Stab, der quer zur Zeilenstruktur zerrissen wird, bei dem also ein körniges Kleingefüge vorhanden ist, wird in Bruchform und Festigkeitseigenschaften normale Verhältnisse zeigen. Erfolgt dagegen die Beanspruchung in der Richtung ausgesprochener Zeilenbildung, also parallel zur Zeilenstruktur, so erhält das Bruchgefüge das ausgeprägte unter dem Namen **Schieferbruch** (S. 32) bekannte Aussehen[1]). Festigkeit, Fließgrenze, Dehnung und Querschnittsverminderung sind niedriger als bei dem in der obigen Weise hergestellten Bruch. Da je nach dem Bearbeitungsgrade, z. B. bei der Schmiedung, auch die Ausdehnung der Zeilenstruktur verschieden und auch die Höhe der Schmiedetemperatur oberhalb A_3, also im Gebiete der festen Lösung, oder unterhalb A_3 von Bedeutung ist, so wird man auch Mittel und Wege finden, um die Zeilenstruktur zu beseitigen. Hier kann, abgesehen von Phosphorzeilen, nur eine geeignete Wärmebehandlung, die **Glühung**, helfen, auch wenn die Zeilenstruktur durch Schlackeneinschlüsse begünstigt worden ist. Die günstigste Wärmebehandlung liegt bei einfachen Kohlenstoffstählen in der Innehaltung der Temperatur des Beginns der Ferritabscheidung aus der vorgängigen festen Lösung, mit der außerdem noch die größtmöglichste Verfeinerung und gleichmäßige Verteilung der Körner und damit auch die Verbesserung der Materialeigenschaften einhergeht.

Ein bei richtiger Temperatur ausgeglühtes Material, also bei einer solchen, die in der Nähe der Ferritbildung bei der Abkühlung liegt, wird jedenfalls dann die besten Festigkeitseigenschaften aufweisen, wenn diese Glühtemperatur eben erreicht ist, wenn also die Körner nach allen Richtungen gleiche Ausdehnung angenommen haben. Bei längerem Glühen werden die Ergebnisse schon ziemlich beeinträchtigt, dagegen wird das Material, wenn es bei einer wesentlich höheren Temperatur geglüht wird, bei der Überhitzung vorhanden ist, also die Gußstruktur auftritt, seine Zeilenstruktur verlieren, aber auch seine Festigkeitseigenschaften bedeutend verschlechtern. Zwar können, wie später gezeigt wird, die Überhitzungserscheinungen beseitigt werden, indem das überhitzte Material von der hohen Temperatur langsam abkühlt, auf die richtige Glühtemperatur (860º C) erhitzt und dann wiederum langsam abgekühlt wird, doch sind auch in diesem Falle die erzielten Festigkeitseigenschaften nicht dem bei der richtigen Temperatur ausgeglühten Material völlig gleichwertig, dagegen wird aber auch die Gußstruktur wieder durch die Zeilenstruktur ersetzt. Es kommt häufig vor, daß in einem gewalzten oder geschmiedeten

---

[1]) Vgl. Brearley-Schäfer, Werkzeugstähle. 3. Aufl. Berlin: Julius Springer 1922.

Material keine Zeilenstruktur nachzuweisen ist, daß sie aber durch eine Glühbehandlung mit nachfolgender langsamer Abkühlung zum Vorschein kommt. Die Ursache für das Fehlen der Zeilenstruktur im Ausgangsmaterial ist dann nur auf das schnelle Erkalten des Stückes an der Luft nach der Bearbeitung zurückzuführen. Würde das Stück sehr langsam erkaltet sein, so würde auch die Zeilenstruktur wieder auftreten. Eine schnelle Abkühlung wird also nach diesen Darlegungen ebenfalls die Bildung der Zeilenstruktur verhindern, andererseits wird man aber in einem geschmiedeten Material die Zeilenstruktur der Gußstruktur vorziehen.

Während also die Zeilenstruktur, sofern sie aus Ferrit und Perlit besteht, sich immerhin beseitigen läßt, ist dies bei den Phosphorzeilen durch die übliche Glühbehandlung nicht möglich. Dies liegt daran, daß das Diffusionsvermögen des Phosphors sehr gering ist, wodurch ein Ausgleich in der Verteilung der Gefügebestandteile sehr erschwert wird.

Im englischen Schrifttum begegnet man vielfach der Bezeichnung „ghost lines", die meist Schlackeneinschlüsse mit phosphorreichen Stellen enthalten. „Ghost line" übersetzt man richtig mit „Härteader", und man findet diese zumeist in der Nähe von Blasen. Man könnte sie als Überreste von mehr oder weniger geschweißten Blasen ansehen. Die Härteadern werden ebenfalls durch Kupferammoniumchlorid dunkel gefärbt.

Die Zeilenstruktur kann man, wie angeführt wurde, in allem einer Formgebungsarbeit unterworfenen schmiedbaren Eisensorten beobachten. Manchmal findet man im Walzdraht oder anderen Bauwerkseisensorten, daß die Kernzone deutlich Zeilenstruktur aufweist, während dies bei der Randzone nicht der Fall ist, die körniges Gefüge zeigt. Falls hier keine Seigerungen vorhanden sind, kann der Grund für diese Erscheinung darin liegen, daß infolge des natürlichen Reinigungsbestrebens bereits bei der Erstarrung des gegossenen Blocks andere Erhitzungs- und Abkühlungsverhältnisse vorgelegen haben. Jedenfalls ist die Annahme irrig, daß die Zeilenstruktur nur dann auftritt, wenn das Material bei zu niedriger oder zu hoher Schmiedetemperatur bearbeitet worden war.

Wie nachteilig, ja gefährlich ein zeilenartiger Gefügeaufbau für die Materialeigenschaften eines Werkstückes sein kann, soll an einigen Beispielen gezeigt werden. Es handelt sich zunächst um ein im Einsatz gehärtetes Ritzel aus Siemens-Martinstahl, das beim

Abschrecken in Wasser platzte (Abb. 88). Auf der Bruchfläche konnte man deutlich eine langgestreckte Faserung wahrnehmen, die an Schieferbruch erinnerte. Infolge der hierdurch bedingten geringen Festigkeit konnte das Ritzel den beim Härten auftretenden Spannungen nicht widerstehen und mußte ihnen bis zum Bruch nachgeben. Die aus der betreffenden Stahlstange geschnittenen Ritzel waren alle nach der gleichen Behandlung unbrauchbar, und es konnte festgestellt werden, daß die Zeilenstruktur fast die ganze Stahlstange durchzog. Aus dem gesunden Teil der Stange wurden ebenfalls Ritzel geschnitten und ein Satz dieser Stücke gehärtet, die beim Abschrecken in Wasser sich einwandfrei verhielten und sich auch bei langer Betriebsdauer nicht veränderten.

Abb. 88. Seigerungszeilen in einem gehärteten Ritzel aus Siemens-Martinstahl. Längsschnitt durch den Zahn. Mit Kupferammoniumchlorid geätzt. Nat. Größe.

Dieselbe Erscheinung konnte man während des Krieges an Wurfgranatenschäften beobachten, die bekanntlich aus der vollen Stahlstange gedreht wurden. Alle Schäfte, die ein zeilenförmiges Gefüge aufwiesen, platzten bei der Wasserdruckprobe, die bei etwa 800—1000 Atm. vorgenommen wurde. Der Bruch der Schäfte war vielfach durch die ganze Länge des Stückes vorhanden und er sah aus, als ob er mit einem Messer geschnitten wäre. Bog man die Schäfte auseinander, so konnte man stets das Zeilengefüge feststellen.

Auch Füchsel[1] erwähnt einen Fall, nach dem eine aus den neunziger Jahren des vorigen Jahrhunderts stammende Achse eines etwa 12,5-t-Eisenbahnwagens durch einen Stoß plötzlich zu Bruch kam. Mikroskopische Untersuchungen an der Bruchfläche ergaben hier die Anordnung von groben Ferrit- und Perlitstreifen, die mit Schlacke durchsetzt waren. Diese Zeilenstruktur hat offenbar

---

[1] Stahl und Eisen 1913. S. 1487.

Das Kaltrecken: Ziehen. 155

den Bruch stark begünstigt, und auch die Anfertigung der Achse ließ sicher viel zu wünschen übrig. Betrug doch die spezifische Schlagarbeit an einer Probe aus dieser gebrochenen Achse nur 0,96 mkg/qcm, während eine gleiche Probe, die aber nachträglich ausgeglüht wurde, bereits 4,64 mkg/qcm ausmachte. Da in Übereinstimmung mit den früheren Darlegungen der Wärmebehandlung von Stahlstücken im Stahlwerk selbst die größte Beachtung geschenkt werden muß, um die günstigsten Festigkeitseigenschaften aus ihnen herauszuholen, so ist in den heutigen besonderen Bedingungen für die Lieferung von Achswellen für die Staatsbahn vorgeschrieben, daß das Auswalzen eines Blocks nur bis zum doppelten Achsquerschnitt vorgenommen werden darf und die weitere Bearbeitung durch Schmieden zu erfolgen hat. Eine nach dieser Vorschrift angefertigte und von Füchsel untersuchte Wagenachse hatte dann auch ein gleichmäßig körniges Gefüge von Ferrit und Perlit mit einer spezifischen Schlagarbeit von rund 8 mkg/qcm.

IX. Das Ausglühen, Überhitzen, Verbrennen.

In den vorstehenden Abschnitten wurde vielfach auf den wohltätigen Einfluß des Ausglühens (Glühens) auf die mechanischen Eigenschaften des schmiedbaren Eisens, namentlich Dehnung und Querschnittsverminderung hingewiesen, ohne eine zusammenfassende Beschreibung dieser wichtigen Wärmebehandlungsart zu geben. Die folgenden Ausführungen sollen daher bezwecken, dem Konstrukteur in erster Linie vor Augen zu halten, daß die Eigenschaften eines Werkstoffes nur dann richtig bewertet werden können, wenn er in ausgeglühtem Zustande vorliegt. Nichts wäre verfehlter, an einem Maschinenteil oder Konstruktionsstück ohne Kenntnis der voraufgegangenen Warm- oder Kaltbearbeitung z. B. Festigkeitsuntersuchungen vorzunehmen und dann die erhaltenen Werte als bezeichnend für dieses Material hinzustellen. Liegt es andererseits in gehärtetem oder vergütetem Zustande vor, so kann sich die Auswertung der gefundenen Ergebnisse auch nur auf diese beiden Wärmebehandlungsarten beziehen, d. h. dieses oder jenes Konstruktionsstück besitzt in gehärteter oder vergüteter Form diese oder jene Eigenschaften. Es wird also durch die jeweilige Wärmebehandlung in einschneidender Weise beeinflußt.

Mit der Arbeit des Ausglühens betritt daher der Konstrukteur dasjenige Gebiet der verschiedenen Wärmebehandlungsarten, die rein chemischer Natur sind, d. h. ohne irgendeine mechanische Vorbereitung kann das betreffende schmiedbare Eisen allein durch die Einwirkung der Wärme in einem Zustande erhalten werden, der es für seinen endgültigen Verwendungszweck geeignet macht (vgl. S. 48).

Alle schmiedbaren Eisensorten sowie Sonderstähle befinden sich hinsichtlich ihres Gefügeaufbaues und der sonstigen Eigenschaften nur dann im Gleichgewicht, wenn sie ausgeglüht sind. In diesem Zustande sind alle Gefügebestandteile des Stahls in natürlicher Anordnung und gleichmäßiger Verteilung. Aus diesem

Das Ausglühen, Überhitzen, Verbrennen.

Grunde liefern die Stahlwerke das aus dem Schmelzfluß erstarrte, zu Gebrauchsgegenständen geformte schmiedbare Eisen, den **Flußeisenguß** und **Stahlguß**, gewöhnlich in ausgeglühtem Zustande (S. 219) und auch die aus dem Walzwerk kommenden Erzeugnisse stellen mehr oder weniger geglühtes Material dar. Das **Ausglühen (Glühen)** ist aber auch dann am Platze, um **Spannungen** in einem Werkstück zu beseitigen, die namentlich in wechselreichen Stahlgußstücken infolge ungleichmäßiger Abkühlung in der Form oder in größeren Schmiedestücken infolge ungleichmäßiger Durcharbeitung vorkommen, was auch vielfach bei schweren Walzerzeugnissen zutrifft. Diese angeführten Beispiele genügen, um die Aufgabe derjenigen Wärmebehandlungsart festzulegen, die mit **Ausglühen** bezeichnet wird.

Der erste Zweck des Ausglühens zielt gewöhnlich auf eine Verfeinerung des Korns, besonders bei gegossenen Stahlstücken und hiermit auf günstigere mechanische Eigenschaften, namentlich Festigkeitseigenschaften, hin. Dieser Zweck wird aber nur dann vollständig erreicht, wenn das auszuglühende Werkstück so hoch erhitzt wird, daß es sich vollständig im Gebiete der festen Lösung befindet, d. h. die Ausglühtemperatur muß oberhalb des obersten Haltepunktes, der Umwandlungstemperatur, liegen, die wiederum von der Höhe des Kohlenstoffgehaltes abhängt. Ist dies nicht der Fall, dann ist auch nicht die Gewähr für eine vollständige **Umkristallisation** gegeben, weil es dann in den Kohlenstoffstählen mit weniger bzw. mehr als 1 v.H. Kohlenstoff dem vorhandenen Ferrit bzw. Zementit nicht möglich ist, mit dem bereits gelösten Perlit eine einheitlich feste Lösung zu bilden, die aber unumgänglich nötig ist, wenn das abgekühlte Material das feinste Korn besitzen soll.

Die Arbeit des Ausglühens zerfällt demnach in zwei Teile, dem **Anwärmen** und dem **Abkühlen**. Sowohl das Anwärmen wie auch das Abkühlen muß langsam vonstatten gehen, um das dem normalen Werkstoff zukommende günstigste Gefüge zu erzielen und auch andererseits keine Spannungen in das Material zu bringen. Geschieht das Anwärmen und Abkühlen nicht langsam genug, so ist das Gefüge nicht imstande, sich auszugleichen und daher sind die wichtigsten Umstände, die beim Ausglühen (Glühen) beachtet werden müssen: genügend hohe **Glühtemperatur**, genügend lange **Glühdauer**, Regelung der **Abkühlungsgeschwindigkeit**.

158 Das Ausglühen, Überhitzen, Verbrennen.

Der Vorgang des Glühens eines Stahlstückes läßt sich leicht an Hand eines Schaubildes erklären (Abb. 89)[1]). Die bei a beobachtete Temperatur tritt bei b (700° C) in das Umwandlungsgebiet ein, durchschreitet dieses, so daß bei c die vollkommen feste Lösung erreicht, die Kristallumbildung vollendet ist. Ferrit und Perlit bzw. Perlit und Zementit haben sich in die feste Lösung, Austenit (bzw. Martensit) umgewandelt. Um sicher zu gehen, daß dieser Zustand auch wirklich erreicht ist, wird die Temperatur bis auf etwa 30° C über das Umwandlungsgebiet hinaus, etwa bis d, erhöht, um von da ab langsam zu fallen. Bei e wird wieder das Umwandlungsgebiet erreicht. Hier zerfällt die feste Lösung und es muß die Durchquerung des Umwandlungsgebietes besonders langsam erfolgen, um den ungestörten Zerfall der festen Lösung, des Austenits (oder Martensits) zu ermöglichen. Es beginnt sich der bei der Erhitzung zuletzt gelöste Ferrit bzw. Zementit aus der festen Lösung abzuscheiden, so daß die Abscheidung bei f zu Ende ist.

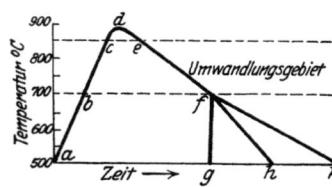

Abb. 89. Richtige Glühung zur Kornverbesserung des schmiedbaren Eisens.

Das ursprüngliche Gefüge Ferrit und Perlit, bzw. Zementit und Perlit wird jetzt wieder sichtbar, das je nach der Schnelligkeit der Abkühlung von f aus zwar von gleicher Art ist, wie das des ungeglühten Materials, aber je nach der Schnelligkeit der Abkühlung von diesem Punkte ab ein gleichmäßig feineres oder gröberes Gefüge haben wird. Durch schnelle, schroffere Abkühlung nach f g wird das feinste Korn mit hoher Festigkeit aber geringerer Dehnung erzielt, während langsame Abkühlung nach f h ein gröberes Korn, nach f k das verhältnismäßig gröbste Korn im Gefolge hat.

Das Maß der Kornverfeinerung durch Ausglühen läßt sich z. B. durch die Messung der Korngröße ermitteln. So konnte Oberhoffer bei einem gegossenen Stahlstück mit 0,27 v.H. Kohlenstoff feststellen, daß dieses nach der Glühung bei einer Temperatur von 850° C stark verfeinert war, und zwar so, daß aus einem Ferritkorn im Urzustand sogar im Durchschnitt 5,36 Körner entstanden waren [2]).

---
[1]) Vgl. Erbreich, Gießerei-Zeitung 1913. S. 699.
[2]) Stahl und Eisen 1912. S. 890.

Das Ausglühen, Überhitzen, Verbrennen.

Hiernach hat man es in der Hand, durch die Regelung der Abkühlungsgeschwindigkeit die Korngröße und damit auch in gewissem Sinne die jeweiligen Festigkeitseigenschaften zu beeinflussen, ein Verfahren, das beim Ausglühen von Stahlguß in besonderer Übung steht. Es wird daher bei der späteren Betrachtung über Stahlguß noch besonders besprochen werden.

Ist bei der ersten Glühung die Verfeinerung des Korns nicht weit genug gediehen, so kann eine zweite oder auch eine dritte Glühung angeschlossen werden, bis schließlich das feinste Korn mit seinen besten Eigenschaften erreicht ist, die der Stahl überhaupt annehmen kann. Es soll hier gleich bemerkt werden, daß auch abgeschreckter, gehärteter Stahl, z. B. Werkzeugstahl, durch vorsichtiges Glühen wieder in seinen ursprünglichen weichen Zustand übergeführt werden kann. Der Stahlhärter macht daher von dieser Wärmebehandlungsart öfters Gebrauch, wenn er z. B. ein nicht richtig gehärtetes bzw. abgenutztes Werkzeug nochmals härten will.

Hinsichtlich der Glühdauer ist festgestellt worden, daß mit der Länge der Glühdauer im Gebiet der festen Lösung auch die Körner wachsen, so daß hiermit dasselbe Ergebnis erzielt wird, als wenn die Glühtemperatur erhöht wird. Die Länge der Glühdauer ergibt sich je nach der Art des Werkstückes und muß aus der Erfahrung festgelegt werden.

Aber auch das Anwärmen eines ausgeglühten Stahlstückes erfordert besondere Beachtung. Bei gleichmäßig dünnen Querschnitten wird auch das gleichmäßige Anwärmen keine Schwierigkeiten machen, aber bei starken Stahlstücken ist festzustellen, daß die äußeren Schichten schneller erhitzt werden als der Kern. Jene werden daher eine höhere Temperatur aufweisen als dieser. Der Temperaturunterschied ist um so erheblicher, je größer die zu erhitzende Masse ist, je schneller die Erhitzung vor sich geht und je geringer die Wärmeleitfähigkeit des betreffenden Stahls ist. Dieser Umstand fällt besonders bei Sonderstählen wegen ihrer im allgemeinen geringeren Wärmeleitfähigkeit gegenüber dem gewöhnlichen schmiedbaren Eisen sehr ins Gewicht und darum müssen jene besonders langsam und vorsichtig erhitzt werden. Bei rascher Erwärmung ist daher die Entstehung von inneren Rissen nicht ausgeschlossen, deren Gefährlichkeit darin liegt, daß sie in den meisten Fällen überhaupt nicht oder zu spät erkannt werden, wenn das Werkstück bereits Dienst tut.

160 Das Ausglühen, Überhitzen, Verbrennen.

Die genaue Einhaltung der zweckmäßigsten Glühtemperatur, die sich nach dem Kohlenstoffgehalt entsprechend dem Zustandsdiagramm der Eisenkohlenstofflegierungen (Abb. 28) richtet, ist mithin von ausschlaggebender Bedeutung für das Gelingen der Ausglüharbeit. Wird diese richtige Glühtemperatur wesentlich überschritten, also das Gebiet der festen Lösung weiter durchwandert, etwa bis 1000° C und darüber, so wird auch das sich bei jeder Glühung vergrößernde Korn weiter wachsen, so daß schließlich nach der Abkühlung des Werkstückes kein verfeinertes, sondern ein gröberes Gefüge im Vergleich zu dem des Ausgangsmaterials erscheint. Derselbe Fall der Kornvergrößerung ist dann gegeben, wenn das Werkstück außergewöhnlich lange bei einer Temperatur dicht oberhalb des Umwandlungsgebietes, also bei richtiger Glühtemperatur, geglüht wird. Sehr hohe Erhitzung oder sehr lange Ausglühung bei zweckentsprechenden Glühtemperaturen haben also die gleiche Wirkung der Kristallzunahme im Gefolge. Das Eisen ist überhitzt und es fragt sich, wie die nachteiligen Folgen der Überhitzung beseitigt werden können (vgl. S. 104).

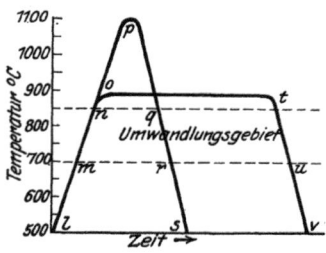

Abb. 90. Überhitzte Glühung von Eisen und Stahl.

Diese Wärmebehandlungsart, durch die sich mithin das Gefüge dem des Urzustandes im gegossenen Block nähert und das ebenfalls entsprechend dem in der Form erstarrten Metall auch von grober Gestalt ist, läßt sich ebenfalls bildnerisch darstellen. Die beiden Arten der Überhitzung ergeben sich nach Abb. 90 aus den Linienzügen l m n p q r s und l m n o t u v.

Durch Walzen oder Schmieden oder sonstige mechanische Nachbehandlung kann überhitztes Eisen soweit verbessert, regeneriert werden, daß die Anzeichen der Überhitzung, die groben Körner, vollständig verschwinden. Bei gegossenem Material (Stahlguß) ist dies dagegen nicht angängig, sondern es muß, weil grobe Kristalle beim Übergang aus der α- in den γ-Zustand zerfallen, wieder auf die richtige Glühtemperatur also etwas oberhalb Ac_3 erhitzt und langsam und vorsichtig abgekühlt werden. In den Abb. 91 und 92 ist ein richtig geglühter und überhitzter Stahl in Vergleich gestellt. Die großen Körner des überhitzten Materials

Das Ausglühen, Überhitzen, Verbrennen. 161

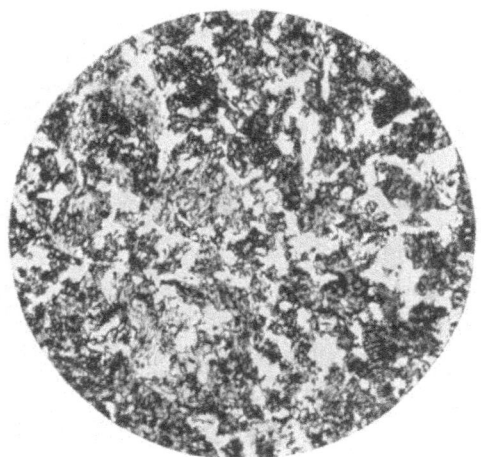

Abb. 91. Richtig ausgeglühter Stahl mit 0,57 v.H. Kohlenstoff.
Feines Gefüge. V = 200.

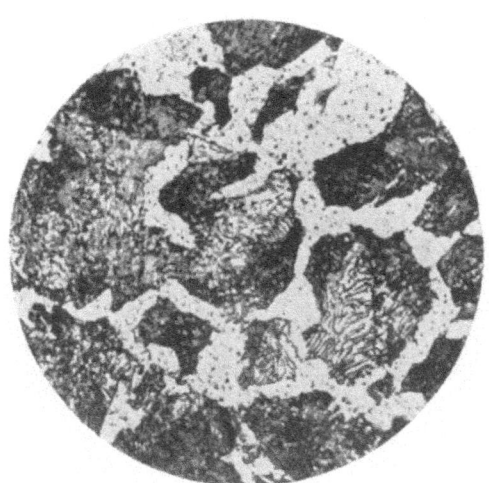

Abb. 92. Überhitzter Stahl mit 0,57 v.H. Kohlenstoff.
Grobes Gefüge. V = 200.

Schäfer, Konstruktionsstähle.

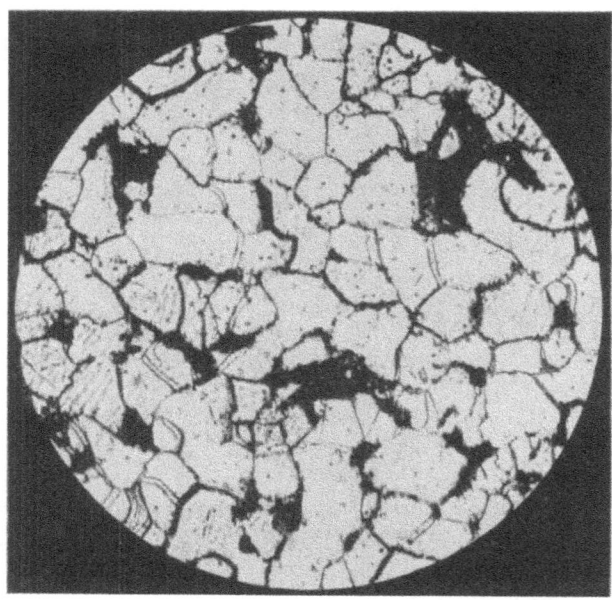

Abb. 93. Überhitztes weiches Eisen mit 0,17 v.H. Kohlenstoff. Grobes Korn. V = 200.

Abb. 94. Überhitzter Stahl mit 1,34 v.H. Kohlenstoff. Grobes Korn. V = 200.

Das Ausglühen, Überhitzen, Verbrennen. 163

fallen sofort in die Augen. Die Abb. 93 und 94 stellen überhitztes Material mit wenig und hohem Kohlenstoffgehalt dar. Die hierzu gehörigen richtig ausgeglühten Proben finden sich in Abb. 5 und Abb. 10. Nach Abb. 95 hat mehrstündiges und überhitztes Glühen bewirkt, daß das im Ausgangsmaterial vorhandene feinkörnige Ferritgefüge (Abb. 4) sich in erheblich größere Kristalle umwandelte. Natürlich wird auch die Festigkeit des überhitzten Eisens im Vergleich zum richtig geglühten geringer sein. Dies gilt namentlich

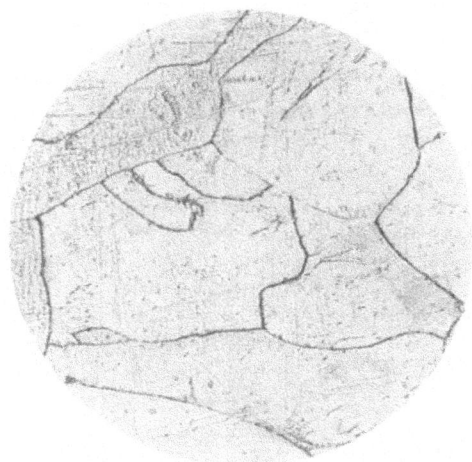

Abb. 95. Wie Abb. 4. Reines Eisen 3 Stunden bei 1200° C geglüht. Grober Ferrit. V = 200.

hinsichtlich der Schlagfestigkeit und aus diesem Grunde wird gewöhnlich die einfache Kerbschlagprobe herangezogen, um schnell festzustellen, ob überhitztes Material vorliegt oder nicht. Die mit dem groben Korn des überhitzten Eisens einhergehende Sprödigkeit wird durch die ruhige Belastung beim Zug- oder Biegeversuch nicht deutlich genug zum Ausdruck gebracht. Heyn arbeitete ein einfaches für die Praxis sich sehr gut eignendes Verfahren aus, das sich schnell ausführen läßt und mit dem für die Sprödigkeit kohlenstoffarmen Flußeisens ein in Zahlen ausdrückbares Maß erlangt werden kann[1]). Die Probestäbe für diesen Schlagversuch haben

---

[1]) Martens-Heyn, Materialienkunde. IIa. S. 313 und 317.

nur geringe Abmessungen, weil namentlich bei Blechen Überhitzungserscheinungen am leichtesten in die Erscheinung treten. Auch sind ferner die geringen Abmessungen durch die häufig auftretende Schichtenbildung des Materials bedingt, da sonst aus den verschiedenen Zonen getrennte Proben entnommen werden müßten. Der Probestab (Abb. 96) erhält in der Mitte eine $1/2$ mm tiefe scharf zulaufende Spitzkerbe, wird zwischen die Backen eines Schraubstockes gespannt (Abb. 97) und in der Pfeilrichtung mit einem Hammer umgeschlagen. Legt sich die Stabhälfte um 90^0 um, so gilt die punktierte Lage als erste Biegung. Als zweite Biegung wird das Zurückbiegen des Stabes in die senkrechte Lage angesehen, als dritte Biegung gilt wieder das Umschlagen um 90^0, bis schließlich der Stab zu Bruch geht. Hieraus ergibt sich schließlich die Biegezahl als Zahl der Biegungen bis zum Bruch. Im allgemeinen kann man annehmen, daß ausgeglühtes kohlenstoffarmes Flußeisen 3—4 Biegungen aushält. Dagegen bricht das durch Überhitzung spröde gewordene Material schon beim ersten Schlag. In diesem Falle ist die Biegezahl 0, in jenem Falle 3—4.

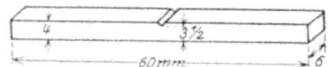

Abb. 96. Probestab für den einfachen Kerbschlagversuch.

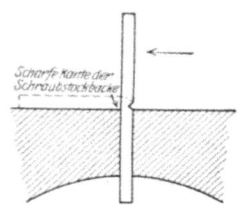

Abb. 97. Einfacher Kerbschlagversuch.

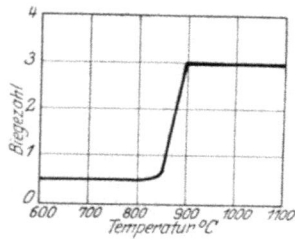

Abb. 98. Durch Glühen verbessertes überhitztes Eisen.

Wird dieses spröde überhitzte Material durch eine etwa $1/2$ stündige Glühdauer bei etwa 900^0 C wieder verbessert, so steigt auch wieder die Biegezahl. Aus Abb. 98 ist die Wirkung dieses verbessernden Glühens an einem stark überhitzten kohlenstoffarmen Flußeisenblech deutlich zu ersehen. Eine $1/2$ stündige Glühung bei 900^0 C bewirkte, daß die Biegezahl auf 3 stieg, während eine Glühung bei 800^0 C keine verbessernde Wirkung ausübte. Bis zu diesen Wärmegraden wurde $1/2$ Biegezahl nicht überschritten.

Die Verbesserung von überhitztem kohlenstoffarmem Flußeisen kann anstatt durch etwa $1/2$- bis 1 stündiges Glühen bei

Das Ausglühen, Überhitzen, Verbrennen.

Temperaturen oberhalb des Ac_3-Punktes und darauffolgendes langsames Abkühlen auch dadurch erreicht werden, daß das Werkstück oberhalb des Ac_3-Punktes kurz geglüht und dann abgeschreckt und angelassen wird. Das auf diese Weise verbesserte überhitzt gewesene Eisen besitzt teilweise eine höhere Schlagfestigkeit als das nicht überhitzte ursprüngliche Material [1]). Aber auch kräftiges Durchschmieden kann Überhitzungserscheinungen beseitigen.

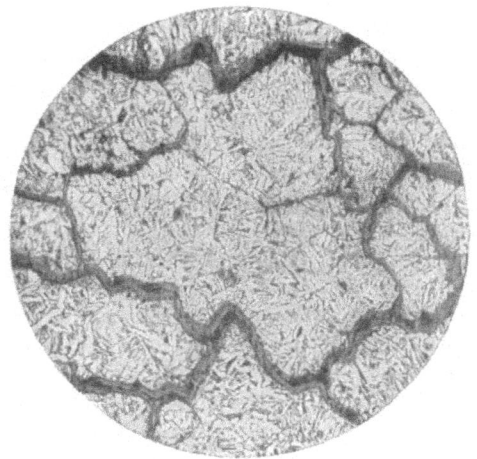

Abb. 99. Verbranntes Stahlblech. Einschüsse von Eisenoxyoxydul.
V = 50.

Bei ungewöhnlich hohen Glühtemperaturen, die dem Schmelzpunkt von Eisen und Stahl nahe kommen, verändern sich auch diese Werkstoffe in der Regel unter Funkensprühen, sie verbrennen und die Kanten und feineren Querschnitte eines solchen verbrannten Werkstückes schmelzen gewöhnlich ab. Das Korn ist sehr stark vergröbert, besitzt kein einheitliches Aussehen und der Sauerstoff der Luft dringt in das Material ein, bildet an den Korngrenzen Oxydschichten, die den Zusammenhang des Gefüges vollständig aufheben (Abb. 99). Eine Verbesserung, Regeneration von verbranntem Eisen ist aussichtslos, auch alle Heilmittel, die zu diesem Behufe angeboten werden, halten ihr Versprechen nicht

---
[1]) Pomp, Ferrum 1915/16. S. 49 und 65.

und können es auch nicht, weil die im Innern des Materials befindlichen Oxydationsprodukte des Eisens in diesem Falle nicht wieder in metallisches Eisen, das eine vollständige Einheitlichkeit des Gefüges zuläßt, übergeführt werden können.

Das Ausglühen ist nicht ausschließlich mit einer Kornverfeinerung, wie dies beim Stahlguß zutrifft, verbunden, es kann auch das Gegenteil, eine Kornvergröberung eintreten. Diese Kornvergröberung setzt also ein feineres Korn voraus und dieses feinere Korn wird allein Werkstücken aus schmiedbarem Eisen verliehen, die eine warm- oder Kaltformgebung (Schmieden, Walzen, Pressen, Ziehen usw.) durchgemacht haben. Der sehr feinkörnige gehärtete Stahl nimmt ebenfalls durch das Ausglühen sein gröberes Gefüge wieder an, das er im Anfangszustande hatte. Auf diese Weise ist es auch möglich, ihn wieder leicht für eine bestimmte Werkzeugform vorzubereiten. Aber auch alle anderen durch Warm- oder Kaltformgebung dem schmiedbaren Eisen zugefügten besonderen Eigenschaften werden durch das Ausglühen wieder beseitigt und das Eisen erhält seine ursprüngliche Beschaffenheit zurück (S. 119 und 137).

Die Arbeit des Ausglühens von warm- und kaltbearbeitetem Eisen wird in ähnlicher Weise durchgeführt, wie sie beim Stahlguß besprochen wird, d. h. das Werkstück wird bis über die Umwandlungstemperatur erhitzt und darauf langsam abgekühlt (S. 219). Selbstverständlich hat man es auch hier in der Hand, die Größe des Korns im Vergleich zu derjenigen des Anfangszustandes zu beeinflussen, hohe Glühtemperaturen bedingen ein großes Korn, niedrigere ein kleineres Korn. Aber auch Glühdauer und Abkühlungsgeschwindigkeit sind neben der Glühtemperatur hinsichtlich der schließlichen Korngröße ebenfalls von nicht zu unterschätzender Bedeutung, womit auch eine Änderung der mechanischen Eigenschaften, z. B. Zugfestigkeit, Dehnung, Härte usw. Hand in Hand gehen, d. h., daß bei steigender Temperatur und steigender Glühdauer auch die Kristallgröße zunimmt und Festigkeit, Dehnung und Querschnittsverminderung abnehmen. Dies trifft besonders dann zu, wenn die Glühtemperatur bis weit oberhalb des Umwandlungsgebietes gesteigert wird, also eine Überhitzung eintritt. Wird die Abkühlungsgeschwindigkeit gesteigert, so wird die Festigkeit erhöht und die Dehnung erniedrigt. Auf diese Weise hat man es in der Hand, das Gefüge und somit die Eigenschaften des schmiedbaren Eisens zu beeinflussen, indem man

Das Ausglühen, Überhitzen, Verbrennen.

das Werkstück an der Luft oder im Ofen selbst oder außerdem noch in einem Wärme zurückhaltenden Mittel abkühlen läßt. Selbstverständlich muß die Glühdauer entsprechend der Masse des Werkstückes gewählt werden, damit auch die gleichmäßige Durchwärmung desselben erreicht wird.

Bei untereutektischen Stählen ist beachtenswert, daß die Glühtemperatur auch bis zum ersten Umwandlungspunkt (Ac_1) gewählt werden kann. Bei einer entsprechend ausgedehnten Glühdauer wandelt sich der anfänglich lamellare, streifige Perlit in den körnigen Perlit um. Mit diesem ist eine höhere Dehnung und Querschnittsverminderung, weil er weicher ist als der lamellare Perlit, erreichbar, dagegen werden Festigkeit und Streckgrenze niedriger sein, als wenn der Stahl oberhalb der Umwandlungstemperatur erhitzt und abgekühlt wurde. Das folgende Beispiel gibt eine Bestätigung für diese Tatsache bei einem Stahl von 0,9 v.H. Kohlenstoff, der dicht unterhalb des Umwandlungspunktes geglüht wurde [1]).

	Festigkeit kg/qmm	Streckgrenze kg/qmm	Dehnung v.H.
¼ Stunde bei 800⁰ C geglüht, an der Luft abgekühlt	89,3	86,8	12,5
1 Stunde bei 670⁰ C geglüht . .	77,6	46,0	18,5
5 Stunden bei 670⁰ C geglüht . .	69,5	45,0	21,3

In Abb. 100 ist körniger Perlit dargestellt, der bei mehrstündigem Glühen eines untereutektischen Stahles wenig unterhalb von 700⁰ C erhalten wurde. Diese Glühbehandlung wird beim gehärteten Stahl als Anlassen bezeichnet und man erreicht durch sie, daß gehärtete Werkzeugstähle wieder vollständig weich werden. Die gewöhnlichen Anlaßtemperaturen, mit deren Wahl ein anderer Zweck verfolgt wird, nämlich Aufhebung der großen Sprödigkeit des abgeschreckten Stahls, liegen gewöhnlich zwischen 200 und 300⁰ C.

Auch bei Stählen mit mehr als 1 v.H. Kohlenstoff, die als besonderen Bestandteil Zementit enthalten, kann eine Umkristallisation des Gefüges durch Ausglühen oberhalb des Umwandlungsgebietes erreicht werden. Je höher die Temperatur ist, um so gröber wird bei langsamer Abkühlung das Zementitnetzwerk,

---

[1]) Hanemann und Morawa, Stahl und Eisen 1914. S. 1350.

168   Das Ausglühen, Überhitzen, Verbrennen.

während bei rascherer Abkühlung, ohne eine Härtewirkung zu beabsichtigen, der Zementit sich gewöhnlich in Form von Nadeln absondert. Eine ausgesprochene Unterschiedlichkeit hinsichtlich der Festigkeitseigenschaften beim Ausglühen von übereutektischen Stählen, wenn sie verschieden schnell bei gleicher oder verschiedener Glühdauer abgekühlt wurden, scheinen bislang nicht beobachtet worden zu sein.

Die hier besprochene Glühbehandlung mit der zugleich einhergehenden Umkristallisation des Gefüges ist also vorzugsweise für

Abb. 100. Körniger Perlit in einem geglühten Stahl mit 0,83 v.H. Kohlenstoff.
V = 200.

Werkstücke von Bedeutung, die eine Warmformgebung erfahren haben. Kaltbearbeitete Stücke aus schmiedbarem Eisen werden gleichfalls nach ähnlichen Grundsätzen geglüht, womit alle Eigenschaften des unbehandelten Materials wieder hergestellt werden. Aber schon bei Temperaturen unterhalb des Umwandlungsgebietes tritt eine Veränderung des Korns ein, und zwar so, daß das anfänglich vorherrschende gestreckte oder überhaupt deformierte Korn plötzlich größer wird, wenn die Deformation nur wenig über der Streckgrenze vor sich gegangen ist. Dieses plötzliche Kornwachstum, die Neubildung von Kristallen in vorher deformierten Metallstücken durch Ausglühen nennt man Rückkristallisation

Das Ausglühen, Überhitzen, Verbrennen.

(Rekristallisation), mit der alle Merkmale der Kaltformgebung verschwinden. Die Rückkristallisationstemperaturen liegen also unterhalb bzw. innerhalb des Umwandlungsgebietes, die Umkristallisationstemperaturen nur oberhalb desselben. Der Deformationsgrad oder das Maß der Formänderung darf bei der Deutung der Rückkristallisationsvorgänge nicht außer acht gelassen werden. Je größer der Deformationsgrad, um so tiefer liegt im allgemeinen die Rückkristallisationstemperatur.

Die Veränderung der Korngröße durch Rückkristallisation kann man am leichtesten bei kaltbearbeitetem weichen Eisen, also

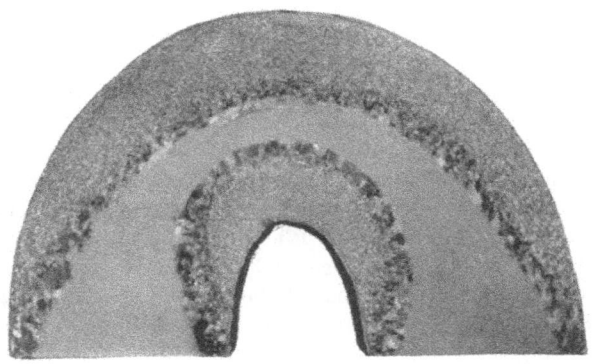

Abb. 101. Biegeprobe aus sehr weichem Flußeisen mit 0,05 v.H. Kohlenstoff, 6 Stunden bei 730° C geglüht. Rückkristallisation. Nat. Größe.

einem Eisen mit sehr geringem Kohlenstoffgehalte, beobachten. Das Ferritkorn nimmt bei der Rückkristallisationstemperatur erheblich an Größe zu und es ist einleuchtend, daß hiermit auch die Festigkeit und andere Eigenschaften geändert werden. An einigen Beispielen wird unten die Bedeutung der Rückkristallisation gezeigt werden.

Für den Konstrukteur hat die Kenntnis über die Rückkristallisationsvorgänge insofern Bedeutung, als er nachträglich die Höhe der Kaltbearbeitung über die Streckgrenze hinaus an einem bestimmten Material feststellen kann. Wird z. B. ein weicher Eisenstab gebogen, so erleiden bekanntlich unter Überschreitung der Elastizitätsgrenze die äußeren Fasern Zug-, die inneren Druckspannungen während in der Mitte der Stange eine neutrale Zone, die neutrale Faserschicht, verbleibt, die weder Zug- noch Druckspannungen und daher auch keiner Formänderung ausgesetzt ist. Auf einer so behandelten längsgeschnittenen Stange besitzen daher die verschiedenen Materialschichten auch verschiedene Spannungszustände, die sich von der höchsten Zugspannung allmählich bis Null verringern und darüber hinaus bis zu den höchsten Druckspannungen zunehmen. Auf dem Längsschnitt einer solchen gebogenen Probe (Abb. 101), die 6 Stunden einer Temperatur von 730° C ausgesetzt war, erkennt man nach vorhergegangener Ätzbehandlung und ohne besondere Vergrößerung deutlich verschiedene Gefügezonen. Im Innern des Schnittes ist ein sehr feines Gefüge wahrnehmbar, das nur bei starker Vergrößerung auflösbar ist. Daran anschließend treten sowohl in den äußeren gezogenen als auch in den inneren gedrückten Fasern grobe Kristalle auf, die allmählich nach außen hin wieder feiner werden, jedoch den Feinheitsgrad der Mittelschicht, der neutralen Faserschicht, nicht erreichen [1]). Schneiden und Stanzen bewirken, daß dem Material ebenfalls verschiedene Spannungszustände erteilt werden, das nachträgliche Glühen wird auch hier an der verschiedenartigen Korngröße die Merkmale der Rückkristallisation und damit die Tiefe, bis zu der die Spannungen gehen, festlegen können. Kugeleindrücke, Hammerschläge usw. haben gleichfalls Spannungsänderungen im Gefolge, die mikroskopische Betrachtung der Schichten um den Kugeleindruck oder den Hammereinschlag fördern Unterschiede in der Korngröße zutage. Um den Kugeleindruck oder den Hammereinschlag ist das Korn sehr grob, anschließend daran ist das gewöhnliche unbeeinflußte Gefüge wahrnehmbar.

Mit der Vergröberung des Korns durch Rückkristallisation ist ebenfalls eine Veränderung der Festigkeitseigenschaften verbunden. Das grobe des öfteren bei Kesselblechen beobachtete und zu Rissen Veranlassung gebende Korn mit seiner sehr geringen Kerbzähigkeit ist möglicherweise auf Rückkristallisationserscheinungen zurückzuführen. Vielfach ist das grobe nach der Rückkristallisation entstandene Korngefüge gegen Stoßwirkung so empfindlich, daß die spezifische Schlagarbeit gleich Null ist. Dies dürfte ein Grund für die Tatsache sein, daß oftmals eine weiche Eisenstange oder ein Eisenblech mit Rückkristallisationserscheinungen glatt zerbricht, wenn sie auf den Boden geworfen werden.

---

[1]) Goerens und Fischer, Gießerei-Zeitung 1920. S. 161.

Außerdem kann infolge des hohen Sprödigkeitsgrades grober Kristalle der Anreiz zur Bildung von Haarrissen gegeben werden, die den Spaltflächen der Kristalle folgen und sich schließlich besonders nach dem Hin- und Herbiegen des Materials bis in das Innere fortsetzen. An einem gekümpelten Blech konnten Goerens und Fischer nachweisen, daß ein Blechstreifen, der bei einer Temperatur von 700° C ausgeglüht war, bis zu einer gewissen Tiefe grobe Kristalle besaß im Gegensatz zu einem bei 950° C ausgeglühten Streifen, der überall gleich feinkörnig ausfiel. Das Ausglühen der ersten Art wäre also für das gekümpelte Blech falsch gewesen.

Auf eine eigenartige Erscheinung soll hier noch hingewiesen werden, die sich vielfach bei beanspruchten reinen Eisenkristallen findet. Die großen Ferritkörner nach Abb. 102 und 103 weisen deutliche von den Korngrenzen ausgehende scharfe Linien auf, die als Gleitlinien oder Tranlationslinien bezeichnet werden. Über die Entstehung dieser Linien gehen die Meinungen noch auseinander, irgendwelcher Einfluß auf die Eigenschaften des Eisens ist auch nicht beobachtet worden, so daß es genügt, diese Gleitlinien als eine kristallographische Besonderheit bei reinen Ferritkörnern hier erwähnt zu haben.

Wenn nicht besondere Vorsichtsmaßregeln ergriffen werden, so ist mit jeder Glühbehandlung gewöhnlich auch eine Entkohlung des Materials verbunden. Um beim Ausglühen eine Entkohlung durch den Luftsauerstoff oder andere oxydierende Gase vorzubeugen, werden Werkstücke gewöhnlich in Blechkästen mit Eisenfeilspänen oder Holzkohlenasche verpackt, bei großen Stücken dagegen ist diese Vorsorge nicht möglich. Rohblöcke zeigen vielfach eine entkohlte Außenschicht und besonders dann, wenn Randblasen auftreten, die das Nachfließen (Nachdiffundieren) des Kohlenstoffs aus dem Kern verhindern. Diese entkohlte Randschicht wird auch bei der späteren Behandlung des Blocks im Walzwerk nicht verschwinden, und es werden die erzeugten Stangen oder Bleche ebenfalls die entkohlte Außenschicht aufweisen. Solche weichhäutigen Stücke sind keineswegs für Konstruktionszwecke zu verwerfen, aber Walzstangen aus Werkzeugstahl geben nach dem Härten keine brauchbaren Werkzeuge ab, weil die Weichhaut infolge des sehr geringen Kohlenstoffgehaltes sich nicht härtet und daher muß die weiche Randschicht durch Abdrehen, Hobeln oder Feilen vor dem Abschrecken entfernt werden, wenn gute

172 Das Ausglühen, Überhitzen, Verbrennen.

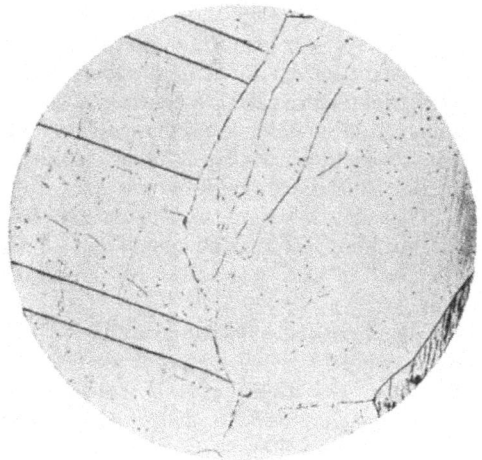

Abb. 102. Gleitlinien in reinem Eisen. V = 80.

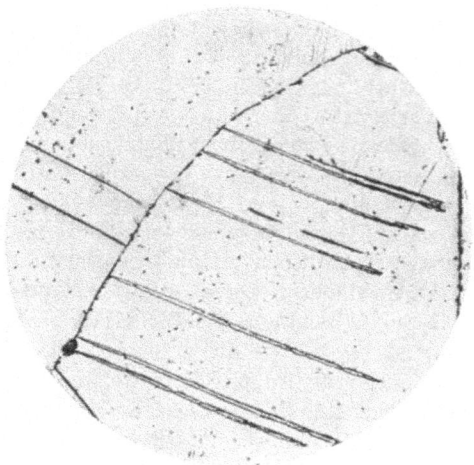

Abb. 103. Gleitlinien in reinem Eisen. V = 80.

Werkzeuge ausfallen sollen. Dünne Gegenstände können durch längeres Ausglühen vollständig entkohlt werden, so daß auch ihre Festigkeitseigenschaften andere Werte annehmen. Bei Stahlgußstücken ist eine etwaige entkohlte Außenschicht von unwesentlicher Bedeutung, sie genügen auch in diesem Zustande. Jedenfalls aber muß sich der Konstrukteur die Tatsache der gelegentlichen oberflächlichen Entkohlung stets vor Augen halten. Bei einem weichen Eisenblech konnte durch Glühversuche festgetellt werden, daß bei Blechen und sonstigen Arbeitsstücken ein $1^1/_2$ stündiges Glühen bei etwa 860° C genügt, um eine Entkohlung fernzuhalten und die größte Kerbzähigkeit zu erreichen. Eine längere Glühung hat schon eine Entkohlung der Randschichten im Gefolge. Dieselbe Zeit und Temperatur bringt auch alle etwa vorhandenen Spannungen zum Verschwinden[1]).

Die gleichen Grundsätze wie beim Ausglühen von Werkstücken aus einfachem schmiedbaren Eisen müssen auch beim Ausglühen von legierten Konstruktionsstählen beachtet werden. Die Kenntnis der Lage der Haltepunkte ist daher auch hier von grundlegender Bedeutung, um so mehr, als gewisse Sonderelemente bestrebt sind, die feste Lösung bei gewöhnlicher Temperatur zu behalten. Hieraus ist zu folgern, daß nur die perlitischen Sonderstähle der üblichen Glühbehandlung unterworfen werden können. Bei der späteren Besprechung der legierten Sonderstähle wird daher auf diese Wärmebehandlungsart näher eingegangen werden.

---

[1]) Stadeler, Ferrum 1913/14. S. 271.

X. Das Härten und Anlassen des Stahls.

Das Härten des Stahls (Warmhärten) bezweckt die Festhaltung eines einer bestimmten Wärmestufe entsprechenden Gefüges. Zwar wird gewöhnlich ein Stahlstück noch durch Schmieden in eine bestimmte Gebrauchsform gebracht, aber diese vorgängige Gestaltung hat keinen Einfluß auf den letzten Zweck, der durch das Härten und auch Anlassen des Stahls erreicht werden soll. Dem Stahl, der in ursprünglichem Zustande aus Ferrit und Perlit, Perlit allein oder Perlit und Zementit aufgebaut ist, muß ein bestimmter Zustand erteilt werden, wenn er diejenige Härte erhalten soll, die ihn z. B. zum Schneiden von anderen Stahlsorten befähigt. Diesen bestimmten Zustand erhält der Stahl bei Temperaturen über etwa 700° C, wenn er also nach den früheren Betrachtungen (S. 42) in das Gebiet der festen Lösung kommt. Diese feste Lösung ist aber in ihrer Beschaffenheit grundverschieden von dem ursprünglichen Zustande des Stahls, die aber auch bei gewöhnlicher Temperatur unbedingt vorhanden sein muß, um mit einem solchen Stahl Schneidarbeiten auszuführen. Zu diesem Behufe wird der hocherhitzte Stahl plötzlich und schroff in Wasser oder in einem anderen Mittel abgekühlt, und die Kunst des Härtens liegt allein darin, den Stahl mit Unterstützung erworbener Erfahrungen bei der günstigsten Härtungstemperatur abzuschrecken. Diese Temperatur richtet sich nach dem Kohlenstoffgehalt des Stahls. Je höher der Kohlenstoffgehalt ist, um so niedriger liegt die zu wählende Härtungstemperatur. Dies besagt, daß das Zustandsdiagramm der Eisenkohlenstofflegierungen, das auf S. 40 beschrieben wurde, auch für das Härten von grundlegendem Werte ist. Mit der Überschreitung des obersten Haltepunktes (Ac_3) ist die Bildung der festen Lösung eingeleitet bzw. vollendet, und da dieser Haltepunkt mit steigendem Kohlenstoffgehalte sich allmählich in einem einzigen vereinigt, der bei rund 700° C liegt, so liegen auch die übrigen Härtungstemperaturen über diesem

Punkt, die etwa 760—800° C erreichen können. Mit der Wahl dieser Temperaturen geht man alsdann sicher, daß die feste Lösung in dem abgeschreckten Stück auch wirklich vorhanden ist.

Es ist hier nicht die Stelle, um die Arbeit des Härtens eingehender zu beleuchten, da sie für den Konstrukteur von geringerer Bedeutung ist, in hervorragendem Maße dagegen für den Werkzeugmacher und Stahlhärter, die zumeist Schneidewerkzeuge herstellen und härten. Gehärtete Bauteile aus einfachen Kohlenstoffstählen kommen verhältnismäßig wenig vor, aber legierte Konstruktionsstähle müssen mitunter für bestimmte Zwecke (Magnete) gehärtet werden, was später besonders betont werden wird. In dem Werke von Brearley-Schäfer, ,,Die Werkzeugstähle und ihre Wärmebehandlung", das sich ausführlich mit den Arbeiten des Härtens und Anlassens beschäftigt, wird auch der Konstrukteur die nötige Belehrung finden.

Die durch das schroffe Abkühlen, Abschrecken, erzielte Änderung des Stahls findet in dem neuentstandenen Gefüge Martensit ihren Ausdruck. Die Merkmale dieses Gefüges sind auf S. 43 beschrieben und auch die Bedeutung des Anlassens des gehärteten Stahls ist dahin gekennzeichnet worden, daß diese Wärmebehandlung das ausgesprochene Ziel verfolgt, die durch das Abschrecken erhaltene hohe Sprödigkeit des Stahls zu mildern und auf diese Weise erst ein gebrauchsfähiges Werkzeug zu gewinnen.

Die je nach der Höhe der Anlaßtemperatur hervorgebrachten Veränderungen des Martensits, der nach einer Erwärmung des abgeschreckten Stahls bis unter 700° C die Stufen Troostit, Osmondit (etwa 400° C), Sorbit und körnigen Perlit (S. 167) durchläuft, sind für den Konstrukteur nicht wichtig genug, um besonders besprochen zu werden. Es dürfte daher genügen, an dieser Stelle auf diese Übergangsstufen hingewiesen zu haben. Die üblichen Anlaßtemperaturen für gehärteten Stahl bewegen sich zwischen 200 und 300° C.

XI. Die Einsatzhärtung [1]).

Mit der Einsatzhärtung (Oberflächenhärtung) verfolgt man den Zweck, die Oberfläche eines Werkstückes aus weichem Eisen (eines Eisens mit wenig Kohlenstoff) an einzelnen Stellen oder überall zu kohlen, so daß sie beim Abschrecken glashart wird und das Werkstück zugleich seinen zähen, biegsamen Kern behält [2]).

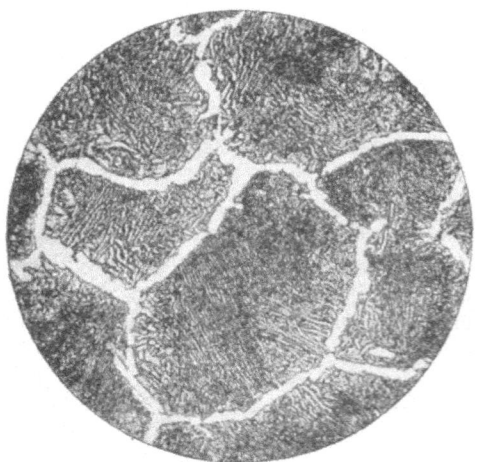

Abb. 104. Zementstahl mit 1,30 v.H. Kohlenstoff. Perlit und Zementit. 12 Tage in Buchenholzkohle bei 1100 C zementiert. V = 200.

Die älteste Anwendung des Wesens der Einsatzhärtung findet bei der Herstellung von Zementstahl (Abb. 104) statt, der wegen seiner eigentümlichen auf der Oberfläche befindlichen Blasen auch Blasenstahl (blister steel) genannt wird (S. 9). Er dient heute noch als Ausgangsmaterial für erstklassigen Tiegelgußstahl. Das alte

---

[1]) Eine besondere ausführliche Arbeit von Brearley-Schäfer über „Die Einsatzhärtung von Eisen und Stahl" wird demnächst im Verlage von Julius Springer in Berlin erscheinen.
[2]) Vgl. Schäfer, Zeitschrift für praktischen Maschinenbau 1914, S. 159.

Die Einsatzhärtung. 177

Verfahren der Zementation besteht darin, daß Stäbe aus schwedischem Schmiedeeisen (Schweißeisen) zwischen Lagen von Holzkohle unter Luftabschluß einer hohen Temperatur (1000° C und darüber) für kürzere oder längere Zeit, meist mehrere Wochen, je

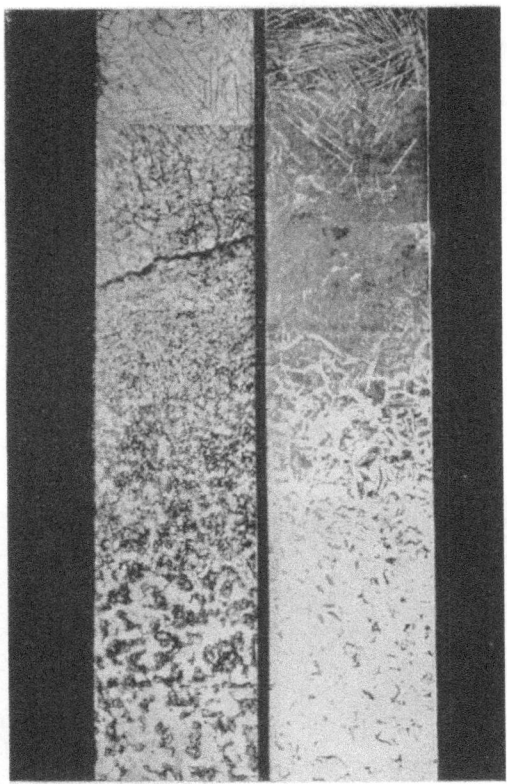

Abb. 105. Gefüge eines eingesetzten Stabes vor (rechts) und nach dem Abschrecken (links).

nach dem Grade der verlangten Kohlung, ausgesetzt werden. Die neuere Einsatzhärtung ist der alten Zementation sehr ähnlich, nur werden bei Anwendung eines weichen Eisens schneller wirkende Kohlungsmittel als Holzkohle benutzt, auch wird die Dauer des Glühens auf wenige Stunden beschränkt. Bei der Einsatzhärtung

178   Die Einsatzhärtung.

werden ganz bestimmte Temperaturen angewendet, die von der Art des jeweiligen Härtemittels und Einsatzmaterials abhängig

Abb. 106. Nadelförmiger Zementit in der Außenschicht eines im Einsatz gehärteten weichen Stahls. V = 100.

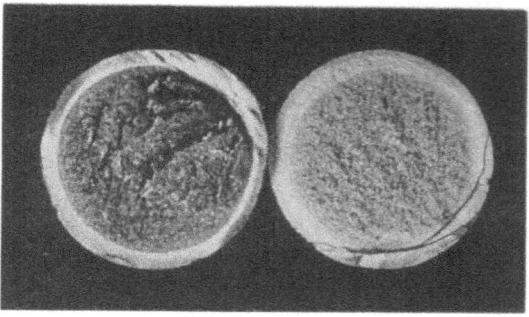

Abb. 107. Bruchflächen von eingesetztem und in Öl (links) und Wasser (rechts) abgeschrecktem weichem Stahl. V = 2.

sind und zur Erzielung einer guten Oberflächenhärtung genau innegehalten werden müssen.

Bei der früheren Betrachtung über die Umwandlungen im Stahl ist festgestellt worden, daß das durch den Kohlenstoffgehalt

Die Einsatzhärtung. 179

des Stahls bedingte perlitische Gefüge bei einer Temperatur um etwa 700° C in die feste Lösung (Austenit oder Martensit) übergeht. Bei höheren Temperaturen fängt der Martensit an, sich in dem kohlenstofffreien Eisen, dem Ferrit, aufzulösen, d. h. das Karbid Fe_3C ist bei diesen höheren Temperaturen nicht mehr als solches vorhanden, sondern der vorhandene Kohlenstoff verteilt sich gleichmäßig auf die ganze Masse des Stahls. Der weiche Stahl hat also schon bei Temperaturen über 700° C das Bestreben,

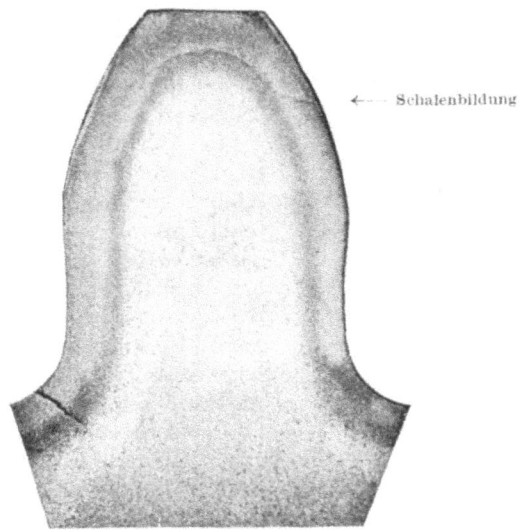

Abb. 108. Schalenbildung im Kopfe eines Zahnes von einem einsatzgehärteten Zahnrade. V = 3.

Kohlenstoff aufzulösen und aus diesem Grunde wird auch jede Art Kohlenstoff bei Temperaturen von 700° C oder darüber von dem heißen weichen Stahl durch Molekularwanderung aufgenommen, wenn er in innige Berührung mit dem Kohlenstoff kommt. Wenn die Temperatur wesentlich über 700° C erhöht wird, etwa bis 850° C, d. h. wenn der Perlit und Ferrit des weichen Stahls vollständig ineinander gelöst sind, dann geht die Aufnahme des Kohlenstoffs schneller vonstatten als bei 700° C. Aber bei allen Temperaturen, bei denen der Stahl noch nicht flüssig ist, wandert der von der Oberfläche des Stahls aufgenommene Kohlenstoff

12*

nach dem Kern zu. Erreicht der Betrag an Kohlenstoff in der äußersten Schicht 1 v.H., so wird diese Schicht beim Abschrecken den höchtsen Grad an Härte annehmen. Wird die Temperatur des eingesetzten Materials noch weiter erhöht, etwa bis 1000° C, dann ist schon nach kurzer Zeit die gekohlte Außenschicht verhältnismäßig dick und bei weiterem Erhitzen wird von der Außenschicht mehr als 1 v.H. Kohlenstoff aufgenommen sein. Ein auf diese Weise beim Einsetzen überkohlter Stahl scheidet beim langsamen Abkühlen den über 1 v.H. betragenden Überschuß an Kohlenstoff als freien Zementit in Form eines Netzwerks oder als scharfkantige Täfelchen aus.

In Abb. 105 sind die aus einem eingesetzten Eisen hergestellten Querschnitte im ungehärteten und gehärteten Zustande nach geeigneter Ätzung wiedergegeben. In diesen Gefügebildern hat der Zementit im oberen Teile des Stückes die Form von sich kreuzenden Täfelchen angenommen. Die Abb. 106 zeigt diese Täfelchen von Zementit in stärkerer Vergrößerung [1]).

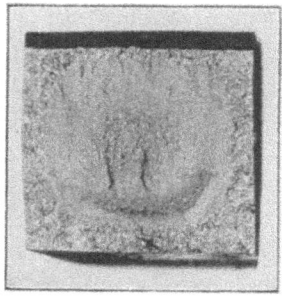

Abb. 109. Grobkörniger Bruch an Kanten und Ecken eines eingesetzten weichen Stahls.

Das Auftreten von freiem Zementit in eingesetzten Gegenständen ist mit wenigen Ausnahmen als ein Nachteil zu bezeichnen. Da der Zementit nur in den äußeren Schichten des betreffenden Stahlstückes vorkommt und diese nach dem Abschrecken glashart werden, wobei der Zementit nicht nennenswert verändert wird, so wird die Außenschicht bei starker Beanspruchung, z. B. durch Hammerschläge, ausbrechen oder schon beim Härten Risse erhalten, die meist an der Oberfläche beginnen und sich in Richtung der Trennungsebene der zementithaltigen Außenzone und des weicheren Kerns fortsetzen. Ein derartiger beim Härten entstandener Riß eines Werkstückes mit zementithaltiger Außenschicht ist in Abb. 105 (links oben) erkennbar. Bei einem im Einsatz zu hoch gekohlten Rundstab mit zementithaltiger Außenschicht springt gewöhnlich beim Härten oder beim Durchbrechen des Stabes ein großer Teil

---

[1]) Vgl. Bannister und Lambert, Metallurgie 1907. S. 746.

Die Einsatzhärtung. 181

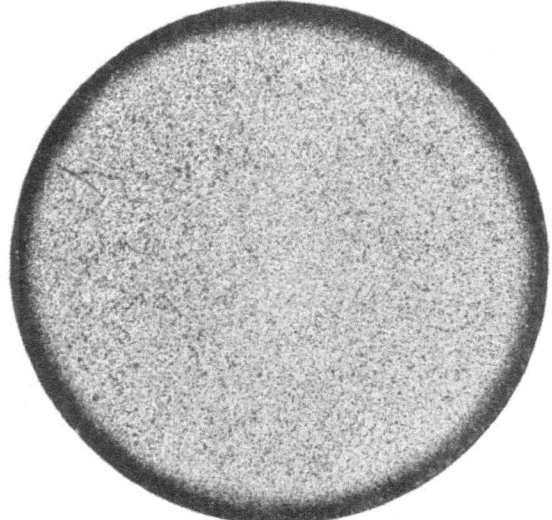

Abb 110. Rundstab aus Flußeisen mit 0,14 v.H. Kohlenstoff während
5 Stunden bei 900° C eingesetzt. V = 5.

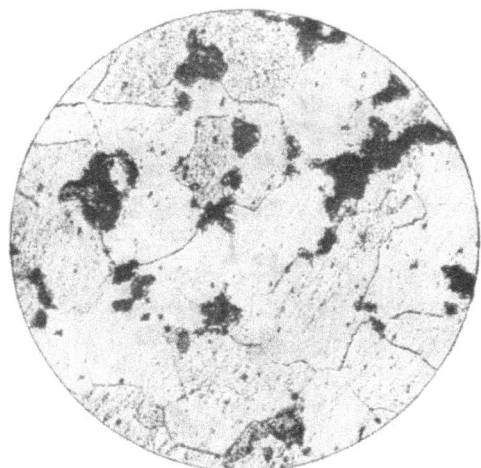

Abb. 111. Zu Abb. 110. Gefüge des Kerns. Grober Ferrit und Perlit.
V = 200.

der zementitführenden Außenschicht ab (Schalenbildung), wie dies aus Abb. 107 (rechts) und Abb. 108 ersichtlich ist. In vielen Fällen ist das Auftreten von freiem Zementit auf eine zu hohe Temperatur und zu lange Dauer bei Anwendung eines zu heftig wirkenden Zementiermittels während der Glühung zurückzuführen. Ist tatsächlich eine zu hohe Temperatur angewendet worden, dann zeigt

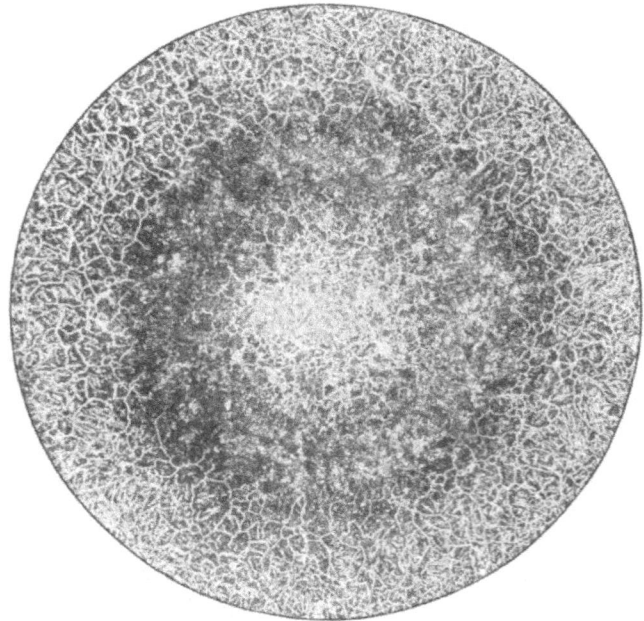

Abb. 112. Stab aus Flußeisen mit 0,05 v.H. Kohlenstoff nach 15 stündigem Einsetzen in einem Gemisch von Holzkohle und Bariumkarbonat (60 : 40). V = 12.

das betreffende Werkstück einen groben Bruch, der ganz besonders an den Kanten und Ecken, also dort, wo freier Zementit vorhanden ist, wahrgenommen werden kann (Abb. 109). Das Vorkommen des grobkörnigen Bruches, der nicht etwa ein Kennzeichen für ein bestimmtes Einsatzhärteverfahren ist, sondern bei allen Stählen auftritt, die zu hoch erhitzt sind (S. 160), ist in Abb. 107 ausgedrückt. Gegenstände mit einem solchen Bruchaussehen sind nach der Härtung zum Abschälen und Absplittern geneigt. Der ganze

Die Einsatzhärtung.

Gegenstand ist brüchig geworden, weil sowohl der Kern als auch die gehärtete Außenschicht durch die Anwendung einer unnötig hohen Temperatur ein grobkörniges Gefüge erhalten haben. Im allgemeinen darf die Kohlung im Einsatz nicht so weit getrieben werden, daß die gekohlte äußere Schicht über 1 v.H. Kohlenstoff enthält, so daß freier Zementit auftreten muß. Eine richtig gekohlte Oberfläche zeigt z. B. ein Rundstab, dessen Quer-

Abb 113. Zu Abb. 112. Stab vor dem Einsetzen. V = 12.

schnitt aus Abb. 110 zu ersehen ist, im Gegensatz zu dem Stab in Abb. 112, der in der Randzone viel freien Zementit aufweist. Abb. 113 zeigt den geätzten Querschliff dieses Stabes vor dem Einsetzen. Der Stab (Abb. 110), dessen Kleingefüge nur aus Ferrit mit wenig Perlit besteht, wurde während fünf Stunden einer Glühtemperatur von 920°C unterworfen. Das grobe Gefüge des Kerns ist in Abb. 111 dargestellt, während die Übergangszone von dem nichtgekohlten Kern zur gekohlten Außenzone in Abb. 114 wiedergegeben ist. Man erkennt, daß zum Rande hin (links in

Abb. 114) die Perlitflächen immer größer werden, bis sie den Ferrit völlig verdrängt haben. Der gekohlte Rand besteht nur aus Perlit, der Kohlenstoff, der anfänglich nur 0,14 v.H. betrug, hat sich also am Rande bis auf 1 v.H. angereichert.

Eine Überkohlung ist bei solchen Gegenständen dann von großem Nachteil, wenn sie, wie z. B. Zahnräder, an den schwächsten

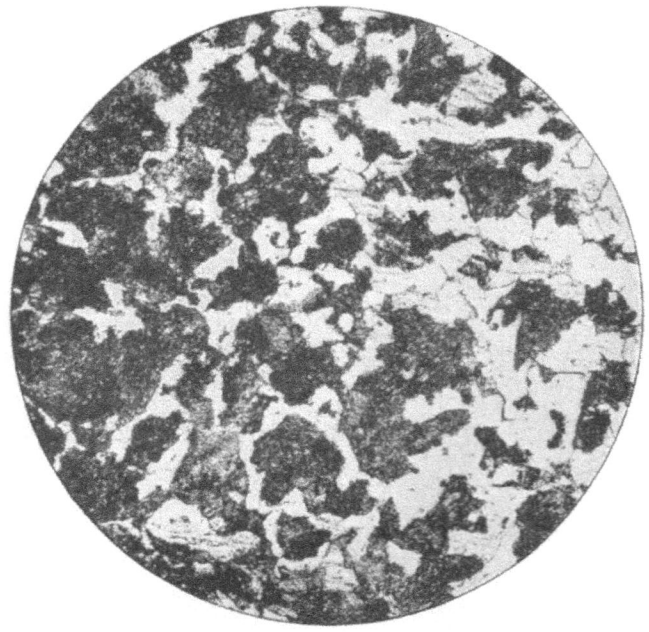

Abb. 114. Zu Abb. 112. Übergangszone von der gekohlten Außenschicht (links) zum Kern. V= 200.

Stellen einer hohen Beanspruchung ausgesetzt sind. Ein Zahnrad aus Siemens-Martinstahl, dessen Kleingefüge Abb. 115 zeigt, wurde eingesetzt und dann abgeschreckt. Während des Betriebes splitterten die Zahnköpfe ab. Auf dem Querschnitt des Zahnes (Abb. 116) heben sich scharf mehrere Zonen ab (1—4), deren Kleingefüge die Abb. 117—120 wiedergeben. Vom groben, spröden Martensit der Außenzone durchläuft das Kleingefüge mehrere Stufen (1—4), bis schließlich in der Nähe der Nabe wieder das

Die Einsatzhärtung. 185

normale Gefüge des Ausgangsmaterials, Ferrit und Perlit, erscheint (Abb. 120). Die Ursache des Absplitterns der Außenschicht ist nur einer fehlerhaften Behandlung des Zahnrades bei der Einsatzhärtung zuzuschreiben. Es ist nicht möglich, eine bindende Regel über die zweckmäßigste Temperatur anzugeben, bei welcher die vorteilhaftesten Eigenschaften für im Einsatz zu härtende Werkstücke erzielt werden. Das eine Mal genügt bei der Kohlung eine Temperatur

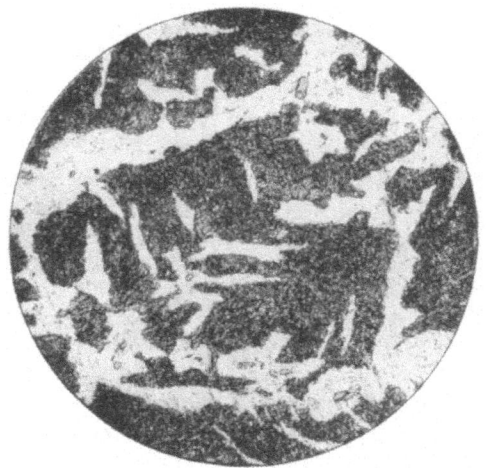

Abb. 115. Siemens-Martinstahl für im Einsatz zu härtende Zahnräder. Ferrit und Perlit. V = 200.

von 875° C und das andere Mal muß eine Temperatur von 1000° C angewendet werden, die immer von dem Einsatzmaterial und der Art des Kohlungsmittels abhängt. Diese Tatsache gibt eine Erklärung für verschiedene Widersprüche, die in dem einschlägigen Schrifttum über die Wirksamkeit der verschiedenen Kohlungsmittel bekannt geworden sind. Guillet[1]), der Eisen mit 0,05 v.H. Kohlenstoff 8 Stunden lang bei 1000° C während des Einsetzens dem Einfluß von fünf verschiedenen Härtemitteln aussetzte, fand nach Beendigung des Erhitzens in der $1/4$ mm starken Außenschicht der Versuchsstäbe einen Kohlenstoffgehalt, der je nach der Art

---

[1]) Vgl. Stahl und Eisen 1904. S. 1061.

des Härtemittels zwischen 0,94 und 1,32 v.H. lag. Bei der darauf folgenden Schicht von ebenfalls $1/4$ mm Stärke lag der Kohlenstoffgehalt zwischen 0,75 und 1,19 v. H. Die größte Menge Kohlenstoff wurde durch eine Mischung eingeführt, die aus 60 Teilen Holzkohle und 40 Teilen Bariumkarbonat bestand. Der Einfluß, der auf die Eindringungstiefe des Kohlenstoffs bei verschiedenen Zeiten und Temperaturen während des Zementierens ausgeübt wurde, ist in Abb. 121 nach den Ergebnissen von Guillet angegeben worden. Die ausgezogene Linie stellt die entsprechende Eindringungstiefe (Kohlungstiefe) bei 1000° C für verschiedene Zeiten und die punktierte Linie die entsprechende Eindringungstiefe während 8 Stunden bei verschiedenen Temperaturen dar. Die Zusammensetzung der für die Einsatzhärtung benutzten Mischung ist nicht angegeben worden. Shaw Scott[1]), welcher die Zeitkurve für die Eindringungstiefe, die in Abb. 122 angegeben ist, dargestellt hat, arbeitete bei einer gleichbleibenden Temperatur von 900° C und bestimmte die Wirksamkeit eines Gemisches aus Holzkohle und Bariumkarbonat im Vergleich zu verkohltem Leder und Holzkohle.

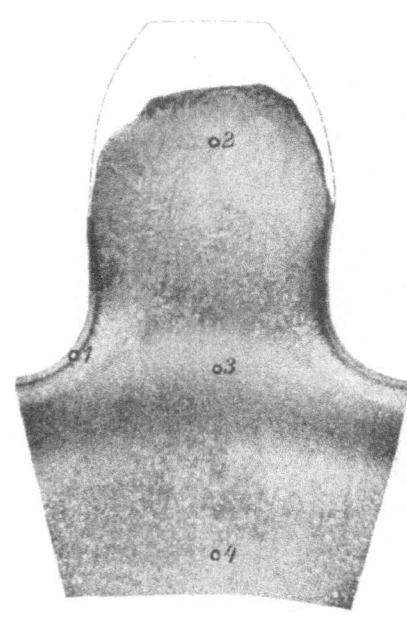

Abb. 116. Abgesplitterter Zahn eines im Einsatz gehärteten Zahnrades aus Siemens-Martinstahl. V = 3.

Aus dem Schaubild Abb. 122 ist ersichtlich, daß die schnellste Kohlung bei Anwendung einer Mischung von Bariumkarbonat und Holzkohle eintrat, während beim Gebrauche von Holzkohle allein die Kohlung am langsamsten voranschreitet. Bei genügend langer Erhitzungsdauer ergaben die drei Härtemittel die gleichen Ergebnisse.

---

[1]) Metallurgie 1907. S. 715.

Die Einsatzhärtung. 187

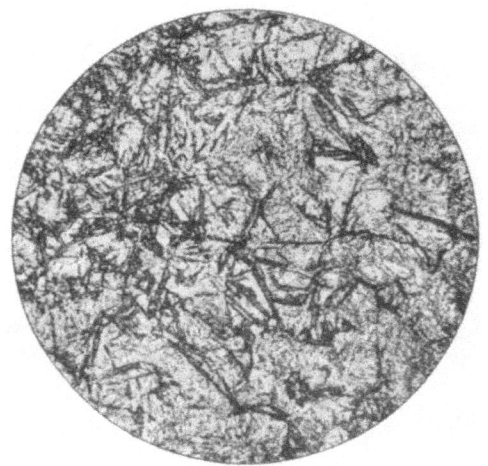

Abb. 117. Zu Abb. 116. Kleingefüge der Zone 1.
$V = 200$.

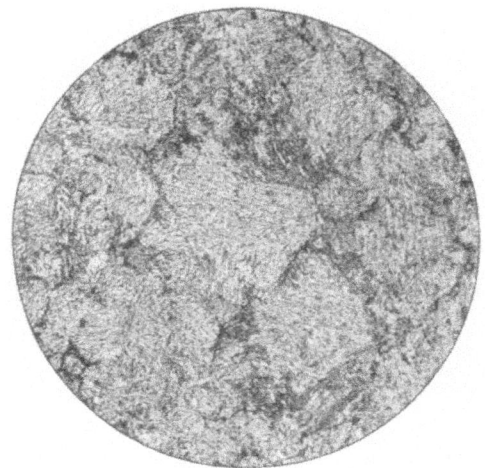

Abb. 118. Zu Abb. 116. Kleingefüge der Zone 2.
$V = 200$.

188 Die Einsatzhärtung.

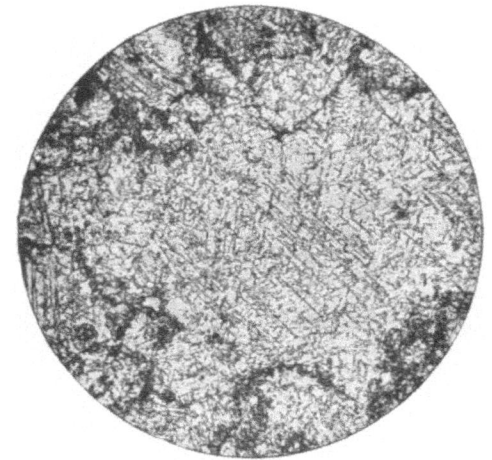

Abb. 119. Zu Abb. 116. Kleingefüge der Zone 3.
V = 200.

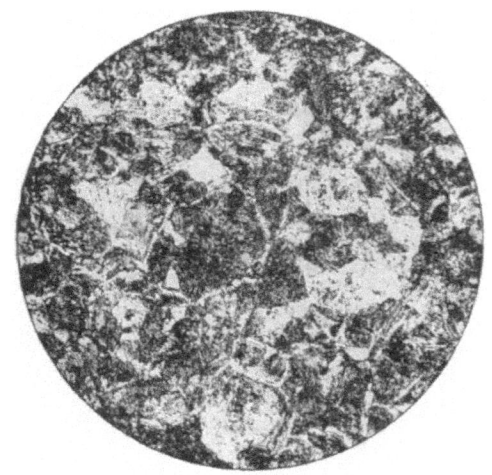

Abb. 120. Zu Abb. 116. Kleingefüge der Zone 4.
V = 200.

Obgleich ein schnelles Eindringen des Kohlenstoffs, das durch das allgemein empfohlene Gemisch von Buchen- oder Eichenholzkohle mit 40 v.H. Bariumkarbonat bewirkt wird, wünschenswert ist, so muß man sich doch vergegenwärtigen, daß bei einer genügend hohen und langen Glühdauer die Menge Kohlenstoff, die in die zu härtende Außenschicht eingeführt wird, mit der Zeit 0,9—1 v.H. erreicht, was für allgemeine Zwecke die Grenzmenge ist, die gefahrlos nur dann überschritten werden kann, wenn der Gegenstand starker reibender Abnutzung ohne heftige Stöße ausgesetzt wird. Aus diesem Grunde ist das verbreitetste Härtemittel verkohltes Leder, für welches Temperaturen zwischen 900 und 950° C geeignet sind. Holzkohle oder Gemische aus Holzkohle und Knochenkohle können bei Temperaturen zwischen 950 und 1000° C angewendet werden, ohne daß zu befürchten ist, daß sich bei der gewöhnlichen Erhitzungsdauer eine übersättigte Oberfläche (also eine solche mit mehr als 1 v.H. Kohlenstoff) bildet. Ihre kohlende Wirkung ist jedoch verhältnismäßig gering, aber sie sind billig und sparsam im Gebrauch. Knochenkohle ist, wenn sie allein zur Anwendung kommt, viel wirksamer als Holzkohle, aber bei hohen Temperaturen (1000° C) kann sie Phosphor in die Außenschicht des Eisens einführen oder sie gibt Veranlassung zum Blasigwerden des Eisens. Daß in der Tat bei übermäßiger Erhitzung Phosphor aus der Knochenkohle in das eingesetzte Eisen eindringt, lehrt Abb. 123. Die dunkle Schicht, die mit hellen Zementitadern durchsetzt ist, hebt sich scharf von der weißen, den Phosphor in Form eines Eutektikums (strahlig) enthaltenden Schicht ab, die wegen dieses hohen Phosphorgehaltes die bekannte, das Eisen unbrauchbar machende Eigenschaft besitzt. Aus demselben Grunde dürfen auch keine Härtemittel benutzt werden, die Schwefel enthalten, weil letzterer noch viel leichter als Phosphor in das Eisen eindringt, die Aufnahme des Kohlenstoffs verhindert und daher die „Weichhäutigkeit" der Oberfläche verursacht[1]). Überhaupt soll jedes Härtemittel in seiner Zusammensetzung genau bekannt sein, damit nicht solche Härtemittel in Gebrauch kommen, die ungenügende oder für die einzusetzenden Gegenstände gefährliche Bestandteile enthalten.

Natürlich kann die Oberfläche von weichem hocherhitztem Eisen dadurch gekohlt werden, daß man reinen Kohlenstoff gegen

---

[1]) Grayson, Stahl und Eisen 1910. S. 1259.

190 Die Einsatzhärtung.

dieselbe preßt, so daß durch eine unmittelbare Einwirkung zwischen dem Kohlenstoff und dem Eisen sich beide verbinden [1]). Aber bei allen Arten von gewerblicher Einsatzhärtung ist die wirksamste Kohlung auf die heißen Gase zurückzuführen, die entweder durch das verwendete Härtemittel in Freiheit gesetzt oder durch eine Reaktion zwischen der eingeschlossenen Luft und dem betreffenden Härtepulver gebildet werden. Die Behauptung, daß die Kohlung mehr durch die heißen kohlenstoffhaltigen Gase als durch festen Kohlenstoff bewirkt wird, läßt sich leicht beweisen. Wenn ein Stück eines Vierkantstabes aus weichem Eisen nahezu bis zu seiner

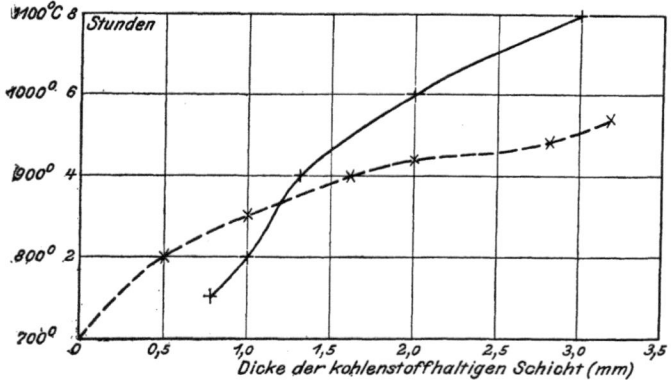

Abb. 121. Zeit- und Temperaturkurve der Kohlenstoffaufnahme beim Einsatzhärten. Nach Guillet.

oberen Kante in Sand verpackt wird, nachdem der Sand mit Asbest bedeckt ist und darauf der Kasten mit irgendeiner festen, zur Einsatzhärtung geeigneten Mischung, etwa Holzkohle und Bariumkarbonat, gefüllt und erhitzt wird, so wird man finden, daß die Kohlung nicht nur auf der oberen Seite des Stabes, sondern auf allen Seiten desselben stattgefunden hat, und zwar vornehmlich durch das Kohlenoxyd, das sich bei der hohen Temperatur durch die Einwirkung der Holzkohle auf das Bariumkarbonat bildet. Abb. 124 stellt einen solchen Stab dar, der nach der beschriebenen Behandlung poliert und geätzt wurde. Die Notwendigkeit für ein gasförmiges Mittel beim Einsatzhärten scheint demnach

---

[1]) Vgl. Weyl, Stahl und Eisen 1910. S. 1417.

Die Einsatzhärtung.

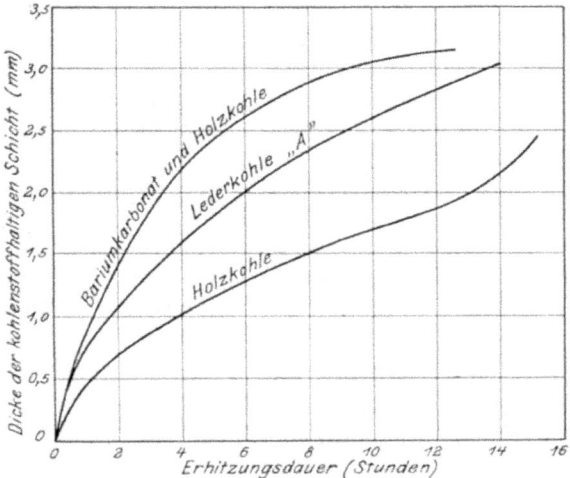

Abb. 122. Zeitkurven für die Aufnahme von Kohlenstoff beim Einsatzhärten.
Nach Shaw Scott.

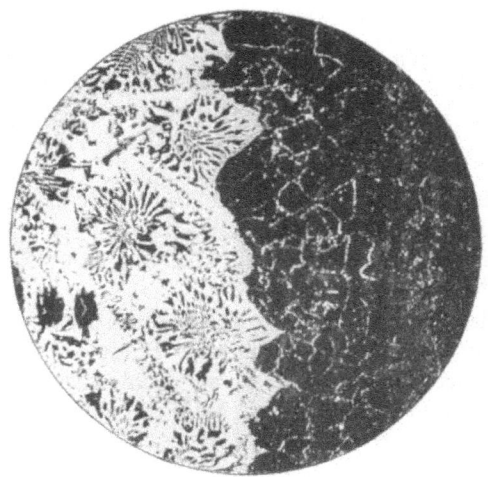

Abb. 123. Gefüge eines im Einsatz gehärteten Stahls nach der Aufnahme
von Phosphor aus dem Härtemittel (links). V = 100.

192   Die Einsatzhärtung.

über allen Zweifel erhaben zu sein, und möglicherweise ist die Abwesenheit von eingeschlossenen Gasen zum Teil der Grund dafür, daß die härteren und sich nicht so leicht zu Kohlenoxyd oxydierenden oder flüchtige Kohlenwasserstoffe abgebenden Formen des Kohlenstoffs, Anthrazit und Koks, fast unwirksame Mittel für die Einsatzhärtung sind.

Aus diesen Betrachtungen und den angegebenen Versuchsergebnissen folgt, daß Gase allein für die Zwecke der Einsatzhärtung verwendet werden können. Es herrschen indessen Meinungsverschiedenheiten in bezug auf den Wirkungswert der verschiedenen für Kohlungszwecke verwendeten Gase. In seinem Buche über „Werkzeugstahl" sagt Thallner (S. 116), daß Leuchtgas, welches über die Oberfläche von glühendem Eisen geleitet wird, eine kräftige zementierende Wirkung auf dasselbe ausübt, während Olsen und Weissenbach[1]) feststellten, daß eine zementierende Wirkung auch nach 4 Stunden bei ungefähr 815° C nicht zu beobachten war, wenn das Gas nicht zuerst durch eine Lösung hindurchging, die freies Ammoniak enthielt. Es kommt häufig vor, daß sich derartige Widersprüche auf Grund vorgenommener Versuche ergeben. In Wirklichkeit sind diese Widersprüche nur scheinbar vorhanden, weil sie meist auf irgendeine Änderung in der praktischen Handhabung der Einsatzhärtung zurückzuführen sind.

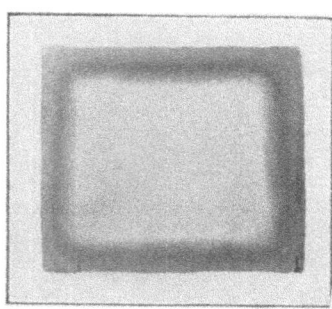

Abb. 124. Querschnitt eines Stabes, bei dem das zum Einsatzhärten verwendete Kohlungsmittel nur die Oberseite des Stabes berührte.

Von anderen gasförmigen Stoffen, die sich zur Kohlung eignen, wie Azetylen, Benzin oder benzinartige Dämpfe, Petroleumdampf usw. wird angenommen, daß sie als Kohlungsmittel wirksamer sind, wenn sie durch eine Lösung geführt werden, die Ammoniak enthält, bevor sie in den Ofen gelangen. Indessen gehen auch hierüber die Ansichten auseinander.

---

[1]) American Machinist 1909, (32). S. 156. — Stahl und Eisen 1910. S. 306.

Die Einsatzhärtung.

Da Leuchtgas das bequemste Kohlungsmittel, besonders für kleine Anlagen ist, so soll über einige Versuche berichtet werden, die Bruch[1]) angestellt hat. Er fand, daß die zementierende Einwirkung von Leuchtgas sehr langsam bei ungefähr 700—900°C beginnt, um dann schneller bis zu 1050°C zuzunehmen und bei 1150°C plötzlich den Höchstwert zu erreichen. Die folgende Zahlentafel gibt den Hundertsatz an Kohlenstoff in jeder besonders untersuchten Schicht an, die von einem Rundstabe abgedreht wurde, nachdem derselbe bei den angegebenen Temperaturen 7 Stunden lang dem Gase ausgesetzt war. Der Kohlenstoffgehalt des unbehandelten Probestabes betrug 0,03 v.H.

Temperatur °C	Kohlenstoffgehalt der				
	1. Schicht 11—10 mm	2. Schicht 10—9 mm	3. Schicht 9—8 mm	4. Schicht 8—7 mm	5. Schicht 7—6 mm
700	0,096	0,045	0,036	—	—
800	0,210	0,105	0,048	—	—
900	0,363	0,210	0,057	0,030	—
950	0,451	0,219	0,093	0,049	—
1000	0,579	0,321	0,241	0,152	0,091
1050	0,595	0,465	0,322	0,212	0,150
1100	1,522	1,487	1,284	1,147	0,988
1150	1,637	1,604	1,382	1,330	1,195

In neuerer Zeit hat u. a. Kurek[2]) lehrreiche Zementierversuche an Eisen angestellt, die in der Hauptsache folgendes ergaben: Bei einer Zementationsdauer von 4 Stunden eignet sich Kohlenoxyd zur Zementation nicht, denn zwischen 800 und 1000°C bewirkt dieses Gas eine zu schwache und zu wenig in die Tiefe gehende Kohlung[3]). Auch die Zumischung von einigen Prozenten Ammoniak zum Kohlenoxyd erhöht die Kohlenstoffaufnahme des Eisens nicht, während die Zumischung von Ammoniak zum Methan und Leuchtgas, die in bezug auf ihre Kohlungswirkung fast gleich sind und eine starke Randkohlung bewirken, die kohlende Wirkung dieser Gase vermindert. Auch unterhalb des kritischen Punktes

---

[1]) Metallurgie 1906. S. 123.
[2]) Stahl und Eisen 1912. S. 1780.
[3]) Hiermit stehen die Ergebnisse von Versuchen von Giolitti und Carnevali (Stahl und Eisen 1911. S. 287) in Widerspruch, aus denen hervorgeht, daß Kohlenoxyd zwar langsam, aber sehr gleichmäßig zementieren soll. Allerdings sind hierbei Druck und Schnelligkeit des Gasstromes von wesentlichem Einfluß.

(etwa 700° C) vermag das Eisen, wenn auch nur geringe Mengen von Kohlenstoff aufzunehmen.

Gasförmige Kohlenwasserstoffe, die ebenfalls als Kohlungsmittel in Betracht kommen, setzen leicht festen Kohlenstoff in der Zementierkiste ab, und zwar entweder als pulverige Masse oder als groben Graphit, und dieser kann bis zu einem gewissen Grade sich fest auf den eingesetzten Gegenständen niederschlagen und entweder die weitere Kohlung verzögern oder ganz aufheben.

Werkstücke, die oberflächlich gekohlt werden sollen, müssen eine reine, metallische Oberfläche besitzen. Eine dünne Schicht Öl auf dem Werkstück ist nicht schädlich, aber Rost und tonige Bestandteile müssen vermieden werden. Wenn ein Teil des Werkstückes nicht gekohlt werden, also weich bleiben soll, so kann er mit Asbestpapier umwickelt und mit Ton oder Lehm überstrichen oder auf irgendeine andere Weise vor der Berührung mit dem Einsatzhärtepulver und den Gasen, die sich bilden, geschützt werden. Gewisse Bestandteile im Stahl erhöhen die Geschwindigkeit, mit welcher die Zementation vor sich geht, andere verzögern sie. In die erste Gruppe lassen sich Mangan, Chrom, Wolfram und Molybdän setzen, in die letztere Nickel, Titan, Silizium und Aluminium. Diese Einteilung dürfte sich jedoch etwas ändern, je nach der Art des für die Einsatzhärtung verwendeten Mittels. Gewöhnliches weiches Eisen, das für die Einsatzhärtung bestimmt ist, soll höchstens 0,10—0,15 v.H. Kohlenstoff, 0,40 v.H. Mangan, unter 0,30 v.H. Silizium, 0,04 v.H. Schwefel und 0,05 v.H. Phosphor enthalten[1]).

Das Werkstück, welches, wie angenommen werden soll, bis zur verlangten Tiefe gekohlt und nicht überkohlt ist, kann im Einsatzhärteofen abgekühlt oder auch sofort aus der Härtekiste herausgenommen werden. Da es in der Regel 6—8 Stunden einer Temperatur von ungefähr 900—1000° C ausgesetzt war, so ist sowohl die gekohlte Außenschicht als auch der wenig kohlenstoffhaltige Kern zweifellos überhitzt und spröde. Es ist daher kein erstklassiges Erzeugnis zu erwarten, wenn das Werkstück sofort nach dem Herausnehmen aus dem Kasten abgeschreckt wird, jedoch ist es immer noch besser im Vergleich zu einem nicht eingesetzten Stahl, der ebenfalls aus hoher Temperatur abgeschreckt wurde.

Über die weitere Behandlung des oberflächlich gekohlten weichen Eisens ist folgendes zu sagen:

---

[1]) Guillet, Stahl und Eisen 1912. S. 59.

1. Läßt man nach Beendigung des Glühens das betreffende Werkstück, dessen äußere Schicht etwa 1 v.H. Kohlenstoff enthält, langsam erkalten, und erhitzt es dann wieder auf eine 700° C wenig überschreitende Temperatur, etwa auf 740—760° C, so wird durch Abschrecken aus dieser Temperatur die gekohlte Oberfläche glashart. Der nicht gekohlte weiche Kern, dessen kritische Temperatur wesentlich höher liegt als diejenige der gekohlten Außenschicht, zeigt ein grobkörniges Gefüge (Abb. 111), besitzt also eine ungünstige Beschaffenheit für das betreffende Werkstück, und daher ist durch diese Härtung höchstens ein Stahl erzielt worden, der in seinen Eigenschaften einem schlecht geschmiedeten und gehärteten Werkzeugstahlstab nahekommt. Die Ursache hierfür ist die, daß bei der Kohlung eine Überhitzung des Werkstückes stattgefunden hat, und daß infolgedessen ihm die Eigenschaften zukommen, die ein überhitzter Werkzeugstahl besitzt, nämlich nach dem Härten rissig oder brüchig zu werden.

2. Erhitzt man dagegen den nach Beendigung des Glühens abgekühlten Gegenstand schnell auf 900° C oder, wenn das verwendete weiche Eisen weniger als 0,2 v.H. Kohlenstoff enthielt, sogar bis auf 950° C, und verbleibt der Stahl während 15—20 Minuten bei dieser Temperatur, um dann an der Luft abzukühlen, so wird das grobe Gefüge des Kerns beseitigt, und durch Erhitzen auf die Härtungstemperatur und nachfolgendes Abschrecken kann ein brauchbares Werkstück erzielt werden.

3. Um den Kern des nach dem Einsetzen abgekühlten Werkstückes zu verbessern (vergüten), wird es, wie unter 2. erwähnt, bis auf 900 oder 950° C auf kurze Zeit erhitzt. Nach dem Abkühlen wird derselbe Gegenstand noch einmal auf etwa 870° C erhitzt und dann abgekühlt, wodurch auch die gekohlte Außenschicht ein feines Gefüge erhält. Wird das so vorbehandelte Werkstück dann bis zur richtigen Härtungstemperatur (760° C) erhitzt, so erhält man durch Abschrecken aus dieser Temperatur ein Werkstück, das neben sehr harter und feiner Außenschicht einen feinkörnigen und verhältnismäßig zähen Kern besitzt.

Wenn die nach dem 3. Verfahren vorgenommene doppelte Erhitzung nicht unnötig verlängert wird, so wird sowohl die gekohlte Außenschicht als auch der Kern verfeinert und damit der Wert des Werkstückes sehr erhöht. Der größte Teil der unter den handelsüblichen Bedingungen eingesetzten Werkstücke wird auf diese Weise weiter behandelt. Allerdings in einigen Härtereien noch mit der Änderung, daß das Abkühlen nach der doppelten Erhitzung nicht an der Luft geschieht, sondern durch ein Abschrecken in Öl ersetzt wird. Hierdurch wird dem Werkstück sowohl in der harten äußeren Schicht als auch im Kern ein feines Gefüge verliehen, auch verhindert man durch das Abschrecken in Öl bis zu einem gewissen Grade das Verziehen des Werkstückes.

Die Beschaffenheit des weichen kohlenstoffärmeren und daher zäheren Kerns ist von großer Wichtigkeit bei Werkstücken, die kräftig beansprucht werden. Wenn der Kern in dem grobkristallinischen Zustande verbleibt, den er bei der lang andauernden hohen Erhitzung während des Einsetzens angenommen hat, so kann jeder kleinste Fehler in der gekohlten Außenschicht Veranlassung zu einem Riß bilden, der dann gewöhnlich durch das ganze Stück sich mit Leichtigkeit erstrecken wird.

Um zu erkennen, ob der Kern den für kräftige Beanspruchung notwendigen Feinheitsgrad neben einer genügend hohen Zähigkeit besitzt, und um ferner festzustellen, bei welcher Beanspruchung ein Rissigwerden des Materials eintritt, kann man die vereinfachte Kerbschlagprobe anwenden, die an Stäben ausgeführt wird, die mit einer scharfen Kerbe versehen sind. Ein solcher Stab wird an der Kerbe in einen Schraubstock gespannt und mit einem Hammer zerbrochen. Sowohl die Kraft, die zum Abbrechen notwendig ist, als auch das Aussehen des Bruches geben schon ein Urteil über die Güte des Materials ab, das auch noch durch eine Biegeprobe geprüft werden kann. Wird nämlich ein eingesetzter Stahlstab nach dem Abschrecken aus der Härtungstemperatur scharf gebogen, dann wird die Oberschicht an mehreren Stellen in der Krümmung in parallelen Ringen absplittern, während der Kern, wenn er zäh genug ist, die Biegung aushalten wird, ohne zu reißen. Wenn er dagegen grobkörnig ist, wird er kurz abbrechen. Aber da das Ergebnis dieser Prüfung sehr viel von der Schnelligkeit abhängt, mit welcher der Stab gebogen wird, so ist die Biegeprobe nicht so zuverlässig wie die Kerbschlagprobe allein. Wenn Zahnräder, besonders solche aus Nickel- oder Chromnickelstahl, im Einsatz gehärtet worden sind, so müssen sie nach der weiteren thermischen Behandlung so beschaffen sein, daß die Zähne auch bei schweren Hammerschlägen nicht abspringen. Vielmehr müssen sie sich ganz umbiegen lassen, wobei die glasharte Oberschicht in vielen parallelen Rissen aufreißt.

XII. Das Vergüten.

Wie in den vorstehenden Ausführungen dargelegt wurde, kennt der Konstrukteur die Eigenschaften seines Baustahls zumeist nur in dem Zustande, wie ihm das Material vom Hüttenwerk oder Händler angeliefert wird, die ihm in der Regel zugleich auch sog. Werksatteste vorlegen. Gewöhnlich nimmt aber der Konstrukteur noch Festigkeitsuntersuchungen an dem Material vor, wenn ihm die Eigenschaften nicht schon im Werksattest genannt worden sind. Er kann hierbei stillschweigend voraussetzen, daß das Material das Stahlwerk nur in ausgeglühtem Zustande verlassen hat. Denn wie in den vorigen Abschnitten eingehend besprochen wurde, können die Konstruktionsstähle nur dann für eine Berechnung verwendbare Festigkeitswerte besitzen, wenn sie ausgeglüht worden sind. Nun ist aber bekannt, daß man einem Stahl durch besondere Verfahren der Wärmebehandlung Eigenschaften erteilen kann, deren Kenntnis für den Konstrukteur insofern außerordentlich nützlich ist, als er mit ihrer Hilfe auch seinem Bauwerk gewisse höhere Werte zumessen kann. Gehärtete Stähle können zwar für bestimmte Konstruktionszwecke in Betracht kommen, da sie eine sehr hohe Bruchfestigkeit besitzen, aber die wertvollste Eigenschaft eines Konstruktionsstahls, die Zähigkeit, ist durch die Härtung verloren gegangen. Läßt man dagegen einen gehärteten Konstruktionsstahl bis nahe an seinen Umwandlungspunkt an, so gewinnt der anfänglich harte und mehr oder weniger spröde Stahl wieder eine gewisse Zähigkeit, da er durch das Anlassen, wie früher auseinandergesetzt wurde, wieder weicher wird. Bei den einfachen gehärteten Kohlenstoffstählen ist der Erfolg gewöhnlich nicht derart, daß die Festigkeitseigenschaften gegenüber einem nur ausgeglühten Stahl ausbeutungsfähig sind, aber bei gewissen Sonderstählen, sofern sie als Konstruktionsstähle herangezogen werden, sind ihre Eigenschaften doch nach dieser besprochenen Art der Wärmebehandlung so wertvoll, daß der Konstrukteur an ihnen nicht vorbeigehen kann. Diese Art der Wärmebehandlung von Sonderstählen, das Härten mit nachfolgendem Anlassen zumeist bis unterhalb der Umwandlungstemperatur, ist unter dem Namen Vergütung bekannt. Zwar begegnet man in praktischen Betrieben sehr oft der Anschauung, daß jede Wärmebehandlung, die dazu dient, einem Stahl für einen bestimmten Verwendungszweck besondere wertvolle Eigenschaften zu verleihen, als Vergütung oder Veredlung bezeichnet wird. Diese Wärmebehandlung kann z. B. in einem einfachen Glühen eines Stahls bei bestimmten Temperaturen bestehen. Man sollte aber diese Wärmebehandlungsart nicht als Vergütung bezeichnen und sich ganz allgemein dahin einigen, daß man unter Vergütung nur eine Härtung der Konstruktionsstähle mit nachfolgendem Anlassen jeweils auf bestimmte Temperaturen versteht. Durch diese eindeutige Festlegung des Begriffs „Vergütung" wird auch der Konstrukteur nicht verwirrt, dem vielfach vergütete oder veredelte Stähle angeboten werden, die in Wirklichkeit nur ein einfaches Ausglühen erfahren haben. Die Vergütung bedeutet also im großen und ganzen nichts anderes als das bekannte Federhärten, nur mit dem Unterschiede, daß beim Federhärten meist kleine Teile behandelt werden, während beim Vergüten Stücke mit den größten Abmessungen bis zu vielen Tonnen Gewicht veredelt, verbessert werden. Infolgedessen ändern sich in gewissem Sinne beim Vergüten solch großer Stücke die Härte- und Anlaßtemperaturen, zumal diesem Verfahren auch weniger edle Stähle unterworfen werden können, als dies beim Federhärten üblich ist.

Wie bei dem Abschnitt über das Härten des Stahls gesagt wurde, erleidet ein oberhalb seines Umwandlungspunktes (bei rund 760—800° C) plötzlich abgekühlter Stahl eine Härte, die wesentlich höher als diejenige ist, die er im Anfangszustande hatte. Wird dieser gehärtete Stahl wieder angelassen, so kann man ihm Festigkeitseigenschaften zwischen Härtungs- und Glühzustand verleihen, die für einen bestimmten Zweck wünschenswert sind. Der Vergütungsvorgang setzt sich also aus zwei besonderen Abschnitten zusammen:

1. dem Abschreckvorgang;
2. dem Anlaßvorgang.

Der oberhalb des obersten Haltepunktes (Umwandlungspunktes A_3 oder A_{23} oder A_{123}) erhitzte Stahl wird also abgeschreckt, worauf das Anlassen folgt. Je nach der chemischen Zusammen-

Das Vergüten.

setzung des Stahls oder nach der Form und Größe des Stückes wählt man als Abschreckmittel Luft, Wasser oder Öl. In den meisten Fällen bedient man sich jedoch des Öls (oder auch der Luft), selten oder fast gar nicht des Wassers, da infolge der schroffen Abschreckung in diesem Mittel gefährliche Spannungen und mithin Risse auftreten können. Das Öl hat am besten eine Temperatur von etwa 25—30° C. Ist der Stahl in dem Ölbade vollständig abgekühlt, so wird er auf die gewünschte Temperatur langsam in einem Ofen angelassen, um alsdann nach zuverlässiger Durchwärmung sofort wieder in Öl oder warmem Wasser abgekühlt zu werden. Oder aber man läßt das Stück im Ofen erkalten oder packt es in vorgewärmte Lösche ein, mit der es wiederum langsam abkühlt. Selbstverständlich darf die Anlaßtemperatur nur unterhalb des untersten Haltepunktes bleiben, da ein höher angelassener Stahl durch das folgende Ablöschen erneut gehärtet wird und er mithin seine wertvollste Eigenschaft, die Zähigkeit, verliert.

Diese wertvollste Eigenschaft, die Zähigkeit, wird durch das besprochene Vergütungsverfahren erheblich gesteigert. Zwar werden auch die Festigkeitszahlen, die aus dem Zerreißversuch gewonnen werden, verbessert, aber die Zähigkeit, die bei den üblichen Sonderstählen meist Hand in Hand mit einer Sehnenbildung geht, ist für den Konstrukteur von nicht zu vernachlässigendem Werte. Die Dehnung sinkt durch das Vergüten nur verhältnismäßig wenig, man ist daher berechtigt, das vergütete Material nicht nur höher zu belasten, sondern es ist vor allen Dingen zuverlässiger und namentlich gegen stoßweise Beanspruchung weniger empfindlich. Die Ausführungen von Maurer und Hohage über das Vergüten sollen daher hier wiedergegeben werden[1]).

„In der Regel wird durch das Vergüten sowohl eine Verfeinerung des Korns als auch eine Verfeinerung des Feingefüges erhalten. Man kann aber nicht sagen, daß diese beiden Faktoren allein genügen, um gesteigerte Zähigkeit oder auch Sehne zu ergeben. Sie sind jedoch die Vorbedingung für deren Auftreten, denn Sehnebildung oder gesteigerte Zähigkeit ist bei einem groben Korn ausgeschlossen, wie dieses z. B. durch überhitztes Schmieden sich bildet. Bei größeren Querschnitten genügt in den meisten Fällen eine mehrere Male wiederholte Ölvergütung nicht, um das

---

[1]) Mitteilungen aus dem Kaiser Wilhelm-Institut für Eisenforschung. 2. Bd. S. 91. Düsseldorf 1921.

grobe Korn der vorhergegangenen überhitzten Schmiedung zu zerstören. Durch Wahl einer größeren Abkühlungsgeschwindigkeit, wie sie z. B. warmes Wasser gibt, gelingt es dann wohl, in einem solchen Falle Sehne oder gesteigerte Zähigkeit zu erzeugen, aber sehr häufig wird das betreffende Stück dabei durch die bei der größeren Abkühlungsgeschwindigkeit sich ausbildenden Spannungen Ausschuß.

Daß jedoch ein nach dem Vergüten bestehendes feines Korn und feines Gefüge nicht immer genügen, um gute Zähigkeit oder Sehne zu geben, geht besonders aus dem Verhalten des in der Praxis stark angewendeten Nickelchromstahls mit 0,3—0,4 v.H. Kohlenstoff, 3,3—3,5 v.H. Nickel und 1—1,5 v.H. Chrom hervor. Normal vergütet hat dieser Stahl schöne Sehne. Durch ein Nachglühen bei 500—550° C wird diese Sehne jedoch zerstört, ohne daß sich in der Korngröße oder im Feingefüge des Stahls eine Änderung nachweisen läßt. Durch erneutes Erhitzen auf 600 bis 650° C erscheint dann die Sehne wieder.

Andere Fälle, bei denen Sehne nicht auftritt, liegen in einer mangelhaften Vergütung begründet. Der Fehler kann hierbei sowohl in der Ablöschtemperatur als auch in der Anlaßtemperatur liegen; es ist dann nur möglich, daß die erstere zu niedrig oder die letztere zu hoch war. Die auftretenden Feingefüge lassen sich wenigstens einigermaßen voraussehen. Bei einem Sonderstahl, der nach üblicher Vergütung ein gleichmäßiges Feingefüge, also Osmondit, zeigen müßte, aber tatsächlich Ferrit erkennen läßt, kann man sowohl den einen als auch den anderen Behandlungsfehler annehmen. Bedenkt man, daß im zweiten Falle, also bei dem Hineingeraten der Anlaßtemperatur in die Umwandlungszone, sich auch beginnende Härtung einstellen muß, so wird man im Feingefüge diesbezügliche Merkmale erwarten, wie z. B. schwarze Troostit- oder hellere Martensitflecken. Weiter gibt die Kugeldruckprobe hierbei einen Anhalt, da eine Härtesteigerung gegenüber der normal vergüteten Probe vorhanden sein muß.

Jeder Stahl hat sein eigenes Feingefüge, wodurch sich in der Praxis die Deutung eines solchen Feingefüges auch oft sehr schwierig gestaltet. Es läßt sich wohl ein allgemeines Vergütungsverfahren angeben, aber Leitsätze für Feingefüge gibt es nicht. Auch die besprochene Behandlung, Abschrecken und Anlassen, gilt nur für eine Gruppe von Stählen, die man wegen ihres Gefüges im langsam abgekühlten Zustande als perlitische Stähle bezeichnet."

Hiernach wird also angedeutet, daß nur perlitische Stähle dem Vergütungsverfahren unterworfen werden können, wie dies in der Tat auch im Großbetriebe geschieht, wie an einigen Beispielen gezeigt werden soll[1]). Aus diesen ist zu entnehmen, in welcher Weise die Festigkeitseigenschaften eines Stahls durch Vergütung verbessert werden können. Dem Vergütungsverfahren werden in erster Linie, wie schon angedeutet wurde, nur Nickelstähle und Chromnickelstähle unterworfen, die daher schon jetzt berücksichtigt werden sollen.

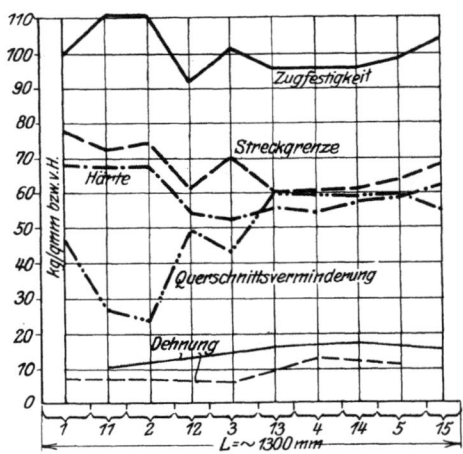

Abb. 125. Eigenschaften eines Chromnickelstahls im Anlieferungszustande.

Es handelt sich zunächst um einen geschmiedeten Chromnickelstahl mit rund 0,42 v.H. Kohlenstoff, 0,62 v.H. Mangan, 1,64 v.H. Nickel und 1,13 v.H. Chrom, den man als „hart" bezeichnen kann, weil er eine Zugfestigkeit von über 70 kg/qmm besitzt. Aus der angelieferten Stahlstange von 20 mm Durchmesser und 1,3 m Länge wurden 5 lange und 5 kurze Zerreißstäbe mit Meßlängen gleich dem zehn- bzw. fünffachen Stabdurchmesser herausgeschnitten, und zwar abwechselnd ein langer und ein kurzer Stab. Es wurden die Streckgrenze, Zugfestigkeit, Bruchdehnung, Querschnittsverminderung und Brinellhärte (3000 kg, 10 mm-Kugel, 10 Sekunden-Belastungsdauer) ermittelt. In Abb. 125 sind die Ergebnisse dargestellt, und zwar wurden

[1]) Enßlin, Der Betrieb 1919. S. 187.

die Werte senkrecht zur Stangenachse maßstäblich aufgetragen. Die Bruchdehnung erscheint in zwei Linienzügen, der höherliegende Linienzug gehört zu dem kurzen 5 d-Stab, der tieferliegende zu dem langen 10 d-Stab. Zunächst wird hierbei die Tatsache bestätigt, daß bei gleichem Werkstoff die Bruchdehnung bei kurzen Zerreißstäben größer ausfällt als bei langen, unter der Voraussetzung, daß der Werkstoff zähe und vor dem Bruch eingeschnürt ist. Auch ersieht man aus diesen beiden Linienzügen, daß die Dehnung über die ganze Stab-

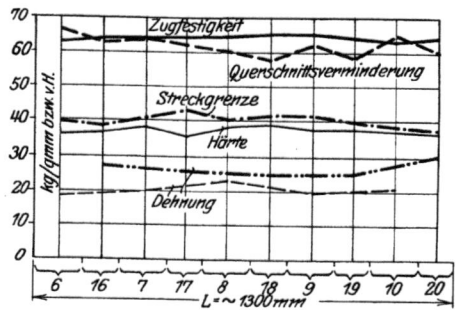

Abb. 126. Eigenschaften des Chromnickelstahls der Abb. 125 in vergütetem Zustande.

länge hin weniger unterschiedlich ist, als bei den übrigen Festigkeitswerten, die tatsächlich beträchtliche Unterschiede aufweisen.

Das eine Stangenende (links in Abb. 125) ist auf einem längeren Stück sehr hart. Die Größt- und Kleinstwerte der Härte und Festigkeit sind 340 und 262 bzw. 112 und 92 kg/qmm. Es besteht also hier hinsichtlich des Kleinstwertes ein Unterschied von etwa 30 v.H.

Ähnlich liegen die Verhältnisse bei der Streckgrenze. Entgegengesetzt verläuft die Zähigkeit, gemessen an der Querschnittsverminderung nach dem Bruch oder der Bruchdehnung. An der härtesten Stelle ist sie am kleinsten, an der weichsten am größten. Auch Form und Aussehen der Bruchstellen im härtesten und weichsten Bereiche der Stangen waren auffallend verschieden. Die härtesten Stäbe (11 und 2) hatten eine ebene Bruchstelle von hellgrauem, leichtglitzerndem und deutlich gekörntem Aussehen, während die weichen Probestäbe die übliche Bruchkegelbildung eines zähen Werkstoffes, wie dies beim Flußeisen die Regel ist,

Das Vergüten.

mit mattgrauer, samtartiger Bruchfläche aufwiesen. Wenn nicht die chemische Zusammensetzung der Stahlstange überall gleich gewesen wäre, so könnte man vermuten, daß es sich um verschiedenartige Probestäbe handelte.

Auf eine besondere Eigentümlichkeit der harten Stähle mag hier noch hingewiesen werden, daß nämlich bei diesen Versuchen die beiden härtesten Probestäbe nicht an der schwächsten Stelle in der Mitte der Einschnürung brachen, sondern daneben, wo eine ganz leichte Körnermarke eingeschlagen war, woraus wiederum zu folgern ist, daß harter, spröder Stahl gegen Kerbwirkung, die in diesem Falle durch die Körnermarke begünstigt wurde, sehr empfindlich ist und ganz besonders dann, wenn die Belastung durch Stoß erfolgt (S. 33 u. 70).

Wie vorteilhaft dieser besprochene Stahl über seine ganze Länge gleichmäßig durch Vergütung verbessert werden konnte, zeigt Abb. 126, deren eingehende Besprechung sich hier erübrigen dürfte.

Das Feld der Vergütung für einfache Kohlenstoffstähle ist aus Abb. 127 noch besonders zu entnehmen [1]).

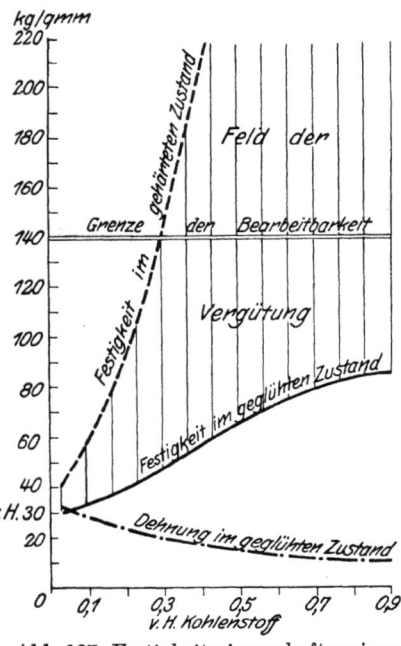

Abb. 127. Festigkeitseigenschaften eines Kohlenstoffstahls in Abhängigkeit vom Kohlenstoffgehalt nach der Wärmebehandlung. Nach Wendt.

Die Zahnräderfrage, die namentlich für den Automobilbau von großer Bedeutung ist, hat schon vor dem Kriege viele Stahlwerke veranlaßt, besondere Stahlsorten auf den Markt zu werfen, aus denen Räder, Ritzel usw. geschnitten und hierauf vergütet werden. Jedes Stahlwerk hat hierfür seine besonderen Marke, die aber fast ausnahmslos Chromnickelstähle darstellen. **Vergütete Zahnräder**

---

[1]) Wendt, a. a. O.

werden vielfach den **einsatzgehärteten** vorgezogen, da die Art der Vergütungsbehandlung viel einfacher ist als die Einsatzhärtung. Vergütete Zahnräder besitzen im Zahnkranz natürlich keine Glashärte, selbst bei hoher Festigkeit desselben zieht eine Feile vielfach noch gut an, doch sind Härte und Festigkeit des Rades nach der Vergütung noch hoch genug, um gegen Verschleiß und auch gegen Bruch genügende Sicherheit zu bieten. Auch vergütete Zahnräder sind weniger verzogen als einsatzgehärtete, so daß die zumeist schwierige Arbeit des Nachrichtens fortfällt. Vielfach übernehmen sogar die Stahlwerke die Gewähr für genaues Stehenbleiben, wenn die Räder aus ihrem Vergütungsmaterial hergestellt und nach ihren Vorschriften wärmebehandelt worden sind. Hat sich jedoch aus irgendwelchem Grunde etwa durch unzuverlässige Arbeit oder Unregelmäßigkeiten, wie sie bei Massenhärtungen nicht ausbleiben, ein Rad verzogen, so kann ein Nachrichten leicht vorgenommen werden, wenn das Rad zuvor auf 150—200° C angewärmt wird. Bei dieser Temperatur werden Härte und Festigkeit kaum nennenswert beeinflußt, auch besteht keine Bruchgefahr, so daß das Nachrichten in kürzester Zeit erfolgen kann. Vorteilhaft ist es, wenn diese Temperatur durch Wärmemeßgeräte überwacht wird. Da vergütete Räder in gewissem Sinne noch bearbeitbar sind, so ist gerade dem Automobilfabrikanten die Möglichkeit gegeben, an den fertig vergüteten Rädern noch Nachbearbeitungen vorzunehmen, um einen vollkommen geräuschlosen Gang des Getriebes zu gewährleisten. Auch der Härteausschuß ist bei vergüteten Zahnrädern geringer als bei einsatzgehärteten.

Es ist immer sehr zweckmäßig, ein vom Stahlwerk geliefertes Vergütungsmaterial, das nach der betreffenden Liste bestimmte Festigkeitswerte haben soll, im eigenen Betriebe nachzuprüfen, um sicher zu gehen, ob die Angaben des Stahlwerks auch richtig sind, das natürlich nicht jede Stange, sondern nur einzelne Schmelzungen untersuchen kann, deren Ergebnisse es den Werbeschriften zugrunde legt. Probevergütungen sind insofern wichtig, um sich zu vergewissern, ob nicht Verwechslungen im Stahllager z. B. mit Einsatzmaterial vorgekommen sind. So konnte z. B. an zwei Stahlstangen, die nach den Angaben des Stahlwerkes vergütet wurden, folgende Feststellung gemacht werden:

Das Vergüten.

Material	Zusammensetzung v.H.	Zerreißfestigkeit kg/qmm	Streckgrenze kg/qmm	Dehnung v.H.	Spez. Schlagarbeit mkg/qcm	Brinellsche Härtezahl	Brinellsche Härtezahl nach Anlassen auf hellblau
1. Angeliefert n. Preisliste nachgeprüft	0,64 v.H. Kohlenstoff, 1,02 v.H. Mangan	65—75 62,5	50—55 44,7	18—15 25,4	—	— 302	— —
vergütet n. Preisliste nachgeprüft		85—95 90,4	70—80 56,1	14—12 2,2	— 7,98	— —	419 —
2. Angeliefert n. Preisliste nachgeprüft	0,41 v.H. Kohlenstoff, 0,47 v.H. Mangan, 0,91 v.H. Chrom, 3,00 v.H. Nickel	70—75 64,5 150—160 132,5	65—70 31,7 145—155 132,5	18—14 21,1 8—5 0,7	— — — 6,51	— 452 — —	— — 555 —
vergütet n. Preisliste nachgeprüft		—	—	—	—	—	—

Ein weiteres lehrreiches Beispiel soll hier noch angeführt werden, nach dem es sich um einen Chromnickelstahl mit mittlerem Kohlenstoffgehalt handelt[1]). Dieser Stahl wurde bei 830° C in Öl abgeschreckt, 8 Minuten in einem Bleibade bei verschiedenen Temperaturen angelassen, aus diesem herausgenommen und alsdann an der Luft abgekühlt. Das Schaubild Abb. 128 zeigt die Festigkeitswerte bei verschiedener Wärmebehandlung. Die Wagerechte gibt die Anlaßtemperatur, die Senkrechte die Bruchgrenze, Streckgrenze, Proportionalitätsgrenze, Dehnung, Querschnittsverminderung und spezifische Schlagarbeit an. Die Proportionalitätsgrenze wurde nur für die Temperaturen zwischen 650 und 780° C ermittelt. Wie das Schaubild erkennen läßt, fallen Streckgrenze und Proportionalitätsgrenze in der Nähe von 700° C außerordentlich rasch, während die Bruchgrenze nur wenig sinkt und schließlich wieder ansteigt. Mit dem Fallen der Streckgrenze und Proportionalitätsgrenze nimmt auch gleichzeitig die spezifische Schlagarbeit ab. Es folgt hieraus, daß ein kleiner Fehler in der Wärmebehandlung ein an sich gutes Material vollständig verderben kann, so daß es einer Überbeanspruchung im Betriebe nicht standhalten wird und vorzeitig zu Bruch kommen muß. Ferner geht aus dem

---

[1]) Stahl und Eisen 1912. S. 1108.

Schaubild noch hervor, daß Schlagarbeit und Dehnung ein verschiedenes Maß für die Zähigkeit abgeben. Während von 650° C an die Dehnung noch stark ansteigt, nimmt die Schlagarbeit wesentlich ab. Die letztere läuft indessen mit der Querschnittsverminderung parallel. Hiernach ist es also möglich, schon allein aus dem Zerreißversuch Schlüsse auf den Einfluß der Wärmebehandlung hinsichtlich der spezifischen Schlagarbeit zu ziehen.

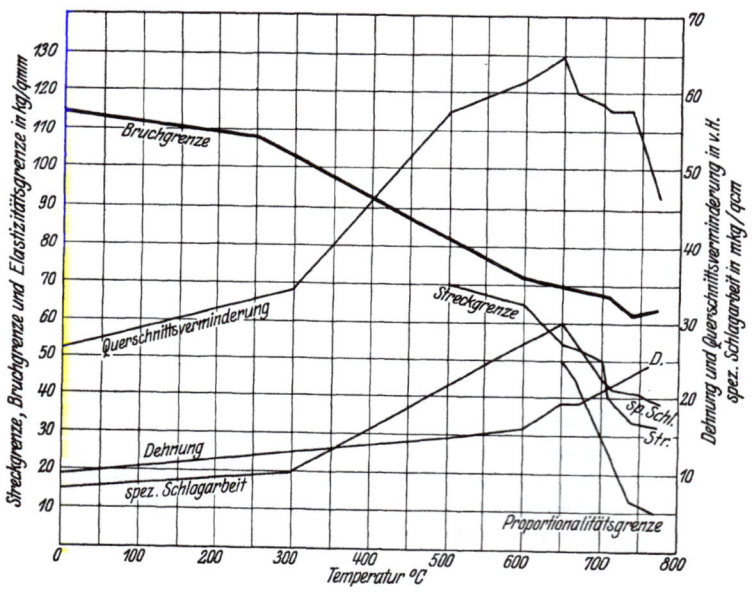

Abb. 128. Veränderung der Festigkeitseigenschaften eines Chromnickelstahls durch Vergütung.

Es ist bereits betont worden, daß gerade für Zahnräder von vielen Stahlwerken besondere Stahlmarken in den Handel gebracht werden, die nur in vergütetem Zustande ihren Zweck erfüllen. Für diese Räder aus Nickel-, Chromnickel- oder Chromvanadinstahl mit einem Kohlenstoffgehalt von etwa 0,4—0,6 v.H. besteht zumeist die Vorschrift, daß sie langsam und gleichmäßig bis zur Härtungstemperatur von etwa 820° C erhitzt, alsdann in Öl getaucht und abgekühlt und im Ölbad angelassen werden sollen. Diese Räder sind alsdann fest, zähe und durch und durch feinkörnig, so daß sie besser als einsatzgehärtete Räder imstande sind, plötzlichen Stößen und überstarken Belastungen zu widerstehen. Man findet daher jetzt fast allgemein, daß vergütete Räder sowohl im Werkzeugmaschinenbau als besonders im Automobilbau den im Einsatz gehärteten Rädern vorgezogen werden. Wenn auch vergütete Räder sowohl beim Feilen als auch unter dem Härteprüfer nicht die große Härte der einsatzgehärteten Räder zeigen, so widersteht trotzdem das feinkörnige Gefüge des vergüteten Zahnes der Abnutzung ganz außerordentlich. So konnte z. B. noch nachträglich festgestellt werden, daß ein Automobilrad nach Zurücklegung eines Weges von 100 000 km noch deutlich die Bearbeitungsriefen aufwies. Die Überlegenheit des vergüteten Stahls tritt namentlich bei Rädern zutage, die aus und eingerückt werden müssen. Kommt es doch häufig vor, daß namentlich an der Einrückstelle die Oberfläche von einsatzgehärteten Rädern abblättert, so daß alsdann der weiche Kern die Stoßwirkung aushalten muß. Die harten Teile können hierbei in das Getriebe fallen, gelangen auch häufig in die Lagerung und sind daher unter Umständen sehr verderbnisbringend. Bei sorgfältig vergüteten Rädern ist dagegen eine Abblätterung der Zähne gänzlich ausgeschlossen.

Auch ist das Vergüten eine viel einfachere Wärmebehandlung als das Einsatzhärten. Es ist daher besonders bei großen Mengen von Rädern billiger, geht schneller von statten und infolge des gleichmäßigen Gefüges liegt weniger die Gefahr vor, daß sich die Räder verziehen, da diese nur einmal erhitzt zu werden brauchen, während sie beim Einsatzhärten dreimal erwärmt werden müssen.

Im Werkzeugmaschinenbau finden vergütete Räder auch aus dem Grunde immer mehr Anwendung, weil die zähen vergüteten Stücke einen kleineren Querschnitt haben können als im Einsatz gehärtete Teile. Hier spielt weniger das Gewicht eine Rolle wie beim Automobilbau, sondern hier kommt es vielfach auf die Ersparung von Raum an, auch sind Ausbesserungen und Ersatzkosten geringer im Vergleich zu denjenigen, die für Maschinen mit einsatzgehärteten Rädern aufgewendet werden müssen. Sachgemäß vergütete Räder sind auch bei Werkzeugmaschinen noch nach Monaten bei schwerstem Arbeiten genügend hart und widerstandsfähig gegen Abnutzung, wie sich aus einem Beispiel ergibt, nach dem die vergüteten Zahnräder einer äußerst stark beanspruchten Maschine noch nach sehr langer Zeit die Bearbeitungsmarken erkennen ließen.

Wenn auch hier die Vorzüge von vergüteten Zahnrädern gegenüber einsatzgehärteten besonders betont werden, so soll natürlich hiermit nicht behauptet werden, daß die letzteren überhaupt zu verwerfen sind. Hiervon kann selbstverständlich gar keine Rede sein. Bevor man sich daher zu einsatzgehärteten oder vergüteten Rädern entschließt, muß auf die Art der Beanspruchung der Räder unbedingt Rücksicht genommen werden. Schlecht einsatzgehärtete Räder sind ebenso geringwertig wie schlecht vergütete Räder. Wenn daher in diesem oder jenem Falle Räder versagen, so darf man nicht zu leicht geneigt sein, das Verschulden diesem oder jenem Wärmebehandlungsverfahren zuzuschreiben. Beim Vergüten hat man es auf jeden Fall in der Hand, durch die Höhe der Abschrecktemperatur bzw. Wahl der Anlaßtemperatur die Festigkeitseigenschaften von Fall zu Fall zu verändern und jeweils für einen bestimmten Zweck auszunutzen, während beim Einsatzhärten je nach der Art des Materials die verschiedenen in Anwendung kommenden Temperaturen unter allen Umständen eingehalten werden müssen.

Nachdem nunmehr die Grundlagen klargelegt sind, auf denen das Vergüten beruht und auch an Beispielen gezeigt wurde, wie für besondere Zwecke vorher wenig geeignetes Material durch diese Wärmebehandlung verbessert und für Konstruktionszwecke geeignet gemacht werden kann, sollen die Mittel und Einrichtungen besprochen werden, die die Arbeit des Vergütens verlangt.

Eine Vergütungsanlage enthält als wichtigste Teile die Öfen, die Ölgefäße mit Öl und- Kühlwasserumlauf, den Feuerschutz und die Einrichtung für die Bestimmung und Überwachung der in Betracht kommenden Temperaturen. Der Gasofen ist für den Vergütereibetrieb am besten geeignet, da dieser hinsichtlich des Härtens und Anlassens zwischen den Gebrauchstemperaturen von 500—900° C am besten geregelt werden kann[1]). Auch mit der Ölfeuerung hat man gute Erfahrungen gemacht. Für Gasöfen kommen als Heizstoffe Leuchtgas, Koksofengas, Wassergas und neuerdings auch Hochdruckgeneratorgas in Betracht. Am bequemsten ist Leuchtgas mit dem hohen Heizwert von 4900—5100 Wärmeeinheiten/Kubikmeter, das leicht jedem Leitungsnetz entnommen werden kann, während das Koksofengas mit 4000—5000 Wärmeeinheiten/Kubikmeter nur in den

---

[1]) Knorr, Der Betrieb S. 189. 1919.

Industriegebieten am Platze ist. Sowohl Leuchtgas als auch Koksofengas werden in Brennern gewöhnlich unter Zusatz von Preßluft von 500—1200 mm Wassersäule verbrannt.

Bei Vergütungsöfen findet man die senkrechte und wagerechte Bauart. Senkrechte Öfen von über 3 m haben den Nachteil, daß in ihnen eine gleichmäßige Temperatur im ganzen Raum schwierig zu erreichen ist. Es kann leicht vorkommen, daß der obere Teil des Ofens überhitzt wird, so daß die in größerer Anzahl in mehreren Stufen übereinander angeordneten Brennerhähne ständig betätigt werden müssen, welche Arbeit große Aufmerksamkeit erfordert. Dieser Übelstand fällt bei den wagerecht aufgestellten Öfen fort,

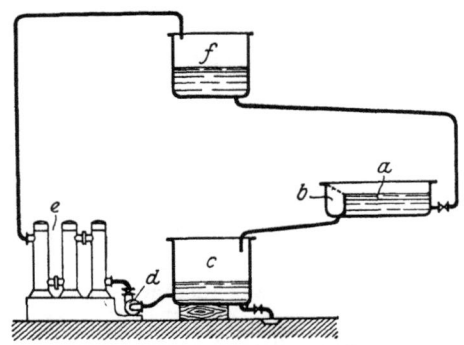

Abb. 129. Vergütungsanlage.

die dann zweckmäßig sind, wenn lange, nicht geradachsige Stücke, die gegebenenfalls noch besonders gestützt werden, vergütet werden sollen, während sie in den Senkrechtöfen hängend erhitzt werden können.

Die Kühlanlage mit Öl oder Wasser als Abkühlmittel ist ein weiterer wesentlicher Teil jeder Vergüterei. In größeren Anlagen läuft das Öl unter ständigem Kühlen um. Nach Abb. 129 tritt das vom eingetauchten Werkstück aus dem Tauchraum a des Arbeitsbehälters verdrängte Öl durch ein Gitter oder Sieb in die Überlaufkammer b, um alsdann in einen tiefstehenden Sammelbehälter c für warmes Öl abzufließen. Die Pumpe d saugt das Öl des Behälters c an und drückt das warme Öl durch Röhrenkühler e in den Hochbehälter f, von wo es je nach Bedarf in einen Arbeitsbehälter abgezogen wird. Vielfach ist der Kaltbehälter f neben dem Warmbehälter c angeordnet, alsdann ist eine zweite Ölpumpe notwendig, um das Öl zum Arbeitsbehälter zurückzudrücken.

In einer Vergüterei ist dem Feuerschutz eine ganz besondere Aufmerksamkeit zu widmen. Da sich beim Eintauchen des rotglühenden Werkstückes die zuerst berührten Ölschichten sofort entzünden, so muß, wenn die Flamme nicht gleich beim vollständigen Eintauchen des Stahlgegenstandes verschwindet, der Brandherd durch Auflegen von Tüchern oder Blechen oder Aufstreuen von Sand abgedeckt werden. Oder die Ölanlage muß so eingerichtet sein, daß das Öl schleunigst abgelassen werden kann. Bei langgestreckten Arbeitsräumen läuft der Kran zum Hin- und Herbewegen der Arbeitsstücke am zweckmäßigsten auf einer Galerie, von der aus leicht und bequem die Ölgefäße bedient werden können. Die Temperaturüberwachung geschieht mit Hilfe von Wärmemeßgeräten.

Wenn auch der Betrieb einer Vergüterei nicht billig ist, so ist doch andererseits der Gewinn in der Verbesserung der mechanischen Eigenschaften eines Stahls für Konstruktionszwecke bedeutend genug, um diesem Verfahren eine allgemeine Verbreitung zu sichern. Auch ohne Anwendung von teuren Sonderstählen lassen sich durch das Vergüten einfache Kohlenstoffstähle zuweilen so verbessern, daß allein schon aus diesem Grunde der allgemeine Maschinenbau, aber auch der Automobil-, Lokomotiv- und Elektromaschinenbau die Vergütung ihrer Baustähle stark berücksichtigen. Aber auch schon im Hinblick auf die bestehende Materialknappheit wird namentlich Deutschland nichts unversucht lassen, die Vergütungsverfahren praktisch weiter durchzubilden und zu fördern.

XIII. Stahlguß, Schweißeisen, Elektrolyteisen.

Wenn an dieser Stelle, eigentlich aus dem Zusammenhange, den in der Überschrift genannten Werkstoffen am Schlusse der allgemeinen Besprechung der einfachen Konstruktionsstähle (Kohlenstoffstähle) ein besonderer Abschnitt eingeräumt wird, so geschieht dies nur deshalb, um dem Konstrukteur namentlich die Bedeutung des Stahlgusses in zusammengefaßter Form vorzutragen, dessen Gewinnung eine wichtige Industrie obliegt. Die neuzeitlichen Stahlgießereien sind ausgedehnte Betriebe und bilden einen wesentlichen Teil des Eisenhüttenwesens überhaupt.

Über das Schweißeisen finden sich in dem diesbezüglichen Schrifttum nur zerstreute Angaben, so daß sich auch hier, trotz der immer geringer werdenden Bedeutung dieses Baustoffes für die Konstruktionstechnik, eine übersichtliche Darstellung verlohnt. Nicht zu vergessen ist auch das Elektrolyteisen, dem sehr wertvolle Eigenschaften innewohnen, die aber erst in der Zukunft angesichts der heutigen ungünstigen Zeitverhältnisse wirtschaftlich ausgenutzt werden können.

Der Stahlguß. Die Fortschritte, die in den letzten fünfundzwanzig Jahren in allen Zweigen des Maschinenbaues gemacht wurden, sind nicht zuletzt der vielseitigen Verwendung des Stahlgusses zu verdanken. Der gewöhnliche Eisenguß (Grauguß, Gußeisen) ist hierdurch notwendigerweise in ein gewisses Hintertreffen gekommen, und wenn auch an der Verbesserung dieses Werkstoffes durch Vervollkommnung der Gießverfahren und namentlich hinsichtlich der Auswahl der Ausgangsmaterialien weiterhin lebhaft gearbeitet wird, so kann dem Stahlguß das gewonnene Gelände nicht mehr strittig gemacht werden. Ja selbst für Schmiedeteile aller Art sowie aus dem Vollen gearbeitete Werkstücke wird Stahlguß als gleichwertiger Ersatz immer stärker herangezogen, nachdem es den Fachleuten gelungen ist, die früher bestandenen Schwierigkeiten bei der Erzeugung dieses Baustoffes vollständig zu beheben.

Allerdings darf nicht verschwiegen werden, daß auch heute noch bei der Herstellung von Stahlguß an die benötigten Grundstoffe, Schmelzöfen und sonstigen Gießereieinrichtungen und nicht zuletzt an die Tüchtigkeit der Gießereileiter und die Geschicklichkeit der Arbeiter im Vergleich zum gewöhnlichen Eisenguß sehr oft erheblich höhere Anforderungen gestellt werden müssen.

Formstücke mit den größten Abmessungen und von verwickeltster Gestalt, an die hohe Ansprüche gestellt werden müssen, werden in Stahlguß gefertigt, dem infolge seiner leichten Anpassungsfähigkeit immer weitere Gebiete erschlossen werden. Es sei hier u. a. nur an die gewaltigen Mengen Geschoßkörper erinnert, die neben anderem Kriegsgerät (U-Bootsteile usw.) in Stahlguß dem vergangenen Weltringen ein gewisses Gepräge aufdrückten. Ja selbst Schiffen aus Stahlguß anstatt aus Walzmaterial genietet ist schon vor dem Kriege in Amerika das Wort geredet worden. Die auf S. 239 mitgeteilte Übersicht gibt nur einen beschränkten Ausschnitt über die große Bedeutung des Stahlgusses als Baustoff für die gesamte Maschinentechnik.

Wie das Wort sagt, ist „Stahlguß" ein gegossener Stahl aus irgendeinem hüttenmännischen zur Gewinnung von schmiedbarem Eisen verwendeten Schmelzofen, ohne einem späteren besonderen mechanischen Formgebungsverfahren unterworfen zu werden[1]). Der Stahlguß ist mithin bereits ein Fertigerzeugnis und steht im Gegensatz zum Blockguß, dem in Kokillen gegossenen Material, das durch eine nachfolgende mechanische Behandlung (Walzen, Schmieden, Pressen usw.) in gebrauchsfertige Bauteile (Schienen, Träger, Bleche, Formeisen usw.) übergeführt wird. Der Stahlguß befindet sich daher hinsichtlich seiner Endgestalt in vollkommenem Einklang mit Stücken aus Eisenguß, die ebenfalls in diesem gegossenen Zustande fertige Konstruktionsteile darstellen, aber im Gegensatz zum Stahlguß bekanntlich nicht schmiedbar sind.

Die Bezeichnung „Stahlguß" ist in der Technik heute noch nicht allgemein üblich, man spricht zumeist von „Stahlformguß β" und will hierdurch andeuten, daß der flüssige Stahl seine endgültige Gestalt bereits in der Gußform erhält oder aber besonders darauf hinweisen, daß man es mit einem Siemens-Martinerzeugnis

---

[1]) Der „Normenausschuß der Deutschen Industrie" schlägt folgende Begriffsbestimmung für Stahlguß vor: „Stahlguß oder Stahlformguß wird im Tiegel, Martin-, Elektroofen oder in der Birne hergestellt und in Fertigformen vergossen; er ist ohne weitere Behandlung schmiedbar".

zu tun hat, da der weitaus größte Teil des Stahlgusses im Siemens-Martinofen erschmolzen wird. Wurden doch in Deutschland im Jahre 1915 allein im Siemens-Martinofen rund 700 000 Tonnen Stahlguß erzeugt. Die Bestrebungen des „Normenausschusses der Deutschen Industrie" sind darauf gerichtet, die Bezeichnung „Stahlformguß" auszuschalten und ganz allgemein hierfür „Stahlguß" zu setzen, wie es ja auch nicht üblich ist, von Eisenformguß anstatt Eisenguß zu sprechen. Die Anregungen des Normenausschusses müssen nachdrücklichst unterstützt werden, da es auch für die Eisenindustrie wichtig ist, einheitliche Benennungen einzuführen und ihnen Geltung zu verschaffen. Der „Verein Deutscher Stahlformgießereien" (besser „Verein Deutscher Stahlgießereien") dürfte diese Bestrebungen fördern, so daß man in naher Zukunft nur noch der Bezeichnung „Stahlguß" begegnet. Aus dem gleichen Grunde wird auch die Bezeichnung „Flußeisenformguß" verschwinden und man wird hierfür „Flußeisenguß" setzen müssen.

Die Benennung „Flußeisenguß" ist weniger geläufig als „Stahlguß" und die letztere herrscht daher in der Konstruktionstechnik vor. Nur in den Gütevorschriften der Staatseisenbahn-Verwaltung und auch in den vom „Verein Deutschen Eisenhüttenleute" aufgestellten „Vorschriften für die Lieferung von Eisen und Stahl" findet man für besondere Teile die Bezeichnung „Flußeisenguß". Flußeisenguß deutet auf weichere Sorten mit geringem Kohlenstoffgehalt und daher mäßiger Zerreißfestigkeit aber höherer Dehnung hin, während Stahlguß für härtere, also höher gekohlte Sorten mit entsprechend höherer Zerreißfestigkeit aber geringerer Dehnung gilt. Die Grenze zwischen diesen beiden Arten liegt bei etwa 45—50 kg/qmm Zerreißfestigkeit, die bekanntlich auch für „Flußeisen" und „Flußstahl" bzw. „Schweißeisen" und „Schweißstahl" aufgestellt ist (S. 8). Jenseits dieser Grenze liegt das Gebiet des Flußeisens und Flußeisengusses, diesseits des Stahles und des Stahlgusses. In den folgenden Ausführungen wird im Einklang mit der allgemeinen handelsüblichen Gepflogenheit nur von Stahlguß die Rede sein, auch wenn weiche Sorten vorliegen, der Kohlenstoffgehalt also gering bemessen ist. Nur soll noch angedeutet werden, daß für kleinere Stücke mit geringen Wandstärken in der Regel die Bessemerbirne vorgezogen wird (Flußeisenguß), während für die Fertigung auch der schwersten Stücke der Siemens-Martinofen oder auch der Elektroofen die gegebenen Schmelzeinrichtungen darstellen (Stahlguß). Das Tiegelverfahren wird nur noch in wenigen Fällen herangezogen, da es für die Massenerzeugung von Stahlguß verhältnismäßig zu kostspielig ist.

Nach diesen Darlegungen ist der Begriff „Stahlguß" eindeutig festgelegt, die jeden Irrtum ausschließen. Höchstens könnte man, um noch weiteren Zweifeln zu begegnen, den Stahlguß je nach der Art des verwendeten Schmelzofens mit dem betreffenden Kennwort versehen. So sind folgende Benennungen anzutreffen: Siemens-Martinstahlguß, Bessemerstahlguß, Tiegelstahlguß, Elektrostahlguß.

Trotzdem trifft man vielfach Gießereierzeugnisse an, die alles andere denn Stahlguß sind. Wenn auch dem Hersteller eine bewußte Täuschung nicht untergeschoben werden soll, so wird aber oftmals der Verbraucher im unklaren darüber bleiben, welchen Werkstoff er in Wirklichkeit bezogen hat. Die Tatsache bleibt bestehen, daß auf dem Gebiete des Stahlgußhandels Mißstände vorhanden sind, die nicht aufkommen könnten, wenn die Verbraucher über Name und Art der gekauften Gußwaren besser unterrichtet wären. Da die Einkäufer selbst größerer Werke meist Nurkaufleute sind, für die schließlich die Preisfrage entscheidet, so kann es nicht wundernehmen, wenn sie allem, was mit „Stahl" in Beziehung gebracht wird, eine ganz besondere Wertschätzung entgegenbringen. Die Einkäufer, aber auch die Konstrukteure müssen wissen, daß die ihnen angebotenen Erzeugnisse: Temperstahlguß, Temperstahl, Formstahl, Halbstahl, Stahleisen usw. mit Stahlguß nicht das geringste zu tun haben, die man schließlich durch mechanische, chemische und mikroskopische Prüfungen als das erkennen kann, was sie sind, wenn man namentlich die Dehnung als wichtiges Kennzeichen für Stahlguß in die Wagschale wirft. Da aber vielfach auf eine nachträgliche Untersuchung der eingekauften Gußwaren verzichtet wird, so sollten dem Einkäufer wenigstens technische Berater beigegeben werden, die über genügende Materialkenntnisse verfügen und ihr Urteil abzugeben haben, wenn irgendwelche Meinungsverschiedenheiten zwischen Erzeuger und Verbraucher aufkommen oder Aufklärungen beim Einkauf notwendig sind. Hierdurch werden spätere Beanstandungen möglichst ausgeschaltet und auch viel Geld und Ärger erspart, die sich oft bei der Auslegung des Begriffs Stahlguß zu gerichtlichen Auseinandersetzungen zuspitzen. Aber auch die

Außenvertreter der Gießereien, die zumeist ebenfalls Nurkaufleute sind, müßten soviel Schulung besitzen, um bei Verkaufsverhandlungen über alle technischen Fragen sachlich Auskunft geben zu können, ohne erst das eigene Werk anzugehen. Gegen die Anpreisung von Gußerzeugnissen unter irreführenden Namen ist schon Mehrtens zu Felde gezogen[1]), dem man unbedingt beipflichten muß, wenn er sagt: „Der Stahlguß ist und bleibt, ganz gleich, ob er aus dem Tiegel, Siemens-Martinofen und Elektroofen oder aus der Kleinbirne erzeugt wird, eine Vertrauensware allerersten Ranges. Aus diesem Grunde sollte gegen alle minderwertigen Gießereierzeugnisse, die mit dem Stahlguß in Wettbewerb treten wollen, den gestellten Ansprüchen in bezug auf die Güte der Erzeugnisse gegenüber dem Stahlguß aber nicht genügen können oder infolge Mangel an Sachkenntnis, vielleicht sogar in betrügerischer Absicht unter falscher Flagge auf den Markt kommen, scharf vorgegangen werden. Es ist, um auf diesem Gebiete völlige Klarheit zu schaffen, auch eine einheitliche Benennung aller hochwertigen Gießereierzeugnisse durchzuführen; dadurch wird dem unlauteren Wettbewerb der Boden entzogen".

Es erübrigt sich, an dieser Stelle auf die rein metallurgische Seite der Stahlgußherstellung einzugehen, da es sich um einen ausgedehnten Zweig des Eisenhüttenwesens handelt, sondern es sollen in den folgenden Ausführungen nur diejenigen besonderen Merkmale des Stahlgusses gewürdigt werden, die für den gesamten Maschinenbau von Bedeutung sind.

Der Konstrukteur wird naturgemäß in erster Linie nur Interesse für die Festigkeitseigenschaften des Stahlgusses haben, doch bevor auf diese näher eingegangen wird, soll er zunächst mit dem Gefügeaufbau dieses Werkstoffes bekanntgemacht werden, der wie bei den Werkzeug- und Konstruktionsstählen durch eine besondere Wärmebehandlung in dieser oder jener Richtung beeinflußt wird, wodurch namentlich die mechanischen Eigenschaften geändert werden. Dies bezieht sich gleichermaßen auf weichen, mittelharten und harten Stahlguß, also auf Erzeugnisse, deren Kohlenstoffgehalt bis auf etwa 1 v.H. hinaufreicht. Meist schwankt der Kohlenstoffgehalt zwischen 0,1 und 0,8 v.H. Man hat es also beim Stahlguß, dem aus dem Schmelzfluß in Formen erstarrten schmiedbaren Eisen, mit untereutektischen Stählen zu tun und

---

[1]) Gießerei-Zeitung 1919. S. 65, 83, 101, 139, 177 und 248. — Vgl. auch „Der Betrieb" 1918/19. S. 125.

nur in wenigen Ausnahmefällen, wenn es sich um besonders harte Konstruktionsstücke handelt (Walzen, Mahlscheiben usw.), wird der Kohlenstoffgehalt über 1 v.H. bis etwa 1,2 v.H. gesteigert. Untersucht man das Kleingefüge eines gegossenen und in der Form erkalteten nicht weiter behandelten Stahlgußstückes, so beobachtet man zumeist eine sehr grobkörnige und ungleichmäßige Lagerung der Gefügebestandteile Ferrit und Perlit, die vielfach eigentümliche Formen annehmen. Oft schließen sich die Gefügebestandteile zu groben Zellen zusammen, namentlich wenn der Anreiz zum Seigern durch die Gegenwart nichtmetallischer Einschlüsse (Schlackeneinschlüsse usw.) gegeben ist. Man spricht alsdann von der sog. Gußstruktur und versteht hierunter ein Gefüge, das nur in Stahlgußstücken, die keiner nachträglichen Wärmebehandlung unterworfen wurden oder in Rohblöcken nach der Herausnahme aus den Kokillen vorkommt. Diese Gußstruktur ist gewöhnlich in der Randschicht infolge der besonderen Abkühlungsverhältnisse stärker ausgeprägt als im Kern und in den angrenzenden Schichten. In den Abb. 130 bis 133 sind einige Gußstrukturen von verschiedenen kohlenstoffhaltigen Stahlgußstücken zusammengestellt, die schon ohne weiteres erkennen lassen, daß Rohgüsse mit einem solchen grobkristallinischen Aufbau keineswegs die günstigsten Eigenschaften namentlich hinsichtlich Festigkeit und Zähigkeit aufweisen können, sondern denjenigen mit einem gleichmäßig feinkristallinischen Gefüge nachstehen müssen. Die Gußstruktur in Abb. 131 ist insbesondere aus dem Grunde lehrreich, weil die Gefügebestandteile Perlit und Ferrit sich zu eigentümlichen geometrischen Formen wie Dreiecken, Parallelogrammen usw. geordnet haben. Man nennt dieses eigenartige Gefüge Widmannstättensches Gefüge, weil es eine Ähnlichkeit mit den Widmannstättenschen Figuren in Meteoriten besitzt, die mit dem Namen des Entdeckers belegt worden sind.

Es ist klar, daß die Gußstruktur im Zusammenhang mit der Gießtemperatur des Schmelzbades, der Erstarrungsgeschwindigkeit des flüssigen Metalles und dessen Abkühlungsgeschwindigkeit beim Durchgang durch die Umwandlungszone (900—700° C) steht und daß man andererseits ein gleiches Gefüge dann erhalten kann, wenn man ein Stahlgußstück auf sehr hohe Temperaturen (1100° C und darüber) erhitzt. Ein solcher überhitzter Stahl zeigt in der Tat ein ähnliches Gefüge, wie das in der Gußform erstarrte Metall. Selbstverständlich ist die zur Überhitzung

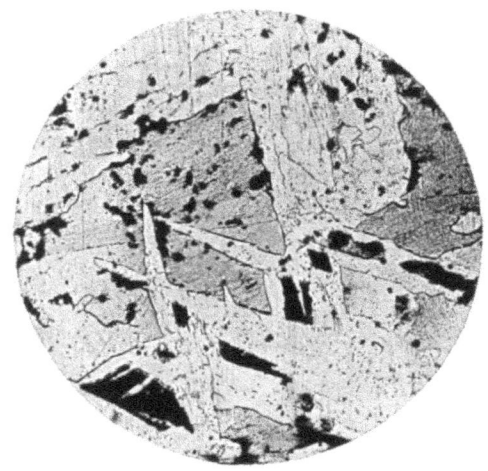

Abb. 130. Stahlguß mit 0,12 v.H. Kohlenstoff. Gußstruktur.
$V = 80$.

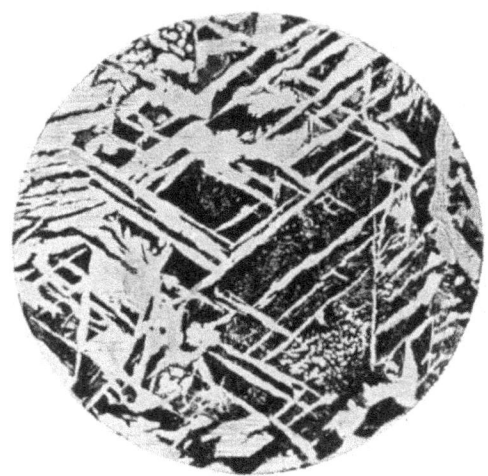

Abb. 131. Stahlguß mit 0,35 v.H. Kohlenstoff. Gußstruktur. Widmannstättensches Gefüge. $V = 80$.

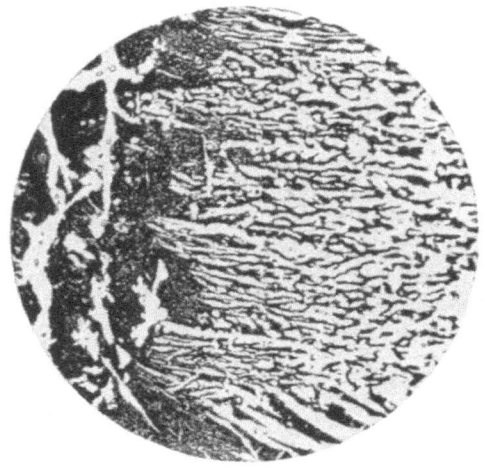

Abb. 132. Stahlguß mit 0,42 v.H. Kohlenstoff. Gußstruktur. V = 80.

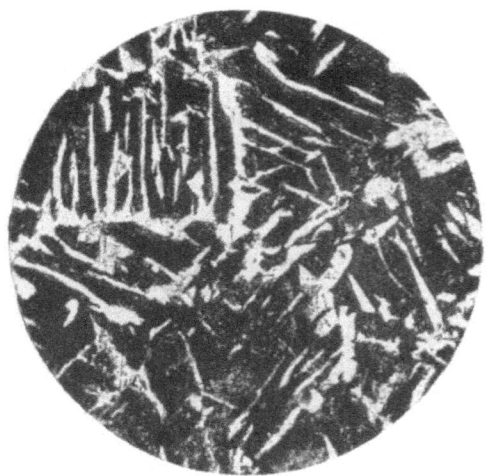

Abb. 133. Stahlguß mit 0,68 v.H. Kohlenstoff. Gußstruktur. V = 80.

erforderliche Temperatur von dem Kohlenstoffgehalt des Stahles abhängig. Bei einem Stahlguß mit beispielsweise 0,25 v.H. Kohlenstoff und einer Glühtemperatur von 1000° C werden die Kennzeichen der Überhitzung (grobes Korn) noch nicht vorhanden sein, während bei einem Stahlguß mit 0,4 v.H. Kohlenstoff diese Temperatur bereits ausgeprägte Überhitzungserscheinungen im Gefolge hat (vgl. S. 160).

Ebenso wie ein überhitzter Stahl durch eine besondere Glühbehandlung regeneriert, d. h. feinkörnig, also verbessert werden kann, ebenso läßt sich auch ein rohes Stahlgußstück mit der unerwünschten Gußstruktur durch nachträgliches Glühen in besonderen Glühöfen in ein feinkörniges, bessere Eigenschaften zeigendes Material überführen, während bekanntlich beim Blockguß dieses feine Korn durch eine mechanische Nachbehandlung (Walzen, Schmieden, Pressen usw.) erzielt wird. Diese besondere Glühbehandlung des Stahlgusses, also seine Umkristallisation besteht darin, daß er auf eine Temperatur ein wenig oberhalb des höchsten Umwandlungspunktes (Ac_3) während einer bestimmten Zeit erhitzt wird, um alsdann langsam und gleichmäßig abzukühlen. Dies ist notwendig, um keine neuen Spannungen hervorzurufen, die in der Regel in ungeglühten Stücken vorhanden sind.

Früher wurde das Ausglühen von Stahlguß allein aus dem Grunde ausgeführt, um gefährliche Spannungen, die namentlich bei verschiedenen Querschnittsstärken auftreten, zu beseitigen. Diese gefährlichen Gußspannungen stellen sich beim Übergang aus dem flüssigen in den festen Zustand und außerdem beim Abkühlen des erstarrten heißen Stahls auf gewöhnliche Temperaturen ein. Aber auch heute noch wird mit dem Ausglühen dieser doppelte Zweck verfolgt.

Bei den älteren Verfahren des Ausglühens kam nur dunkle Rotglut, etwa 750—800° C in Frage. Seitdem man aber erkannt hat, daß die Höhe der Ausglühtemperatur von der chemischen Zusammensetzung des Materials, in erster Linie von seinem Kohlenstoffgehalte abhängt, verlangen die neueren Ausglühverfahren Temperaturen von etwa 750—925° C. Die höheren Temperaturen eignen sich natürlich nur für kohlenstoffarmes Material. Es hat sich gezeigt, daß bei einem weichen Stahlguß eine Temperatur von etwa 900° C genügt, um die Gußstruktur in ein gleichmäßig feinkörniges Gefüge umzuwandeln, während Glühtemperaturen von 750 und 800° C noch nicht ausreichen, um diesen gewünschten Zustand herbeizuführen. Durch einen Vergleich der Abb. 134 und 135 wird diese Tatsache vollauf bestätigt. In der Abb. 134, die den Stahlguß der Abb. 130 bei einer Glühtemperatur von 750° C darstellt, ist das Gußgefüge noch keineswegs zerstört und erst bei einer Temperatur von 900° C springt das gleichmäßige Perlit- und Ferritgefüge in die Augen (Abb. 135 und 136). Bei einer Temperatur von 750° C ist also die Umwandlungszone noch nicht erreicht, die der Stahlguß erst bei einer Glühtemperatur von 900° C

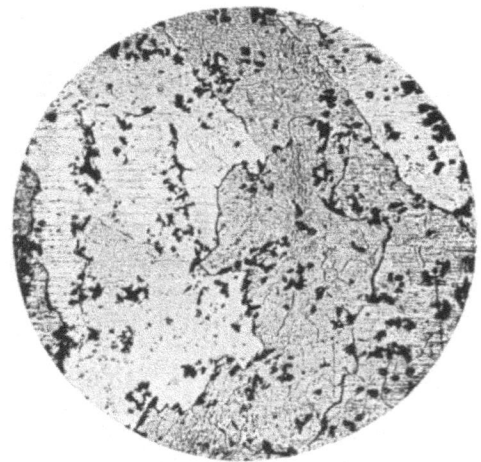

Abb. 134. Bei 750° C geglühter Stahlguß mit 0,12 v.H. Kohlenstoff. V = 80.

überschritten hat, um als feste Lösung bei langsamer Abkühlung in gleichgroße Ferrit- und Perlitanteile zu zerfallen. Oberhalb 900° C wächst das Ferritkorn wieder an und bei 1000° C erscheint erneut ein grobes Gefüge, das überhitztem Stahl eigentümlich ist. Bei einer Erhitzung auf 1100° C kommt wieder die grobe Gußstruktur zum Vorschein.

Lehrreich ist noch ein Vergleich der Abb. 135 und 136, der dartut, daß die Schnelligkeit der Abkühlung beim Durchgang durch die Umwandlungszone die Größe der Ferrit- und Perlitanteile beeinflußt. Das in Abb. 135 dargestellte Probestück wurde bei 900° C geglüht und nach der Glühung sofort aus dem Ofen heraus-

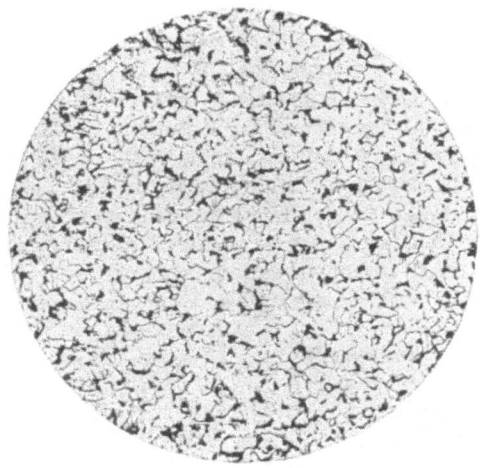

Abb. 135. Bei 900° C geglühter Stahlguß mit 0,12 v.H. Kohlenstoff.
An der Luft abgekühlt. V = 80.

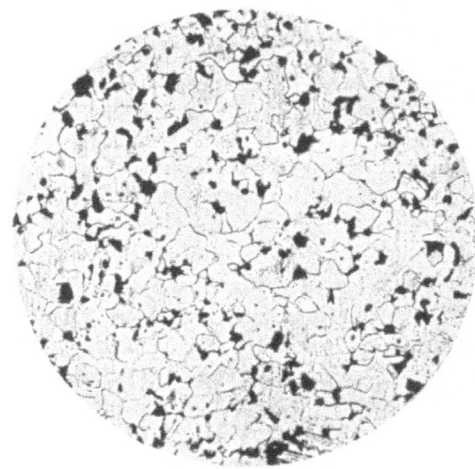

Abb. 136. Bei 900° C geglühter Stahlguß mit 0,12 v.H. Kohlenstoff.
Im Glühofen abgekühlt. V = 80.

gezogen und abkühlen gelassen, während das Stahlgußstück nach Abb. 136 langsam im Ofen abkühlen konnte. Die Probe, die eine schnellere Abkühlung erfahren hat, weist das feinkörnigste Gefüge auf (Abb. 135). Diese Erscheinung ist insofern lehrreich, als sie erkennen läßt, daß bei einer Beschleunigung der Abkühlung stets auch das feinkörnigste Gefüge erzielt wird. welche Kenntnis für den praktischen Betrieb nicht ohne Bedeutung ist. Zu klären wäre allerdings die Frage, in welchem Verhältnis namentlich die Festigkeitseigenschaften von auf diese Weise behandelten Proben stehen.

Um nun sicher zu gehen, daß ein vollkommenes Gleichgewicht in der Kornlagerung erreicht wird, wählt man zweckmäßig zum

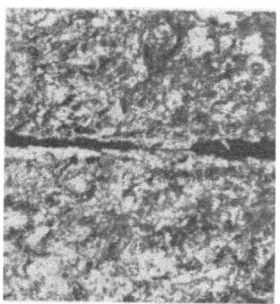 

Abb. 137. Stahlguß, ungeglüht. Bruchgefüge. Nat. Größe.   Abb. 138. Stahlguß, geglüht. Bruchgefüge. Nat. Größe.

Glühen von weichem Stahlguß eine höhere Temperatur als 850° C, etwa 880—900° C. Man ist alsdann sicher, daß das Gußgefüge namentlich bei dickwandigen Stücken vollständig verschwunden ist und durch den ganzen Abguß hindurch die Ferrit- und Perlitkörner auf ihre Mindestgröße gebracht wurden, was auch im Bruchkorn an dem feinen Gefüge zum Ausdruck kommt.

Ein sprechendes Beispiel für eine sachgemäße Glühung sind die Abb. 137 bis 140, die das Bruchgefüge eines ungeglühten und bei richtiger Temperatur geglühten weichen Stahlgusses bzw. Sonderstahlgusses wiedergeben. Das auffallend grobe Bruchgefüge ist nach der Glühung außerordentlich verfeinert worden.

Aber auch bei einer Temperatur unter 1000° C können die Kennzeichen eines überhitzten Stahls auftreten, wenn das Gußstück der betreffenden Temperatur zu lange ausgesetzt wurde.

Die Länge der Zeit, während welcher das Stahlgußstück ausgeglüht wird, ist daher von einschneidender Bedeutung für die Gefügeveränderung. Bevor daher die Stahlgießerei Gußstücke ausglüht, muß es die genaue Zeit für die Glühung festlegen, die sich nach der Art des Stückes richtet, um die besten Eigenschaften

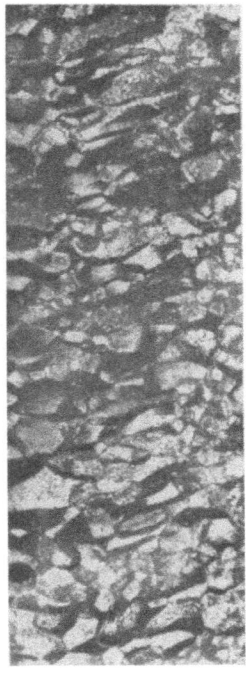 

Abb. 139. Sonderstahlguß, ungeglüht.   Abb. 140. Sonderstahlguß, geglüht.
Bruchgefüge. Nat. Größe.   Bruchgefüge. Nat. Größe.

zu gewinnen. Ein halb- bis zweistündiges Glühen reicht für gewöhnliche Gußstücke vollkommen aus.

Wenn oben gesagt wurde, daß zur Erreichung eines vollständigen Gleichgewichts eine Temperatur nötig ist, die oberhalb des höchsten Umwandlungspunktes liegt, so wird hiermit angedeutet, daß der Zustand der festen Lösung von Eisenkarbid und Eisen (Austenit-Martensit) erreicht worden ist. Nach dem Zustandsdiagramm der Eisenkohlenstofflegierungen (Abb. 28) müßte z. B. ein Stahlgußstück mit 0,27 v.H. Kohlenstoff bei mindestens 890° C geglüht werden, um vollständig in das Gebiet der festen Lösung überzugehen[1]). Da aber in jedem Stahlguß stets Mangan gewöhnlich in den Grenzen zwischen 0,5 und 1 v.H. vorkommt, und der Mangangehalt auf die Lage des Haltepunktes einwirkt (S. 277), so ist es klar, daß beim Ausglühen von Stahlguß auf die Höhe dieses Mangangehaltes Rücksicht genommen werden muß. Je höher der Mangangehalt ist, um so niedriger kann die Glühtemperatur gewählt werden. 1 v.H. Mangan erniedrigt den Haltepunkt um etwa 70° C. Bei geringeren Mangangehalten verändert sich entsprechend auch der Nachlaß in der Glühtemperatur. Mangan, Nickel und Silizium sind diejenigen Sonderbestandteile, die hauptsächlich dem Stahlguß zur Erzielung bestimmter Eigenschaften zugesetzt werden. Wenn also nach obigem bei einer Erhöhung der aus dem Zustandsdiagramm entnommenen Temperatur um jeweils 30° C die vollkommene feste Lösung erreicht ist, so ist dies mithin so aufzufassen, daß diese Temperatur eingehalten werden muß, um dem Stahlguß die besten Eigenschaften zu verleihen. Es hat sich herausgestellt, daß folgende Glühtemperaturen für Stahlguß mit einem gleichzeitigen Mangangehalt, die die American Society for Testing Materials empfiehlt, zweckmäßig sind:

Kohlenstoff: v.H.	Glühtemperatur: Grad C
0,12	875 bis 925
0,12 bis 0,29	840 ,, 870
0,30 ,, 0,49	815 ,, 840
0,50 ,, 1,00	790 ,, 815

Aus dieser Zusammenstellung ergibt sich noch, daß die Glühtemperatur niedriger gehalten werden kann, wenn mehr Mangan als 0,7 v.H. vorhanden ist. Ferner gilt die höhere Glühtemperatur für große Stücke mit niedrigem Kohlenstoffgehalt, also für weichen Stahlguß, die niedrige Temperatur für Stücke mit hohem Kohlenstoffgehalt, also für harten Stahlguß.

Recht anschaulich sind die Glühtemperaturen für alle Stahlgußsorten mit 0,1—0,9 v.H. Kohlenstoff in Abb. 141 wiedergegeben. Der stark ausgezogene Linienzug (zweckmäßige Glühtemperaturen) steht im Einklang mit dem Beginn der Ferritaus-

---

[1]) Oberhoffer, Stahl und Eisen 1913. S. 889.

Stahlguß, Schweißeisen, Elektrolyteisen. 225

scheidung (punktierter Linienzug), der einen Teil des Zustandsdiagramms der Eisenkohlenstofflegierungen darstellt (Oberhoffer). Es ergibt sich also hiernach auch für höher gekohlte Stahlgußsorten, daß die besten Eigenschaften bei der Temperatur des Beginns der Ferritausscheidung erreicht werden. Zusammenfassend kann nochmals für die Glühbehandlung von Stahlguß gesagt werden, daß für die Gefügeänderung die Höhe der Glühtemperatur, die Zeitdauer des Glühens und die Abkühlungsgeschwindigkeit des geglühten Materials von wesentlicher Bedeutung sind.

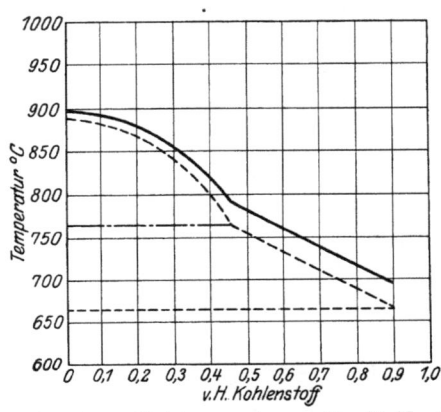

Abb. 141. Zweckmäßige Glühtemperaturen für Stahlguß (ausgezogener Linienzug); Beginn der Ferritabscheidung (punktierter Linienzug).
Nach Oberhoffer.

Es ist wiederholt betont worden, daß jede sachgemäße Glühung auch die Festigkeitseigenschaften des Stahlgusses verbessert, wie dies bekanntlich für alle Erzeugnisse der Eisen- und Stahlindustrie gilt. Es sei hier an die Konstruktionsstähle erinnert, die zumeist in ausgeglühtem Zustande geliefert werden. Durch die Glühung steigt nicht so sehr die Zerreißfestigkeit, dagegen nehmen Dehnung und Querschnittverminderung zu, also die Zähigkeit des Materials wird erhöht. Aus der folgenden Zahlentafel läßt sich die Verbesserung der Festigkeitseigenschaften durch die Glühung entnehmen, der ein Stahlguß mit 0,27 v.H. Kohlenstoff, 0,88 v.H. Mangan, 0,28 v.H. Silizium, 0,032 v.H. Phosphor und 0,04 v.H. Schwefel unterworfen wurde (Oberhoffer).

Schäfer, Konstruktionsstähle. 15

226 Stahlguß, Schweißeisen, Elektrolyteisen.

Glüh-temperatur ° C	Fließ-grenze kg/qmm	Zerreißfestig-keit kg/qmm	Dehnung v.H.	Querschnitts-verminderung v.H.
ungeglüht	23,0	47,3	14,6	17
750	22,5	46,9	8,1	14,24
800	24,0	49,4	20,7	28,2
850	28,0	51,3	22,5	29,7
900	27,0	51,1	20,0	26,7
1000	26,0	52,1	14,0	20,4

Auch hier sieht man, daß praktisch bei 850° C namentlich hinsichtlich der Zähigkeit, die sich in der Dehnung und Querschnittsverminderung wiederspiegelt, mit dem feinsten Korn auch die besten Festigkeitseigenschaften einhergehen.

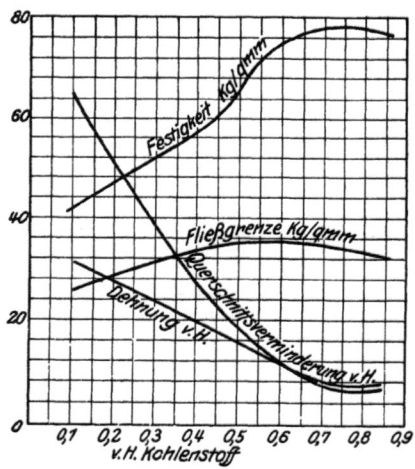

Abb. 142. Einfluß des Kohlenstoffs auf die Festigkeitseigenschaften von geglühtem Stahlguß. Nach Oberhoffer.

Bei einem Dynamostahlguß mit 0,11 v.H. Kohlenstoff, 0,6 v.H. Mangan, 0,4 v.H. Silizium, 0,03 v.H. Phosphor und 0,035 v.H. Schwefel war die Verbesserung der Dehnung und Querschnittsverminderung nicht so augenfällig. Die Dehnung betrug bei einer Glühtemperatur von 900° C etwa 28 v.H. gegenüber 26 v.H. beim ungeglühten Stahlguß, die entsprechenden Zahlen für die Querschnittsverminderung waren 59 bzw. 30 v.H. und diejenigen für die Zerreißfestigkeit etwa 26 und 18 kg/qmm.

Die Veränderung der Festigkeitseigenschaften des geglühten Stahlgusses mit steigendem Kohlenstoffgehalte ist in Abb. 142 noch besonders festgehalten.

Probestäbe aus Stahlguß namentlich mit niedrigem Kohlenstoffgehalte zeigen mitunter in ungeglühtem Zustande sehr gute Dehnung und Querschnittsverminderung, auch der Bruch ist feinkörnig, während sich bei der mikroskopischen Betrachtung des Schliffs ein grobkristallinisches Kleingefüge ergibt. Die zerrissenen Stäbe haben ein narbiges Aussehen, das an sich schon ein Zeichen dafür ist, daß der Stahlguß nicht ausgeglüht bzw. unterhalb der zweckmäßigen Glühtemperatur behandelt wurde, während ein bei richtiger Temperatur ausgeglühter Zerreißstab nach dem Versuch gewöhnlich seine glatte Oberfläche behält, wie dies auch bei Zerreißstäben aus Schmiedeeisen und Stahl der Fall ist. Dieses verschiedenartige Aussehen der Oberflächen von zerrissenen Stahlgußstäben kann also in Zweifelsfällen als

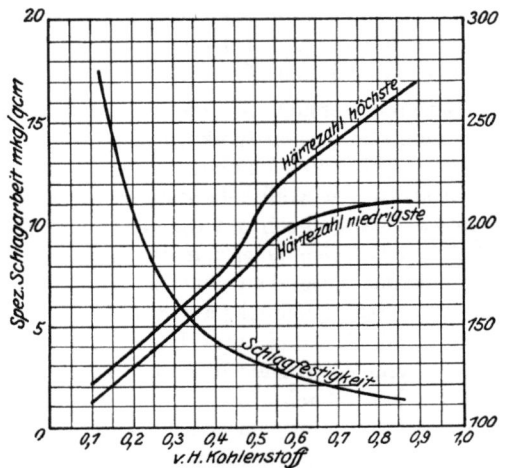

Abb. 143. Einfluß des Kohlenstoffs auf Härte und Schlagfestigkeit von Stahlguß. Nach Oberhoffer.

Merkmal dafür dienen, daß der Stahlguß in dem einen Falle trotz günstiger Dehnung und Querschnittsverminderung nicht oder unvollkommen ausgeglüht war.

Aber auch die Wandstärke spielt beim Glühen eine wichtige Rolle. Im allgemeinen nimmt die Festigkeit im ungeglühten Stahlguß mit steigender Wandstärke zu, im geglühten ab, während Dehnung und Querschnittsverminderung hiervon unabhängig sind, die im großen und ganzen auch unabhängig von der Wandstärke durch das Ausglühen erhöht werden.

Die Kerbschlagprobe gibt noch besser Auskunft über die Zähigkeit von Eisen und Stahl, die durch den Zerreißversuch nicht immer einwandfrei erkannt werden kann. Stahlguß mit dem groben Gußgefüge wird natürlich im Vergleich zu dem feinkörnigen ausgeglühten Material eine geringere spezifische Schlagarbeit besitzen. Aus diesem Grunde kann gerade bei der Prüfung von Stahlguß die Kerbschlagprobe ausgezeichnete Dienste leisten, wie an einem Beispiele gezeigt werden soll.

Ein ungeglühter Stahlguß wurde sowohl in diesem Zustande als auch nach einer sachgemäßen Glühbehandlung eingekerbt und durch kurze scharfe Schläge unter dem Pendelhammer zerbrochen. Die spezifische Schlagarbeit betrug:

	1. Versuch	2. Versuch
vor dem Glühen	1,5 mkg	0,7 mkg
nach dem Glühen	6,4 ,,	7,0 ,.

Bei einem zweiten Versuch lag ein Sonderstahlguß vor, der ebenfalls nach dem Glühen ein feinkörniges Gefüge angenommen hatte, wie dies die Abb. 140 sehr deutlich veranschaulicht. Dieser verbessernde Einfluß der Glühbehandlung auf Stahlguß führt sogar bei dem zweiten Versuch auf die zehnfache Erhöhung der spezifischen Schlagarbeit gegenüber dem unausgeglühten Material[1]). Hieraus folgt, daß das Ausglühen von Stahlguß namentlich dann am Platze ist, wenn Stahlgußstücke auf Stoß beansprucht werden. Es ist selbstverständlich, daß eine Überschreitung der Glühtemperatur auch eine Verminderung der spezifischen Schlagarbeit im Gefolge hat. Nach Untersuchungen von Oberhoffer ist eine Verbesserung der spezifischen Schlagarbeit durch Glühung jedoch nur bei Stahlgüssen zu beobachten, die nur bis zu etwa 0,53 v.H. Kohlenstoff enthalten, darüber hinaus bleibt sie auch trotz der Glühung niedrig. Der Einfluß des Kohlenstoffs auf Härte und Schlagfestigkeit von Stahlguß ist aus Abb. 143 ersichtlich.

Auch die Härte (natürliche Härte) des Stahlgusses wird durch das Ausglühen beeinflußt. Der ausgeglühte feinkörnige Stahlguß besitzt eine geringere Härte als das unausgeglühte grobkörnige Material. Natürlich muß das Ausglühen, wie schon bemerkt wurde, so geleitet werden, daß das Stück nur so lange den entsprechenden Temperaturen ausgesetzt wird, bis es in allen Teilen gleichmäßig durchgewärmt ist, was in verhältnismäßig kurzer Zeit erreicht

---

[1]) Schäfer, Gießerei-Zeitung 1914. S. 249 und 1922. S. 463 und 475.

wird. Im allgemeinen stützt man sich beim Ausglühen von Stahlguß auf Zeiten, die aus der Erfahrung gesammelt wurden.

Alle diese besprochenen mechanischen Eigenschaften des Stahlgusses werden mehr oder minder in diesem oder jenem Sinne beeinflußt durch die Höhe der Glühtemperatur sowie der Länge der Glühung und der Geschwindigkeit, mit der das Werkstück abgekühlt wird, von welchen Umständen bekanntlich die Korngröße und -lagerung abhängt. Eine zu lange Glühung bei der richtigen Temperatur verbessert die Eigenschaften nicht weiter, es kann vielmehr eine Verschlechterung eintreten, da sich auch bei einer zu langen Glühdauer Überhitzungserscheinungen bemerkbar machen (S. 160). In bestimmten Fällen kann von einer Glühung überhaupt abgesehen werden, wenn es sich namentlich um höhere Kohlenstoffgehalte handelt und auch das Stahlgußstück weniger starken äußeren Beanspruchungen ausgesetzt wird.

Aus der folgenden Zahlentafel sind die kritischen Wandstärken zu entnehmen, bei denen durch eine Glühung keine Veränderung der Festigkeit beobachtet wurde[1]):

Kohlenstoff v.H.	Kritische Wandstärke mm	Kohlenstoff v.H.	Kritische Wandstärke mm
0,0	9	0,3	18,5
0,1	11	0,4	27
0,2	13,5	0,5	39

Bekanntlich kommt in allen Eisensorten stets Schwefel vor, der sich mit dem Mangan zu Schwefelmangan vereinigt und zu der Bildung der sog. Schlackeneinschlüsse beiträgt (S. 83). Das Schwefelmangan ist in einem geätzten Schliff unter dem Mikroskop leicht an seiner taubengrauen Färbung zu erkennen. Bei einem geringeren Schwefelgehalt sind diese fremdartigen Einschlüsse punktförmig verstreut, bei einem höheren Gehalte von etwa 0,1 v.H. aufwärts tritt dieses Schwefelmangan sehr häufig als Netzwerk, als Häutchen auf, das sich um die Kristallkörner legt, diese also voneinander trennt und sie zu Zellen umschließt. Das Schwefelmangan liegt, da es als Kristallisationskeim bei der Erstarrung des Materials wirkt, fast stets in einem Ferritbett, um eine Ferritzelle zu bilden.

---

[1]) Oberhoffer und Weißgerber, Stahl und Eisen 1920. S. 1433. — Vgl. auch Arend, Stahl und Eisen 1917. S. 393.

230 Stahlguß, Schweißeisen, Elektrolyteisen.

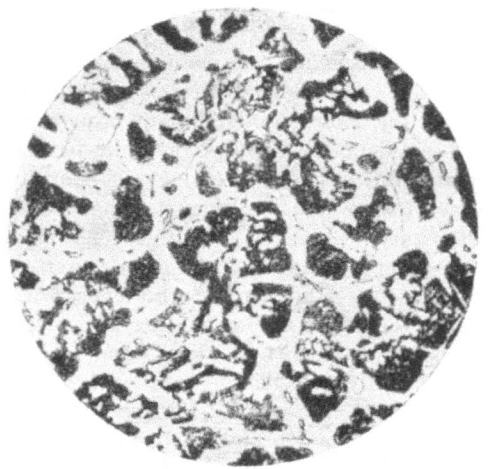

Abb. 144. Stahlguß mit 0,35 v.H. Kohlenstoff. Ferritnetzwerk mit Einschlüssen. V = 80.

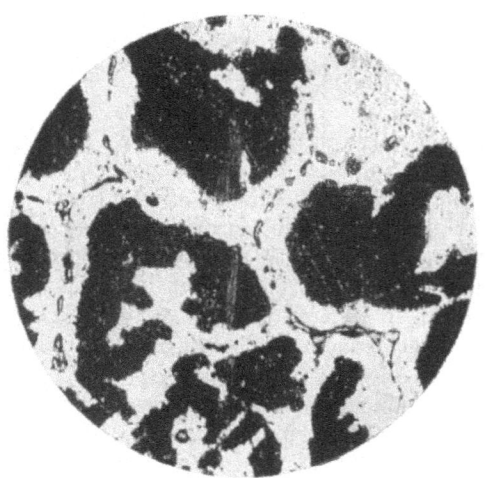

Abb. 145. Wie Abb. 144. V = 200.

Ferritzellen dieser Art, die von einem Schwefelmangannetz umgeben sind, sind deutlich in den Abb. 144 und 145 sichtbar. Da Schwefelmangan sehr spröde ist, und auch durch Ausglühen nicht beeinflußt wird, so ist es klar, daß eine Glühbehandlung des Stahlgusses mit Schwefelmangannetzen keine nennenswerte Verbesserung der Festigkeitseigenschaften herbeiführt, da der Zusammenhang des Materials nach wie vor gelockert bleibt. Trotz einer Verfeinerung des Ferritkorns wird der Bruch des Stahlgusses bei verhältnismäßig niedriger Beanspruchung erfolgen und auch die Zähigkeit wird aus dem Grunde verhältnismäßig ebenfalls gering sein, wenn nicht gänzlich ausfallen. Daher die gelegentliche Beobachtung, daß die Festigkeit nicht im Einklang mit der chemischen Zusammensetzung steht und auch im Vergleich zur Festigkeit eine zu geringe Dehnung infolge dieser fremdartigen Einlagerungen festgestellt wird.

Wenn in Stahlgüssen aus der Kriegs- oder Nachkriegszeit verhältnismäßig hohe Schwefel- und Phosphorgehalte gefunden werden, so liegt dies daran, daß namentlich während des Krieges Hämatitroheisen, das sich durch seine Reinheit an diesen beiden Bestandteilen auszeichnet, sehr knapp war und man sich aus diesem Grunde mit geringwertigeren Roheisensorten behelfen mußte und sich heute erst recht behelfen muß.

Die Festigkeitseigenschaften des Stahlgusses bilden naturgemäß die Grundlage für die Gütevorschriften, die die Staatsbetriebe und auch Privatunternehmungen herausgeben, um hiernach den Einkauf dieses Baustoffes vorzunehmen. So schreibt z. B. die Staatsbahn für weichen Stahlguß (Flußeisenguß) eine Festigkeit von 37—44 kg/qmm und eine Dehnung von mindestens 20 v.H. bei 100 mm Meßlänge vor. Für härtere Sorten sind die entsprechenden Werte 50—60 kg/qmm Festigkeit und 16 v.H. Dehnung.

Bekanntlich hat bei bestimmten Konstruktionsstählen eine besondere Wärmebehandlung, die sog. Vergütung (Abschrecken des Werkstückes und nachfolgendes Anlassen auf Temperaturen unter 700°C) eine außerordentliche Verbesserung der mechanischen Eigenschaften im Gefolge, die erst durch dieses Verfahren dem beabsichtigten Zweck zugeführt werden können (S. 197).

Auch auf den Stahlguß ist die Vergütung übertragen worden, mit dem auch hier in gewissem Sinne Erfolge erzielt worden sind, so daß die Verwendungsmöglichkeit dieses Baustoffes weitergesteckt werden kann. So hat man z. B. beobachtet, daß die Zerreißfestigkeit bis zu 25 v.H., die Elastizitätsgrenze bis zu 50 v.H. erhöht wurde, ohne daß die Dehnung des Materials merklich nachließ (Abb. 146)[1]). Für die Vergütung kommen natürlich nur mittelharte und harte Stahlgußstücke in Betracht. Die Erhitzung muß langsam geschehen, wenn es sich besonders um Stücke

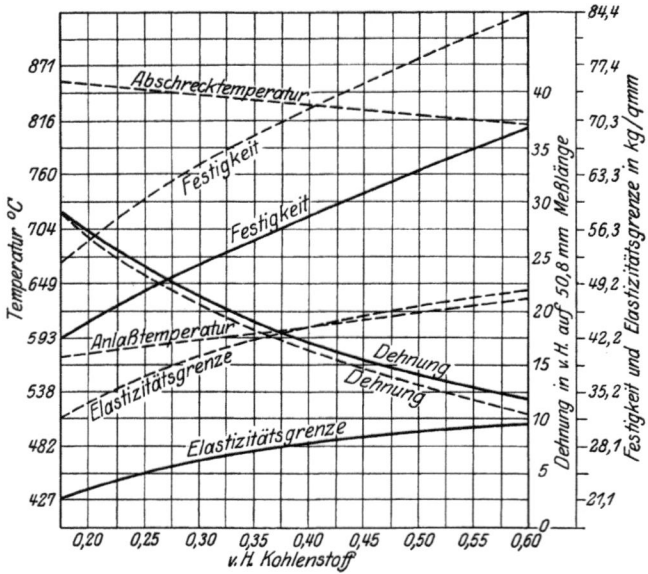

Abb. 146. Festigkeitseigenschaften von vergütetem Stahlguß.

wechselnder Wandstärke handelt. Hierdurch wird einer Rißbildung, die durch die unregelmäßige Temperaturverteilung herbeigeführt werden kann, vorgebeugt. Die Höchsttemperatur für das Abschrecken bewegt sich zwischen 870 und 815° C, für Wandstärken von 30 mm genügt eine Erhitzungsdauer von etwa einer Stunde. Die Abschreckung erfolgt bei verwickelten Stücken in Öl, sonst kann auch Wasser genommen werden. Sie müssen in der Abschreckflüssigkeit bewegt werden, um die Bildung einer schützenden, das Abschrecken verzögernden Dampfschicht zu

---

[1]) Ferrum 1916/17. S. 90.

verhindern. Die stärkeren Teile sollen möglichst zuerst abgeschreckt werden. Bei kleineren Stücken ist das Anlassen in geschmolzenem Blei, Bariumchlorid, Öl oder in einem Gemisch von Barium- und Natriumchlorid vorzunehmen, bei großen Stücken sind Bäder ausgeschlossen und zur Erhaltung einer gleichmäßigen Temperatur nur Anlaßöfen am Platze. Nach dem Verwendungszweck des Stahlgußstückes richtet sich auch die Höhe der Anlaßtemperatur.

Die Einsatzhärtung ist für Stahlguß ebenfalls in vielen Fällen mit gutem Erfolge versucht worden, für die natürlich nur Stücke mit niedrigem Kohlenstoffgehalt herangezogen werden können. Namentlich für Zahnräder, die starkem Verschleiß unterworfen sind, wird einsatzgehärteter Stahlguß verwendet. Natürlich erfordert sowohl die Vergütung als auch die Einsatzhärtung von Stahlguß Geschicklichkeit und Sachkunde, um namentlich den gefährlichen Spannungen entgegenzuwirken. Auch ist ein Werfen der Stücke bei diesen Wärmebehandlungsarten, wenn besonders verschiedenartige Querschnitte vorliegen, gewöhnlich nicht zu vermeiden. Die Stücke müssen dann vorsichtig gerichtet, gegebenenfalls bei Zahnrädern die Zahnflanken nachgearbeitet werden.

Das Schweißen von Stahlguß ist vielfach nicht zu umgehen, um an sich wertvolle Stücke verwendungsfähig zu machen. Meist handelt es sich um Schönheitsfehler (Lunker, Sandstellen usw.), die weggebracht werden sollen, aber auch Risse und sonstige Mängel werden mit Erfolg durch das Schweißen beseitigt, ohne daß die mechanischen Eigenschaften dieser geschweißten Stellen Einbuße erleiden. In Lieferungsbedingungen befinden sich keine Vorschriften über Schweißungen, sie werden aber stillschweigend geduldet, da gerade in der Technik des Schweißens von Stahlguß große Erfahrungen gesammelt worden sind. Die Materialvorschriften der ehemaligen deutschen Kriegsmarine (Ausgabe 1915, Heft A 1) enthalten einen besonderen Absatz über die Ausbesserung von Fehlerstellen an Stahlgußstücken durch Schweißen, das nur im Einverständnis mit dem Abnahmebeamten vorgenommen werden darf. Treuheit[1]) hat das Schweißen von Stahlguß zum Gegenstand umfangreicher Untersuchungen gemacht, nach dem man das Aufgießverfahren, das Feuer-Schweißverfahren, das Thermit-Schweißverfahren, das Lichtbogen-Schweißverfahren und

---

[1]) Gießerei-Zeitung 1921. S. 389 und 404 und 1922. S. 177. — Auch Stahl und Eisen 1921. S. 1361 und 1922. S. 496.

das autogene Schweißverfahren unterscheiden kann. Für Schönheitsfehler und wenig beanspruchte Schweißungen kommen die elektrischen Schweißverfahren in Betracht, dagegen ist das Sauerstoff-Azetylen-Schweißverfahren neben dem Feuer-Schweißverfahren für Stahlguß das beste. Für hochbeanspruchte Gußstücke sollte das erstere ausschließlich herangezogen werden, während von anderen Seiten wieder der elektrischen Lichtbogenschweißung das Wort geredet wird.

Auf die Eigenheiten des Stahlgusses (hohe Schwindung, Lunkerung, Warm- und Kaltrisse usw.) muß der Konstrukteur und auch die Gießerei gebührende Rücksicht nehmen, wenn das betreffende Stahlgußstück die zweckmäßigste Form erhalten soll. Alle diese Gesichtspunkte sind in einem „Betriebsblatt" vorgeschlagen[1]), das daher an dieser Stelle wegen des allgemeinen Interesses wiedergegeben werden soll:

1. Der Konstrukteur berücksichtige beim Entwurf von Stahlgußstücken nicht nur den Verwendungszweck, sondern auch die diesem Werkstoff eigentümlichen Eigenschaften und die dadurch bedingten Schwierigkeiten der Herstellung. Für große, sperrige und sehr massige Stahlgußstücke wird dem Konstrukteur empfohlen, im allgemeinen möglichst mit einer nicht über 50 kg/qmm hinausgehenden Festigkeit, etwa 45 kg/qmm zu rechnen. Dies liegt auch im Interesse einer leichteren Bearbeitbarkeit. Vermeidet er diese Vorsicht, so gefährdet er den guten Ausfall des Gußstückes, erhöht das Wagnis des Gusses und verteuert die Anfertigung, wenn er nicht gar eine fehlerfreie Herstellung des Abgusses unmöglich macht. Sehr zu empfehlen ist es allgemein, daß der Konstrukteur sich in Zweifelsfällen oder beim Entwurf neuartiger Gußstücke zuvor mit dem für die Ausführung in Frage kommenden Stahlgußfachmann verständigt.

2. Die Schwierigkeit, Stahl in Formen zu vergießen, ist in seiner Eigenschaft begründet, sich beim Erstarren sehr stark zusammenzuziehen, zu schrumpfen oder zu schwinden. Das Schwindmaß beträgt je nach Art des Stückes und des Stahles etwa 1,5—2 v.H.

3. Die Folgen dieser Eigentümlichkeit sind die Bildung von Schwindhohlräumen (Lunker, Saugstellen) und die Entstehung

---

[1]) Der Maschinenbau 1922. Heft 19. Anhang S. 397. — Ein erster Entwurf von Krieger für ein Betriebsblatt befindet sich im „Betrieb" 1921. Heft 3. Anhang S. 13.

Stahlguß, Schweißeisen, Elektrolyteisen. 235

von Wärmespannungen, die sich als Gußspannungen oder als Kalt- und Warmrisse (Schrumpfrisse) zeigen.

4. In einem Stahlgußstück wird sich dort ein Schwindhohlraum bilden, wo der Stahl zuletzt erstarrt, d. h. in den dicksten Querschnitten des Abgusses (Abb. 147).

5. Man vereitelt die Bildung eines Lunkers dadurch, daß man auf diesen Stellen einen Aufguß (verlorenen Kopf, Trichter, Steiger) anordnet, aus dem flüssiger Stahl so lange in die sich bildenden Hohlräume nachfließen kann, bis die Schrumpfung vollendet ist (Abb. 148).

6. Daraus folgt, daß ein verlorener Kopf nur dann seinen Zweck erfüllt a) wenn sich der Stahl darin länger flüssig hält als in

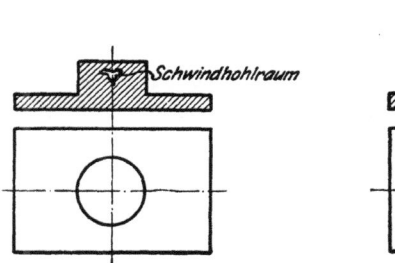
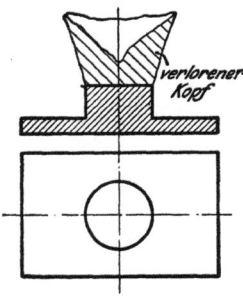

Abb. 147. Falscher Guß eines Stahlgußstückes.

Abb. 148. Richtiger Guß eines Stahlgußstückes.

den zu speisenden Teilen des Gußstückes, d. h. wenn er mindestens den gleichen Querschnitt wie jene besitzt, und b) wenn bei Gußstücken mit verschiedenen Querschnitten alle Teile größter Wandstärke oder Stoffanhäufung mit Trichtern versehen werden können.

7. Damit ergeben sich für den Konstrukteur folgende drei Forderungen:

a) Ein Stahlgußstück soll möglichst mit gleichen Wandstärken unter Vermeidung unnötiger Stoffanhäufung konstruiert werden, um die Zahl der verlorenen Köpfe auf ein Mindestmaß zu beschränken;

b) die Konstruktion des Gußstückes muß die Anordnung von Trichtern an allen Stellen größter Stoffanhäufung zulassen;

c) die Abtrennung dieser Abgüsse muß nicht nur möglich sein, sondern auch so wirtschaftlich wie möglich ausgeführt werden können.

236   Stahlguß, Schweißeisen, Elektrolyteisen.

8. Der Konstrukteur soll um so mehr diese Forderungen erfüllen, als bei der außerordentlich starken Neigung des Stahles zum Lunkern schon verhältnismäßig geringfügige Unterschiede in der Wandstärke die Bildung von Saugstellen hervorrufen.

9. Lassen Konstruktionszweck und andere Umstände das Anbringen eines verlorenen Kopfes an einer durch Lunker gefährdeten Stelle nicht zu, so sollte die Konstruktion wenigstens die Anwendung besonderer Hilfsmittel zur Beseitigung dieser Gefahr ermöglichen. Schließt z. B. die Konstruktion das Anbringen eines verlorenen Kopfes an einem dickwandigen Teile eines Abgusses aus, und verhindern gleichzeitig die benachbarten dünnwandigen Stellen das Nachfließen flüssigen Stahles aus einem anderen Trichter, so kann eine entsprechende Verstärkung der dünnwandigen Teile Hilfe bringen, vorausgesetzt, daß die Konstruktion nicht nur eine solche Verstärkung, sondern auch eine wirtschaftliche Beseitigung derselben nach dem Gießen zuläßt, wie in Abb. 149 veranschaulicht ist. Weiter sollte die Anbringung von Kernen wo irgend möglich zur Vermeidung von Lunkerbildung angestrebt werden. Bei Gußstücken mit Naben, die später bei der Bearbeitung eine glatte, nicht poröse Bohrung erhalten sollen, ist unbedingt die Anbringung eines Kernes erforderlich, auch wenn derselbe nur von ganz geringem Durchmesser sein kann. Diese Ausführung von kleinen Kernlöchern wird wohl meist von Leuten der Werkstätte verworfen, weil die Bohrwerkzeuge in dem engen Loch infolge der erheblichen Sandrückstände sehr abgenutzt werden und das Aufbohren mehr Werkzeugabnutzung verursacht, als wenn sie ins volle Material bohren.

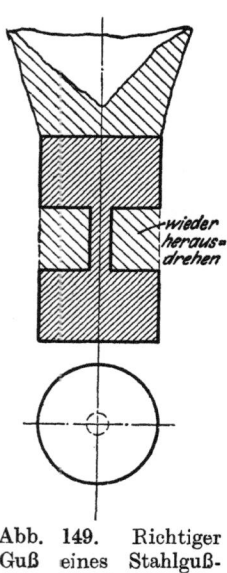

Abb. 149. Richtiger Guß eines Stahlgußstückes.

Es wäre daher anzustreben, bei Herstellung von kleinen Kernen diese aus einer Masse zu fertigen, die

a) nach Eingießen des flüssigen Materials die Kerne nicht verzieht und krumme bzw. versetzte Löcher liefert und

b) sich ohne möglichste Anhaftung des Kernmaterials, wie Sand, Kies u. dgl. nach Erkalten des Gusses aus dem Kernloch entfernen läßt.

10. Kühlen unbeweglich miteinander verbundene Teile eines Gußstückes, die nicht ausweichen und sich nicht verziehen können, verschieden schnell ab, so entstehen Gußspannungen, die zu Kaltrissen führen, oder auch bei plötzlicher Auslösung der Spannungen explosionsartig zur vollständigen Zertrümmerung eines Gußstückes führen können. Da die Gußspannungen um so größer sind, je ungleichmäßiger das Stück abkühlt, so hilft der Konstrukteur das Entstehen solcher Spannungen verringern, wenn er für eine gleichmäßig fortschreitende Abkühlung aller Querschnitte sorgt.

11. Können Teile eines Gußstückes dem Druck der Wärmespannungen teilweise ausweichen, so verzieht es sich oder wird windschief. Durch gleichmäßige Massenverteilung und richtig gewählte Stärkeverhältnisse der Teile untereinander kann der Konstrukteur diese Gefahr wesentlich mindern. Z. B. ist es falsch, einem Schwungrad mit schwerem, vollem Kranz nur deshalb ein leichtes Speichensystem zu geben, weil es rechnerisch den Beanspruchungen genügt, während sich die Speichen beim Guß unter dem Schrumpfdruck des Kranzes völlig verziehen.

12. Warm- oder Schrumpfrisse entstehen, wenn das Schwinden eines Abgusses während der Erstarrung und Abkühlung des Stahles durch irgendeinen Umstand gehindert wird und gleichzeitig die entstehenden Spannungen die jeweilige Bruchgrenze des Stahles überschreiten. Die Gefahr der Warmrißbildung ist deshalb so groß, weil der Stahl während seiner Erstarrung und unmittelbar nachher so wenig widerstandsfähig ist, daß eine verhältnismäßig geringfügige Beanspruchung zur Beschädigung oder zum vollständigen Zerreißen des Gußstückes führen kann.

13. Deshalb sollte die Konstruktion eines Gußstückes ein möglichst hemmungsloses Schrumpfen desselben zulassen. Da der Konstruktionszweck leider in den meisten Fällen die restlose Erfüllung dieser Forderung ausschließt, so ist es Pflicht des Konstrukteurs, dem Stahlgießer die Verwendung aller Hilfsmittel, die der Minderung oder Beseitigung der Warmrißgefahr dienen, zu ermöglichen und zu erleichtern.

14. Die beiden wichtigsten Hilfsmittel sind a) die Anbringung von Schrumpf- oder Schwindrippen, die Wärme ableiten und früher

erstarren als die zu schützenden Stellen und b) das rechtzeitige Aufbrechen der Gußform und das Zerstören der Kerne. Daraus folgt:
Zu a) Die Konstruktion muß die Anbringung solcher Rippen zulassen, oder noch besser, der Konstrukteur sollte sie in seinem Entwurf nach Rücksprache mit dem ausführenden Stahlgußfachmann als Teil seiner Konstruktion ausbilden.

Zu b) Die Konstruktion muß eine schnelle Freilegung der durch Schrumpfdruck gefährdeten Teile des Gußstückes nach dem Gießen durch Zerstörung der Form und der Kerne gestatten. So wird z. B. ein Speichenrad, vom gießtechnischen Standpunkt aus betrachtet, einem Scheibenrad vorzuziehen sein, weil jenes bei sofortiger Zertrümmerung des Speichenkernes ungehinderter schrumpfen kann als dieses, oder ein Abguß von I- oder ähnlichem Querschnitt einem solchen von geschlossener Kastenform, weil bei letzterer die Kerne zugänglich sind.

15. Lunkerbildung fördert aus leicht erklärlichen Gründen die Neigung zum Reißen. Folglich wird eine Konstruktion, die auf lunkerfreie Herstellung eines Gußstückes Rücksicht nimmt, auch die Gefahr des Reißens vermindern, so daß die unter „Lunker" angegebenen Richtlinien auch hier Gültigkeit haben.

Die für die Elektroindustrie wichtigen magnetischen Eigenschaften des Stahlgusses finden ihre Würdigung in dem Abschnitt über Siliziumstähle (S. 259).

Wurde in der Einleitung auf die große Bedeutung des Stahlgusses für den gesamten Maschinenbau hingewiesen, so ist es natürlich selbstverständlich, daß auch der allgemeinen Verwendbarkeit dieses Baustoffes Grenzen gezogen sind. Es wird immer von der Eigenart des Konstruktionsstückes abhängen, ob dieses Material in jedem Falle herangezogen werden kann. Der Anwendungsbereich des Stahlgusses ist jedoch in der heutigen Zeit so weit gesteckt, daß die neueste vom „Verein Deutscher Stahlformgießereien" herausgegebene „Artikelliste" (Januar 1922), die als Anhang zu den „Verkaufspreisen und Verkaufsbedingungen für Stahlformgußstücke" gilt, rund 1600 verschiedenartige Konstruktionselemente aus Stahlguß aufzählt. Die in der folgenden Zusammenstellung gegebene Übersicht kann als Anhalt dafür dienen, auf welchen Gebieten der Stahlguß festen Fuß gefaßt hat[1]).

---
[1]) Nach Geiger, Handbuch der Eisen- und Stahlgießerei. I. Berlin 1911.

Stahlguß, Schweißeisen, Elektrolyteisen. 239

Chemische Zusammensetzung von Stahlgußstücken.

Werkstück	Kohlenstoff v.H.	Silizium v.H.	Mangan v.H.	Phosphor v.H.	Schwefel v.H.
Polgehäuse	0,10	0,12	0,14	0,004	0,004
Anker für Motoren	0,15	0,14	0,12	0,004	0,003
Schlackenkasten	0,17	0,13	0,48	0,023	0,043
Hintersteven	0,20	0,28	0,62	0,032	0,037
Bogenstücke, Stutzen	0,21	0,14	0,55	0,028	0,051
Lokomotivrahmen	0,23	0,26	0,68	—	0,037
Lagerböcke, Lagerrollen	0,24	0,11	0,76	0,044	0,035
Teile für Eisenbahnbedarf	0,24	0,13	0,75	0,015	0,015
	0,25	0,35	0,65	0,015	0,014
	0,30	0,25	0,70	0,016	0,015
Zahnräder	0,28	0,33	0,37	0,010	0,025
Motorguß	0,31	0,28	0,51	0,026	0,025
Radreifen	0,32	0,32	0,76	—	0,070
Kupplungen, Walzenständer	0,33	0,15	0,70	0,042	0,040
Maschinenguß	0,38	0,22	0,76	0,037	0,026
Preßzylinder	0,37	0,54	0,75	0,080	0,055
Herzstücke	0,40	0,16	0,60	0,050	0,042
Kammwalzen	0,43	0,21	0,71	0,031	0,023
Geschoßkörper	0,45	0,40	0,55	0,150	0,100
Zahnräder, Rollen, Grubenräder	0,47	0,48	0,66	0,081	0,050
Ventilkörper	0,49	0,37	0,50	0,079	0,064
Brückenauflager	0,49	0,37	0,50	0,079	0,064
Brechbacken	0,50	0,21	0,65	0,044	0,045
Glühtöpfe	0,58	0,48	1,00	0,085	0,042
Kollergangsteile	0,74	0,25	0,90	0,027	0,014
Baggerbolzen	0,80	0,16	0,43	0,011	0,021
Steinbrecherbacken	1,12	0,14	0,62	0,013	0,023
Hartgußwalzen	1,20	0,27	0,73	0,030	0,020

Das Schweißeisen. Wenngleich das Schweißeisen namentlich nach der Einführung des basischen Windfrischverfahrens (Thomasverfahrens) in den achtziger Jahren des vorigen Jahrhunderts seine Rolle als ausschließliches Konstruktionsmaterial ausgespielt hat, so wird es doch noch hie und da als Baustoff herangezogen, so daß die Besprechung seiner Eigenschaften an dieser Stelle nicht umgangen werden kann.

Der letzte große Zeuge der Schweißeisenzeit dürfte wohl die Brücke über den Nordostseekanal bei Grünenthal und Levensau sein, die in den Jahren 1892—1894 erbaut wurde. Die Erzeugung des Schweißeisens läßt dann von Jahr zu Jahr nach und betrug allein in Deutschland im Jahre 1912 nur noch 244 000 Tonnen gegenüber der Höchstleistung im Jahre 1889 mit 1 750 000 Tonnen.

240   Stahlguß, Schweißeisen, Elektrolyteisen.

Nur an einzelnen Stellen Deutschlands findet man noch Stätten, die hinsichtlich der Gewinnung von Schweißeisen treu an der Überlieferung festhalten. Der Siegeszug des Flußeisens und Flußstahls ist nicht mehr zu hemmen. Dies ist auch einleuchtend, da der Konstrukteur für seine Festigkeitsberechnungen eine praktisch genügende Gleichartigkeit des Gefüges seines Baustoffes

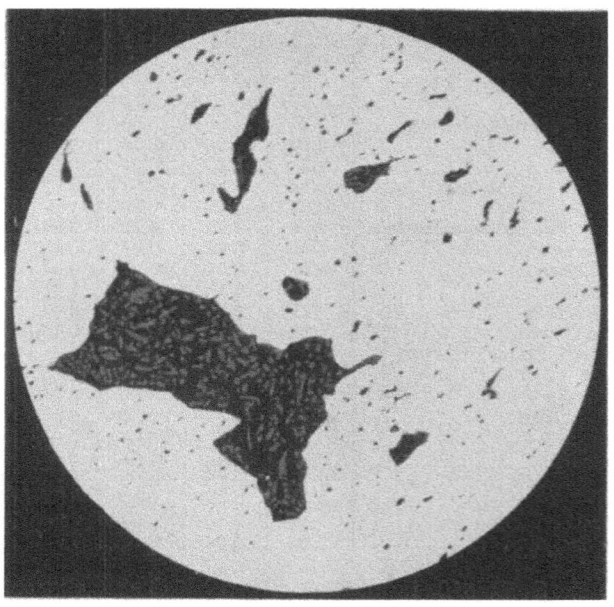

Abb. 150. Schweißeisen, ungeätzt. Schweißschlacke, kristallisiert. V = 100.

voraussetzen muß, welche Eigenschaft das Schweißeisen entsprechend seiner Natur nicht besitzt, die auch durch eine nachträgliche Bearbeitung durch Strecken oder Stauchen nicht erzielt wird. Neuzeitliche **Bauwerke** schließen daher Schweißeisen vollständig aus.

Wie das Wort sagt, ist „Schweißeisen" (Frischfeuereisen, Herdfrischeisen, Puddeleisen, Rennstahl, Herdfrischstahl, Frischfeuer- und Puddelstahl) ein aus einzelnen Eisenkörnern oder Eisenklumpen zu sog. Luppen zusammengeschweißtes mehr oder weniger

Kohlenstoff enthaltendes teigiges Eisen (Luppeneisen, Luppenstahl), das nach seiner Herausnahme z. B. aus dem Puddelofen, der zur Zeit für die Erzeugung von Schweißeisen fast nur noch in Frage kommt, zur möglichsten Entfernung der reichlich vorhandenen dünnflüssigen Schlacke (zum größten Teile aus Eisenoxyden bestehend) und innigen Vereinigung (Verschweißung) der Luppen

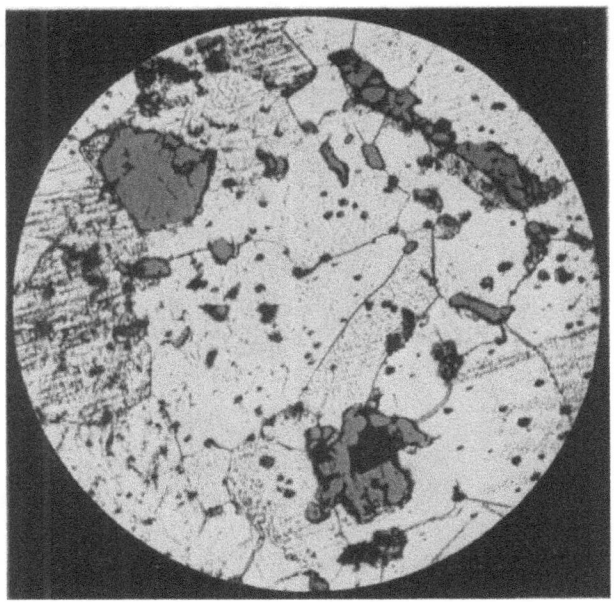

Abb. 151. Schweißeisen, geätzt. Schweißschlacke in den Ferritkristallen.
V = 100.

durch Hämmern, Pressen oder Walzen schließlich in die handelsübliche Form gebracht wird. Trotz dieser mechanischen Behandlung bleibt aber immer noch ein Teil der eisenreichen Schlacke zurück und diese zurückgebliebene Schweißschlacke ist das Merkmal jeglichen Schweißeisens, während das Flußeisen frei von einer solchen Schlacke ist. Auch das im Paket geschweißte Eisen, ein Material, das durch Verschweißung von zumeist Schweißeisenstücken, die zu Paketen geformt sind, im Schweißofen erzielt

242   Stahlguß, Schweißeisen, Elektrolyteisen.

und hernach ebenfalls ausgewalzt wird (Paketeisen), enthält noch Schweißschlacke.

Einem geübten Auge fällt es daher nicht schwer, z. B. einen Schweißeisenstab von einem Flußeisenstab zu unterscheiden. Deutlicher tritt dieser Unterschied schon bei einem Vergleich der rohgefeilten Oberfläche von Schweiß- und Flußeisen auf. Die Oberfläche des Schweißeisens zeigt schon bei der Betrachtung mit bloßem Auge gewöhnlich dunkle Streifungen, die Schlackeneinschlüsse darstellen, während man beim Flußeisen das Mikroskop

Abb. 152. Rundstab aus Schweißeisen. V = 7.

zu Hilfe nehmen muß, um die hin und wieder vorkommenden schlackenhaltigen Fremdkörper aufzufinden, die beim Schweißeisen recht zahlreich und stark ausgeprägt auftreten, wie die Abb. 150 und 151 erkennen lassen. In Abb. 151 hat die Schweißschlacke ein kristallisiertes Aussehen angenommen. Sie liegt gewöhnlich in einer Grundmasse von Ferritkörnern eingebettet, da bei der Erzeugung des Schweißeisens meist der gesamte Kohlenstoffgehalt durch das Frischen entfernt wird. Perlitanteile sind daher zumeist in einem Schliffbilde nicht wahrnehmbar und nur beim Schweißstahl oder bei in Paketen geschweißten Stücken läßt sich Perlit nachweisen. Hier ist aber die Verteilung des Kohlenstoffs meist sehr unregelmäßig, weil auch die im Paket vereinigten

Bruchstücke gewöhnlich einen wechselnden Gehalt an diesem Bestandteil aufweisen. Im Schliffbilde treten daher nach dem Ätzen zwischen den einzelnen Stellen des Gefüges Unterschiede in der Färbung auf, und zwar so, daß die kohlenstoffreicheren Stellen ein dunkleres, die kohlenstoffärmeren ein helleres Aussehen zeigen. Die Ätzung stellt also ein untrügliches Verfahren dar, festzustellen, aus welchen Teilen das Material zusammengeschweißt ist, bzw. kann durch die Farbenunterschiede des Gefüges nachgewiesen werden, welchen Formänderungen das betreffende Stück Schweißeisen während der Bearbeitung unterworfen wurde (Abb. 152).

Mitunter steigt im Paketstahl in einzelnen Schichten der Kohlenstoffgehalt über 1 v. H., so daß im Schliffbild Zementiteinlagerungen wahrgenommen werden können. Auch die Schweißfugen eines solchen Materials werden durch das Ätzen deutlich sichtbar gemacht, die sich nicht selten bei wiederholtem Hin- und Herbiegen, aber auch bei anhaltender Beanspruchung durch Drehung oder wiederholten heftigen Erschütterungen lösen. Zu beachten ist noch, daß beim Schweißstahl an jeder Schweißstelle auch noch eine chemische Beeinflussung stattfindet. Teils durch die Berührung mit oxydierenden Gasen während der Erhitzung, teils auch durch die Einwirkung des entstandenen Glühspans (Eisenoxydoxydul) verbrennt der Kohlenstoff. Infolgedessen enthält das Erzeugnis kohlenstoffärmere, weichere Stellen neben kohlenstoffreicheren, härteren, so daß darauf geachtet werden muß, bei der Erhitzung Oxydation und Glühspanbildung tunlichst einzuschränken. Ferner muß auf eine sorgfältige Verschweißung Bedacht genommen werden, da unganze Schweißfugen Risse darstellen, die Betriebsunfälle im Gefolge haben können.

Der Ferrit hat auch beim Schweißeisen das polygonale Gefüge der reinen Metalle, nur zeigen hier die Kristalle ein auffallend starkes Wachstumsbestreben, was aus dem Vorhandensein der groben Schlackeneinschlüsse zu erklären ist (Abb. 151).

Das Puddelverfahren, das zur Zeit fast ausschließlich geübte Verfahren zur Erzeugung von Schweißeisen und Schweißstahl, wird je nach Bedarf des Enderzeugnisses auf Sehne, Feinkorn oder Stahl eingestellt (S. 9). Die chemische Zusammensetzung dieser verschiedenen Arten von Schweißmaterial geht aus der folgenden Zusammenstellung hervor.

244 Stahlguß, Schweißeisen, Elektrolyteisen.

Art des Schweißeisens	Kohlenstoff	Silizium	Mangan	Phosphor	Schwefel	Schlacke
	v.H.	v.H.	v.H.	v.H.	v.H.	v.H.
Sehne	0,05—0,15	—	0,09	0,09	—	
Feinkorn (Feinkorneisen)	0,35	0,11	0,27	0,27	Spur	2,0—4,0
Stahl (Puddelstahl, Schweißstahl)	0,5—0,8	0,09	0,15	0,12	0,01	

Der angeführte Schlackengehalt von 2—4 v.H. ist in gewöhnlichem Handelsschweißeisen vorhanden. In reineren Sorten, an die höhere Ansprüche gestellt werden, ist er geringer.

Schwedisches und steirisches Hufnageleisen (Frischfeuereisen) enthält etwa 0,15—0,35 v.H. Schlacke. In böhmischem Bandeisen (Puddeleisen) sowie in englischem feinsehnigem, früher zur Herstellung von Wasserstoffflaschen benutztem Eisen findet man neben 0,5—0,6 v.H. Mangan noch etwa 0,4—0,75 v.H. Schlacke [1]).

Gewöhnlich ist neben dem Kohlenstoff auch der Phosphor örtlich angereichert, was an der starken Dunkelfärbung einzelner Stellen eines geätzten Schliffes erkannt werden kann. So ergab eine Probe einen durchschnittlichen Phosphorgehalt von 0,17 v.H., dagegen enthielten die dunklen Stellen, die für sich allein zum Zwecke der Probenahme angebohrt wurden, 0,3 v.H. Phosphor [2]). Bei Preßmutter- und Schraubeneisen geht gewöhnlich der Phosphorgehalt über die zuletzt genannte Zahl hinaus, um den fertigen Stücken einen stärkeren Glanz und ein vorteilhaftes glattes Aussehen besonders im Gewinde zu verleihen. Namentlich aber ist der Phosphor in der Schweißschlacke reichlich vorhanden. Aus dem obigen Beispiel ist mithin zu entnehmen, daß die verschiedenen Stellen von Schweißeisen zuweilen starke Unterschiede in der chemischen Zusammensetzung aufweisen, worauf bei der Probenahme und Analyse dieses Werkstoffes gebührend Rücksicht genommen werden muß.

Vielfach begegnet man auf der Bruchfläche namentlich gröberer Gegenstände aus Schweißeisen neben dem sehnigen noch einem grob- und feinkörnigen Gefüge. Es ist klar, daß eine solche ungleichmäßige Beschaffenheit dieses Werkstoffes sich bei seiner Beanspruchung auf Festigkeit nicht günstig verhalten wird.

---
[1]) Ledebur, Handbuch der Eisenhüttenkunde. III. S. 173
[2]) Bauer-Deiß, Probenahme und Analyse von Eisen und Stahl. 2. Aufl., S. 19.

Naturgemäß ist das Schweißeisen sehr gut schweißbar und wegen seiner Weichheit auch leicht schmiedbar, weshalb es für den Schmied ein bequem zu verarbeitendes Material darstellt (S. 129). Auch zeigt es für gewöhnlich weder Rot- noch Kaltbruch, zumindest werden diese Merkmale, die bei schlechtem Flußeisen auftreten, durch die Schlackeneinlagerungen beim Schweißeisen stark verwischt. Durch die mechanische Bearbeitung werden die Eisenkörner zu Sehnen oder Fasern gestreckt, welche Form auch die Schweißschlacke annimmt. Dehnung und Zähigkeit des Schweißeisens sind daher in der Streckrichtung größer als in der Querrichtung, was gewöhnlich bei geglühtem Flußmaterial nicht der Fall ist. Infolge der schichtenmäßigen lamellaren Anordnung der Fasern besitzt das Schweißeisen auch eine geringere Empfindlichkeit gegenüber den gefährlichen Kerbwirkungen, da ein etwaiger Anriß nur eine Sehne zerstört, also nicht durch den ganzen Querschnitt gehen wird, es sei denn, daß Sehne für Sehne einzeln durchschlagen wird. Aber auch durch die Schlackenteile können etwaige Anrisse abgelenkt werden. Hier aus ergibt sich, daß die Gefahr plötzlicher Brüche bei Schweißeisen stark herabgemindert wird, was besonders bei Schrauben sehr in die Wagschale fällt. Daher nimmt man auch heute noch für Schrauben und Muttern trotz des sehr hohen Preises gegenüber Flußeisen sehr gerne Schweißeisen, auch wenn hier eine althergebrachte Sitte zur Verwendung gerade des Schweißeisens mitspricht. Selbst bei verhältnismäßig sehr hohem Phosphorgehalt (etwa 0,13 v.H.), der an sich schon jedem Eisen höhere Sprödigkeit verleiht, beobachtet man bei Schweißeisen mitunter hohe spezifische Schlagfestigkeiten, die sich bis über 30 mkg/qcm belaufen können [1]).

Auch gegen häufig wechselnde Belastungen (Dauerbeanspruchungen) hat sich Schweißeisen gut bewährt. Bei einem Schweißeisenstab fand z. B. Preuß [2]), daß derselbe eine Schlagzahl (Anzahl der Bärschläge, abwechselnd in entgegengesetzter Richtung) von 2121 aushielt, während ein Flußeisenstab mit etwa 40 kg/qmm Zerreißfestigkeit, 30 kg/qmm Streckgrenze und 29 v. H. Dehnung trotz dieser guten Eigenschaften schon bei 1721 Schlägen zu Bruch kam.

---

[1]) Schmid, Mitteilungen aus der Materialprüfungsanstalt der Technischen Hochschule Zürich. 1913.

[2]) Stahl und Eisen 1914. S. 1207.

Auch gegen Ermüdungserscheinungen ist das Schweißeisen ebenfalls widerstandsfähiger als Flußeisen. Desgleichen schreibt man dem Schweißeisen auch eine größere Widerstandsfähigkeit gegen Rost und Korrosion zu als dem Flußeisen. Namentlich kann diese Tatsache bei dünnen Gegenständen wie Blechen, Nägeln usw. beobachtet werden. Dies führt man auf die elektrisch trägen Schlackenteile zurück, die das Eisen vor Feuchtigkeit schützen, wie z. B. der im Gußeisen enthaltene Graphit dem Rosten Widerstand entgegensetzt. Feuergase greifen das Schweißeisen weniger an als Flußeisen. Siederöhren usw. trifft man daher noch vielfach aus Schweißeisen gefertigt an.

Es ist einleuchtend, daß Biegungs- und Zugfestigkeit und namentlich die Streckgrenze niedriger sind als bei Flußeisen, da jeder Schlackeneinschluß oder jede Schweißfuge wie beim Paketeisen als unganze Stelle eine Verminderung der Festigkeit bedingt oder zumindest die Gefahr einer solchen nahe legt. Auch die Gefahr des Aufsplitterns ist bei Schweißeisen nicht zu vergessen. Daher verträgt das Schweißeisen nur eine verhältnismäßig geringe Beanspruchung. Andernfalls müßten für die in der Konstruktionstechnik oder im Maschinenbau sehr oft auftretenden hohen Kräfte unzulässig schwere Formen des Werkstückes gewählt werden. Ein Vorteil des Schweißeisens ist jedoch die Tatsache, daß es bei plötzlicher und unsachgemäßer Abkühlung nicht so leicht spröde wird. In dieser Hinsicht ist es dem Flußeisen überlegen, bei dem gewöhnlich noch durch eine solche Behandlung innere Spannungen, z. B. bei größeren Blechtafeln, hervorgerufen werden, die mitunter ein plötzliches Zerspringen verursachen, während Schweißeisen hiergegen weniger empfindlich ist. Durch Überhitzung wird das Schweißeisen nicht so leicht verdorben wie Flußeisen. Andererseits aber glaubt Baumann[1]) durch den Versuch erwiesen zu haben, daß infolge der Empfindlichkeit gegen starke Erhitzung und gegen zu weitgehende Formänderungen im warmen Zustande, die durch die Schlackeneinschlüsse verursacht werden, das Schweißeisen namentlich für Bördelbleche völlig ungeeignet ist.

Die folgende Zahlentafel gibt einen Überblick über die Festigkeit von Schweißeisen parallel zur Sehnenrichtung, die der Konstrukteur etwaigen Berechnungen zugrunde legen kann und die naturgemäß geringer sein müssen als die von Flußeisen.

---

[1]) Zeitschrift des Vereins deutscher Ingenieure 1918. S. 637.

Stahlguß, Schweißeisen, Elektrolyteisen. 247

Elastizitätsmodul $E = \frac{1}{\alpha}$	Gleitmaß $G = \frac{1}{\beta}$	Proportionalitätsgrenze σ_P	Streckgrenze kg/qcm σ_S	Festigkeit kg/qcm	
				Zug kz	Druck k
2 000 000	770 000	1300—1500	1900—2300	3300 bis 4000	Abhängig von der Streckgrenze

Elastizitätsmodul $E = \frac{1}{\alpha}$	Dehnung v. H.; Meßlänge = 20 cm	Querschnittsverminderung v.H.	Verdrehungsfestigkeit kd	Arbeitsvermögen = Inhalt der Dehnungsfläche $\frac{cmkg}{cm^2}$ (Abb. 43)
2 000 000	20—25	0—45	1,0—1,15 kz	400—700

Nach Bach sind folgende Spannungen in kg/qcm zulässig (für vorzügliches Schweißeisen bis zu 30 v.H. mehr), wenn I ruhende Belastung, II Belastung anwachsend von Null bis zu einem Höchstwert und abfallend auf Null und III wechselnde Belastung zwischen einem negativen und einem positiven Höchstwert bedeutet:

Art der Belastung	Zug kz	Druck k	Biegung kb	Schub ks	Drehung kd
I	900	900	900	720	360
II	600	600	600	480	240
III	300	300	300	240	120

Für Schweißstahl, der noch vereinzelt zum Verstählen von Werkzeugen gebraucht wird, können folgende Festigkeitszahlen gelten:

Festigkeit kg/qcm		Dehnung v.H.	Arbeitsvermögen $\frac{cmkg}{cm^2}$
ausgeglüht	gehärtet		
4200—4500	5000—6500	8—12	300—600

Aus den vorstehenden Darlegungen ist schon ersichtlich, für welche Zwecke das Schweißeisen zur Zeit infolge seiner Weichheit und Sehnigkeit noch Bedeutung besitzt. Es eignet sich zur Herstellung von Drähten, Blechen, Stab- und Walzeisen, auch für Siederöhren, für Lokomotivkessel und noch für Trockenschlangen für Gebläsewind, wenn es auch zum Teil schon hierin durch das Flußeisen verdrängt worden ist. Ferner wird das Schweißeisen noch für Lasthaken, Ketten, Nieten für Eisenkonstruktionen und auch für Konstruktionsteile, die starken Stößen unterliegen, verwendet. Die geringere Unempfindlichkeit gegen Kerbwirkungen macht diesen Werkstoff aus den bereits oben angeführten Gründen sehr geeignet für Schrauben und Muttern (Preßmuttereisen, Schraubeneisen). Hieraus ergibt sich, daß das Schweißeisen immer noch ein gern gesehener Werkstoff ist, für den besondere Bedingungen aufgestellt sind. Nach den vom „Verein Deutscher Eisenhüttenleute" herausgegebenen „Vorschriften für Lieferung von Eisen und Stahl" (Ausgabe 1911) soll das Schweißeisen folgende Eigenschaften besitzen:

Das Schweißeisen soll dicht, gut stauch- und schweißbar, weder kalt noch rotbrüchig, noch langrissig sein, eine glatte Oberfläche zeigen und darf weder Kantenrisse, noch offene Schweißnähte oder sonstige unganze Stellen haben.

Die nachstehend angegebenen Zahlen für Festigkeit und Dehnung sind Mindestwerte und beziehen sich nur auf Längsproben; sie gelten bezüglich der Festigkeit nur bis zu den betreffenden größten Dicken. Dickere Stäbe müssen für die Zerreißprobe und für die Biegeprobe auf 25 mm Dicke warm heruntergeschmiedet oder gewalzt werden. Querbiegeproben und sonstige Proben unterliegen besonderer Vereinbarung.

1. Qualität best: Bauwerkseisen für Eisenkonstruktionen aller Art, für Oberbau, Eisenbahnfahrzeuge, Schiff- und Maschinenbau:

    a) bei Dicken von 7 bis unter 10 mm 36 kg/qmm
    b) ,,   ,,   ,, 10 ,,   ,, 15 ,, 35   ,,
    c) ,,   ,,   ,, 15 ,,   ,, 25 ,, 34   ,,

Die Dehnung bis zum Bruch beträgt in allen Fällen 12 v. H.

Biegeproben für Qualität best: Ausgeschnittene oder ausgeschmiedete Stücke bis zu 50 mm Breite, deren Kanten mit der Feile abgerundet sind, sollen sich kalt bis zu einer Schleife biegen lassen mit einem lichten Durchmesser gleich der doppelten Dicke des Eisens, ohne Risse zu zeigen.

Stahlguß, Schweißeisen, Elektrolyteisen.

2. Qualität best best: Eisenbahnmaterial für Schrauben, Nieten, Ketten, Kupplungen usw., Stabeisen für Schiff- und Maschinenbau:
  a) bei Dicken von 7 bis unter 25 mm 35 kg/qmm, 18 v.H. Dehnung,
  b) bei Dicken von 25 bis unter 40 mm 35 kg/qmm, 15 v.H. Dehnung.
3. Qualität best best best: Material für Eisenbahnen, Schiff- und Maschinenbau:
  bei Dicken von 7—40 mm 38 kg/qmm, 18 v. H. Dehnung, oder 37 kg/qmm 20 v.H. Dehnung.

Bei Zores-Eisen muß die Zugfestigkeit 33 kg/qmm, die Dehnung 6 v.H. betragen.

Biegeproben für Qualität best best und best best best: Ausgeschnittene oder ausgeschmiedete Stücke von 30—50 mm Breite, deren Kanten mit der Feile abgerundet sind, sollen sich kalt zu einer Schleife biegen lassen mit einem lichten Durchmesser gleich der einfachen Dicke des Eisens, ohne Risse zu zeigen.

Ebenso bestehen besondere Vorschriften für Lokomotivrohre aus Puddelschweißeisen, die einen Probedruck von 40 Atm. aushalten müssen. Stumpfgeschweißte Rohre für Gas- und Wasserleitungen (Backofen-, Perkinsrohre), Zentralheizungen und Dampfleitungen werden ebenfalls einem Probedruck unterworfen: Gasrohre bis zu 12 Atm., Wasserleitungsrohre einem solchen gleich dem eineinhalbfachen Betriebsdruck. Der Probedruck für Rohre für Dampfleitungen, Zentralheizungen usw. beträgt 50 Atm., für Rohrschlangen usw. 100 Atm. Nähere Angaben sind in den „Vertragsbestimmungen des Verbandes Deutscher Zentralheizungsindustrieller" enthalten. Auch Ölleitungsrohre werden einem Probedruck von 100 Atm. unterzogen.

Baumann hat in den „Grundlagen der Deutschen Material- und Bauvorschriften für Dampfkessel"[1]) auch die Bestimmungen aufgeführt, die für Dampfkesselbleche aus Schweißeisen befolgt werden müssen. Hierzu gehören Feuerbleche, Bördel- und Mantelbleche. Die zu den Blechen verwendeten Stücke zu den Zug- und Biegeproben werden in der Längs- und Querfaser beansprucht. So darf z. B. Feuerblech keine geringere Zugfestigkeit als 36 kg/qmm in der Längsfaser und 34 kg/qmm in der Querfaser bei einer

---

[1]) Berlin: Julius Springer. 1912.

250 Stahlguß, Schweißeisen, Elektrolyteisen.

geringsten Dehnung von 20 v.H. in der Längsfaser und 15 v.H. in der Querfaser besitzen. Bei Bördelblech sind die entsprechenden Zahlen 35 und 33 kg/qmm und 15 und 12 v.H. Bei keinem Blech darf die Zugfestigkeit 40 kg/qmm überschreiten. Mantelblech soll mindestens 30 kg/qmm Zugfestigkeit und 5 v.H. Dehnung haben.

Bei der Biegeprobe im warmen Zustande müssen sich Probestreifen von Feuer- und Bördelblech in beiden Faserrichtungen

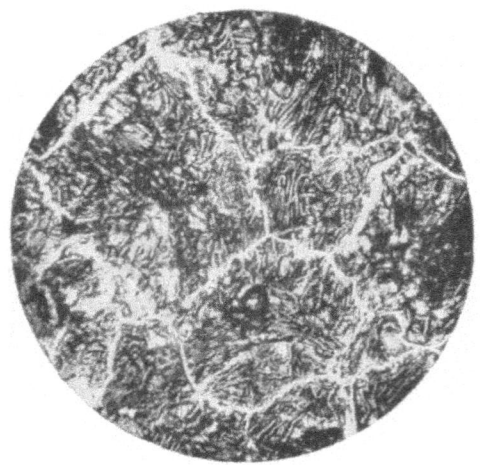

Abb. 153. Zementstahl. V = 200.

flach zusammenbiegen lassen, ohne zu brechen. Für die Biegeproben im kalten Zustande sind für beide Faserrichtungen je nach der Dicke der Probestreifen besondere Biegewinkel aufgestellt. Für Winkeleisen, Nieteisen, Nieten, Anker und Stehbolzen, Wasserrohre aus Schweißeisen sowohl für Land- als auch Schiffsdampfkessel gelten ebenfalls besondere Vorschriften. So muß z. B. die Zugfestigkeit für Anker und Stehbolzen aus Schweißeisen 35 bis 40 kg/qmm bei einer Dehnung von mindestens 20 v.H. betragen.

Durch Einsetzen von Schweißeisen in sog. Zementpulver, z. B. Holzkohlenpulver mit nachfolgendem anhaltendem Glühen unter Luftabschluß erhält man den Zementstahl, in England wegen seiner an der Oberfläche auftretenden Blasen Blasenstahl (blister steel) genannt (S. 176), der infolge seines ungleichmäßig verteilten in der Regel über 1 v.H. betragenden Kohlenstoffgehaltes nicht ohne weiteres verwendet wird, vielmehr durch ein- oder mehrmaliges Verschweißen verschiedener Sorten in Gärbstahl oder Raffinierstahl (Verbundstahl usw.) umgewandelt wird. Auch der schon seit vielen Jahrhunderten bekannte Damaszenerstahl gehört hierher, dem durch Ätzung eigenartige Verzierungen verliehen werden. Dieser als bester Schweißstahl anzusprechende Gärbstahl wird durch Umschmelzen im Tiegel in den vorzüglichen Tiegelstahl (Tiegelgußstahl, Gußstahl)

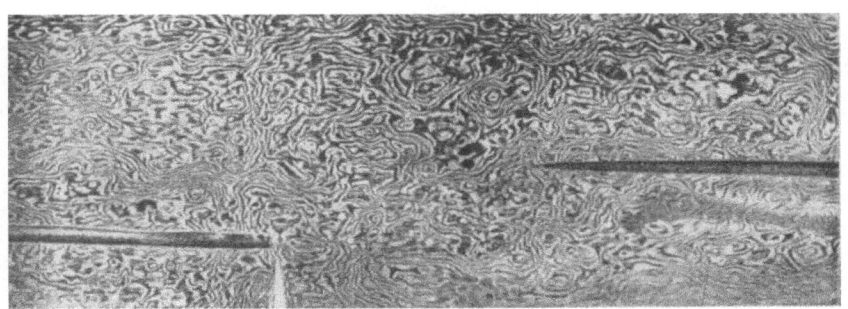

Abb. 154. Damaszenerklinge. Nat. Größe.

umgewandelt (S. 10 und 105), der vorzugsweise zur Herstellung von Schneidwerkzeugen (erstklassigen Messer- und Rasierklingen, Sensen, Sicheln usw., wie z. B. in Steiermark) herangezogen wird. Abb. 153 zeigt den geätzten Schliff eines Zementstahls, in dem der grobblätterig ausgebildete Zementit auffällt, auch der Perlit ist sehr grobkörnig, so daß man eigentlich den Zementstahl als ein strukturloses Gemenge von Zementit und Ferrit ansehen kann. Eine Damaszenerklinge in natürlicher Größe gibt Abb. 154[1]) wieder. Man erkennt hier schöne eigenartig geformte Gebilde von verschiedener Farbentönung, die in den einzelnen Lagen verschiedene Kohlenstoffgehalte aufweisen (Damaszenergefüge). Von einem ausgezeichneten gleichmäßigen Gefüge ist hinwiederum der Tiegelstahl, von dem Abb. 155 einen Ausschnitt darstellt.

---
[1]) Belaiew, Metallurgie 1911. S. 449.

Stahlguß, Schweißeisen, Elektrolyteisen.

Das Elektrolyteisen. Das Elektrolyteisen hat zur Zeit für den Konstrukteur nur eine geringere Bedeutung, doch sollen in den folgenden Ausführungen diejenigen Merkmale genannt werden, die dieses Material auszeichnen und die hin und wieder in der Technik, wenn auch in kleinem Umfange, verwertet werden.

Die Abschnürung Deutschlands vom Welthandelsverkehr machte es während des Krieges notwendig, daß nach Stoffen gesucht werden mußte, die namentlich das Kupfer und seine

Abb. 155. Tiegelstahl. V = 200.

Legierungen ersetzen konnten, um die Erzeugung von Kriegsgerät aller Art sicherzustellen und zu steigern. Der erste Gedanke war natürlich auf das Eisen gerichtet, dessen ununterbrochene Erzeugung in der Heimat unter Rohstoffmangel kaum zu leiden hatte, da es gelang, immerhin Erze aus Schweden in zufriedenstellenden Mengen einzuführen.

Die Weichheit und Geschmeidigkeit sind beim Kupfer die hervorstechendsten Eigenschaften. Das weiche schmiedbare Eisen besitzt diese Eigenschaften nur in einem bedingten Grade, da der in jedem Eisen vorhandene Kohlenstoff, je höher er steigt, ihm diese Merkmale nimmt. Vollständig kohlenstofffreies Eisen läßt sich aber in schmelzflüssigem Zustande nicht oder nur sehr schwer erzielen und nur im Elektrolyteisen besitzt man einen Stoff, der keine fremden Beimengungen enthält oder doch nur in dem Maße, daß sie für dessen Beurteilung vollständig vernachlässigt werden können.

Dem Elektrolyteisen, dessen Anwendungsgebiet in früheren Jahren sehr beschränkt war, schien sich in der Kriegszeit eine gewisse Zukunft zu eröffnen, denn Versuche hatten dargetan, daß das elektrolytisch gewonnene Eisen sehr wohl als Ersatz für die Kupferbänder der Artilleriegeschosse und Minen und auch noch für andere Zwecke dienen konnte. Hierbei war jedoch Voraussetzung, daß dieses Eisen in größerem Maße als bisher wirtschaftlich gewonnen werden konnte und seine Eigenschaften derart verbesserungsfähig waren, daß es in diesem Falle für Kupfer einen völlig gleichwertigen Ersatz bildete, für das gewöhnliches weiches Flußeisen, das immerhin noch eine gewisse Härte besitzt, nicht in Frage kommen konnte.

Wie alle anderen Metalle läßt sich auch das Eisen grundsätzlich aus seinen wässrigen Salzlösungen durch den elektrischen Strom niederschlagen, doch sind zur Erzielung eines festen und dichten Niederschlages eine Reihe von Maßnahmen und Überlegungen notwendig. Das Verfahren von Fischer hat sich bislang für die Niederschlagung des Eisens aus Lösungen am besten bewährt, so daß es hiernach möglich ist, recht starke Bleche herzustellen, die namentlich eine ausgezeichnete Dichte besitzen [1]). Die von der Heeresverwaltung eingerichteten Betriebe ließen sich sehr wohl an, doch mußten sie nach Kriegsende zum Teil wieder aufgegeben werden. Immerhin wurden über das Elektrolyteisen so viele Erfahrungen gesammelt, daß über seine Eigenschaften und Verarbeitung genaue Unterlagen vorliegen.

Das bei der Elektrolyse erhaltene Erzeugnis, das Rohelektrolyteisen, pflegt man gewöhnlich nicht als solches zu verwenden, sondern es muß zur Ausmerzung von gewissen Verunreinigungen in besonderen Schmelzöfen unter Beobachtung gewisser Vorsichtsmaßnahmen raffiniert, d. h. gereinigt und verbessert werden. Dies geschieht namentlich mit dem Elektrolyteisen, das nach dem Verfahren von Müller gewonnen wird [2]). Ebenso läßt sich natür-

---

[1]) Stahl und Eisen 1911, S. 2106.
[2]) Metallurgie 1909. S. 145.

lich durch eine ein- und mehrmalige elektrolytische Raffination ein sehr reines Enderzeugnis erzielen.

Das elektrolytisch niedergeschlagene Eisen kann man als chemisch reines Eisen ansehen, da dessen Verunreinigungen, wie schon oben angegeben, so gering sind, daß sie vollständig vernachlässigt werden können. Im Gegensatz zum Handelseisen ist es völlig frei von Kohlenstoff, der, wenn er nachgewiesen wird, aus dem Anodenschlamm oder von dem Schmutz oder Staub herrührt, der sich auf dem unbedeckten Bade ablagert. Ein nie fehlender Begleiter ist dagegen der Wasserstoff, von dem man annimmt, daß er sich entweder in verdichtetem Zustande vorfindet oder aber mit dem Eisen in Gestalt einer Legierung als Eisenhydrür (FeH_2) chemisch gebunden ist. Aus Sulfatbädern werden noch gewisse Mengen Schwefel dem niedergeschlagenen Eisen zugeführt. Die Gesamtverunreinigung des Rohelektrolyteisens beträgt nach Müller etwa 0,08—0,17 v.H. Müller fand ferner in einem Rohelektrolyteisen aus Sulfatbädern 0,0053 v.H. Silizium, 0,0045 v.H. Phosphor, 0,0024 v.H. Schwefel, 0,009 v.H. Mangan und noch 0,063 v.H. Kohlenstoff. Auch andere Forscher haben im Elektrolyteisen noch Kohlenstoffgehalte bis 0,08 v.H. aufgefunden. Ein nach dem Verfahren von Burgeß und Hambuechen gewonnenes Elektrolyteisen enthielt 0,015—0,064 v.H. Kohlenstoff, 0,004—0,020 v.H. Silizium, 0,002—0,009 v.H. Phosphor, 0,001—0,007 v.H. Schwefel und Spuren von Mangan. Die Analyse eines in neuester Zeit erzeugten Elektrolyteisens nach dem Verfahren von Fischer ergab sogar nur 0,0001 v.H. Kohlenstoff, 0,0001 v.H. Silizium, 0,0002 v.H. Phosphor und 0,0001 v.H. Schwefel. Hieraus ergibt sich, daß dieses Elektrolyteisen mit einem Eisengehalt von 99,9950 v.H. als vollkommen chemisch rein anzusprechen ist.

Dagegen bewegt sich der durchschnittliche Gehalt an Wasserstoff im Elektrolyteisen zwischen 0,018 und 0,112 v.H., der Stickstoffgehalt zwischen 0,14—0,18 v.H. (Eisenchlorürelektrolyt), bei raffiniertem Eisen zwischen 0,010—0,011 v.H. Die entsprechenden Zahlen bei einem Elektrolyteisen aus Sulfatbädern sind 0,033 bis 0,034 v.H. und 0,016—0,019 v.H.

In geradezu ausgeprägter Weise beeinflußt der Wasserstoff die Eigenschaften des Elektrolyteisens, das sich in seinem Aussehen und seiner Farbe von dem gewöhnlichen Eisen nicht unterscheidet. Durch den Wasserstoff, der dem Niederschlag bedeutende Spannungen verleiht, die meist ein Zerreißen und Abblättern in Form von Schuppen bedingen, wird insbesondere die Härte sehr gesteigert. Es ist allerdings möglich, daß hierbei auch der Stickstoffgehalt von Bedeutung ist. Wasserstoffhaltiges Elektrolyteisen ist mitunter so hart, daß es sich nur sehr schwer feilen oder sägen läßt. Auch ist es zuweilen so spröde, daß man es leicht zertrümmern und in Pulver verwandeln kann. Wird eine aus dem Bade gehobene Platte von Elektrolyteisen auf Härte und Festigkeit geprüft, so erhält man etwa eine Brinellhärte zwischen 100 und 150, eine Zerreißfestigkeit zwischen 30 und 40 qmm und eine Dehnung in verschiedener Höhe. Manchmal geht diese bis auf etwa 10 v.H., vielfach aber brechen die Zerreißstäbe fast ohne jede Dehnung glatt ab, so daß von einer Zähigkeit keine Rede sein kann.

Durch einfaches Ausglühen kann das durch den Wasserstoff spröde gemachte Elektrolyteisen ohne Veränderung der Form des Niederschlages in ein technisch verwendbares Material übergeführt werden. Ein Ausglühen bei etwa 1000° C entfernt den Wasserstoff, der nicht selten das 10—20fache des Volumens des abgeschiedenen Eisens überschreitet, vollständig. Man kann bei dem Erhitzen gelegentlich beobachten, daß sich der entweichende Wasserstoff entzündet. Nach dem Ausglühen besitzt das Elektrolyteisen alle guten Eigenschaften eines sehr weichen, bild- und schmiegsamen kohlenstofffreien Eisens. Man kann es sogar mit dem Messer zerschneiden, besonders wenn es mit gewissen Vorsichtsmaßregeln umgeschmolzen ist. Die Brinellhärte beträgt jetzt etwa 55—60, ist also noch geringer als die des Kupfers (95) und steht auf gleicher Höhe mit der des Aluminiums (52). Auch die Zerreißfestigkeit ist auf rund 25 kg/qmm und weniger gesunken, während die Dehnung außerordentlich gestiegen ist. Dehnungen von etwa 30 v.H. werden zuweilen noch überschritten, die auch das Kupfer aufweist. Natürlich läßt sich auch dieses Material durch Walzen, Ziehen, Hämmern usw. in jede gewünschte Form bringen. Eine Kaltbearbeitung macht es härter, fester und weniger dehnbar. Durch richtiges Glühen wird die frühere Weichheit wieder hervorgebracht. Auch Hysteresis, Permeabilität und elektrischer Widerstand werden durch das Ausglühen bedeutend verbessert und übersteigen zumeist die der bekannten unlegierten Eisensorten (S. 273). Man kann also das Elektrolyteisen wegen seiner großen Reinheit als magnetisch sehr „weich" ansprechen, da es dem Ummagnetisieren nur sehr wenig Widerstand entgegensetzt. Diese Eigenschaft eröffnet dem Elektrolyteisen eine große Zukunft für die Elektrotechnik, da es für Dynamobleche das bevorzugteste Material darstellt (Abb. 156). Das spezifische Gewicht ist 7,71, der Schmelzpunkt liegt bei 1650°C. Es läßt sich leicht löten und schweißen und emaillieren und nimmt

Abb. 156. Dynamobleche aus Elektrolyteisen. Ferrit. V = 100.

wie jedes andere weiche Eisen Kohlenstoff aus Kohlungsmitteln (Härtemitteln) auf, um an bestimmten Stellen gehärtet (einsatzgehärtet) zu werden.

Wie jedes Eisen rostet auch das Elektrolyteisen. Doch neigt man der Ansicht zu, daß es einen besonders hohen Korrosionswiderstand besitzt. Die Ergebnisse genauer Untersuchungen scheinen jedoch hierüber noch nicht vorzuliegen.

Das Elektrolyteisen besitzt vielfach kein gleichmäßiges Gefüge, es ist zuweilen durch Gasblasen und Schlammeinschlüsse unterbrochen (Abb. 157). Schwankungen in der Stromstärke und der Elektrodenbewegung, auch Unterbrechungen der Stromzufuhr

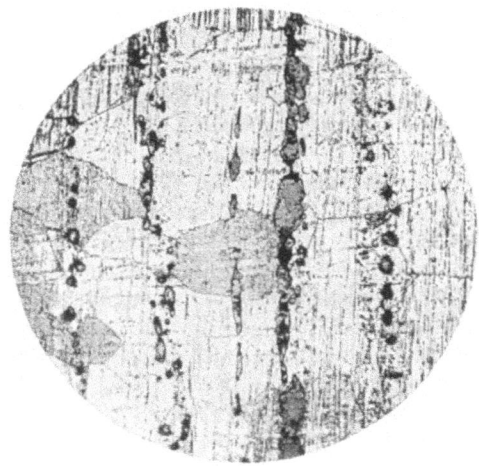

Abb. 157. Elektrolyteisen. Einschlüsse im Ferrit. V = 80.

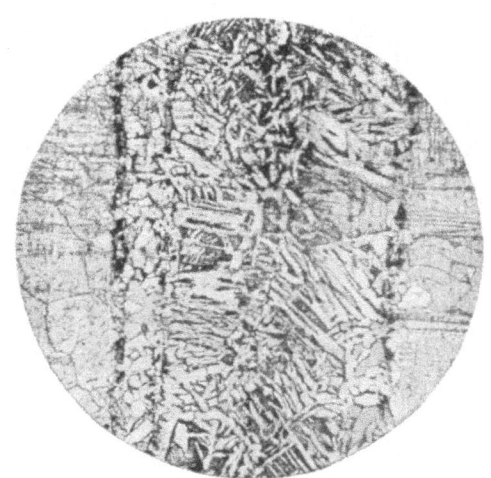

Abb. 158. Elektrolyteisen. Schichtenbildung. V = 80.

beeinflussen die Gleichmäßigkeit des Gefüges. Meist läßt sich dann eine Schichtenbildung feststellen (Abb. 158), die man besonders auf einem Bruch deutlich erkennen kann. Diese Schichten können sogar mit mäßiger Gewalt voneinander getrennt werden. Ausgeglühtes Elektrolyteisen besitzt ein rein ferritisches Kleingefüge (Abb. 156). Wie bemerkt, lassen sich durch ein- oder mehrmaliges Raffinieren des Rohelektrolyteisens auf einfache und praktische Weise größere Mengen reinsten Eisens herstellen. Ja sogar Eisenrohre hat man auf elektrolytischem Wege gewonnen.

Sicherlich bestehen heute noch Schwierigkeiten gerade in der Art des Glühverfahrens für den Großbetrieb, von dem die weitere Anwendung des Elektrolyteisens abhängt. Doch ist nicht daran zu zweifeln, daß es in nicht allzu ferner Zeit gelingen wird, alle noch ungeklärten Fragen über die Gewinnung und Verbesserung des Elektrolyteisens zu lösen, um so mehr dann, wenn die wirtschaftlichen Grundbedingungen für eine gewinnbringende Herstellung in großem Maßstabe sich in günstigem Sinne geändert haben. Zunächst also kann das Elektrolyteisen infolge des ungünstigen Kriegsschlusses nicht als Ersatz für Kupfer in Betracht kommen, da jetzt noch die wirtschaftlichen Voraussetzungen für den Großbetrieb fehlen.

Einige Bemerkungen über die **elektrischen** und **magnetischen Eigenschaften** des Elektrolyteisens finden sich in dem folgenden Abschnitt „Siliziumstähle".

XIV. Die Siliziumstähle.

Mit den Siliziumstählen soll die Besprechung der legierten Konstruktionsstähle eingeleitet werden, die für die gesamte Technik in den beiden letzten Jahrzehnten eine grundlegende Bedeutung gewonnen haben. Sind die unlegierten einfachen Konstruktionsstähle, die Kohlenstoffstähle, auch weiterhin nicht zu entbehrende Werkstoffe, so reichen doch in sehr vielen Fällen ihre Besonderheiten nicht aus, um einen Maschinenteil oder irgend ein Bauwerk mit den überhaupt erreichbaren besten Eigenschaften auszustatten. Zwar eignen sich nicht alle Metalle oder Metalloide zur Erzeugung eines legierten für besondere Zwecke geeigneten Stahls, aber die bisher auf dem Markt erschienenen Sonderstähle für Konstruktionsteile sind zahlreich genug, um eingehend gewürdigt zu werden.

Silizium und Mangan sind Elemente, die absichtlich dem Roheisen, aus dem sowohl das Gußeisen bzw. jedes schmiedbare Eisen erzeugt wird, zugefügt werden. Im grauen Roheisen muß immer ein bestimmter Siliziumgehalt vorhanden sein, der auf die Absonderung des Kohlenstoffes in freier Form, als Graphit, hinwirkt, im Gegensatz zum Mangan, das die Festhaltung des Kohlenstoffes in gebundener Form als Eisenkarbid Fe_3C bewirkt und daher dem weißen Roheisen das kennzeichnende Gepräge verleiht (S. 6). Die Beifügung größerer Mengen von Silizium und Mangan zum Schmelzgut (Hochofen oder Elektroofen) führen zur Entstehung von Ferrosilizium bzw. Ferromangan, die als Ausgangsstoffe zur Erzeugung der Siliziumstähle bzw. Manganstähle dienen.

In allen schmiedbaren Eisensorten ist immer eine begrenzte Menge von Silizium vorhanden, das etwa 0,6 bis 0,7 v.H. ausmachen kann. Auf S. 112 und 125 ist auf den Einfluß des Siliziums auf die Schmied- und Schweißbarkeit des gewöhnlichen Eisens hingewiesen worden.

In den üblichen Siliziumstählen ist der Kohlenstoffgehalt meist nur gering (bis 0,2 v.H.), der Siliziumgehalt dagegen kann die Höhe von 7 v.H. erreichen, da bis zu dieser Grenze noch Schmied- und Schweißbarkeit festgestellt worden ist, unter der Voraussetzung, daß keine unabgeschiedenen Desoxydationsprodukte während des Schmelzprozesses zurückgeblieben sind. Größere Mengen von Silizium bewirken selbst bei sehr geringen Kohlenstoffgehalten die Ausscheidung von freiem Kohlenstoff (Temperkohle), der namentlich bei nachträglichem Glühen bereits bei etwa 800° C auftreten kann.

Das Silizium ist in dem Eisen gelöst und das Gefüge der Siliziumstähle besteht daher aus Ferrit- und Perlitkristallen. Der Ferrit

Abb. 159. Siliziumstahlguß mit etwa 4 v.H. Silizium. Grobes stengliges Bruchgefüge. Nat. Größe.

wird durch Silizium von etwa 2 v.H. an sehr vergröbert, was man bereits am gegossenen Material, bei Siliziumstahlgüssen, an dem groben Bruchgefüge von Siliziumferrit erkennen kann (Abb. 159).

Hinsichtlich ihres Gefügeaussehens unterscheiden sich daher die schmiedbaren Siliziumstähle von den einfachen Kohlenstoffstählen nicht, eine Härtung wird also auch hier den Perlit in Martensit umwandeln. Im gewalzten oder sonstwie gerecktem Siliziumstahl haben die Siliziumferritkörner ein gestrecktes Aussehen (Abb. 165), das durch Glühen bei 800° C wieder behoben werden kann. Bei höheren Wärmegraden (über 1000° C) wächst dagegen das Korn weiter, das alsdann durch keine Wärmebehandlung mehr zu verkleinern ist.

Über die Festigkeitseigenschaften der Siliziumstähle haben sich verschiedene Forscher ausgelassen, doch dürften die in neuerer

Zeit angestellten Untersuchungen von Paglianti [1]) bewiesen haben, daß die Zugfestigkeit und Streckgrenze durch Silizium in Siliziumstählen mit 0,10 bis 0,15 v.H. Kohlenstoff und 0,24 bis 5,26 v.H. Silizium erhöht werden. Die Steigerung der Zugfestigkeit beim unbehandelten Material beträgt etwa 7,5 kg/qmm für je 1 v.H. Silizium. Bei ausgeglühtem Material steigt die Festigkeit nicht in dem gleichen Maße, wächst dagegen bei abgeschreckten Stählen um 13,5 kg/qmm für je 1 v.H. Silizium. Auch bei der Streckgrenze ist eine Erhöhung mit wechselndem Siliziumgehalte wahrnehmbar.

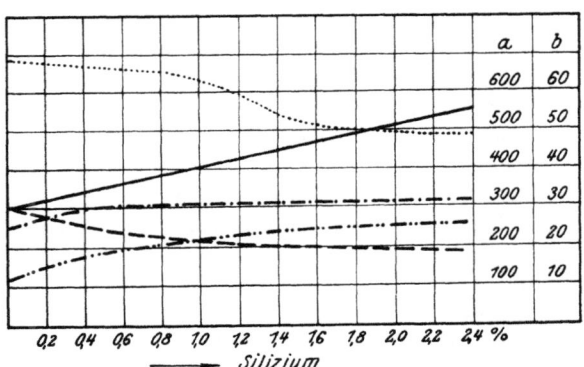

b ——— Zugfestigkeit kg/qmm   b - - - Dehnung v.H.   b —·—·— Streckgrenze kg/qmm
a —··—··— Brinellhärte   b ·········· Querschnittsverminderung v.H.

Abb. 160. Einfluß des Siliziums auf die Festigkeitseigenschaften und Härte von weichem Flußeisen. Nach Paglianti.

Das Silizium drückt Dehnung und Querschnittverminderung herab, während die Härte wiederum ansteigt, und zwar um 3,5 für 0,1 v.H. Silizium (Abb. 160). Das spezifische Gewicht nimmt mit wachsendem Siliziumgehalt ab.

Eine wesentliche Verminderung der Kerbzähigkeit (Schlagfestigkeit) wurde erst bei etwa 2 v.H. Silizium festgestellt. Ausglühen verschlechtert die mechanischen Eigenschaften der Siliziumstähle, sie werden spröde, die Zähigkeit nimmt also ab, was auch durch Abschrecken geschieht.

Die allgemeine Wärmebehandlung der hochwertigen Stähle, also auch der Siliziumstähle, erfordert mithin große Erfahrung

---

[1]) a. a. O.

und Übung. Überhaupt sind die Sonderstähle gegen Einflüsse bei der Wärmebehandlung viel empfindlicher als die einfachen Kohlenstoffstähle. Wenn z. B. ein Stück Sonderstahl zu kalt gewalzt, gepreßt oder ausgeschmiedet wurde, oder fällt es bei diesen Arbeiten zufällig in eine Wasserpfütze, so wird es ungewollt hart und spröde, und zwar Kohlenstoffstahl mehr als legierter Stahl. Wird dieser Fehler nicht bemerkt und dieses bei den genannten Arbeiten verschlechterte Stück wieder weiterbehandelt, so kann man gewärtig sein, daß es z. B. härter ausfällt als ein anderes, oder aber es entstehen in gleichen Stücken harte Stellen, die eine weitere gleichmäßige Bearbeitung sehr erschweren. Man kennt vielfach nicht immer die Natur der Sonderstähle, um ungewollte Fehler durch irgendeine nachträgliche Wärmebehandlung zu beheben. Ein ausgeglühter Sonderstahl kann z. B. trotzdem noch hart sein, was bei einem gewöhnlichen Kohlenstoffstahl nicht der Fall ist, der immer weicher wird. Würde man diese beiden Stähle bei der jeweiligen Härtungstemperatur abschrecken, so wird der weiche Stahl wieder hart, der harte Stahl indessen verhältnismäßig noch härter und spröder im Vergleich zu dem ursprünglich harten Stahl. Hieraus folgt, daß gleiche Temperaturen z. B. auf naturharten Stahl stärker einwirken können als auf weichen Stahl.

Hat aber der Konstrukteur sich einmal mit dem Wesen der Spezialstähle sorgfältig befaßt und kennt er aus eingehenden Untersuchungen ihre besonderen Eigentümlichkeiten, so wird ihm auch ihre Wärmebehandlung keineswegs mehr ein geheimnisvolles Gebiet sein. Gewiß gehört Beobachtungsgabe und Übung dazu, für einen bestimmten Zweck einen Stahl von besonderer chemischer Zusammensetzung auszuwählen und seine Wärmebehandlung so zu gestalten, daß er die bestmöglichen Eigenschaften, namentlich Festigkeit und Zähigkeit, für einen vorliegenden Zweck erhält. Aber auch wenn die verlangten Eigenschaften sich durch die besondere Wärmebehandlung auf Anhieb nicht einstellen sollten, so wird er auch diese Schwierigkeit überwinden, zumal ihm gegebenenfalls die Erfahrung zur Seite steht.

Die höhere Elastizität und Festigkeit der Siliziumstähle im Vergleich zu den einfachen Kohlenstoffstählen wird für Federn ausgenutzt, die bei mittlerem Kohlenstoffgehalte zwischen 0,6 und 2,5 v. H. Silizium enthalten können und zur Erzielung einer höheren Bruchfestigkeit, ohne ihre Dehnung nennenswert einzubüßen, gehärtet werden (Siliziumfederstähle). Sogar für Werkzeuge, wie

Meißel und Preßstempel, wird ein Siliziumgehalt gern gesehen, der in diesem Falle sogar bis auf 2 v.H. hinaufreichen kann. Weiche Eisensorten, die gepreßt und womöglich auf Automaten bearbeitet werden sollen, müssen überhaupt siliziumhaltig sein (etwa 0,4 bis 0,5 v.H. Silizium), um das beim weichen Eisen infolge seiner großen Dehnbarkeit auftretende „Schmieren" herabzusetzen.

Eine ausgesprochene, durch keine andere Eisenlegierung zu ersetzende Anerkennung finden die Siliziumstähle im **Elektromaschinenbau** in Form von Dynamo- und Transformatorenblechen. Hier werden sie daher in großem Maßstabe herangezogen. Bevor aber auf die **elektrischen** und **magnetischen Eigenschaften** der Siliziumstähle näher eingegangen wird, ist es erforderlich, den Konstrukteur zunächst damit vertraut zu machen, wie die genannten Eigenschaften des Eisens überhaupt beschaffen sind. Zum besseren Verständnis sollen einige kurze Erklärungen über die Grundlagen des elektrischen Stromes vorausgeschickt werden.

Die **elektrischen Eigenschaften** der Eisenkohlenstofflegierungen bzw. ihr **elektrischer Leitungswiderstand** werden durch die Menge des im Eisen vorhandenen Kohlenstoffes beeinflußt. Das chemisch reine Eisen hat den kleinsten elektrischen Leitungswiderstand, während Schmiedeeisen und Stahl einen schlechteren als reines Eisen aufweisen. Der Kohlenstoffgehalt erhöht also den elektrischen Leitungswiderstand des Eisens. Hinsichtlich der Art des Kohlenstoffes im Eisen lassen sich ebenfalls Unterschiede im elektrischen Leitungswiderstand nachweisen. Eisen mit graphitischem Kohlenstoff (Gußeisen) besitzt einen besseren Leitungswiderstand als die schmiedbaren Eisensorten, in denen der Kohlenstoff als Karbid gelöst ist.

Eine praktische Rolle spielt der elektrische Leitungswiderstand des Eisens dann, wenn es in Form von Drähten zu elektrischen Anlaßwiderständen oder in Form von Blechen als Dynamoblech zu elektrischen Maschinen verarbeitet werden soll.

In jedem Falle verlangt man von dem Eisen eine schlechte elektrische Leitfähigkeit, d. h. einen möglichst hohen Ohmschen Leitungswiderstand. In seltenen Fällen verwendet man Eisendrähte als Ersatz für Kupferdrähte bei elektrischen Leitungen zur Übertragung elektrischer Kraft. Hier sollte das Eisen naturgemäß einen möglichst geringen Ohmschen Widerstand, d. h. eine große elektrische Leitfähigkeit besitzen.

Beimengungen anderer Körper, wie Silizium, Mangan, Nickel u. a. verschlechtern ebenfalls den elektrischen Leitungswiderstand des Eisens. Soweit dies für die Praxis von Bedeutung ist, wird später darauf eingegangen werden.

Auch die Wärmebehandlung des Eisens verändert den elektrischen Leitungswiderstand, und zwar ist er im Kohlenstoffstahl bei der Temperatur am schlechtesten, bei der die feste Lösung des Eisens vorliegt (über 700° C). Dagegen ist er bei der Temperatur am geringsten, bei der der Kohlenstoff restlos ausgeschieden ist. Ist das Material flüssig, so ist der elektrische Leitungswiderstand erheblich größer als bei einem gut geglühten Material.

Die thermoelektrischen Kräfte des Eisens verändern sich ebenfalls je nach der Höhe des Kohlenstoffes bzw. der anderen nicht gewollten oder gewollten Beimengungen.

Hinsichtlich der magnetischen Eigenschaften des Eisens sei darauf hingewiesen, daß namentlich im letzten Jahrzent eine größere Reihe von Arbeiten sich mit diesem Gegenstand befaßt hat.

Ein aus einem Stück Stahl bestehender Magnet übt bekanntlich an allen Punkten des ihn umgebenden Raumes eine gewisse Kraft aus. Wenn man mit Hilfe einer Magnetnadel die Richtung dieser Kraft verfolgt, so entsteht ein Linienzug, der als Kraftlinie bezeichnet wird. Die Kraftlinien bilden geschlossene Kurven, die sich auch durch das Innere des Magneten fortpflanzen. Soweit sie im Luftraum verlaufen, bezeichnet man sie als das magnetische Feld des Magneten. Solche magnetischen Felder kann man auch mit Hilfe einer aus Draht hergestellten Spule, durch welche man einen elektrischen Strom schickt, erzeugen. Da die Stärke des magnetischen Feldes in der Luft, die Feldstärke, von der Windungszahl und der Stromstärke abhängt, so drückt man sie allgemein durch das Produkt der Windungszahl und Stromstärke aus und spricht dann von Amperewindungen je Zentimeter (AW/cm).

Bringt man in ein magnetisches Feld ein Stück Eisen, so wird dies ebenfalls magnetisch, d. h. es verlaufen innerhalb des Eisens Kraftlinien. Nun hat das Eisen eine wesentlich bessere magnetische Leitfähigkeit als die Luft, d. h. es fließen in ihm erheblich mehr Kraftlinien als in der umgebenden Luft. Die Anzahl Kraft-

Die Siliziumstähle.

linien im Eisen je Quadratzentimeter bezeichnet man als die magnetische Induktion (B).
Je nach der Beschaffenheit des Eisens besitzt die magnetische Leitfähigkeit einen größeren oder kleineren Wert. Der Maßstab für ihre Größe ist der Quotient aus der Induktion und der Feldstärke. Man bezeichnet diesen Quotienten als die Permeabilität des Eisens.
Die magnetische Leitfähigkeit des Eisens ist jedoch nicht proportional der Feldstärke, in der sich das Eisen befindet, sondern sie ändert sich je nach der Größe der Feldstärke in Form einer ausgeprägten Kurve, die als Induktionskurve und in ihrer vollkommenen Form als Hysteresisschleife (s. unten) bezeichnet wird.

In Abb. 161 ist die magnetische Induktion in Abhängigkeit von der Feldstärke in einem Koordinatensystem aufgetragen.

Wird ein unmagnetisches Stück Eisen in eine Spule gebracht, so ist, wenn durch die Spule kein Strom fließt, die Feldstärke und auch die Induktion im Eisen gleich Null. Wird die Feldstärke gesteigert,

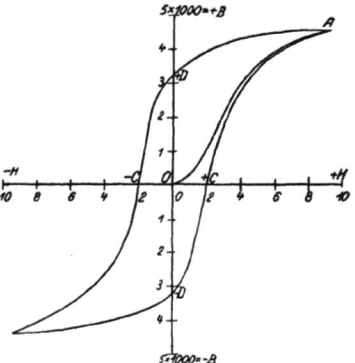

Abb. 161. Abhängigkeit der Induktion von der Feldstärke.

so steigt die Induktion zunächst nur wenig, dann bis zu dem charakteristischen Knie (Abb. 161) schneller, um bei weiterer Erhöhung der Feldstärke nur noch wenig anzusteigen und bei sehr hohen Feldstärken überhaupt nicht mehr wesentlich zuzunehmen. Es entsteht die sog. jungfräuliche Kurve (OA). Wird die Feldstärke jetzt wieder verringert, so fällt auch die Induktion, jedoch nicht in dem Maße, wie sie vorher gestiegen ist. Es tritt eine magnetische Verzögerung, die Hysteresis ein. Wird die Feldstärke nun wieder Null, so besitzt die Induktion immer noch einen bestimmten Wert, der den Namen Remanenz (OD) führt.

Um diese Remanenz zu vernichten, muß man eine negative Feldstärke aufwenden, d. h. eine Kraft, deren Größe man als die Koerzitivkraft (OC) bezeichnet. Durch Steigerung der Feldstärke bis zum gleichen negativen Höchstwert wie vorher auf der positiven Seite und Wiederverringerung der Feldstärke bis auf Null und Rückkehr bis zum positiven Höchstwert entsteht der als **Hysteresisschleife** bekannte, bereits oben angeführte Linienzug.

Die magnetische Hysteresis kann als ein Widerstand angesehen werden, der dem magnetischen Feld entgegengesetzt wird. Zur Überwindung dieses Widerstandes muß eine gewisse Kraft aufgewendet werden, d. h. es geht ein Teil der für die Ummagnetisierung aufgebrauchten Energie verloren, die bei der Ummagnetisierung des Eisens innerhalb einer raschen Zeitfolge zu einer erheblichen Erwärmung des Eisens führt. Die Größe dieses Verlustes ist der von der Hysteresisschleife eingeschlossenen Fläche direkt proportional.

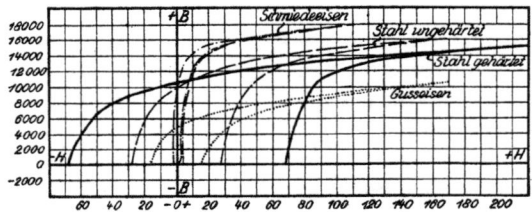

Abb. 162. Magnetisierungskurven von verschiedenen Eisensorten. Nach Goltze.

Abb. 162 zeigt vier ausgeprägte Magnetisierungskurven (Induktionskurven) verschiedener Eisensorten (vgl. Abb. 167). Die höchste Induktion besitzt das Flußeisen, die niedrigste das Gußeisen[1]).

Soweit es für die Praxis von Wert ist, soll hier auf die Verfahren, welche zur Bestimmung der Magnetisierbarkeit des Eisens dienen, kurz hingewiesen werden.

Nach einigen Verfahren wird die Tragkraft oder auch die Zugkraft der magnetischen Eisenprobe gemessen, z. B. nach dem Verfahren von du Bois (magnetische Wage). Andere beruhen auf der Messung des magnetischen Streufeldes, z. B. der Koepselapparat von Siemens und Halske. Alle diese Anordnungen leiden an größeren ihnen eigentümlichen Meßfehlern. Die Erklärung hierfür würde an dieser Stelle zu weit führen.

Es ist notwendig, an die mit derartigen Einrichtungen ge-

---

[1]) Vgl. Goltze, Gießerei-Zeitung 1913. S. 1, 39, 71, 461 und 495.

wonnenen Meßergebnisse noch Verbesserungen, sog. Scherungen, anzubringen, deren Größe für jedes Gerät nach wissenschaftlich einwandfreien Meßverfahren ermittelt werden muß. Aber auch mit diesen Scherungen ist eine genaue Bestimmung nicht möglich. Die Größe der Scherung hängt u. a. auch von der Permeabilität des zu prüfenden Materiales ab. Für praktische Zwecke hat sich der Koepselapparat trotz seiner Mängel gut eingeführt.

Auch das in den letzten Jahren vielfach verwendete, von van Lonkhuyzen angegebene Meßverfahren, welches auf dem Vergleichsverfahren beruht, gibt keine genauen Werte an, doch dürften die erzielten Ergebnisse ebenfalls für die Praxis genügen.

Die einwandfreiesten Meßwerte erzielt man mit dem ballistischen Meßverfahren, wenn der Probekörper aus einem geschlossenen Eisenring besteht, der mit Windungen aus Draht versehen wird.

Mittels des magnetischen Spannungsmessers von Rogowski ist es möglich geworden, Feldstärken an jedem beliebigen magnetischen Felde zu messen. Mit Hilfe dieses Gerätes hat Goltze Meßanordnungen angegeben, die ebenfalls praktisch genaue Ergebnisse gewährleisten.

Für Dynamobleche ist die Ermittlung der gesamten im Eisen auftretenden Verluste von größter Wichtigkeit. Außer den Hysteresisverlusten entstehen bei rascher Wechselmagnetisierung noch die sog. Wirbelstromverluste, deren Größe u. a. von dem elektrischen Leitungswiderstand des Eisens abhängt. Die Messung dieser Verluste, die so klein wie möglich bleiben müssen, erfolgt in der Praxis allgemein mit dem Epsteinschen Apparat nach dem Wattmetrischen Verfahren. Gumlich und Rogowski und auch Epstein selbst haben dieses Gerät noch in der Weise verbessert, daß man auch die magnetischen Eigenschaften gleichzeitig mit ihm ermitteln kann.

Diese werden im allgemeinen durch fremde Beimengungen irgendwelcher Art verschlechtert. Die besten magnetischen Eigenschaften hat man bisher an gut geglühtem chemisch reinem Eisen gefunden. Die magnetische Durchlässigkeit erreicht hier einen Höchstwert, während die durch Ummagnetisierung verloren gehende Energie, der Hysteresisverlust, verhältnismäßig sehr klein bleibt. Der Kohlenstoff verschlechtert die magnetischen Eigenschaften, und zwar ist reiner ausgeschiedener Kohlenstoff (Graphit) nicht so gefährlich wie der als Karbid gelöste Kohlenstoff, wie bereits oben erwähnt wurde.

Die elektrische Industrie verlangt von einem magnetisch beanspruchten Material, soweit permanente Magnete in Frage kommen, eine hohe magnetische Durchlässigkeit, vor allen Dingen aber hohe Remanenz und hohe Koerzitivkraft. Das Material soll nach der einmal erfolgten Magnetisierung einen möglichst hohen Magnetismus behalten und der Entmagnetisierung einen großen Widerstand entgegensetzen.

Anders ist es dagegen, wenn das Material für Dynamomaschinen verwendbar werden soll. In elektrischen Maschinen wird das Eisen im allgemeinen einer raschen Ummagnetisierung ausgesetzt. Es darf dieser Ummagnetisierung keinen erheblichen Widerstand entgegensetzen, soll aber eine möglichst hohe magnetische Durchlässigkeit besitzen.

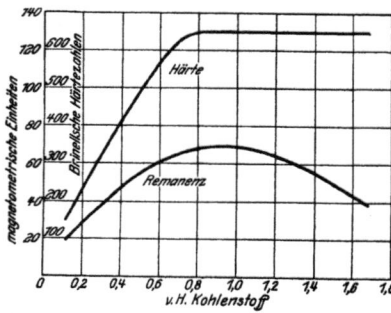

Abb. 163. Remanenz und Härte von Kohlenstoffstählen. Nach Mars.

Durch geeignete Wahl der Beimengungen kann man die magnetischen Eigenschaften des Eisens verändern.

Handelt es sich um permanente Magnete, so würde man, falls Kohlenstoffstahl verwendet wird, diesen härten müssen, damit der Kohlenstoff in möglichst vollkommener Form in Eisen gelöst wird. Man verzichtet hierbei allerdings auf eine besonders gute Induktion, erhält aber dafür eine hohe Remanenz und eine große Koerzitivkraft. Für permanente Magnete wird ein Kohlenstoffgehalt von etwa 1,0 v.H. empfohlen (Abb. 163), die bei dieser Grenze den Höchstwert an Koerzitivkraft und Remanenz aufweisen. In Abb. 163 ist auch noch die Härte (Brinellsche Härtezahl) von gehärteten Kohlenstoffstählen verzeichnet (vgl. S. 302).

Wird abgeschreckter Stahl angelassen, so ändern sich die magnetischen Eigenschaften jeweils nach der Höhe der Anlaßtemperaturen. Durch Erschütterungen, mechanische Bearbeitung (Kaltbearbeitung) usw. werden die magnetischen Eigenschaften ebenfalls verändert. Kohlenstoffarmes Material ist in dieser Hinsicht empfindlicher als hartes. Bei kalt gezogenem Thomasflußeisen

Die Siliziumstähle.

stellte Goerens[1]) fest, daß die stärkste Veränderung der Permeabilität schon nach dem ersten Zuge eintritt. Sogar durch Hin- und Herbiegen wird die Permeabilität von Dynamoblechen wesentlich verringert.

Auch Gumlich[2]) hat in seinen Arbeiten u. a. gezeigt, daß durch die mechanische Bearbeitung des Materials ganz eigen-

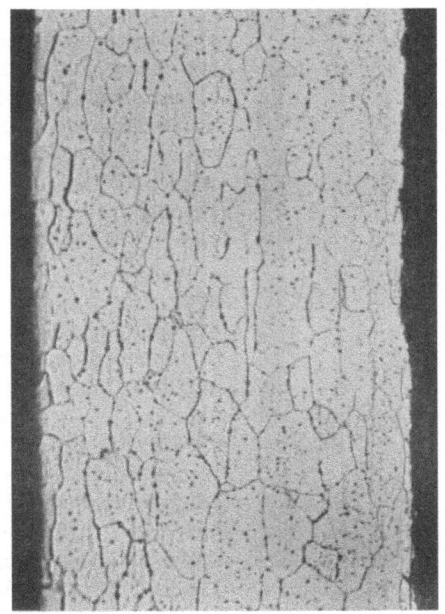

Abb. 164. Gewöhnliches Dynamoblech. $V = 100$.

artig geformte Hysteresisschleifen entstehen, die sich offenbar durch die verschiedenartigen magnetischen Eigenschaften der einzelnen im Probestück vorhandenen Gefügebestandteile erklären lassen.

Wie man die durch mechanische Behandlung veränderten allgemeinen Eigenschaften des Eisens durch Glühen wieder in den ursprünglichen Zustand zurückführen kann, ebenso lassen sich

---
[1]) Ferrum 1912. S. 33 und Stahl und Eisen 1912. S. 2188.
[2]) Vgl. Stahl und Eisen 1919. S. 765, 800, 841, 901 und 966.

auch die durch die mechanische Bearbeitung ungünstig beeinflußten magnetischen Eigenschaften durch sorgfältiges Ausglühen des Materials wieder beseitigen. Diese Wärmebehandlung findet eine ganz besondere praktische Verwendung bei der Herstellung von Dynamoblechen überhaupt.

Der Walzprozeß stellt eine außerordentlich starke mechanische Bearbeitungsart dar. Beispielsweise zeigt Abb. 164 den Querschliff eines gewalzten Dynamobleches mit gleichsam zusammengedrückten zerbrochenen Ferritkristallen. Ein solches Blech hat verhältnismäßig schlechte magnetische Eigenschaften, verhältnismäßig große Koerzitivkraft, geringe Remanenz und geringe Permeabilität. Dieses Material würde daher im allgemeinen große Hysteresis- und Wattverluste zeigen. Durch sorgfältig durchgeführte Glühverfahren, die in besonders konstruierten Öfen möglichst unter Luftabschluß oder überhaupt unter Vermeidung der Zufuhr von Sauerstoff vorgenommen werden, werden die Bleche häufig etwa fünf bis acht Stunden durch den Glühofen geschoben, wodurch die oben genannten Eigenschaften wieder wesentlich günstiger ausfallen. Abb. 165 zeigt ein sorgfältig geglühtes Dynamoblech mit einem sehr geringen Kohlenstoffgehalte und mit Zusatz von Silizium. Es ist ersichtlich, daß trotz des Glühprozesses die Eisenkristalle immer noch nicht ihre ursprüngliche gleichmäßige Form angenommen haben, sondern gestreckt erscheinen. Das Material nach Abb. 164 (0,5 mm) hatte eine Verlustziffer von 2,8 Watt/kg bei einer Induktion von B = 10000 CGS, das Siliziumblech (0,35 mm) dagegen von 1,35 Watt/kg bei B = 10000 CGS.

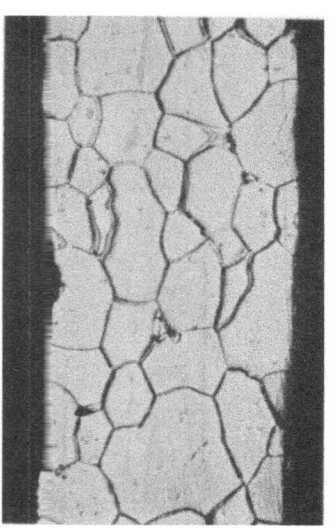

Abb. 165. Siliziertes Dynamoblech. V = 100.

Außer dem im Eisen vorhandenen Kohlenstoff sind noch stets gewisse Mengen von Silizium, Mangan, Schwefel und Phosphor zugegen. Alle diese Nebenbestandteile beeinflussen das Material in elektrischer und magnetischer Hinsicht.

Silizium hat eine große Bedeutung dadurch gewonnen, daß es die magnetischen Eigenschaften des Eisens in günstigem Sinne verändert. Auch setzt es den elektrischen Leitungswiderstand ganz beträchtlich herauf. Siliziumhaltiges Eisen eignet sich daher, wie bereits bemerkt, ganz besonders zur Herstellung von Dynamo- und Transformatorenblechen. Der Elektromaschinenbau kann deshalb dieses Materials nicht mehr entraten. Man verwendet im allgemeinen drei Sorten der genannten Bleche, und zwar zunächst solche, die neben sehr wenig Kohlenstoff (0,1 v. H. und darunter) auch nur geringe Mengen von Silizium enthalten. Diese besitzen gute magnetische Eigenschaften, jedoch einen verhältnismäßig geringen elektrischen Leitungswiderstand. Mit folgenden durchschnittlichen Werten kann man bei diesem Material rechnen [1]). V bedeutet die Verlustziffer in Watt/kg:

0,5-mm-Blech   0,35-mm-Blech
$V\,10 = 3{,}5$ Watt/kg,   2,80 Watt/kg,
$V\,15 = 9{,}00$,,   7,00   ,,

Die Induktion B beträgt bei

25 AW/cm = 15 500 CGS,
50   ,,   = 16 400 ,,

Die zweite Sorte Dynamobleche enthält einen Siliziumgehalt von etwa 0,8 v. H., wodurch der elektrische Leitungswiderstand erhöht wird, die magnetischen Eigenschaften noch nicht ungünstig ausfallen, so daß man ein für Dynamomaschinen gut geeignetes Material, das verhältnismäßig sehr geringe Eisenverluste aufweist, erhält. Hier ist:

0,5-mm-Blech   0,35-mm-Blech
$V\,10 = 3{,}00$ Watt/kg,   2,50 Watt/kg,
$V\,11 = 7{,}00$,,   6,00   ,,

und die Induktion B bei

25 AW/cm = 15 000 CGS,
50   ,,   = 16 200 ,,

Das dritte Material mit etwa 2 bis 2,5 v. H. Silizium wird fast ausschließlich für Transformatoren herangezogen. Durch den hohen Gehalt an Silizium wird die Härte des Bleches sehr erhöht, so daß diese im allgemeinen eine Verarbeitung zu Dynamoblechen

---

[1]) Elektrotechnische Zeitschrift 1910, Heft 20.

nicht mehr zuläßt. Außerdem ist aber auch die magnetische Durchlässigkeit des Materiales verschlechtert worden, was bei Elektromotoren Nachteile in sich birgt. Die Verluste durch Ummagnetisierung und Wirbelströme sind dagegen sehr klein, sie betragen nur ungefähr die Hälfte derjenigen des reinen Eisens. Folgende Werte kann man für diese hochsiliziumhaltigen Bleche festsetzen:

höchste Verlustziffer für V 10 = 1,60; V 15 = 3,7 Watt/kg,
mittlere   ,,   ,, V 10 = 1,55; V 15 = 3,65   ,,

Diese Bleche sollen besitzen bei

5 AW/cm eine Induktion B = 10 000 CGS,
50   ,,   ,,   ,,   B = 15 000   ,,

Das Ergebnis der lehrreichen Untersuchungen von Paglianti[1]) über siliziumhaltige Eisenlegierungen (Blechdicke 0,5 mm) läßt sich dahin zusammenfassen, daß zunächst der elektrische Leitungswiderstand mit steigendem Siliziumgehalte zunimmt, er wird durch Wärmebehandlung nicht verändert. Auch die Art der Abkühlung ist auf die Eigenschaften des Enderzeugnisses von untergeordneter Bedeutung. Die starke Veränderung der magnetischen Eigenschaften durch Siliziumzusatz tritt besonders deutlich bei geglühtem Material in die Erscheinung. Die verbessernde Wirkung ist bereits bei 2 v.H. vorhanden. Hiernach ist ein höherer Siliziumzusatz (bis 4 v.H.), den man bisweilen noch bei Dynamoblechen findet, für die Praxis nutzlos. Die etwa 2 v.H. Silizium enthaltenden Bleche bekommen ihre günstigsten magnetischen Eigenschaften durch geeignetes Ausglühen. In Abb. 166 sind die wichtigsten Untersuchungsergebnisse von Paglianti zusammengestellt.

Auch Gumlich[2]) hat ausgedehnte Versuche über legiertes Dynamoblechmaterial angestellt, indem er die Höhe der Glühtemperatur, die Abkühlungsgeschwindigkeit und wiederholtes Ausglühen bei verschiedenen Temperaturen in den Kreis seiner Betrachtungen zieht, auf die hiermit nur hingewiesen werden soll.

Das Altern (langes Lagern) ist nicht nur von Bedeutung für die mechanischen (S. 123), sondern auch für die magnetischen Eigenschaften des Eisens. Es ist nachgewiesen worden, daß durch dauernde gleichbleibende Erwärmung des Eisens bei etwa

---

[1]) a. a. O.
[2]) a. a. O.

100° C, d. h. durch künstliche Alterung, die magnetischen Eigenschaften merklich verschlechtert werden, und zwar hat sich ergeben, daß Eisen mit geringem Kohlenstoffgehalt im allgemeinen am meisten altert, dagegen siliziumhaltige Dynamobleche fast gar keine Alterungserscheinungen aufweisen. Der Alterungskoeffizient bei den oben näher beschriebenen drei Blechen darf

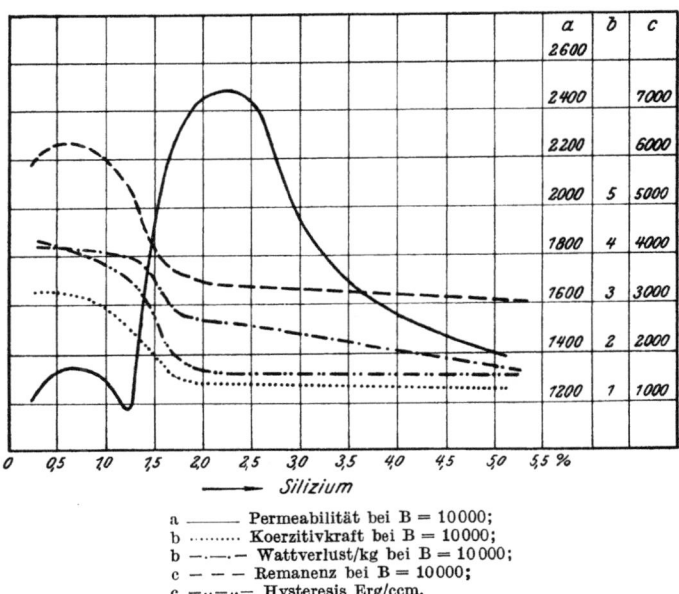

a ———— Permeabilität bei B = 10000;
b ········ Koerzitivkraft bei B = 10000;
b —·—·— Wattverlust/kg bei B = 10000;
c — — — Remanenz bei B = 10000;
c —··—··— Hysteresis Erg/ccm.

Abb. 166. Einfluß des Siliziums auf die magnetischen Eigenschaften von weichem Flußeisen. Nach Paglianti.

in den beiden ersten Fällen nicht mehr als $7^1/_2$ v.H. betragen, in letzterem Falle nicht mehr als 5 v.H.

Die überhaupt erreichbaren vorteilhaftesten Eigenschaften für den Dynamo- und Transformatorenbau würden natürlich solche Bleche haben, die aus vollständig reinem Eisen bestehen. Dies ist das Elektrolyteisen, dessen wertvolle magnetische Eigenschaften schon vielfach festgestellt worden sind. Die höchste Permeabilität liegt bei 23 000, wobei die Induktion B = etwa 10 000 CGS ist. Bei dünnen Blechen aus Elektrolyteisen ist die

Wattverlustziffer im Vergleich zu den handelsüblichen Dynamo- und Transformatorenblechen sehr gering [1]). Infolge seiner chemischen Reinheit hat daher das Elektrolyteisen für die Elektrotechnik erhebliche Bedeutung, was aber zur Zeit nicht ausgenutzt werden kann, weil die allgemeine schlechte Wirtschaftslage und auch andere Umstände (mechanische Bearbeitung usw.) der Einführung dieser Bleche im Wege steht (S. 258).

Vergleichsweise sollen hier auch noch die magnetischen Eigenschaften des Stahlgusses besprochen werden, die in der Elektroindustrie neben den mechanischen Eigenschaften eine große Rolle spielen. Größere Werke der Elektroindustrie sind

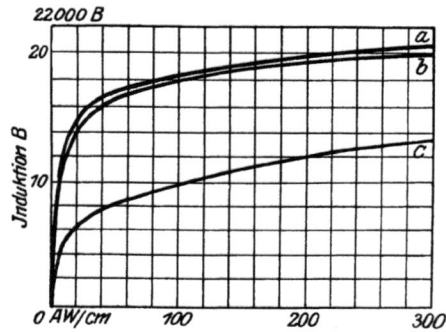

Abb. 167. Induktionskurven von Dynamoblech (a), Stahlguß (b) und Grauguß (c).

bereits dazu übergegangen, außer bestimmten Vorschriften für die Festigkeit und Dehnung auch scharfe Forderungen für die magnetischen Eigenschaften des Stahlgusses aufzustellen und zu verlangen.

Abb. 167 zeigt vergleichsweise die Induktionskurven von Dynamoblech (a), Stahlguß (b) und Grauguß (c). Die schlechtesten magnetischen Eigenschaften weist Grauguß auf, die besten das Dynamoblech.

Auch beim Stahlguß setzen kleine Beimengungen von Kohlenstoff, Silizium, Mangan, Schwefel, Phosphor usw. die Magnetisierbarkeit herab und daher sind Silizium- oder Manganstahlgüsse für elektrische Maschinen im allgemeinen ungeeignet, wie

---

[1]) Pfanhauser, Die elektrolytischen Metallniederschläge. 6. Aufl., S. 673. Berlin 1922.

auch bei den gewöhnlichen Stahlgüssen auf einen möglichst geringen Mangangehalt gesehen werden muß (S. 290). So stehen also auch beim Stahlguß die magnetischen Eigenschaften in einem gewissen Gegensatze zu den Festigkeitseigenschaften des Eisens, die durch gewisse Zusatzstoffe verbessert werden.

Wird beim Stahlguß eine hohe Zerreißfestigkeit verlangt, wie es z. B. bei Rotoren für Turbogeneratoren und Hochfrequenzmaschinen und für andere schnellaufende Maschinen mit vollen Rotoren der Fall ist, so muß man wohl oder übel auf die günstigsten magnetischen Eigenschaften verzichten und zunächst Wert auf die Festigkeit legen.

Wird der Stahlguß dagegen für Gehäuse von elektrischen Gleichstrommaschinen verwendet, so sind die Ansprüche, die an die Festigkeit des Materials gestellt werden, im allgemeinen gering. Es wird hier nur Wert auf die beste Magnetisierbarkeit gelegt. Je günstiger die Magnetisierungskurve des Materials ist, desto kleiner kann der Querschnitt des Gehäuserückens sein, und desto weniger Wickelkupfer ist erforderlich, um eine bestimmte Induktion im Eisen zu erzielen. Auf die Festigkeitseigenschaften braucht in diesem Falle keine besondere Rücksicht genommen zu werden, weil der Querschnitt des Gehäuses, um die erforderliche magnetische Kraftlinienzahl zu erhalten, trotzdem so stark werden muß, daß erfahrungsgemäß selbst die Festigkeit des reinen Eisens noch vollkommen ausreicht.

Nun spielt bei den magnetischen ähnlich wie bei den mechanischen Eigenschaften des Materials nicht nur die chemische Zusammensetzung eine Rolle, sondern auch die Vorbehandlung des Materials beeinflußt die magnetischen Eigenschaften ganz erheblich. Würde man z. B. Stahlgußstücke nach dem Gießen aus der Form herausreißen und schnell abschrecken, so würde die Magnetisierbarkeit durch die Härtung und vollständige oder teilweise Umwandlung in Martensit stark herabgesetzt werden. Umgekehrt erzielt man durch langsame Abkühlung des Gußstückes in der Form und durch eine nachfolgende sorgfältige Glühung ein magnetisch hochwertiges Material, wobei im allgemeinen höhere Glühtemperaturen gewählt werden können, wie sie für die mechanische Verbesserung des Materials vorgesehen werden.

Es kommt also für alle in der Elektroindustrie verwendeten aus Stahlguß bestehenden Konstruktionsstücke, soweit sie magnetisch beansprucht werden und die mechanische Beanspruchung nicht auffallend hoch ist, nur ein Flußeisenguß von chemisch großer Reinheit in Frage, der einer sorgfältigen Glühbehandlung zu unterziehen ist. Die Festigkeit eines solchen Materials kann sich in den Grenzen zwischen 35 und 38 kg/qmm bewegen.

Von den elektrischen Eigenschaften dieses Materials kann man verlangen, daß die Magnetisierungskurve (jungfräuliche Kurve)

für 5 AW/cm eine Induktion von $B = 10\,000$
,, 25 AW/cm ,, ,, ,, $B = 15\,000$
,, 50 AW/cm ,, ,, ,, $B = 16\,600$

aufweist.

Für Stahlguß, der einer stärkeren mechanischen Beanspruchung ausgesetzt wird, kommt man im allgemeinen mit einer Festigkeit von 45—50 kg/qmm aus. Von diesem Material kann man dann etwa folgende Magnetisierungsziffern verlangen:

für 5 AW/cm eine Induktion von $B = 9\,000$
,, 25 AW/cm ,, ,, ,, $B = 13\,000$
,, 50 AW/cm ,, ,, ,, $B = 15\,000$.

In seltenen Fällen kommen auch höhere Festigkeiten bis zu 60 kg/qmm vor. Alsdann müssen auch die Anforderungen an die magnetischen Eigenschaften geringer gestellt werden.

XV. Die Manganstähle.

Alle Eisen- und Stahlsorten, einschließlich Gußeisen, enthalten stets gewisse Mengen von Mangan, der in den Eisenerzen vorhanden war und während ihrer Verhüttung sich mit dem flüssigen Eisen vereinigte, sich in ihm auflöste. Hieran muß der Konstrukteur stets denken, wenn ihm die Ergebnisse von Festigkeitsprüfungen irgendeines Baustahls vorgelegt werden. Von der Höhe des Kohlenstoffgehaltes sind in erster Linie bei reinen Kohlenstoffstählen die mechanischen Eigenschaften abhängig, aber selbst bei den geringen Mengen von 0,3—0,7 v. H. Mangan ist schon ein Einfluß namentlich auf die Zugfestigkeit niedrig gekohlten Flußeisens gewöhnlicher Handelsqualität mit 0,08 — 0,10 v. H. Kohlenstoff erkennbar, während Dehnung, Querschnittsverminderung und Kleingefüge im allgemeinen unverändert bleiben. Für gewöhnlich übersteigt der Mangangehalt in den schmiedbaren Eisensorten selten mehr als 1 v. H.

Untersuchungen von Osmond haben gezeigt, daß durch einen Manganzusatz die Lage der Haltepunkte in tiefere Zonen heruntergedrückt wird, so daß je nach dem Kohlenstoff- und Mangangehalt schon bei Zimmertemperatur nicht allein Ferrit und Perlit, sondern reiner Martensit vorhanden ist, der Stahl also bei gewöhnlicher Temperatur ohne nachfolgende Abschreckung aus hoher Temperatur bereits so hart ist, wie ein Kohlenstoffstahl nach dem Abschrecken.

Hieraus ist zu folgern, daß ein Stahl mit z. B. 4 v. H. Mangan und einem mittleren Kohlenstoffgehalt von etwa 0,45 v. H. bereits zwischen 200 und 300° C eine Umwandlung erfährt, bei 5 v. H. Mangan bereits bei 100° C und Stähle mit über 7 v. H. Mangan eine Umwandlung unter Zimmertemperatur aufweisen. Es liegt also hier schon die feste Lösung Martensit vor. Dies besagt also wiederum, daß Mangan von einer gewissen Menge an dasselbe bewirkt, was erst bei einfachen Kohlenstoffstählen durch Abschrecken erreicht wird, nämlich einen Stahl glashart zu machen.

Bei diesen Vorgängen muß selbstverständlich der auch in den Manganstählen vorhandene Kohlenstoffgehalt berücksichtigt werden, denn bei hohen Kohlenstoffgehalten ist die Erniedrigung der Umwandlungspunkte bei einem bestimmten Mangangehalte größer als bei geringen Kohlenstoffgehalten. Um daher einen Manganstahl zu kennzeichnen, ist neben der genauen Festsetzung der chemischen Zusammensetzung zumindest die Aufnahme einer Abkühlungskurve notwendig.

Bei der Besprechung der einfachen Kohlenstoffstähle hieß es, daß die Haltepunkte bei der Erhitzung höher liegen als bei der

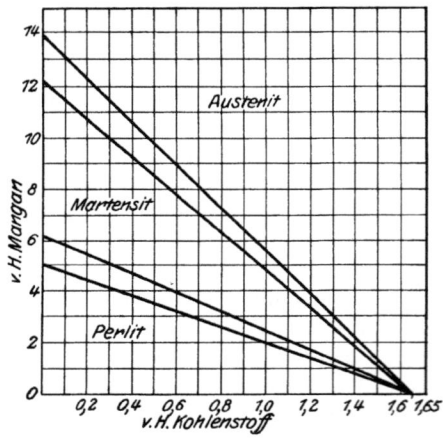

Abb. 168. Gefügeschaubild der Manganstähle. Nach Guillet.

Abkühlung. Diese Verzögerung in dem Auftreten des Haltepunktes, die an sich gewöhnlich sehr gering ist, wurde Hysteresis genannt (S. 39), und es hat sich gezeigt, daß sich die Hysteresis bei Manganstählen über große Temperaturbereiche erstreckt. Bei einem 12 prozentigen Manganstahl umfaßt die Hysteresis etwa 600° C. Dieser Manganstahl ist also, wie dies bei den Nickelstählen noch besonders beschrieben wird, ein irreversibler Stahl, weil die Haltepunkte bei der Erhitzung und Abkühlung um große Temperaturbereiche voneinander entfernt liegen und diesen Stählen in diesem jeweiligen Zustande die Eigentümlichkeit innewohnt, daß sie als feste Lösung, als Martensit, unmagnetisch, dagegen in der Form von Ferrit und Perlit magnetisch sind.

Aus diesen Ausführungen läßt sich ebenfalls schon ohne weiteres folgern, daß die Manganstähle je nach ihrem Kohlenstoff- und Mangangehalt schon bei gewöhnlicher Temperatur verschiedenartige Gefüge aufweisen müssen, weil die Lage der Haltepunkte

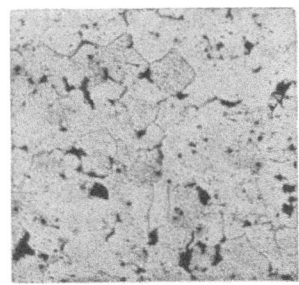
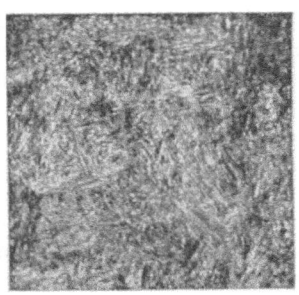

Abb. 169. Perlitischer Manganstahl mit 0,06 v. H. Kohlenstoff und 4,2 v. H. Mangan. V = 200.

Abb. 170. Martensitischer Manganstahl mit 0,03 v. H. Kohlenstoff und 6,1 v. H. Mangan. V = 200.

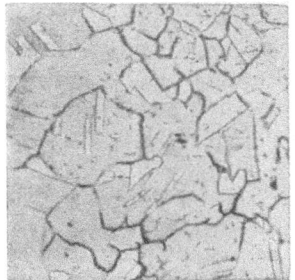

Abb. 171. Austenitischer Manganstahl mit 0,9 v. H. Kohlenstoff und 10 v. H. Mangan. V = 200.

jeweils auf Zimmertemperatur sinkt. Man kann daher die Manganstähle nach Guillet einteilen in:
 a) perlitische Manganstähle,
 b) martensitische Manganstähle,
 c) austenitische Manganstähle,
wie aus der Abb. 168, die das Kleingefüge der Manganstähle darstellt, ersichtlich ist. Scharfe Begrenzungen zwischen diesen einzelnen Gefügearten gibt es, wie auch bei den Nickelstählen,

nicht, sondern es werden auch hier die Übergangsstufen Troostit und Sorbit an den Grenzen, die in Abb. 168 durch die spitzen Dreiecke angedeutet sind, erkennbar sein.

Die Abb. 169 bis 171 stellen einen perlitischen, martensitischen und austenitischen Manganstahl dar (Guillet). Man erkennt deutlich eine Übereinstimmung mit dem Gefügeaussehen von einfachen Kohlenstoffstählen, das in den Abb. 5, 30 und 31 veranschaulicht ist. In Abb. 169 sind die hellen Felder Manganferrit, die dunklen Manganperlit, in Abb. 170 ist bei langsamer Abkühlung und schon bei gewöhnlicher Temperatur ohne Abschreckung Martensit und in Abb. 171 reiner Austenit in Polyederform sichtbar. Daher werden auch diese Stähle **polyedrische Manganstähle** genannt. Da Mangan den eutektischen Punkt der Kohlenstoffstähle etwas herabdrückt, so kann man bereits bei Stählen mit 2 v.H. Mangan und 0,75 v.H. Kohlenstoff keinen Ferrit mehr beobachten, der bei einfachen Kohlenstoffstählen erst bei einem Gehalt an Kohlenstoff von etwa 1 v.H. verschwindet.

Für das **Härten** der Manganstähle ist ebenfalls die Tatsache wichtig, daß die perlitischen Stähle sich durch Abschrecken in martensitische bzw. austenitische, die martensitischen Stähle in austenitische überführen lassen, während theoretisch ein Abschrecken der austenitischen Stähle ohne Einfluß auf ihr Gefüge sein wird, was jedoch mit praktischen Versuchen nicht immer übereinstimmt.

Den Konstrukteur interessieren natürlich in erster Linie die **Festigkeitseigenschaften** der Manganstähle und ihre besondere Verwendbarkeit für bestimmte Zwecke. Da bei den Manganstählen alle Gefügebestandteile der einfachen Kohlenstoffstähle vorkommen und das Kleingefüge in einem ursächlichen Zusammenhang mit den Festigkeitseigenschaften steht, so wird man schon von vornherein aussagen können, daß die **perlitischen Manganstähle**, also solche bis zu 7 v.H. Mangan, bei der Prüfung eines Zerreißstabes eine gewisse Dehnung und Querschnittsverminderung aufweisen müssen, also von mehr oder weniger zäher Natur sind. Ein **martensitischer Manganstahl** wiederum, der das feinste Gefüge darstellt, besitzt auch hier die höchste Festigkeit, aber die geringste Formänderungsfähigkeit. Dehnung und Querschnittsverminderung wird man daher auch bei diesen Stählen nicht beobachten. In der Mitte dieser genannten Stähle werden diejenigen Manganstähle liegen, die ein Übergangsgefüge von Troostit, Osmondit oder Sorbit zeigen. Nur bei den austenitischen oder polyedrischen Manganstählen läßt sich ein gewisser Unterschied im Vergleich zu den Kohlenstoffstählen feststellen. Austenit ist bei Kohlenstoffstählen nur dann erzielbar, wenn sie bei sehr hohen Temperaturen, also weit über den höchsten Haltepunkt erhitzt und abgeschreckt werden. In diesem Zustande ist der Stahl zwar hart, aber nicht so hart, wie ein bei richtiger Temperatur (760—800° C) abgeschreckter Kohlenstoffstahl. Dieser ist aber dann sehr spröde, während ein austenitischer Manganstahl infolge seiner noch erkennbaren Weichheit immer noch eine gewisse Zähigkeit aufweist. Vielfach wird sogar angenommen, daß hier die Härte des Austenits nicht größer ist als die des Ferrits. Lehrreich ist die von Hadfield beobachtete Tatsache, daß die Festigkeit und ganz wesentlich die Zähigkeit hochmanganhaltiger Stähle (10—14 v. H. Mangan) erheblich gesteigert wird, wenn sie aus hohen Temperaturen (etwa 1000—1100° C) in kaltem Wasser abgeschreckt werden.

Bevor über die Festigkeitseigenschaften der Manganstähle etwas ausgesagt wird, muß nicht allein die jeweilige Höhe des Mangangehaltes berücksichtigt werden, sondern auch die Höhe des Kohlenstoffgehalts spielt naturgemäß wesentlich mit. Aber auch die anderen gewöhnlich vorkommenden Beimengungen, wie Silizium, Phosphor und Schwefel dürfen nicht außer acht gelassen werden, denn auch die beiden zuletzt genannten Elemente beeinträchtigen, wenn sie über ein gewisses Maß hinausgehen, ebenso wie bei den einfachen Kohlenstoffstählen, die Festigkeitseigenschaften der Manganstähle sehr. Aus diesem Grunde können ältere Untersuchungen über den Einfluß des Mangans auf die Eigenschaften des schmiedbaren Eisens, die sich bis auf etwa 3 v. H. Mangan erstrecken, nur bedingten Wert beanspruchen. Hierauf weist besonders Láng[1]) hin, der seine Untersuchungen folgerichtiger durchgeführt hat und deren Ergebnisse hier namentlich herangezogen werden sollen.

Die Festigkeitseigenschaften der von Lang untersuchten perlitischen Manganstähle mit steigendem Mangangehalt an ausgeglühten und abgeschreckten Proben sind in den nachfolgenden Zahlentafeln zusammengestellt.

---

[1]) Metallurgie 1911. S. 15.

Die Manganstähle.

Mangan v.H.	Kohlenstoff v.H.	Silizium v.H.	Schwefel v.H.	Phosphor v.H.	Kupfer v.H.	Fließgrenze kg/qmm	Zug-festigkeit kg/qmm	Dehnung v.H.	Querschnitts-verminderung v.H.	Spezifische Schlagarbeit mkg/qcm	Härte (Brinell)
0,285	0,109	0,32	0,046	0,063	0,131	32,40	44,00	27,85	53,50	23,2	119
0,440	0,125	0,29	0,050	0,067	0,164	33,50	45,70	29,20	62,50	29,4	115
0,675	0,126	0,30	0,046	0,067	0,167	35,00	46,61	29,40	63,90	28,1	115
0,785	0,099	0,31	0,052	0,040	0,123	34,65	45,40	27,85	65,90	33,4	118
1,020	0,098	0,32	0,049	0,041	0,140	36,30	47,90	28,65	64,20	31,8	123
1,270	0,100	0,31	0,045	0,099	0,146	38,20	50,20	27,90	68,10	26,4	132
1,315	0,101	0,30	0,047	0,102	0,141	38,00	50,10	28,00	67,70	34,0	133
1,765	0,102	0,31	0,056	0,103	0,152	40,75	58,10	25,90	54,70	25,1	156
1,835	0,099	0,32	0,059	0,108	0,126	41,10	59,75	26,00	46,75	25,6	162
2,230	0,090	0,30	0,058	1,102	0,129	42,90	65,20	21,20	43,40	9,5	198
2,470	0,092	0,30	0,051	0,110	0,125	44,60	72,40	18,80	39,40	2,7	211

In Wasser von 15⁰ C abgeschreckt.

Hiernach wird zunächst die Tatsache bestätigt, daß die Festigkeit des kohlenstoffarmen nicht abgeschreckten Flußeisens durch Mangan bis etwa 3 v. H. gesteigert wird, und zwar beträgt sie für je 1 v.H. Mangan durchschnittlich 1,5 kg/qmm.

30,20	55,40	19,60	61,00	23,6	146
33,00	58,00	19,18	62,00	27,0	165
34,20	59,20	16,00	62,50	29,4	154
34,90	59,40	14,00	56,10	30,0	157
38,15	68,10	15,52	53,00	27,2	179
44,30	75,80	15,24	48,20	18,4	230
46,50	78,20	16,30	47,80	18,1	237
60,25	109,00	9,00	44,60	14,8	273
62,70	110,50	6,70	41,70	14,5	288
64,00	115,70	4,91	26,60	12,3	326
64,90	117,10	3,10	18,90	11,7	144

Jede Abschreckung erhöht bekanntlich die Zugfestigkeit. Da bei diesen untersuchten Proben der Kohlenstoffgehalt sehr gering ist, so ist die Wirkung der Abschreckung allein dem Mangangehalt zuzuschieben, die schon im Anfang schnell steigt. Die Beeinflussung der Dehnung und Querschnittsverminderung durch einen gesteigerten Mangangehalt ist aus der Zahlentafel ohne weiteres ersichtlich. Bei rund 105 kg/qmm Festigkeit besitzt das abgeschreckte Material mit 1,7 v.H. Mangan noch etwa 10 v.H. Dehnung, die bekanntlich durch Abschreckung wesentlich erniedrigt wird. Bei dem unbehandelten und geglühten Material steigt die Querschnittsverminderung bis etwa 1,3 v.H. Mangan, um dann gleichmäßig abzufallen, was bei dem abgeschreckten Material bereits bei 0,7 v.H. Mangan eintritt.

Während also die Ergebnisse des Zugversuches im allgemeinen eine Zunahme der Festigkeit und Abnahme der Dehnung und

Querschnittsverminderung zeigen, steigt dagegen die Kerbzähigkeit (spez. Schlagarbeit) und fällt wieder bei einem erreichten Höchstwert. Infolgedessen ist es auch hier angebracht, jedes Material, an das hohe Beanspruchungen gegen Stoß gestellt werden, gut auszuglühen und langsam abzukühlen. Im Vergleich zu dem abgeschreckten Material wird durch das Ausglühen die spezifische Schlagarbeit bedeutend erhöht. Bis 1,3 v.H. Mangan findet ein schnelles Anwachsen bis zu dem Höchstwert von 44 mkg/qcm statt, ein Wert, der tatsächlich als ausgezeichnet betrachtet werden muß. Aber auch der noch bei 2,5 v.H. Mangan erreichte Wert von etwa 14 mkg/qcm kann als recht günstig bezeichnet werden. Sogar bei dem abgeschreckten Material erkennt man die ausgezeichnete Wirkung des Mangans auf die Kerbzähigkeit.

Die Härte wird durch einen Mangangehalt um etwa 5^0 für 0,1 v.H. Mangan erhöht. Beim Abschrecken wird sogar eine Steigerung um 9^0 bei 0,1 v.H. Mangan bewirkt.

Kurz zusammengefaßt läßt sich also über den Einfluß des Mangans auf die Festigkeitseigenschaften des Flußeisens sagen, daß das Mangan bis etwa 1,5 v.H. sämtliche mechanischen Eigenschaften des Eisens verbessert, namentlich ist ein Gehalt an Mangan über 1 v.H. dann empfehlenswert, wenn an das Material hohe Anforderungen hinsichtlich der Widerstandsfähigkeit gegen Schlag gestellt werden.

Bezogen sich die vorstehenden Darlegungen auf schmiedbares Eisen bis etwa 3 v.H. Mangan, so ist aber natürlich auch für den Konstrukteur die Kenntnis der Erfahrungen wichtig, die man mit perlitischen Manganstählen gemacht hat, die einen höheren Kohlenstoffgehalt aufweisen als beispielsweise rund 1 v.H. Hier sind besonders die Untersuchungen bemerkenswert, die darauf hinauslaufen, den Manganstahl als Ersatz hochwertiger Konstruktionsstähle z. B. von Nickel- und Nickelchromstählen heranzuziehen[1]).

Was die Festigkeit der Manganstähle mit hohem Mangangehalt anbetrifft, so sei hier nur auf die umfangreichen Untersuchungen von Hadfield und Guillet hingewiesen. Ersterer untersuchte zunächst gegossene Manganstähle, also Manganstahlgüsse mit 0,32—23,45 v.H. Mangan, die einen Kohlenstoffgehalt von 0,15 v.H. bis jeweils mit dem Mangangehalt steigend von 2,15 v.H. enthielten und ferner Manganstähle in rohgeschmiedetem und

---

[1]) Terényi, Stahl und Eisen 1908. S. 567.

auf Weißglut erhitztem und an der Luft erkaltetem Zustande, zu stark geschmiedete und auf Weißglut erhitzte und in Öl abgeschreckte und endlich geschmiedete und auf Weißglut erhitzte und in Wasser abgeschreckte Manganstähle. Die Mangangehalte waren jeweils 0,83—21,69 v.H. und der Kohlenstoffgehalt bewegte sich zwischen 0,2 und 2,1 v.H. Diese Stähle lagen also in allen Gebieten der perlitischen, martensitischen und austenitischen Manganstähle. Eine genaue Besprechung aller dieser Untersuchungsergebnisse würde an dieser Stelle zu weit führen und es sei hier daher ausdrücklich auf Mars, Spezialstähle hingewiesen. Nur so viel soll gesagt werden, daß Hadfield zuerst die Entdeckung machte, daß jenseits des martensitischen Zustandes die Manganstähle bessere Festigkeitseigenschaften besitzen, die man bei Kohlenstoffstählen nicht kannte, ein Umstand, auf den später noch zurückgekommen werden soll. Aber auch die Erbringung der Tatsache, daß hochmanganhaltige Stähle eine erhebliche Steigerung ihrer Festigkeit und ganz besonders ihrer Zähigkeit erfahren, wenn sie aus hohen Temperaturen abgeschreckt werden, ist von nicht zu unterschätzender Bedeutung für die Heranziehung dieser Stähle zu Konstruktionszwecken. Im allgemeinen zeigt es sich, daß jenseits von etwa 2,5 v.H. Mangan in allen Fällen Festigkeit und Dehnung sinken, wenigstens soweit geschmiedete und gegossene Manganstähle in Frage kommen und daß sie den gewöhnlichen Kohlenstoffstählen nicht überlegen sind.

Stellt man die wichtigsten bisher vorliegenden Ergebnisse der verschiedenartigen Behandlungsarten zusammen, so erkennt man, daß die besten Eigenschaften bei einem 14prozentigen Manganstahl durch die Abschreckung in Wasser erzielt werden, eine ähnliche Wirkung wird beim 12prozentigen Manganstahl durch eine Abschreckung in Öl herbeigeführt, während der 10prozentige Manganstahl am einfachsten ausgeglüht wird, um seine höchste Leistungsfähigkeit zu erhalten. Hieraus ergibt sich mithin weiter die wichtige Folgerung, daß jeder Manganstahl besonders behandelt werden muß, um bei einer gegebenen Zusammensetzung die günstigsten Festigkeitseigenschaften zu erreichen. Auf die chemische Zusammensetzung des Stahls muß also auch hier die erste Rücksicht genommen werden, und da die brauchbaren hochprozentigen Manganstähle zwischen 8—15 v.H. Mangan schwanken können, so muß für jeden dieser Stähle tunlichst ein besonderes Wärmebehandlungsverfahren, wie oben dargetan wurde, herangezogen werden, um aus den Manganstählen die besten Festigkeitswerte herauszuholen. So darf z. B. der 10prozentige Manganstahl nicht aus Weißglut abgeschreckt werden. Hierdurch werden unnötige Spannungen in den Stahl gebracht, für die gerade die Manganstähle sehr empfindlich sind, weil ihr Wärmeleitungsvermögen niedriger ist als das der einfachen Kohlenstoffstähle. Spannungen lösen aber zumeist Risse aus, und schon aus diesem Grunde ist die Beobachtung der Grundsätze für die Wärmebehandlung der Manganstähle ungemein wichtig.

Es soll noch erwähnt werden, daß Manganstähle mit niedrigen und mittleren Mangangehalten auch bei tieferen Temperaturen ihre Zähigkeit behalten und daß auch die Blauwärme (250 bis 400° C) ihre Widerstandsfähigkeit nicht beeinflussen soll. Bei der Temperatur der flüssigen Luft ist aber ebenso wie beim weichen Eisen auch der Manganstahl zum Unterschiede von dem hochprozentigen Nickelstahl sehr spröde.

Als Ergänzung der Hadfieldschen Untersuchungen können diejenigen von Guillet betrachtet werden, die sich auf Manganstähle mit steigendem Mangangehalte beziehen und jeweils 0,2 bzw. 0,8 v.H. Kohlenstoff aufwiesen. Auch hier ergab sich, daß sich die austenitischen Stähle durch größere Zähigkeit auszeichnen.

Über die Härte der martensitischen und austenitischen Stähle ist zu bemerken, daß die größte Härte bei einem Stahl mit 5—6 v.H. Mangan vorhanden ist, dem kein Werkzeug widerstehen kann. Die Härte der perlitischen Stähle ist ungefähr gleich der der reinen Kohlenstoffstähle, die polyedrischen Stähle sind auch hier wieder weicher.

Läßt man sich ganz allgemein über die Härtung der Manganstähle aus, so kann man, wie oben bereits angedeutet wurde, sagen, daß die perlitischen Stähle ebenso wie die Kohlenstoffstähle nach dem Abschrecken aus den entsprechenden Temperaturen martensitisch werden, die martensitischen Manganstähle verändern im allgemeinen ihr Gefüge durch Abschreckung nicht, nur die an der Grenze liegenden zeigen Neigung zu austenitischer Gefügebildung und werden daher auch hinsichtlich ihrer Bruchfestigkeit und Härte etwas weicher. Auch die austenitischen Stähle verändern sich gewöhnlich durch plötzliches Abkühlen nicht, aber auch hier ist hinwiederum ein Weicherwerden zu beobachten.

Über die Schmiedbarkeit der Manganstähle läßt sich unter Heranziehung der Gefügebilder anführen, daß die perlitischen Stähle mit geringem Kohlenstoffgehalt (etwa 0,2 v.H.) sich bis 5 v.H. Mangan und bei 0,82 v.H. Kohlenstoff sich bis 3 v.H. Mangan noch gut schmieden lassen. Ein Mangangehalt in niedrigeren Grenzen behindert also die Schmiedbarkeit der Manganstähle nicht. Mangan verringert die Schweißbarkeit (S. 126), wenigstens ist dies bei höheren Gehalten als 1 v.H. Mangan der Fall. Dagegen sind hochprozentige Manganstähle gut schweißbar, eine Schweißfuge ist hier bei sachgemäßer Schweißung kaum wahrnehmbar.

Die Kaltbearbeitung dagegen scheint durch Mangan behindert zu werden und es sollten nur diejenigen Stähle gewalzt, gepreßt oder gezogen werden, die in das perlitische Gebiet gehören. Mars erwähnt ein Beispiel, daß sogar ein polyedrischer Manganstahl mit 10 v.H. Mangan sich zu feinstem Draht ausziehen ließ, und daß er bei einer Zwischenausglühung bei 1000—1200° C und nach einer Abschreckung aus dieser Temperatur diese Wirkung noch besser erzielte.

Mit Ausnahme der martensitischen Stähle, die sich praktisch nicht bearbeiten lassen, genießen nur die perlitischen Stähle und in wachsendem Maße auch die austenitischen Stähle eine Bevorzugung für Konstruktionszwecke. Einige Verwendungen der perlitischen Manganstähle seien hier genannt (Mars):

Verwendungszweck	Kohlenstoff v.H.	Silizium v.H.	Mangan v.H.
Werkzeugstahl	0,50—1,50	0,10—0,20	0,20—0,30
Schweißstahl	0,50—0,60	0,05—0,10	0,05—0,30
Amboß	0,40—0,45	0,50—0,60	0,90—1,00
Eisenbahnschienen	0,20—0,30	0,05—0,20	0,55—0,70
Eisenbahnwagenräder	0,15—0,20	0,10—0,20	0,70—0,90
Radreifen (Bandagen)	0,30—0,40	0,10—0,20	1,30—1,40
Schrapnells	0,50—0,60	0,10—0,30	0,70—0,90
Walzdorn, Pilgerdorn	0,45	0,10	1,30
Kohlensäureflaschen	0,25—0,30	0,10—0,15	1,40—1,45

Stähle mit 5—6 v.H. Mangan kann man wegen ihres sehr feinen Gefüges in abgeschrecktem Zustande sogar für Bohr- und andere Schneidwerkzeuge heranziehen.

Austenitische Stähle hat man für Eisenbahnkupplungen, Panzerplatten, Hufeisen, Achsen und Wellen verwendet, letztere besonders dann, wenn sie starken Reibungen ausgesetzt sind. Räder und Radsätze aus Manganstahl als Ersatz für Hartgußräder hat man ebenfalls ins Auge gefaßt. Für Eisenbahnschienen, stark beanspruchte Schienen, Herzstücke und sonstige Teile im Eisenbahn- und Straßenbau ist Manganstahl beliebt. Eisenbahnschienen aus Manganstahl haben namentlich in Nordamerika bereits ausgedehnte Verwendung gefunden. Ihre Zusammensetzung ist etwa folgende: 1—1,2 v. H. Kohlenstoff, 11—13 v. H. Mangan, 0,06—0,11 v. H. Phosphor, 0,24—0,45 v. H. Silizium und 0,02 bis 0,06 v. H. Schwefel. Ein Mangangehalt mit weniger als 8 v. H. Mangan macht die Schiene brüchig. Dieser Stahl wird sowohl in gegossener als auch gewalzter oder geschmiedeter Form hergestellt, zeichnet sich durch hohe Zerreißfestigkeit, Zähigkeit und hohe Verschleißfestigkeit aus und dient auch vor allen Dingen als Baustoff für Weichenzungen und Herzstücke. Auch für Radlenker und Bogenschienen bei Straßen- und Schnellbahnen wird er gewünscht. Die Lebensdauer ist 3—6 mal so groß als die einfacher Baustähle, in einzelnen Fällen sogar 15—20fach im Vergleich zu den aus gewöhnlichem Bessemerstahl hergestellten Oberbauteilen. Bei Schienen muß allerdings der Querschnitt durch Verstärkung des Steges und Erhöhung des Schienenfußes etwas geändert werden. Ein Nachteil liegt darin, daß dieser Stahl an den Bearbeitungsstellen nicht mehr bearbeitet werden kann, da er härter ist als die gebräuchlichen Werkzeuge. So ergab ein Bohrversuch nach 20 Minuten nur 11 g Späne, während bei einer gewöhnlichen Stahlschiene 750 g erzielt wurden. Schienen dieser Art der elektrischen Bahn in Paris hatten sich nach 3 Jahren in hochbeanspruchten Kurven nur um etwa 2,5 mm abgenutzt, so daß sie etwa 6—7 Jahre im Gebrauch bleiben konnten, während man gewöhnliche Schienen ungefähr nach einem Jahre auswechseln mußte. Diese Manganschienen ließen sich noch in kaltem Zustande vollständig zusammenbiegen, die Dehnung betrug etwa 40 v. H.

Aber auch Walzdorne, Pochstempel, Brechbacken, Panzerplatten für Mühlen, auch Geldschränke (Tresorstähle) und Zahngetriebe werden aus hochmanganhaltigem Stahl hergestellt. Namentlich aber für den Baggerbau wird der Manganstahl in neuerer Zeit ganz wesentlich bevorzugt, da es wohl keine Maschine gibt, die unter so ungünstigen Verhältnissen wie der Bagger arbeitet. Die wichtigsten Teile der Eimerketten und des Hauptantriebes arbeiten fast oder ganz ohne jede Schmierung in dem bald trockenen bald nassen Baggergrunde, der sich zwischen die einzelnen aufeinanderarbeitenden Flächen einzwängt und so den schnellsten Verschleiß hervorruft. Infolgedessen müssen hier gerade Werkstoffe von höchster Verschleißfestigkeit, die eine hohe Lebensdauer gewährleisten, ausgesucht werden und der Konstrukteur ist daher gezwungen, Hartguß oder andere Sonderstahlsorten in weitgehendstem Maße heranzuziehen. So wird in Deutschland (Krupp) ein Hartstahl erzeugt, der neben außergewöhnlicher Härte größte Zähigkeit verbindet, also Eigenschaften, die in keinem anderen Werkstoffe in gleichem Umfange vorhanden sind.

Dieser Hartstahl ist im Urzustande spröde und hart, aber durch eine sorgsame Wärmebehandlung werden dem Gefüge erst die für die Zähigkeit ausgeprägten Eigenschaften verliehen. Die Härte ist keineswegs spröde oder schneidhaltend, sondern zähe, gegen scheuernde Reibung ist dieser Werkstoff bei hoher Beanspruchung besonders geeignet. Der Hartstahl besitzt bei etwa 110 kg Zerreißfestigkeit 35 v. H. Dehnung und läßt sich ohne Bruch bis zu 90° biegen. Bolzen und Buchsen, Eimermesser, Gleitschienen, Turasse, Turaspolygonecken usw. werden aus Hartstahl gefertigt, der kalt gebogen werden kann, ohne Anrisse zu zeigen. Er besitzt nach der Abschreckung nicht etwa nur Oberflächenhärte, sondern seine Naturhärte ist im ganzen Werkstoff gleichmäßig vorhanden, so daß die äußerste Ausnutzung gewährleistet ist. Auch an Gewicht wird bei der gleichzeitig vorhandenen Zähigkeit durch eine leichtere Bauart wesentlich gespart. Hierdurch wird aber wiederum eine längere Lebensdauer erzielt. So waren z. B. die Bolzen aus gewöhnlichem Stahl nach dreimonatiger Betriebsdauer stark verschlissen, während die Hartstahlbolzen auch nach zehnmonatiger Arbeitszeit kaum Spuren der Abnutzung zeigten.

Der 13prozentige Manganstahl, ein Selbsthärter, wird aus dem Grunde vielfach vom Konstrukteur bevorzugt, weil er ebenfalls eine große Zähigkeit und Verschleißfestigkeit bei einer Abschreckung aus hohen Temperaturen (1000° C) in Wasser erhält („Zähmachen" des Stahls). In diesem Zustande läßt er sich dann allerdings nicht bearbeiten, was allein durch seine chemische Zusammensetzung begründet ist. Die Behandlungsart spielt hierbei keine Rolle. Man kann bis zu einem gewissen Grade diesen Stahl allerdings dann durch den Hadfieldstahl mit niederem Kohlenstoffgehalt (nicht wie üblich mit 1—1,2 v.H. Kohlenstoff) ersetzen. Dieser ist bearbeitbar, aber für besondere Zwecke, bei denen ein geringster Verschleiß verlangt werden muß, nicht

Die Manganstähle. 289

mehr anwendbar (S. 341). Auch durch einen Gehalt von 0,2 bis 1,4 v.H. Titan würde eine bessere Bearbeitungsfähigkeit nicht erreicht werden.

Alle diese genannten Konstruktionsteile aus Manganstahl können wegen ihrer großen Härte nur durch Gießen oder Schmieden in die gewünschte Form gebracht werden, allenfalls kann hier durch Schleifen nachgeholfen werden, nachdem die Stücke zur Herbeiführung der höchsten Zähigkeit jeweils, wie oben beschrieben, eine der Höhe des Mangans entsprechende Wärmebehandlung (Glühung oder Abschreckung) erfahren haben.

Daß auch Manganstahl durch eine Vergütung verbessert werden kann, soll an dem folgenden Beispiel dargetan werden[1]). In unvergütetem Zustande ist er schon gegen Kerbwirkung ebenfalls sehr empfindlich. Der durch besondere Zufälligkeiten sehr hart und spröde ausgefallene Stahl, der an der Bruchstelle im Gegensatz zu dem vergüteten starke Ungleichmäßigkeiten aufwies, wurde vergütet und unvergütet untersucht. An einer Reihe von Probestäben wurden folgende Mittelwerte gefunden:

	unvergütet	vergütet
Zugfestigkeit	111,5	82,5 kg/qmm
Streckgrenze	71	60 ,,
Bruchdehnung (1 = 10d)	5,4	17,9 v.H.
Härte (3000 kg, 10 mm Kugel)	334	238
Querschnittsverminderung	7,9	51,8 v.H.
Kerbzähigkeit	3,2	10,9 mkg/qcm

Der harte spröde Stahl besitzt also im Ausgangszustande nur ein Drittel der Kerbzähigkeit, wenn ein einziger heftiger Schlag auf eine Kerbe zum Bruch führt, als der gleiche durch Vergüten zähe gemachte Stahl.

Es ist bemerkenswert, daß Mangan die Koerzitivkraft und Hysteresisarbeit erhöht und die Permeabilität erniedrigt, während die Remanenz praktisch gleich bleibt. Seine Wirkung ist dagegen im abgeschreckten Material wesentlich kräftiger. Diese Ergebnisse beziehen sich auf die Stähle S. 282, die Láng untersuchte. Weitere magnetische Messungen an hochmanganhaltigen Stählen führten Mathesius[2]) und Gumlich[3]) aus. Ersterer betrachtet

[1]) Ensslin, a. a. O.
[2]) Dissertation. Technische Hochschule Berlin. 1911.
[3]) Stahl und Eisen 1919. S. 765, 800, 841, 901 und 966. — Vgl. Ferrum 1912. S. 33 und Stahl und Eisen 1912. S. 2188.

Schäfer, Konstruktionsstähle. 19

als wichtigstes Ergebnis seiner Arbeiten die Tatsache, daß durch die magnetische Untersuchung eines Stahls mit vorangehenden Abschreck- und Anlaßbehandlungen mit ziemlicher Bestimmtheit die Wärmebehandlung des angelieferten Materials ermittelt werden kann. Ferner übt nach ihm ein Gehalt von 5 v.H. Mangan die gleichen Wirkungen auf die magnetischen Eigenschaften des Eisens aus wie ein Gehalt von etwa 25 v.H. Nickel. Bei Gehalten von etwa 12 v.H. Mangan ist Stahl bei gewöhnlicher Temperatur unmagnetisch.

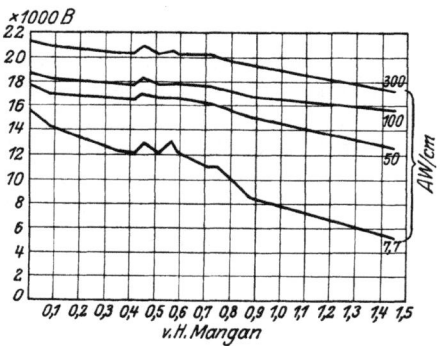

Abb. 172. Abhängigkeit der Induktion des Stahlgusses vom Mangangehalt. Nach Goltze.

Bei Stahlgüssen für den Elektromaschinenbau ist bei der Festlegung der magnetischen Eigenschaften auf den Mangangehalt genügend Bedacht zu nehmen. In Abb. 172 ist die Abhängigkeit der Induktion vom Mangangehalt zu erkennen[1]). Der Kohlenstoffgehalt der betreffenden 13 Proben bewegte sich zwischen 0,08 und 0,33 v.H., dessen Einfluß nicht in die Erscheinung trat. Aus der Abb. 172 ist ferner zu entnehmen, daß etwa 7,7 Amperewindungen je cm aufgewendet werden müssen, wenn in einem Polgehäuse einer Gleichstrommaschine z. B. eine Induktion von B = 14 000 C.G.S. vorhanden sein soll. Man benötigt aber bereits 50 Amperewindungen je cm bei einem Stahlguß mit 1,1 v. H. Mangan, d. h. etwa sechs- bis siebenmal soviel als vorher.

Da aber die Stahlgüsse für Elektromaschinen bestimmte Festigkeitseigenschaften haben müssen, die z. B. wie die Zerreiß-

---

[1]) Goltze, Gießerei-Zeitung 1913. S. 1, 39, 71 und 461.

Die Manganstähle.

festigkeit durch Mangan erhöht werden, so stehen die magnetischen Eigenschaften in einem gewissen Gegensatz zu den Festigkeitseigenschaften des Eisens. Polgehäuse für kleinere Maschinen brauchen gewöhnlich keine besonders hohe Festigkeit zu besitzen, daher wird man hierfür einen Stahlguß mit möglichst hoher Permeabilität, also mit geringem Mangangehalt vorsehen. Ein solcher Stahlguß mit weniger als 0,5 v.H. Mangan läßt sich ohne Schwierigkeit in gleichmäßiger Güte erzeugen.

Der elektrische Leitungswiderstand des Eisens wächst mit dem Mangangehalt.

Siliziummanganstähle als Federstähle sollen unter 1 v.H. Silizium aufweisen.

XVI. Die Chrom- und Wolframstähle.

Die Chrom- und Wolframstähle werden in stärkerem Maße für Werkzeuge herangezogen, während die überragende Bedeutung der Chromwolframstähle, die unter dem Namen Schnelldrehstähle gehandelt werden, für die Herstellung von Schneidwerkzeugen auch dem Konstrukteur genügend bekannt ist. Nur für bestimmte Konstruktionsstücke werden in neuerer Zeit sowohl Chrom-, als auch Wolframstähle verwendet, deren besondere Eigentümlichkeiten aus den gewöhnlichen Kohlenstoffstählen nicht herausgeholt werden können. Daher darf auch der Konstrukteur an den Chrom- und Wolframstählen nicht vorübergehen, die zum Gegenstand mancherlei Untersuchungen namentlich im letzten Jahrzehnt gemacht worden sind.

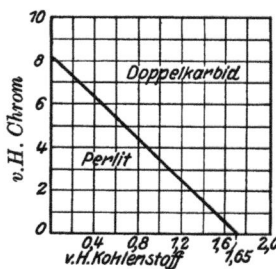

Abb. 173. Gefügeschaubild der Chromstähle. Nach Guillet.

Der Aufbau der Chromstähle ist aus dem vereinfachten Guilletschen Schaubild zu entnehmen (Abb. 173). Hiernach lassen sich die Chromstähle in perlitische und doppelkarbidische Stähle einteilen. Die Grenze der perlitischen Stähle liegt bei etwa 1,65 v.H. Kohlenstoff und 8 v.H. Chrom. Auch ist es klar, daß diese Grenze zwischen den perlitischen und Doppelkarbidstählen nicht so scharf ausgeprägt ist, wie die Gerade andeutet. Es werden hier Übergangsgefüge vorhanden sein, die weder rein perlitisches noch doppelkarbidisches Aussehen haben.

Das Kleingefüge der perlitischen Chromstähle erhellt aus Abb. 174, während Abb. 175 einen Chromstahl mit Doppelkarbiden, die also Kohlenstoff, Chrom und Eisen enthalten, darstellt. Dieser neue körnige, nach der üblichen Ätzung weiß

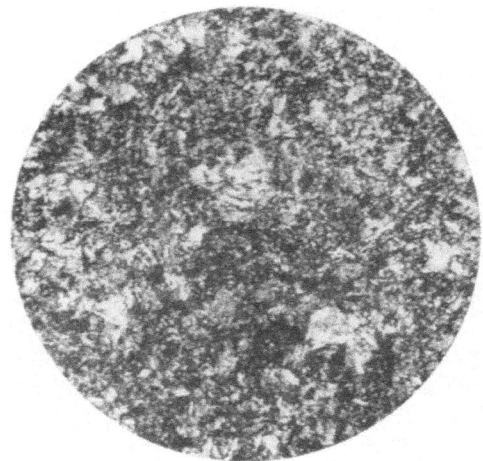

Abb. 174. Chromstahl mit 1,1 v.H. Kohlenstoff und 1,24 v.H. Chrom.
V = 200.

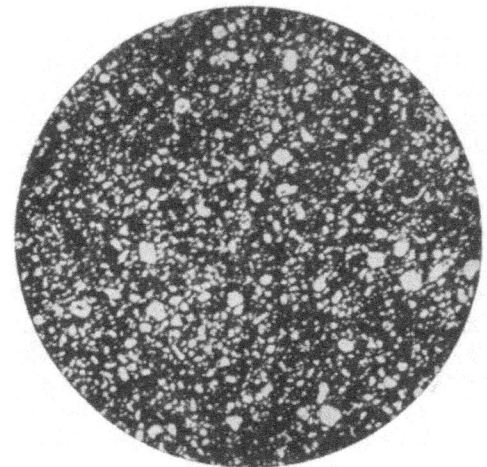

Abb. 175. Chromstahl mit etwa 2 v.H. Kohlenstoff und 12,34 v.H. Chrom.
V = 200.

erscheinende Gefügebestandteil ist von großer Härte, der in seinem Verhalten dem Härtebildner Zementit bei Kohlenstoffstählen gleicht. Die perlitischen Chromstähle haben bereits im ausgeglühten Zustande gewöhnlich ein feineres Gefüge als die Kohlenstoffstähle, werden aber ebenfalls durch die Anwesenheit des Chroms in ihrer natürlichen Härte gesteigert und in der Zähigkeit herabgesetzt.

Bei Chromstählen ist das Wärmeleitungsvermögen geringer im Vergleich zu den Kohlenstoffstählen und daher muß jede Wärmebehandlung dieser Stähle sehr vorsichtig vorgenommen werden. Durch Überhitzen werden auch die Chromstähle leicht grobkörnig. Da auch die kritische Temperatur bei den Chromstählen etwas höher liegt als bei Kohlenstoffstählen, so muß auch das Schmieden bei höheren Temperaturen vorgenommen werden als bei Kohlenstoffstählen. Auch das Ausglühen muß mindestens bei etwa 860° C erfolgen. Wegen der härtesteigernden Wirkung des Chroms ist auch jede Kaltbearbeitung sehr schwierig, wenn nicht unmöglich.

Die Härtungstemperatur für Chromstähle muß ebenfalls etwas höher liegen als die der Kohlenstoffstähle. Ein Kugellagerstahl z. B. mit etwa 1 v.H. Kohlenstoff und 1,5 v.H. Chrom muß bei .830—860° C gehärtet werden, während für einen gewöhnlichen Kohlenstoffstahl mit etwa 1 v.H. Kohlenstoff, der ebenfalls für Kugeln und Rollen verwendet wird, eine Härtungstemperatur von 760°C vollkommen ausreicht. Die Anwesenheit von Chrom in den Chromstählen bewirkt, daß die gehärtete Außenschicht dicker ist im Vergleich zu gehärteten Kohlenstoffstählen, und auch bei größeren Querschnitten läßt sich der Chromstahl gleichmäßiger durchhärten als ein Kohlenstoffstahl. Aus diesem Grunde werden Chromstähle häufig zur Herstellung von Walzen benutzt. Auch besitzen Chromstahlwalzen eine höhere Widerstandsfähigkeit gegen Druck und Abnutzung als Walzen aus Gußstahl. Eine Chromstahlwalze mit etwa 1 v.H. Kohlenstoff und 0,5 v.H. Chrom nimmt beim Härten in Wasser eine 5 mm, eine Walze mit etwa 1 v.H. Chrom eine 10 mm und eine Walze mit 2 v.H. Chrom eine etwa 20 mm tiefgehärtete Oberflächenschicht an. Bei einer gewöhnlichen Gußstahlwalze wird die gehärtete Oberflächenschicht nur etwa 2—3 mm betragen. Bei unsachgemäßer Härtung wird auch die Chromstahlwalze nicht viel besser als eine Gußstahlwalze sein, woraus erhellt, daß der Chromstahl viel empfindlicher gegen etwaige Härtefehler ist. Ein einwandfreies Ausgangsmaterial ist natürlich Voraussetzung [1]).

Um den Härteausschuß zu verringern, packt man zum Zwecke des Ausglühens die fertigen Walzen aus Chromstahl in Blechkästen, die Holzkohlenstaub enthalten, um einer oberflächlichen Entkohlung vorzubeugen, erwärmt die Kiste in einem geeigneten Glühofen auf dunkle Rotglut je nach der Größe der Walze 1 bis 5 Stunden und läßt dann im Ofen langsam abkühlen.

Diejenigen Teile der Walze, die nicht gehärtet werden sollen (Lager- und Antriebszapfen), werden mit Asbestschnur oder Lehm umkleidet und diese Packung wird mit einer Blechkapsel umhüllt, um sie beim Erhitzen der Walze für das Härten zu schützen. Das Ganze wird dann ebenfalls in eine Blechkiste gepackt, der Zwischenraum mit Holzkohlenstaub ausgefüllt, wobei das Verschmieren der Fugen zwischen Kiste und Deckel mit Lehm nicht vergessen werden darf. Die Kiste samt Walze wird senkrecht in einen geeigneten Ofen gestellt und auf Härtungstemperatur erwärmt. Folgende Temperaturen, die zweckmäßig mit dem Pyrometer festgestellt werden, sind einzuhalten: Walzen mit 0,5 v.H. Chrom und einem Durchmesser bis 120 mm erhalten eine Temperatur von 780—800° C (Kirschrotglut); 1 v.H. Chrom enthaltende Walzen von 120—180 mm Durchmesser 810—830° C (helle Kirschrotglut); 2 v.H. Chrom enthaltende Walzen über 180 mm Durchmesser 840—860° C (helle Rotglut).

Ist die Walze in allen Teilen gleichmäßig erwärmt, so wird die Kiste aus dem Ofen gezogen, die Walze aus der Kiste schnell entfernt, von anhaftender Asche befreit und samt dem Asbest- oder Lehmschutz für Hals- und Lagerzapfen in schnellbewegtes Härtewasser (8 v.H. haltiges Salzwasser von etwa 20° C) gebracht. Am besten wird das Härtewasser durch Strahlröhren gegen die Walze gespritzt. Um Materialspannungen möglichst auszuschalten, soll die Walze nur bis Handwärme (40—70° C) abgekühlt werden. Alsdann bringt man sie in ein Gefäß mit heißem Wasser, kocht dieses und läßt die Walze mit Gefäß langsam erkalten. Durch diese Arbeit wird die Härte der Walze nicht vermindert, dagegen die Zähigkeit günstig beeinflußt. Die gehärtete Walze wird am besten mittels einer Feile auf Härte geprüft. Soll eine Walze

---

[1]) Irmler, Werkstattstechnik 1913. S. 491.

zum zweiten Male gehärtet werden, so ist eine vorherige Ausglühung nicht zu umgehen.

Beste Schmirgelscheiben sind zum Schleifen der Walzen, die möglichst große Hohlkehlen und abgerundete Kanten zur Verminderung des Ausschusses erhalten müssen, vorzusehen. Reichlicher Wasserzufluß ist erforderlich. Der Bildung von Haarrissen (Schleifrissen), die gewöhnlich die Ursache des Abspringens der Kanten sind, kann dadurch vorgebeugt werden, daß die Schleifscheibe nur sanft an die Walze gedrückt wird.

Die Härtung von Kugeln aus Chromstahl kann folgendermaßen vorsichgehen[1]): „Für Kugeln mit einem Durchmesser bis zu $^9/_{16}''$ werden Härtemaschinen benutzt. Die Heizung dieser Maschinen erfolgt durch Gas. Die Gasbrenner sind in einer derartigen Höhe angeordnet, daß die zu härtenden Kugeln mit der Flamme nicht in unmittelbare Berührung kommen. Die Maschine besteht aus dem feuerfest ausgestatteten Mantel, zwei konzentrischen Transportschnecken und dem Zuführungsgerät. Das letztere stellt eine sich drehende kegelförmige Trommel dar, in die die Kugeln eingefüllt werden. In bestimmten abgegrenzten Mengen werden die Kugeln mittels einer Schöpfvorrichtung der inneren Transportschnecke zugeführt. Aus der inneren Schnecke fallen die Kugeln in den Zylinder der äußeren Schnecke, die sich im entgegengesetzten Sinne dreht. Durch einen an der Unterseite des Mantels vorgesehenen Auslaufkanal verlassen die Kugeln die Maschine und fallen in das Härtebad. Als Härteflüssigkeit wird in der Regel Wasser verwendet, das eine Temperatur von 20° C aufweist. Nur kleine Kugeln mit einem Durchmesser bis zu $^1/_4''$ werden in Wasser mit Ölschicht gehärtet. Die Drehgeschwindigkeit der Schnecken ist genau einstellbar. Da auch die Temperatur durch Pyrometer fortlaufend gemessen und auf einer gleichmäßigen Höhe gehalten wird, so ist die den Kugeln vermittelte Temperatur stets die gleiche, ein Umstand, der mit Rücksicht auf eine gleichmäßige Härte der Kugeln von großer Wichtigkeit ist. Größere Kugeln mit einem Durchmesser von mehr als $^9/_{16}''$ werden in flachkegelförmigen Schalen in Härteöfen bis zu einer Temperatur von 800—820° C erwärmt und dann durch Hineinwerfen in Wasser gehärtet. Nach dem Härten werden die Kugeln in die Schleiferei zurückgebracht." [2])

---

[1]) Hermanns, Zeitschrift für praktischen Maschinenbau 1913. S. 1381.
[2]) Die Befürchtung, daß sich gehärtete Kugeln und Kugellager aus Chromstahl im Winter verändern, hat sich als irrig erwiesen.

Über die Festigkeitseigenschaften der Chromstähle läßt sich anführen, daß das Chrom bei gleichbleibendem Kohlenstoffgehalte die Bruchfestigkeit nur wenig erhöht, ohne die Dehnung zu vermindern. Bei steigendem Kohlenstoffgehalt steigen auch Bruchfestigkeit und Proportionalitätsgrenze, dagegen fällt die Dehnung rasch ab. Diese Tatsache kann auch nicht überraschen, da das mehr körnige Gefüge der Chromstähle im Gegensatz zu dem sehnigen Gefüge der ausgesprochenen Konstruktionsstähle (Nickel- und Nickelchromstähle) steht. Die Ergebnisse von Festigkeitsuntersuchungen an Chromstählen, die in der nachstehenden Zahlentafel[1]) zusammengestellt sind, lassen den Schluß zu, daß die Chromstähle, wie bereits eingangs bemerkt wurde, für Konstruktionszwecke weniger in Betracht kommen können, weil trotz verhältnismäßig hoher Festigkeit das Fließvermögen (Dehnung, Kerbzähigkeit) nicht hoch genug ist, um praktisch ausgenutzt werden zu können. Andererseits aber wird die Festigkeit stärker vom Kohlenstoff- als vom Chromgehalt beeinflußt. Infolge der härtesteigernden Wirkung des Chroms gehören die Chromstähle in die Werkzeug- und Geschoßfabrikation, wo sie unentbehrlich geworden sind. So enthalten Panzergranaten bei 0,7—0,8 v.H. Kohlenstoff etwa 1—2 v.H. Chrom.

Zusammensetzung		Streckgrenze	Bruchgrenze	Dehnung	Querschnittsverminderung	Brinellhärte	Kerbzähigkeit	Bruchaussehen
Kohlenstoff v.H.	Chrom v.H.	kg/qmm	kg/qmm	5×d v.H.	v.H.	10/3000	mkg/qcm	
0,26	1,04	30	47,7	33,4	72	135	21,1	
0,26	2,21	29	54,1	30,4	72	154	17,9	
0,22	2,81	22	51,8	30,6	77	146	20,4	
0,36	1,23	32	54,8	26,4	63	160	11,8	feinkörnig
0,41	1,80	32	66,9	24,2	62	205	8,9	
0,39	2,88	44	69,0	22,6	65	222	4,5	
0,50	1,05	31	67,1	20,6	64	205	11,8	
0,50	1,76	35	70,8	23,8	52	223	3,4	
0,55	2,80	40	73,9	21,6	55	226	5,3	

Der elektrische Leitungswiderstand der Chromstähle ist nur etwas höher als der der reinen Kohlenstoffstähle, während hinsichtlich der magnetischen Eigenschaften auch hier ein

---

[1]) Maurer und Hohage, a. a. O. Hier finden sich auch Angaben über die Vergütung der Chromstähle.

unmittelbarer Zusammenhang mit der Härte der Chromstähle besteht. Im gehärteten Zustande besitzen sie eine große Koerzitivkraft und zeichnen sich durch günstige Remanenz aus, so daß sie ein ausgezeichnetes Material zur Herstellung von permanenten Magneten (Dauermagneten) abgeben. Für diese Zwecke eignet sich am besten ein Chromstahl mit 1,05 v.H. Kohlenstoff und 1,62 v.H. Chrom, der dem besten Wolframstahl (S. 303) vollständig ebenbürtig ist [1]).

Chrommanganstähle können für solche Werkstücke von Wichtigkeit sein, die sich beim Härten nicht verziehen dürfen. Auch Chromsiliziumstähle (0,4—1 v.H. Kohlenstoff, 1—4 v.H.

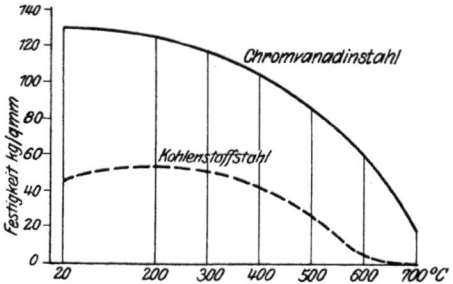

Abb. 176. Festigkeit eines Chromvanadinstahls (etwa 2 v.H. Chrom und 0,5 v.H. Vanadin) bei hohen Temperaturen. Nach Wendt.

Chrom und 1—2 v.H. Silizium), die eine nennenswerte Steigerung der Elastizität zeigen und daher für die Herstellung von Federn mit günstigem Erfolge verwendet werden, haben weiterhin keinen Anklang für Konstruktionszwecke gefunden, sie können auch erstklassige Konstruktionsstähle (Nickel- und Nickelchromstähle) nicht ersetzen. Einfache Wagenfedern können bei 0,2—0,3 v.H. Kohlenstoff bis zu 1,5 v.H. Chrom enthalten.

Chromvanadinstähle mit 0,3—0,4 v.H. Chrom, 0,4—0,6 v.H. Mangan, 0,2—0,3 v.H. Silizium, 1—1,5 v.H. Chrom und 0,2 bis 0,4 v.H. Vanadin sind in der amerikanischen Automobilindustrie (Wellen, Achsen, Zahnräder, Federn usw.) gern gesehen, weil sie eine hohe Elastizitätsgrenze und Bruchfestigkeit und noch gute Dehnung besitzen, wie die folgende Zahlentafel[2]) erkennen läßt:

---

[1]) Mars, Stahl und Eisen 1909. S. 1771.
[2]) Dierfeld, Dinglers polytechnisches Journal 1911. S. 481, 504 u. 524.

Verwendungs-zweck	Zusammensetzung					Elastizitäts-grenze	Zugfestigkeit	Dehnung	Querschnittsverminderung
	Kohlenstoff v.H.	Mangan v H.	Chrom v.H.	Nickel v.H.	Vanadin v.H.	kg/qmm	kg/qmm	v.H.	v.H.
Zahnräder für Einsatzhärtung	0,15	0,25	0,30	—	0,12	31,35	—	15,0	69,0
Stahlguß, Wagenräder	0,19	0,60	0,30	—	0,07	31,04	79,17	25,0	44,5
BasischerS.-Martinstahl für Schmiedezwecke .	0,26	0,50	1,00	—	0,16	43,34	65,03	25,0	57,3
Tiegelstahl für Federn	0,44	0,77	1,22	—	0,19	47,42	70,42	26,0	61,7
Saurer S.-Martinstahl für Federn	0,40	0,77	1,22	—	0,19	136,71	145,95	10,0	36,3
Basischer S.-Martinstahl für Kurbelwellen . .	0,30	0,50	1,00	—	0,16	99,12	106,23	16,0	56,2
Tiegel-Automobilstahl .	0,30	0,27	1,51	3,45	0,09	106,61	111,93	17,0	58,9

Ein Chromvanadinstahl mit 0,5—0,6 v.H. Kohlenstoff, 0,6 bis 0,8 v.H. Mangan, 0,8—1,1 v.H. Chrom, 0,18—0,24 v.H. Vanadin, einer Streckgrenze von 67—81 kg/qmm, einer Bruchgrenze von 88—98 kg/qmm und einer Dehnung von 15 v.H. auf 50,8 mm Meßlänge wird in Amerika für Radreifen mit Erfolg verwendet[1]).

Einen besonders für Werkstücke geeigneten Chromvanadinstahl, die bei hohen Temperaturen Dienst tun sollen, untersuchte Wendt[2]). Dieser Stahl mit etwa 2 v.H. Chrom und 0,5 v.H. Vanadin wurde jeweils bei steigenden Temperaturen untersucht und mit einem Kohlenstoffstahl (etwa 0,2 v.H. Kohlenstoff) in Vergleich gesetzt. Die Überlegenheit des Chromvanadinstahls gegenüber dem Kohlenstoffstahl ist aus Abb. 176 unschwer zu entnehmen. Sogar bei 500° C besitzt der erstere noch eine Festigkeit, die nur harten Kohlenstoffstählen bei gewöhnlicher Temperatur eigen ist (vgl. Abb. 73).

Chrommolybdänstähle sollen hin und wieder für Luftschiff- und Automobilteile, wie Wellen, Hebel, Bolzen, Spindeln usw. verwendet werden. Als guter Federstahl gilt ein Stahl mit etwa 0,4—0,5 v.H. Kohlenstoff, 0,6—0,9 v.H. Mangan, 0,1—0,2 v.H. Silizium, 0,8—1,1 v.H. Chrom und 0,2—0,4 v.H. Molybdän. Ein Stahl mit 0,26 v.H. Kohlenstoff, 0,64 v.H. Mangan, 0,76 v.H. Chrom und 0,31 v.H. Molybdän hatte in vergütetem Zustande 99,4 kg/qmm Streckgrenze, 105,7 kg/qmm Zerreißfestigkeit,

---

[1]) Stahl und Eisen 1913. S. 489 u. 536.
[2]) a. a. O.

18,5 v.H. Dehnung (auf 50,8 mm Meßlänge) und 62 v.H. Querschnittsverminderung. Die entsprechenden Zahlen eines ebenfalls vergüteten einfachen Chromstahles mit 0,27 v.H. Kohlenstoff, 0,63 v.H. Mangan und 0,99 v.H. Chrom waren 91 kg/qmm, 97,3 kg/qmm, 16,5 v.H. und 58 v.H.[1]).

Die beschränkte Anwendung der Wolframstähle für Konstruktionszwecke hat ihren Grund ebenfalls darin, daß bei steigendem Wolframgehalte die Zähigkeit (Kerbzähigkeit, Dehnung, Querschnittsverminderung) nachläßt. In manchen Punkten widersprechen sich die bisher vorliegenden Ergebnisse über Festigkeitsuntersuchungen an Wolframstählen, weil wahrscheinlich der Einfluß des Kohlenstoffs und anderer zufälliger Begleitstoffe nicht genügend berücksichtigt und nur auf den Wolframgehalt der größte Bedacht genommen wurde. Immerhin lassen die folgenden Zahlen, die älteren Untersuchungsergebnissen entnommen wurden[2]), einen Überblick über die Festigkeitseigenschaften einiger Wolframstähle mit hohem Kohlenstoffgehalte zu.

Chemische Zusammensetzung				Zugfestigkeit	Elastizitätsgrenze	Dehnung
Kohlenstoff v.H.	Wolfram v.H.	Mangan v.H.	Silizium v.H.	kg/qmm	kg/qmm	v.H.
1,43	1,94	0,44	0,19	96,53	—	3,0
1,36	2,58	0,25	0,42	92,70	—	2,0
1,20	6,45	0,34	0,21	133,90	55,1	0,7

Auch die Wolframstähle kann man in perlitische und doppelkarbidische einteilen (Abb. 177). Bei Gehalten bis zu 5 v.H. Wolfram ähnelt das Kleingefüge dieser Stähle mithin den einfachen Kohlenstoffstählen, nur ist auch hier das Korn feiner ausgebildet. Das Kleingefüge besteht aus Ferrit und Perlit, bzw. Perlit allein. Steigt der Wolframgehalt über 5 v.H. bei einem Kohlenstoffgehalte von etwa 1 v.H., so tritt der Stahl in das Gebiet der Doppelkarbidstähle ein. Man hat es hier mit einem Doppelkarbid von Eisen und Wolfram, dem Eisenwolframkarbid zu tun. Dieses Doppelkarbid ist von ähnlicher Beschaffenheit wie der Zementit bei einfachen Kohlenstoffstählen, nur ist dieser Gefüge-

---

[1]) Österreichische Zeitschrift für Berg- und Hüttenwesen 1906. S. 232.
[2]) Ledebur, Handbuch der Eisenhüttenkunde. III. S. 42. 5. Aufl.

bestandteil ein wirksamerer Härtebildner als der Zementit. Nach gewöhnlicher Ätzung sind diese Doppelkarbide meist als weiße, rundliche Körner wahrnehmbar, wie dies auch bei den entsprechenden Chromstählen der Fall ist (vgl. Abb. 175). Wolframstähle mit etwa 1 v.H. Kohlenstoff und 3 v.H. Wolfram besitzen nach genügend hoher Erhitzung bereits selbsthärtende Eigenschaften.

Infolge der niedriger gelegenen Umwandlungstemperaturen der Wolframstähle im Vergleich zu denjenigen der Kohlenstoffstähle kann die Härtung die in ihrer Wirkung stärker als bei Kohlenstoffstählen ist, auch bei niedrigeren Temperaturen vorgenommen werden, als wie dies bei den letzteren Stählen üblich ist. Die gehärtete Schicht ist daher bei Wolframstählen nach dem Abschrecken stärker. Bei einem Stahl mit niedrigem Wolframgehalte (unter etwa 5 v.H.) entsteht beim Abschrecken wieder Martensit. Die Härtung muß im allgemeinen unter großer Vorsicht vorgenommen werden, da Wolframstahl sehr leicht beim Härten reißt. Anlassen und Ausglühen üben auf Wolframstähle mit geringeren Wolframgehalten denselben Einfluß aus wie auf Kohlenstoffstähle, sie werden weicher.

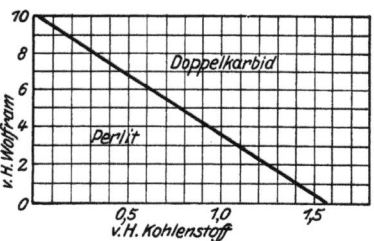

Abb. 177. Gefügeschaubild der Wolframstähle. Nach Guillet.

Infolge des im Vergleich zu den Kohlenstoffstählen geringeren Wärmeleitungsvermögens müssen die Wolframstähle beim Schmieden vorsichtig angewärmt werden, um der Entstehung von Spannungsrissen vorzubeugen. Das Schmieden erfolgt gewöhnlich bei derselben Temperatur wie bei Kohlenstoffstählen, doch ist es empfehlenswert, die Wolframstähle wegen ihrer größeren Festigkeit und Härte im rotwarmen Zustande bei etwas höherer Temperatur zu schmieden als die Kohlenstoffstähle. Stähle mit einem Gehalte bis zu 30 v.H. Wolfram sollen sich noch ohne Gefahr schmieden lassen.

Die Schweißbarkeit soll schon bei Stählen mit 0,2 v.H. aufhören, doch gelingt eine Schweißung bei Anwendung von Schweißmitteln, z. B. Eisenfeilspänen und Borax, sowie eine

Lötung, z. B. mit Kupfer, selbst bei höheren Wolframgehalten.

Der Wolframstahl ist der ausgesprochene Magnetstahl. Gehärtete einfache eutektische Kohlenstoffstähle liefern zwar auch gute Magnete (S. 268), aber mit ihnen lassen sich nicht die gleichen Mengen Magnetismus remanent erhalten, wie es bei Stählen der Fall ist, denen durch bestimmte andere Bestandteile eine größere Härte und auch höhere „Steifheit" des inneren Aufbaues erteilt wird[1]). Diese besonderen Bestandteile sind eben Wolfram und, wie bereits oben gezeigt wurde, auch Chrom, die die Remanenz der permanenten Magnete erhöhen, weil ihre

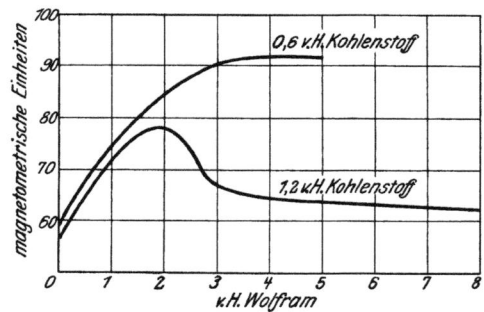

Abb. 178. Einfluß des Wolframs auf die magnetischen Eigenschaften von Stahl mit 0,6 bzw. 1,2 v.H. Kohlenstoff. Nach Mars.

Karbide (Wolframkarbide und Chromkarbide) wirksamere Härtebildner sind als das Eisenkarbid (Fe_3C). Daher kommt es, daß man einen gehärteten Magnetstahl wegen seiner großen Härte für Glasbohrer verwenden kann und nur allein durch Härtung ist man imstande, den kleinsten Teilchen des Stahls eine steife, starre Verbindung, dem Stahl also die Eigenschaft der Remanenz zu erteilen.

Die Wahl der Härtungstemperatur für Magnetstähle ist von nicht zu unterschätzender Bedeutung für die Stärke des permanenten Magnetismus. Je feiner das bei der Härtung erzielte Gefüge ist, um so besser ist der Magnetstahl. Dies gilt nicht nur für Magnete aus einfachen Kohlenstoffstählen, sondern auch für Wolfram- und Chromstähle. Jene haben ihr feinstes Gefüge schon

---

[1]) Mars, a. a. O.

im unbehandelten Material bei etwa 1 v.H. Kohlenstoff. Diese eutektischen, nur aus Perlit bestehenden Stähle liefern auch bei der Härtung das feinste martensitische Gefüge und die größte bei Kohlenstoffstählen erreichbare Härte, die über diese Grenze hinaus nicht mehr proportional der Steigerung des Kohlenstoffgehaltes wächst. Dies gibt schon Abb. 178 an, in der die magnetometrischen Einheiten als Remanenz bezeichnet worden sind.

Die Veränderung der Remanenz eines gehärteten Wolframstahles mit etwa 0,6 v.H. Kohlenstoff und 5 v.H. Wolfram, der allgemein als der beste Magnetstahl angesehen wird, geht aus Abb. 178 hervor. Die betreffenden Magnete wurden nicht, wie es

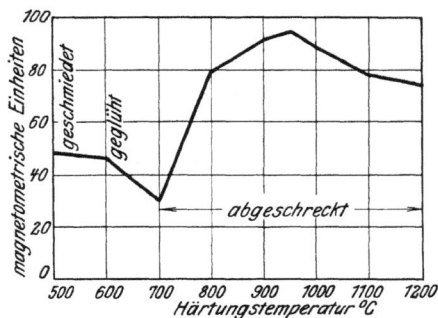

Abb. 179. Remanenz des Magnetstahls bei verschiedenen Härtungstemperaturen. Nach Mars.

in der Praxis allgemein üblich ist, 2—3 Minuten in dem gewöhnlich als Härtemittel benutzten elektrisch geheizten Salzbad belassen, sondern 10 Minuten darin gehalten und dann in Wasser von 15° C abgeschreckt. Durch die längere Erhitzungsdauer wurde erreicht, daß sich das Gefüge gleichmäßig umbilden konnte, was bei einer kürzeren Erwärmung nicht immer der Fall ist.

Bei der Härtungstemperatur von etwa 930—950° C ist die höchste Remanenz (in magnetometrischen Einheiten) vorhanden (Abb. 179), bei der dieser Stahl auch die größte Härte und das feinste Gefüge und auch die größte Löslichkeit in verdünnten Mineralsäuren besitzt. Von da ab fällt die Remanenz und auch das Gefüge wird gröber, es weist das auch bei einfachen Kohlenstoffstählen bei hohen Abschrecktemperaturen auftretende grobe

Überhitzungsgefüge (Austenitgefüge, S. 43) auf. Also auch bei Magneten aus Wolframstahl besteht ein enger Zusammenhang zwischen Magnetismus und Kornfeinheit. So ist der Magnetstahl das gerade Gegenteil vom Dynamoblechmaterial: hier grobes Korn (Abb. 164) und geringe Remanenz, dort das feinste Korn, größte Härte und höchste Remanenz. Eine Erklärung hierfür liegt nach Mars darin, daß die Sonderstahlmagnete mehr freies magnetisch wirksames Eisen enthalten als die Kohlenstoffstahlmagnete unter der Voraussetzung, daß der Stahl glashart ist, also die größte erreichbare Härte besitzt und sehr feinkörnig ist. Diese Eigenschaften lassen sich mit dem sog. Allevardstahl (etwa 0,6 v.H. Kohlenstoff und 5 v.H. Wolfram) nicht in dem gleichen Maße erreichen und auch Chromwolframstähle (Schnelldrehstähle) eignen sich für Dauermagnete nicht, weil der Gehalt an freiem Eisen zu gering ist. Andererseits sollen Chromwolframstähle mit niedrigerem Chrom- und Wolframgehalte brauchbare Dauermagnete abgeben.

Von Bedeutung für Magnetstähle scheinen Stahllegierungen mit Kobalt bzw. Chrom und Kobalt zu werden. Die folgende Zahlentafel [1]) unterrichtet über die Ergebnisse von Versuchen über die magnetischen Eigenschaften verschiedener Stähle.

Werkstoff	Kohlenstoffstahl 1–2 v.H. Kohlenstoff	Chromstahl 2 v.H. Chrom	Wolframstahl 5 v.H. Wolfram	Kobaltchromstahl 18 v.H. Kobalt	Kobaltchromstahl 35 v.H. Kobalt
Koerzitivkraft K	60	61	65	145	203
Remanenz R ..	8110	11225	11100	10650	9130
K. R. 10^{-3} ...	487	685	722	1544	1833

In diesem Zusammenhange ist auch die Betrachtung der Abb. 162 noch besonders lehrreich, die durch Abb. 180 erweitert werden kann. Hier treten die Unterschiede zwischen weichem und gehärtetem Stahl deutlich zutage. Mars sagt daher ganz richtig, daß der permanente Magnet in allem der Antipode des Dynamoblechmaterials ist, die beide auch hinsichtlich ihres Gefügeaussehens die größten in der Stahlindustrie überhaupt vorkommenden Gegensätze darstellen.

---

[1]) Wendt, a. a. O. — Vgl. Yensen, Stahl und Eisen 1916. S. 1256 und 1917. S. 593.

Die Chrom- und Wolframstähle.

Für die Herstellung von Werkzeugen wird der Wolframstahl in stärkerem Maße herangezogen[1]), weil er nach der Abschreckung eine große Härte annimmt. Aber auch die Waffenerzeugung

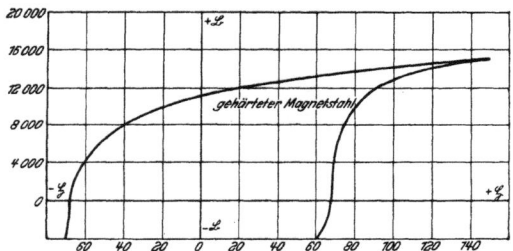

Abb. 180. Induktionskurve eines Magnetstahls. Nach Mars.

bedient sich ebenfalls dieses Stahls für Gewehrläufe (0,6—0,7 v.H. Kohlenstoff und 1—3 v.H. Wolfram), weil er einen hohen Widerstand gegen das „Ausschießen", die allmählich infolge der starken Reibung des Geschosses eintretende Erweiterung der Seele, aufweist (Mars).

---

[1]) Vgl. Brearley-Schäfer, Die Werkzeugstähle und ihre Wärmebehandlung. 3. Aufl., S. 164.

XVII. Die Molybdän- und Vanadinstähle.

Die Molybdänstähle haben sich bislang kein ausgesprochenes Anwendungsgebiet erobern können. Dies liegt zum Teil daran, daß das Molybdän ein sehr teures Element ist, das hinsichtlich seiner Eigenheiten noch manche unerklärlichen Erscheinungen hervorruft. Molybdänstähle werden bei der Wärmebehandlung leicht spröde und rissig und auch schon aus diesem Grunde sind sie mit Vorsicht zu gebrauchen. Aber als Werkzeugstahl werden sie namentlich in Amerika, wo Molybdän sehr verbreitet ist, gern gesehen, da die Eisenverbindungen des Molybdäns sehr hart

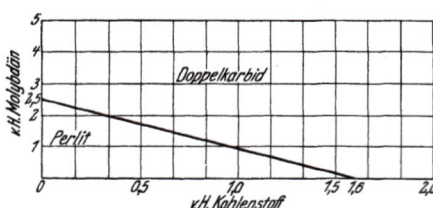

Abb. 181. Gefügeschaubild der Molybdänstähle. Nach Guillet.

sind. In Gemeinschaft mit anderen Elementen, namentlich Chrom und Wolfram, scheinen diese Molybdänstähle nicht nur als Schnelldrehstähle, sondern auch für Konstruktionszwecke in gewissem Sinne beachtenswert zu sein.

Hinsichtlich des Kleingefüges lassen sich die Molybdänstähle mit den Chrom- und Wolframstählen vergleichen (Abb. 181). Die perlitischen Molybdänstähle erhalten wie die einfachen Kohlenstoffstähle durch Abschrecken von etwa 800° C ein martensitisches Aussehen, das Polyeder- oder Austenitgefüge trifft man nach dem Abschrecken (1200°C) von Molybdänstählen mit höheren Molybdän- und Kohlenstoffgehalten an.

Die Molybdän- und Vanadinstähle.

Über die Festigkeitseigenschaften der reinen Molybdänstähle liegen sich widersprechende Untersuchungsergebnisse vor. Man kann aber annehmen, daß Molybdän die Bruchfestigkeit gegenüber derjenigen der Kohlenstoffstähle wesentlich steigert

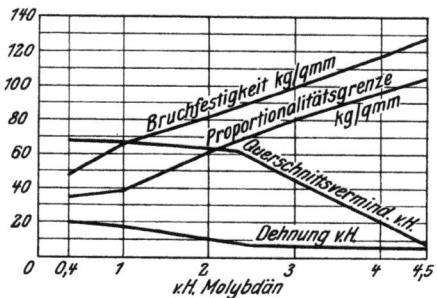

Abb. 182. Festigkeitseigenschaften der Molybdänstähle. Nach Guillet.

(Abb. 182), während Dehnung und Kerbzähigkeit auch noch als gut bezeichnet werden können. Nur die karbidischen Molybdänstähle besitzen bei hoher Festigkeit niedrige Dehnung und Querschnittsverminderung.

Eigenartigerweise setzt Glühen die mechanischen Eigenschaften der Molybdänstähle nach der folgenden Zahlentafel herab[1]:

Chemische Zusammensetzung		Fließgrenze	Bruchgrenze	Dehnung auf 50,8 mm	Querschnittsverminderung
Kohlenstoff v.H.	Molybdän v.H.	kg/qmm	kg/qmm	v.H.	v.H.
0,78	2,43	39,8	72,1	15,6	29,1
0,75	4,95	60,3	77,7	11,6	19,9
0,71	10,15	61,2	77,4	11,6	23,5
0,79	15,46	64,6	87,0	14,5	24,9
0,82	20,70	62,4	84,7	13,6	19,3

Da das Molybdän hinsichtlich seiner Einwirkung auf Eisen und Stahl dem Chrom und Wolfram sehr ähnelt, so können die Molybdänstähle auch für die Herstellung von Dauermagneten in Betracht kommen. Ausgezeichnete magnetische Eigenschaften

---

[1] Chemisches Zentralblatt 1906. I. S. 1528 und 1647.

sind an Molybdänstählen mit 0,51, 1,25 und 1,72 v.H. Kohlenstoff und 3—4 v.H. Molybdän beobachtet worden (Curie). Ihrer Verwendung steht aber auch hier wieder der teure Preis des Molybdäns entgegen, zumal die billigeren Chrom- und auch Wolframstähle als Magnetstähle unübertrefflich sind.

Das Anwendungsgebiet der Molybdänstähle ist nach den vorstehenden Ausführungen eng gesteckt und sie dürften daher kaum Verbreitung finden, wenn man, wie schon bemerkt, von den Schnelldrehstählen absehen will, denen das Molybdän als besonderer Legierungsbestandteil zugefügt wird.

In den Vanadinstählen kommt Vanadin bis zum Höchstgehalt von etwa 1 v.H. vor. Das Vanadin ist in den Stählen in überwiegendem Maße als Vanadinkarbid anwesend. Dieses Karbid sitzt zunächst in dem Perlit des Stahles, bei höheren Gehalten wird es in rundlicher Form als besonderer Gefügebestandteil abgeschieden (Abb. 183). Hieraus ergibt sich, daß dieses Karbid auf die mechanischen Eigenschaften nicht günstig einwirken wird, wie dies auch bei den Chrom- und Wolframstählen mit ihren entsprechenden Karbiden zutrifft.

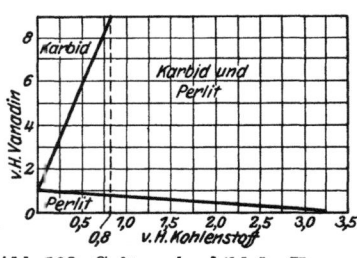

Abb. 183. Gefügeschaubild der Vanadinstähle. Nach Guillet.

Bei hoher Erhitzung geht der Vanadinperlit in die feste Lösung über, so daß bei der Härtung Martensit entsteht, dagegen verändern sich die rundlichen Vanadinkarbide (Doppelkarbide) bei dieser Wärmebehandlung nicht. Es ist klar, daß diese starren Vanadinkarbide dem Stahl keine günstigen mechanischen Eigenschaften verleihen, weil sie sozusagen als Fremdkörper angesehen werden können. Daher fallen auch die doppelkarbidischen Vanadinstähle für besondere Zwecke aus.

Sonst werden die Festigkeitseigenschaften der Stähle durch Vanadin unter der Voraussetzung verbessert, daß nur ganz geringe Mengen dieses Elementes vorhanden sind, also daß Vanadinperlit bzw. Vanadinferrit vorherrscht. Diese Verbesserung des Stahls ist aber auch dann vorhanden, wenn das zugesetzte Vanadin bei der Stahlherstellung fast ganz verschwunden ist. Dem Vanadin fällt mithin die Rolle eines vorzüglichen Reinigungs- oder Läute-

Die Molybdän- und Vanadinstähle.

rungsmittels zu, indem es die schädlichen Gase des Stahlbades bindet, also als Desoxydationsmittel wirkt, wobei das Desoxydationsprodukt des Vanadins mit der Schlacke abgeführt wird, der Stahl also sehr dicht ausfällt.

Im allgemeinen wächst mit zunehmendem Vanadingehalt die Festigkeit der perlitischen Vanadinstähle, das Fließvermögen läßt nach. Sobald die freien Vanadinkarbide auftreten, verringern sich Festigkeit und Zähigkeit, während die Dehnung steigt.

Dauermagnete aus Vanadinstahl besitzen keine Vorzüge gegenüber solchen aus den billigeren Chrom- und Wolframstählen, daher trifft man Vanadinstahlmagnete auch kaum an.

In den Schnelldrehstählen findet man hin und wieder einen geringen Gehalt an Vanadin (bis 0,35 v.H.), das die Leistungsfähigkeit dieser Stähle heraufsetzt. Für Konstruktionszwecke sind die perlitischen Vanadinstähle trotz ihrer Vorzüge zu teuer und nur in Amerika haben sie gewisse Anwendungsgebiete gefunden, weil hier Vanadinerze geschürft werden. Schmiedestücke aller Art, Lokomotivachsen, Schienenstahl usw. weisen bei einem mittleren Kohlenstoffgehalt und unverhältnismäßig hohem Mangangehalt (bis 1,25 v.H.) 0,12—0,18 v.H. Vanadin auf.

Während die Schmiedbarkeit der Stähle durch Vanadin keine Einbuße erleidet, wird die Schweißbarkeit herabgesetzt, weil eben das Vanadin eine große Verwandtschaft zum Sauerstoff besitzt. Die perlitischen Vanadinstähle werden durch Glühen insofern verändert, als sie ähnlich wie die Siliziumstähle Graphit auszusondern bestrebt sind, während die karbidischen Vanadinstähle durch Glühen nicht beeinflußt werden.

Die Vanadinstähle können selbstverständlich einer **Härtung**, **Einsatzhärtung** und **Vergütung** unterworfen werden.

Über **Chromvanadinstähle** siehe S. 298.

XVIII. Die Titan- und Aluminiumstähle.

Auch das Titan spielt ähnlich wie das Vanadin bei der Stahlerzeugung die Rolle eines vorzüglichen Desoxydations- und Entgasungsmittels, so daß die Titanstähle im allgemeinen von ähnlicher Beschaffenheit sind wie die Vanadinstähle. Auch als Mittel zur Verhütung von Seigerungen in Stahlblöcken wird Titan empfohlen. Andererseits werden den titanhaltigen Stählen keine Vorzüge nachgesagt. Dies gilt namentlich hinsichtlich der Festigkeitseigenschaften, die gegenüber den Kohlenstoffstählen keine Besonderheiten aufweisen, wie die folgende Zahlentafel zeigt (Guillet):

Zusammensetzung		Elastizitätsgrenze	Bruchfestigkeit	Dehnung	Brinellsche Härtezahl
Kohlenstoff v.H.	Titan v.H.	kg/qmm	kg/qmm	v.H.	
0,12	0,41	33,9	40,7	20	99
0,14	1,40	36,1	48,2	19	101
0,14	2,57	34,6	45,2	17,5	90
0,70	0,64	52,6	94,1	9	207
0,62	1,72	53,3	87,7	10	212
0,61	2,57	58,8	90,4	10,5	212
0,64	4,63	57,8	89,8	9,5	212
0,65	8,71	62,5	117,5	8,5	248

Dagegen ist nach der folgenden Zahlentafel bei einem weichen basischen Stahlmaterial, dem Ferrotitan während des Schmelzens zugesetzt wurde, eine geringe Erhöhung der Festigkeit ohne Verringerung der Dehnung nachweisbar [1]:

---

[1] Waterhouse, Stahl und Eisen 1912. S. 167.

Die Titan- und Aluminiumstähle.

Zusammensetzung			Elastizitätsgrenze	Zugfestigkeit	Dehnung	Querschnittsverminderung	Brinellsche Härtezahl
Kohlenstoff v.H.	Mangan v.H	Titan v.H.	kg/qmm	kg/qmm	v.H.	v.H.	
0,10	0,38	—	27,0	39,3	30,2	61,6	102
0,10	0,44	0,025	27,1	41,9	28,7	56,4	112
0,11	0,33	0,050	27,1	40,9	31,6	63,6	110
0,12	0,38	0,075	27,0	42,9	29,7	64,3	113
0,15	0,35	0,100	28,2	44,1	30,6	60,0	115

Ein ausgesprochenes Anwendungsgebiet haben die Titanstähle ähnlich wie die Vanadinstähle nicht gefunden, wenn man nicht die Titanschienen vergessen will, die einen hohen Widerstand gegen Abnutzung besitzen sollen.

Das Aluminium ist bei der Stahlerzeugung das beliebteste und daher verbreitetste Desoxydationsmittel. Seine Verwandtschaft zum Sauerstoff ist noch stärker als die des Titans und Vanadins. Auch die Neigung des flüssigen Stahls zur Seigerung wird durch Aluminiumzusatz vermindert. Der beruhigende Einfluß des Aluminiums auf das stark treibende Stahlbad, in dem es sich vollständig auflöst, ist bekannt. Zurzeit besteht jedoch noch keine Einigkeit über die Zweckmäßigkeit eines Aluminiumzusatzes zum flüssigen Stahl, weil bisweilen eine schwierigere Bearbeitbarkeit der ausfallenden Blöcke beobachtet wird. Man neigt der Ansicht zu, daß dies Tonerdeeinschlüssen (Tonerdehäutchen) zugeschrieben werden muß, die sich zwischen den Kristallen bildeten und sich nicht im Sinne der Formänderungskräfte verändern lassen, also unplastisch sind.

Bis zu Gehalten von 5 v.H. Aluminium sollen sich Aluminiumstähle noch gut walzen und schmieden lassen, während die Schweißbarkeit schon bei einem Gehalte von 0,4 v.H. Aluminium aufhören soll.

Die Festigkeitseigenschaften der Aluminiumstähle sind nicht merklich verschieden von denen der einfachen Kohlenstoffstähle. Bis zu etwa 2—3 v.H. Aluminium ändern sie sich kaum, nur Schlagfestigkeit und Querschnittsverminderung sinken von hier ab rasch. Aus der folgenden Zahlentafel (Hadfield) sind die bezüglichen Festigkeitseigenschaften von Aluminiumstählen zu entnehmen:

Die Titan- und Aluminiumstähle.

Zusammensetzung				Zustand	Proportionalitätsgrenze	Bruchfestigkeit	Dehnung auf 50,8 mm Meßlänge	Querschnittsverminderung
Kohlenstoff v.H.	Silizium v.H.	Mangan v.H.	Aluminium v.H.		kg/qmm	kg/qmm	v.H.	v.H.
0,22	0,09	0,007	0,15	nicht geglüht	33,1	45,7	36,7	62,9
				geglüht	31,5	39,4	41,3	63,8
0,15	0,18	0,18	0,38	nicht geglüht	36,2	47,3	37,9	58,2
				geglüht	31,5	41,0	40,4	60,7
0,20	0,12	0,11	0,61	nicht geglüht	33,9	44,1	38,4	54,5
				geglüht	28,4	40,2	40,5	62,0
0,18	0,16	0,14	0,66	nicht geglüht	32,3	45,7	33,4	50,0
				geglüht	28,4	42,5	33,0	52,1
0,17	0,10	0,18	0,72	nicht geglüht	34,7	44,1	40,0	60,7
				geglüht	28,4	39,4	47,1	64,9
0,26	0,15	0,11	1,16	nicht geglüht	36,2	52,0	32,1	51,5
				geglüht	33,1	45,7	34,4	53,0
0,21	0,18	0,18	1,60	nicht geglüht	31,5	48,8	32,7	52,1
				geglüht	20,5	41,0	36,4	67,1
0,21	0,18	0,18	2,20	nicht geglüht	33,1	48,8	22,8	27,8
				geglüht	30,0	44,1	34,9	47,1
0,24	0,18	0,32	2,24	nicht geglüht	33,9	51,2	20,7	24,6
				geglüht	29,1	44,9	33,9	48,6
0,22	0,20	0,22	5,60	nicht geglüht	—	59,9	3,7	4,0
				geglüht	42,5	56,7	6,5	6,2
0,26	0,33	0,25	9,14	nicht geglüht geglüht	unschmiedbar			

Von Bedeutung sind die elektrischen und magnetischen Eigenschaften der Aluminiumstähle. Durch das Aluminium wird sowohl in gehärteten als auch geschmiedeten Stählen der elektrische Leitungswiderstand, ähnlich wie durch Silizium, erhöht, die Hysteresis- und Wirbelstromverluste werden verringert. Auf die Permeabilität übt Aluminium einen verschlechternden Einfluß aus und aus diesem Grunde hat man Aluminiumstähle (3—4 v.H. Aluminium) wie auch die Siliziumstähle zur Herstellung von Dynamo- und Transformatorenblechen herangezogen. Dagegen soll die Remanenz bei Stählen mit 5 v.H. Aluminium gleich Null sein. Außer für die genannten Zwecke haben die Aluminiumstähle keine Verwendung gefunden, wenn man von einer 14 v.H. Aluminium enthaltenden Eisenlegierung (Alit) absehen will, die gegen Oxydation bei hohen Temperaturen sehr widerstandsfähig ist.

In den Abschnitten XVI, XVII und XVIII sind einige Sonderstähle besprochen worden, denen man in der Konstruktions-

Die Titan- und Aluminiumstähle.

technik begegnet. Dagegen hat es sich gezeigt, daß den Borstählen, Uranstählen, Tantalstählen, Kobaltstählen (S. 304), Kupferstählen und Zinnstählen, die besonders im letzten Jahrzehnt zum Gegenstand von Untersuchungen gemacht wurden, im großen und ganzen keine besonderen Vorzüge innewohnen, um die für bestimmte Zwecke erprobten Stähle zu ersetzen. Aber auch verschiedene Legierungsbestandteile sind viel zu teuer, um bei der Erzeugung von Sonderstählen jemals eine ernsthafte Rolle zu spielen. Als die hervorragendsten Vertreter der legierten Konstruktionsstähle gelten die Nickel- und Nickelchromstähle (Chromnickelstähle), denen daher eine ausführliche Besprechung gewidmet werden soll.

XIX. Die Nickelstähle und Nickelchromstähle (Chromnickelstähle).

Aus den vorstehenden Ausführungen ging hervor, daß der Konstrukteur zur Beurteilung eines Baustahles zunächst die Festigkeitseigenschaften und die sich hieraus ergebenden Werte: die Bruchfestigkeit, Dehnung, vielleicht auch Streckgrenze und Querschnittsverminderung als Grundlage für seine Berechnungen heranzieht. Die Festlegung anderer Merkmale ist ihm zunächst weniger wichtig, und er wird nur in Zweifelsfällen oder um entsprechende Vergleiche mit anderen Materialien zu ziehen, sich auch der chemischen Analyse und der mikroskopischen und makroskopischen Prüfung bedienen. Da er nun weiß, daß durch Hinzufügung eines weiteren Metalls zu einem anderen ihm genau bekannten Metall oder einer Legierung oftmals Veränderungen in den mechanischen und sonstigen Eigenschaften der neuentstandenen Legierung eintreten, was aus der Natur des zugesetzten neuen Stoffes nicht ohne weiteres vorauszusehen war, so wird er diese neue Legierung in gegebenen Fällen für seine Zwecke ganz besonders ausnutzen können. Es seien ihm nur die Legierungen von Mangan und Aluminium ins Gedächtnis gerufen, die im Gegensatz zu den beiden unmagnetischen Ausgangsstoffen magnetische Eigenart haben (Heuslersche Legierungen), oder an die Legierungen von Blei, Zinn und Wismut, die leichter schmelzbar sind als jedes der drei Ausgangsmetalle und die in ihrer Gesamtheit unter dem Namen Rosemetall bekannt sind.

Die hohen Anforderungen, die der Konstrukteur infolge der schnellen Entwicklung der Technik fortgesetzt an sein Bauwerk stellen muß, bedingt ein unausgesetztes Streben des Eisenhüttenmannes nach der Erzeugung von Werkstoffen mit im Vergleich zu den einfachen Kohlenstoffstählen günstigeren mechanischen und physikalischen Eigenschaften, welche Tatsache ihn vom Gußeisen zum Schweißeisen, vom Schweißeisen zu den einfachen Flußmetallen

Die Nickelstähle und Nickelchromstähle (Chromnickelstähle). 315

führte. Flußeisen und Flußstahl behalten auch heute noch ihren unbedingten Wert als Baustoffe bei, doch beginnt mit dem Anfang des 20. Jahrhunderts das Zeitalter der hochwertigen Eisensorten, d. h. von Materialien, die durch Legieren mit anderen Metallen oder durch besondere Herstellungsverfahren gewonnen werden. Die neue Aufgabe, die dem Eisenhüttenmann zunächst gestellt wurde, war die, ein Material zu finden, das neben hoher Festigkeit und entsprechender Streckgrenze eine Dehnung besaß, die sich möglichst in den für Flußeisen üblichen Grenzen bewegte. Selbstverständlich mußte hierbei vorausgesetzt werden, daß dieser neue Baustoff noch gut bearbeitbar war, eine gleichmäßige und sichere Herstellung ohne besondere Schwierigkeiten und Kosten ermöglichte und der auch sonst nicht allzusehr aus dem gewünschten Rahmen fiel. Diese Aufgabe kann man auf zwei Wegen lösen, einmal durch Legieren von gewöhnlichem Flußeisen und Flußstahl mit anderen Metallen, etwa Nickel, Chrom, Vanadin u. a., jedes für sich allein oder zusammen, und das andere Mal dadurch, daß durch große Reinheit an Fremdkörpern sich auszeichnende Einsätze für das Verschmelzen gewählt werden, die eine sehr weitgetriebene Läuterung des Metallbades in den üblichen Schmelzöfen: Siemens-Martinöfen, Tiegelöfen oder in den immer mehr in Anwendung kommenden Elektrostahlöfen zulassen. Das erste Verfahren ist das in Deutschland und in Amerika allgemein übliche, dem anderen Verfahren wird namentlich in Österreich das Wort geredet.

Der im weitesten Sinne für Konstruktionszwecke besonders erprobte Sonderstahl war der Nickelstahl, eine Legierung des gewöhnlichen schmiedbaren Eisens mit Nickel. Dieser Nickelstahl nimmt heute eine überragende Stellung im Maschinen-, Schiffs- und Brückenbau ein und auch in der Rüstungsindustrie ist er in Gemeinschaft mit dem Nickelchromstahl unentbehrlich. An diese Stähle können besonders hohe Anforderungen gestellt werden, die mit keinem anderen Material zu erreichen sind. Der Nickelstahl fand zuerst Verwendung im Jahre 1897 für den Entwurf einer Straßenbrücke in Worms, für dessen Hängegurte dieses neue Material vorgesehen war. Dieser Plan wurde jedoch nicht ausgeführt, und erst den Amerikanern war es vorbehalten, dieses hochwertige Material zunächst versuchsweise, dann späterhin in großem Maßstabe für ihre Brückenbauten zu verwenden (S. 347). Deutschland und Österreich schlossen sich erst später an, nachdem die grundlegenden Versuche mit diesem Nickelstahl in Amerika beendigt waren.

Hiernach ist der Nickelstahl der ausgesprochene Konstruktionsstahl. Zwar sind in den drei vorigen Abschnitten einige Sonderstähle besprochen worden, die Konstruktionszwecken dienen, aber bei diesen kommt es nicht auf die den Nickelstahl ganz besonders auszeichnende Eigenschaft, das hohe Fließvermögen an, sondern sie sind nur für sehr begrenzte Verwendungsgebiete nützlich. Das Fließvermögen, das durch die im Zerreißversuch ermittelte Dehnung und Querschnittsverminderung gekennzeichnet ist, ist die Folge der Formänderungsfähigkeit des Stahls. Diese Formänderungsfähigkeit muß auch bei Konstruktionsstählen unbedingt gefordert werden, denn wenn durch irgendwelche Umstände die zulässige Beanspruchung überschritten wird, so darf das Konstruktionsstück noch nicht zu Bruch gehen, vielmehr muß es eher eine größere Biegung oder Verdrehung usw. aushalten, wie dies z. B. bei Zapfen, Wellen, Brückengliedern usw. vorkommen kann.

Dieser starken Überbeanspruchung ist aber ein Konstruktionsstück nur dann gewachsen, wenn es in allen Teilen von gleichmäßiger Beschaffenheit ist, d. h. es muß überall von gleicher chemischer Zusammensetzung sein, was auch einen gleichmäßigen Aufbau des Gefüges einschließt. Ist dies nicht der Fall, wird es z. B. durch einen Schlackeneinschluß, eine Pore oder überhaupt durch ungleichmäßige Beschaffenheit an irgendeiner kleinsten Stelle geschwächt und werden hierdurch die Festigkeitseigenschaften an dieser Stelle verringert, so ist das ganze Konstruktionsstück wenn nicht unbrauchbar, so doch immerhin für einen vorliegenden, durch Berechnungen ausgewerteten Zweck Ausschuß. Starke Beanspruchungen treffen zuerst die geschwächte Stelle, das Material geht vorzeitig zu Bruch, wodurch Unglücksfälle eintreten können. Auch ist nicht zu vergessen, daß, wie mehrfach betont wurde, Fehlerstellen im Material als Kerben wirken. Ist das Material während seiner Dienstleistung Dauerbeanspruchungen unterworfen, so ziehen diese immer zuerst diese schwachen Stellen in Mitleidenschaft, von hier aus nehmen nicht selten Risse ihren Anfang, die schließlich durch das ganze Material gehen und es zum Versagen bringen (S. 32).

Daher ist es Aufgabe des Eisenhüttenmannes, Stähle für Konstruktionszwecke so sorgfältig wie möglich herzustellen und

Die Nickelstähle und Nickelchromstähle (Chromnickelstähle). 317

solche Bestandteile fernzuhalten bzw. auf das geringste Maß zu beschränken, die eine ungleichmäßige Beschaffenheit des Materials herbeiführen können. Auch bei legierten Konstruktionsstählen muß der Schwefel- und Phosphorgehalt so gering wie möglich sein, Schlackeneinschlüsse, Seigerungen, Lunker usw. sind ganz besonders zu vermeiden. Bei der Erzeugung von Werkzeugstählen ist zwar auch auf größte Reinheit und Gleichmäßigkeit Bedacht zu nehmen, aber bei Konstruktionsstählen ist diese Frage aus den oben dargelegten Gründen viel erheblicher. Besitzt ein Werkzeug örtliche Fehler, so kann es hierdurch zwar Härteausschuß werden, aber das nächste Stück der betreffenden Stahlstange liefert gute Werkzeuge, zumal es z. B. nur an der schneidenden Kante beansprucht wird, während das Konstruktionsstück, da es zumeist über seine ganze Länge und den vollen Querschnitt beansprucht wird, ohne weiteres verworfen werden muß. Die früher betonten Unterscheidungsmerkmale zwischen ,,Werkzeugstahl'' und ,,Konstruktionsstahl'' erhalten durch diese Darlegungen eine besondere Begründung und Erklärung.

Da die einfachen Kohlenstoffstähle als die ersten überhaupt in Frage kommenden Konstruktionsstähle eine durchgreifende Beschreibung erfahren haben, so müssen auch die reinen Nickelstähle und die außer Nickel noch einen anderen wertvollen Legierungsbestandteil enthaltenden Stähle entsprechend ihrer Bedeutung volle Würdigung finden.

Der Nickelgehalt in den Nickelstählen bewegt sich zwischen wenigen Zehntel Prozent bis hinauf bis zu 50 v.H., je nach der Art des jeweiligen Verwendungszweckes dieser Stähle. Der Vorzug der geringhaltigen Nickelstähle gegenüber den gewöhnlichen Kohlenstoffstählen liegt zunächst darin, daß sie eine im Verhältnis zur Festigkeit hohe Fließgrenze besitzen, ohne daß der Nickelzusatz die Zähigkeit wesentlich beeinträchtigt. Es soll hier gleich hervorgehoben werden, daß ein bequemes Erkennungszeichen für Nickelstahl sowohl in der Werkstatt als auch bei der Errichtung eines Bauwerks in dem verschiedenartigen Verhalten gegen Salzsäure liegt. Schon beim Auflösen kleiner Späne von Nickelstahl in Salzsäure tritt im Gegensatz zu Fluß- und Schweißeisen eine deutlich grüne Färbung auf. Die Kenntnis dieses Unterscheidungsmerkmales ist wichtig, wenn aus irgendeinem Grunde Konstruktionsteile aus Fluß- und Nickelstahl durcheinander gekommen sind.

318 Die Nickelstähle und Nickelchromstähle (Chromnickelstähle).

Wie bei den einfachen unlegierten und auch bei den bereits besprochenen Sonderstählen gezeigt wurde, kann man ihre Einteilung nach dem Gefügeaufbau, der vom Kohlenstoffgehalte bzw. den Sonderbestandteilen abhängig ist, vornehmen. In dem auf S. 40 wiedergegebenen Zustandsdiagramm der Eisenkohlenstofflegierungen sind alle diejenigen Stähle bzw. ihre Gefügeelemente eingezeichnet, deren Kenntnis für den Konstrukteur von Bedeutung ist. In ähnlicher Weise läßt sich auch für die Nickelstähle ein Schaubild aufstellen, aus dem alle vorkommenden Nickelstähle hinsichtlich ihres Gefügeaufbaues hergeleitet werden können, bzw. kann in diesem Schaubild ein Nickelstahl untergebracht werden, dessen chemische Zusammensetzung bekannt ist (Abb. 183).

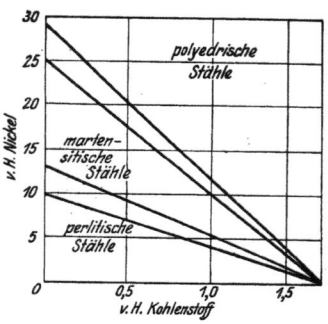

Abb. 184. Gefügeschaubild der Nickelstähle. Nach Guillet.

Für den Konstrukteur ist es mitunter sehr wichtig, schon von vorn herein zu erkennen, ob ein gegebener Nickelstahl, den er vielleicht nach Analyse gekauft hat, sich für besondere Zwecke eignet oder nicht, wenn ihm die Bedeutung der einzelnen Gefügebestandteile und ihr Einfluß auf das Stahlgepräge geläufig ist. Das Gefügeschaubild der Nickelstähle weicht zwar wie das der bereits oben besprochenen Sonderstähle in seiner äußeren Gestalt von dem Gefügeschaubild der Eisenkohlenstofflegierungen ab, aber dies darf den Konstrukteur nicht stutzig machen, liegt doch die Bedeutung des Schaubildes in erster Linie nur darin, sich schnell über einen vorliegenden Nickelstahl zu unterrichten.

Aus dem Schaubild Abb. 184, das augenfällig dem der Manganstähle sehr ähnlich ist (S. 278), erkennt man, daß die Nickelstähle je nach ihrem Kohlenstoff- und Nickelgehalte ein verschiedenartiges Kleingefüge aufweisen und dementsprechend eingeteilt werden können in:
1. perlitische Nickelstähle,
2. martensitische Nickelstähle,
3. polyedrische (austenitische) Nickelstähle.

Bei den perlitischen Nickelstählen wird man entweder reinen Perlit oder neben ihm noch Ferrit bzw. Zementit finden.

Die **martensitischen Nickelstähle** werden nur Martensit enthalten, während die **polyedrischen Nickelstähle** die bekannten bereits bei den Kohlenstoffstählen beschriebenen ausgeprägten Polyeder (Austenit) aufweisen (S. 43). Der Martensit bzw. Austenit wird aber bei diesen Stählen nicht wie bei den einfachen Kohlenstoffstählen durch künstliche Härtung gebildet, sondern allein schon durch den Nickelgehalt bei einem entsprechenden Gehalt an Kohlenstoff wird dieses Gefüge ohne irgendwelche besondere Wärmebehandlung hervorgerufen. Gerade diese Tatsache ist von großer Wichtigkeit für den Konstrukteur und schon hierin liegt eine Vorbedeutung auch für diejenige **Wärmebehandlung**, die gegebenenfalls bei den Nickelstählen in Anwendung zu kommen pflegt.

Die spitzen Flächen in dem Gefügeschaubild der Nickelstähle geben Übergänge an; entweder enthalten die Stähle, deren chemische Zusammensetzung in diese spitzen Flächen fällt, neben Perlit oder auch Ferrit noch Martensit oder neben Martensit noch polyedrische (austenitische) Anteile, woraus also hervorgeht, daß auch hier durch die geraden Linien keineswegs die scharfe schroffe Grenze zwischen den vorkommenden Nickelstählen gezogen ist. Auf jeden Fall sind **Übergangsgefüge, Übergangsstähle, vorhanden**. Besonders auffallend ist jedoch, daß, je höher der Kohlenstoffgehalt steigt, bei einem um so geringeren Gehalte an Nickel die kennzeichnenden Gefügebestandteile auftreten. Bei einem Kohlenstoffgehalte von z. B. 1,5 v.H. ist das Gefüge schon bei einem verhältnismäßig geringen Nickelstahl polyedrisch, während bei einem Stahl mit 0,5 v.H. Kohlenstoff schon 25 v.H. Nickel notwendig sind, um das polyedrische Gefüge hervorzubringen. Dieser letztere Stahl wird bei 15 v.H. Nickel martensitisches Aussehen haben. Die drei Gefügebilder (nach Guillet) in den Abb. 185—187 bilden mithin eine Ergänzung des Gefügeschaubildes in Abb. 184 und veranschaulichen in leichtverständlicher Weise die Änderungen des Aufbaues der Nickelstähle nach ihrem Kohlenstoff- und Nickelgehalte. Da das reine Nickel wie das reine Eisen aus Körnern (Kristallen) aufgebaut ist, so ist in Abb. 188 noch das Gefügebild von Reinnickel wiedergegeben, das ein ähnliches Aussehen zeigt, wie das in Abb. 4 dargestellte Gefüge des Reineisens und das auch nicht verschieden ist von den polyedrischen Nickelstählen, nur daß bei diesen letzteren infolge der andersartigen Kristalllagerung die Körner beim Ätzen verschieden gefärbt werden. Aus diesen Darlegungen geht also auch hier hervor, daß die

320   Die Nickelstähle und Nickelchromstähle (Chromnickelstähle).

Ausbildung des Gefüges der Nickelstähle ebenfalls eng mit der Lage der Umwandlungspunkte zusammenhängt. Stähle, bei denen diese

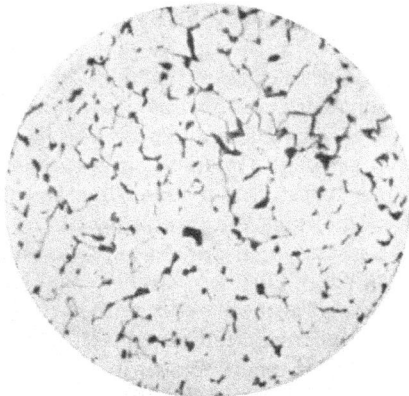

Abb. 185. Perlitischer Nickelstahl mit 0,12 v.H. Kohlenstoff und 2 v.H. Nickel. V = 150.

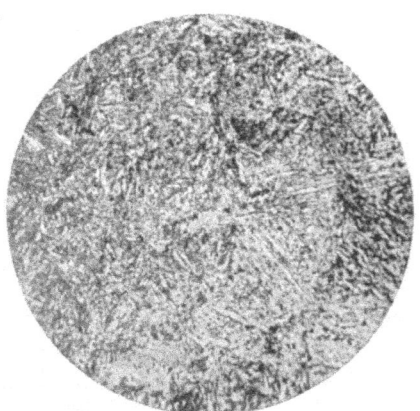

Abb. 186. Martensitischer Nickelstahl mit 0,12 v.H. Kohlenstoff und 15 v.H. Nickel. V = 150.

Umwandlungspunkte (Ar- und Ac-Punkte) bei etwa den gleichen Temperaturen liegen, weisen perlitisches Gefüge auf; Stähle, bei denen die Ar-Punkte nahe der gewöhnlichen Temperatur liegen,

Die Nickelstähle und Nickelchromstähle (Chromnickelstähle). 321

enthalten martensitisches Gefüge, und Stähle, bei denen keine Ar-Punkte auftreten, besitzen austenitisches Aussehen. Bei Chrom-, Wolfram-, Molybdän- und Vanadinstählen tritt, wie oben schon

Abb. 187. Polyedrischer (austenitischer) Nickelstahl mit 0,12 v.H. Kohlenstoff und 25 v.H. Nickel. V = 150.

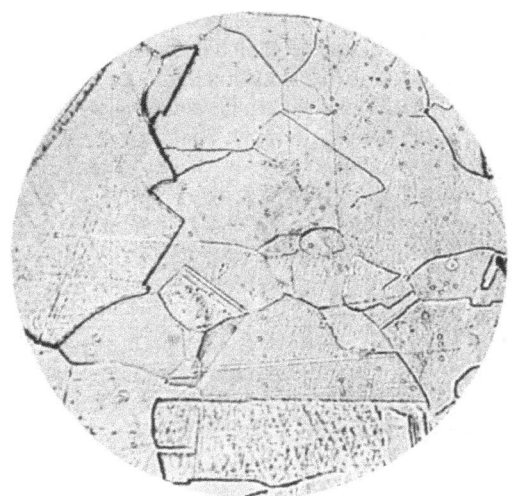

Abb. 188. Reinnickel. V = 200.

Schäfer, Konstruktionsstähle.

gezeigt wurde, an Stelle des austenitischen Gefüges die sog. Doppelkarbidgruppe, die martensitische Gruppe fehlt bei diesen Stählen ganz.

1. **Die perlitischen Nickelstähle.** Den wichtigsten Baustoff besitzt der Konstrukteur in den perlitischen Nickelstählen, d. h. in solchen Stählen, die bis etwa 6 v.H. Nickel bei verhältnismäßig geringem Kohlenstoffgehalte aufweisen, da selbst bei einem Kohlenstoffgehalte von 0,12 v.H. und weniger die Stähle mit mehr Nickel eine „starke Verringerung der Dehnung und Querschnittsverminderung bei entsprechender Erhöhung der Fließgrenze und Zerreißfestigkeit erfahren". Dies ist auch ganz klar, wenn man daran denkt, daß gewöhnliche Stähle in martensitischem Zustande zwar eine sehr hohe Festigkeit, aber je nach dem Grade der Härtung keine oder nur eine sehr geringe Dehnung und Querschnittsverminderung besitzen. So wurde z. B. gefunden, daß ein Stahl mit einem Nickelgehalte zwischen 4,25 und 4,95 v.H. bei einem Kohlenstoffgehalte von 0,4 v.H. und einem Mangangehalt von 0,8—1 v.H. sich dermaßen ändert, daß er in diesen Grenzen spröde wird. Es darf allerdings bei diesem Beispiel nicht übersehen werden, daß der Mangangehalt immerhin einen gewissen Einfluß ausgeübt hat. Solche Stähle können daher für solche Zwecke, zu denen man reine Perlitstähle heranzieht, nicht in Frage kommen. Überhaupt ist bei der Beurteilung eines Nickelstahls neben dem Kohlenstoffgehalt auch auf den mehr oder weniger hohen Mangangehalt Rücksicht zu nehmen. Da das Eisen schon durch einen verhältnismäßig geringen Nickelzusatz auch eine Preissteigerung erfährt, so wird auch der Konstrukteur darauf achten müssen, ob durch die Anwendung des teuren Nickelstahles auch eine solche Verbesserung der Eigenschaften des Konstruktionsstückes erzielt wird, daß der höhere Preis gerechtfertigt ist, ein Umstand, auf den ausdrücklich jetzt schon hingewiesen werden muß.

Die wertvollsten Eigenschaften der perlitischen Nickelstähle sollen nochmals dahin gekennzeichnet werden, daß Nickel die Festigkeit des schmiedbaren Eisens erhöht, wobei die Zähigkeit nicht in dem Maße nachläßt, wie dies der Kohlenstoff tut. **Die Vorzüge der Nickelstähle gegenüber den Kohlenstoffstählen liegen also nicht sowohl in ihrer Festigkeit als vielmehr in ihrer im Verhältnis zur Festigkeit hohen Fließgrenze.**

Die Nickelstähle und Nickelchromstähle (Chromnickelstähle).

Die perlitischen Nickelstähle sind wegen ihrer überragenden Wichtigkeit schon frühzeitig zum Gegenstand vieler Untersuchungen gemacht worden. Die Zahlentafel auf S. 364 enthält eine Aufzählung von Werkstücken, die aus Nickelstahl gefertigt werden. Sie läßt erkennen, daß sich der Nickelstahl in der Tat ein großes Anwendungsgebiet erobert hat. Auf einzelne wichtige Konstruktionsteile wird später noch besonders eingehend zurückgekommen werden, und alsdann sollen noch einige Wärmebehandlungsverfahren besprochen werden, deren Aufführung augenblicklich noch nicht zweckmäßig ist. Dies bezieht sich auf zementierte und vergütete Nickelstähle.

Jede Wärmebehandlung übt auch auf die perlitischen Nickelstähle einen großen Einfluß aus, deren Eigenschaften sich ebenfalls in weiten Grenzen ändern lassen, wie bei den einfachen Kohlenstoffstählen gezeigt wurde. Da die Kenntnis der Lage der Haltepunkte nach den früheren Darlegungen von der größten Bedeutung ist, so muß auch jede Wärmebehandlung der Nickelstähle sich nach der Lage der Haltepunkte richten.

Wie bei den Kohlenstoffstählen ändert sich auch bei den perlitischen Nickelstählen, die die gleichen Gefügebestandteile wie die Kohlenstoffstähle aufweisen, die Lage der Haltepunkte jeweils nach der chemischen Zusammensetzung. Insbesondere ist die Lage der oberen Haltepunkte Ac_3 und Ar_3 in hohem Maße von der chemischen Zusammensetzung abhängig, namentlich ist die Kenntnis der Haltepunkte der perlitischen Nickelstähle für das Glühen (Ausglühen) wichtig, da auch für die perlitischen Nickelstähle dasselbe Gesetz von Oberhoffer gilt wie für die Kohlenstoffstähle, daß nämlich beim Glühen von Eisen und Stahl der obere Haltepunkt zweckmäßig nicht wesentlich überschritten wird (S. 225). Da nun die technischen Nickelstähle meist einen größeren oder geringeren Gehalt an Mangan (bis etwa 1 v.H.) besitzen und dieser neben Nickel und Kohlenstoff die Lage der Haltepunkte beeinflußt, so ist bei der Auswertung der oberen Haltepunkte der Mangangehalt nicht zu vernachlässigen.

Schon frühzeitig wurde ermittelt, daß durch je 1 v.H. Nickel die Temperatur der Haltepunkte der Eisenkohlenstofflegierungen um etwa 20^0 C erniedrigt wird. Aber erst den grundlegenden Versuchen von Meyer über die Wärmebehandlung perlitischer Nickelstähle ist es zu danken, daß genaue Temperaturen für die

324 Die Nickelstähle und Nickelchromstähle (Chromnickelstähle).

Haltepunkte dieser Stähle festgelegt werden konnten [1]). Die Ergebnisse der Meyerschen Versuche sind wichtig genug, um ausführlich besprochen zu werden.

Bei Erreichung des Punktes A_3 (Ac_3 und Ar_3) liegt bekanntlich eine vollkommen feste Lösung vor, d. h. die einzelnen Gefügebestandteile sind nicht mehr in der ursprünglichen Form vorhanden, sondern sie haben sich ineinander aufgelöst, zu einem neuen Gefügebestandteil, dem Austenit bzw. Martensit entwickelt. Wie auf S. 46 auseinandergesetzt wurde, scheidet sich beim Abkühlen einer Eisenkohlenstofflegierung mit weniger als 1 v.H. Kohlenstoff der zuerst aufgelöste Ferrit wieder aus, so daß nach Erreichung des untersten Haltepunktes das ursprüngliche Gefüge, Ferrit und Perlit, wieder zum Vorschein kommt. Da nun, je höher der Kohlenstoffgehalt bei einer Eisenkohlenstofflegierung liegt, die Lage des obersten Haltepunktes heruntergedrückt wird und sowohl Nickel wie auch Mangan den Haltepunkt A_3 erniedrigen, d. h. der Abscheidung des Ferrits aus der festen Lösung entgegenwirken, so müssen sowohl bei den reinen perlitischen Nickelstählen als auch bei solchen mit einem gewissen Mangangehalte die Temperaturen bekannt sein, bei denen die Ferritabscheidung bei der Abkühlung dieser Stähle beginnt, um hiernach zu entscheiden, welche Temperaturen beim etwaigen Ausglühen von perlitischen Nickelstählen ohne Schaden für dieselben zweckdienlich sind.

Die folgende von Meyer aufgestellte Zahlentafel läßt erkennen, in welcher Weise Mangan die Ferritabscheidung in einem einfachen Stahle beeinflußt:

0,1 v.H. Mangan erniedrigt die beginnende Ferritausscheidung um 5° C
0,2 ,, ,, ,, ,, ,, ,, ,, 10° ,,
0,3 ,, ,, ,, ,, ,, ,, ,, 15° ,,
0,4 ,, ,, ,, ,, ,, ,, ,, 20° ,,
0,5 ,, ,, ,, ,, ,, ,, ,, 26° ,,
0,6 ,, ,, ,, ,, ,, ,, ,, 32° ,,
0,7 ,, ,, ,, ,, ,, ,, ,, 38° ,,
0,8 ,, ,, ,, ,, ,, ,, ,, 45° ,,
0,9 ,, ,, ,, ,, ,, ,, ,, 52° ,,
1,0 ,, ,, ,, ,, ,, ,, ,, 60° ,,

Hiernach nimmt mit der Höhe des Mangangehalts die eine Ausscheidung des Ferrits verzögernde Wirkung zu. Der Einfluß des Nickelgehaltes äußert sich in folgender Weise:

---
[1]) Stahl und Eisen 1914. S. 1395.

Die Nickelstähle und Nickelchromstähle (Chromnickelstähle).

1,0 v.H.	Nickel erniedrigt die beginnende Ferritausscheidung um	32° C
2,0 ,,	,, ,, ,, ,, ,, ,, ,,	65° ,,
3,0 ,,	,, ,, ,, ,, ,, ,, ,,	100° ,,
4,0 ,,	,, ,, ,, ,, ,, ,, ,,	140° ,,
5,0 ,,	,, ,, ,, ,, ,, ,, ,,	185° ,,
6,0 ,,	,, ,, ,, ,, ,, ,, ,,	235° ,,
7,0 ,,	,, ,, ,, ,, ,, ,, ,,	290° ,,

Im Zusammenhange mit diesen Zahlen ist es nunmehr für die Glühbehandlung (das Ausglühen) der perlitischen Nickelstähle von Bedeutung, bei welcher Temperatur der Punkt A_3 liegt, bei welcher Temperatur die Auflösung des Ferrits in der festen Lösung, die aus dem vorhandenen Perlit entstanden ist, vonstatten geht.

Die folgende Zahlentafel gibt die A_3-Punkte, bei denen die Ausscheidung des Ferrits aus der festen Lösung vor sich geht, für eine Reihe von Nickelstählen an, und es hat sich herausgestellt, daß die Ac_3-Punkte praktisch mit den Ar_3-Punkten zusammenfallen, wenn die Dauer des Glühvorganges sich auf eine genügend lange Zeit erstreckt.

Kohlenstoff v.H.	Nickel v.H.	Mangan v.H.	Silizium v.H.	Phosphor v.H.	Schwefel v.H.	A_3-Punkte °C
0,10	5,48	0,52	0,17	0,01	0,02	685
0,14	4,75	0,68	0,20	0,01	0,02	705
0,15	4,62	0,93	0,20	0,01	0,03	695
0,15	5,05	0,29	—	—	—	725
0,18	1,95	1,00	0,24	0,03	0,04	795
0,23	3,47	0,51	0,14	0,01	0,01	765
0,26	1,03	0,74	0,29	0,04	0,04	825
0,33	3,00	0,41	0,21	0,01	0,01	775
0,38	1,52	0,79	0,24	0,02	0,04	805
0,45	1,58	0,83	0,16	0,01	0,03	785
0,46	2,40	0,65	0,19	0,03	0,01	765
0,50	1,25	1,05	0,20	0,02	0,02	775

Von welcher Bedeutung sind nun die für die perlitischen Nickelstähle ermittelten Temperaturen der A_3-Umwandlung hinsichtlich der Wärmebehandlung dieser Stähle? Da dem Konstrukteur nicht immer fertiggewalztes, gezogenes oder gehämmertes Material zur Verfügung steht, er auch gegossenes Material benutzen muß, dieses aber, wenn es nicht die richtige Wärme-, insbesondere Glühbehandlung erfahren hat, in Übereinstimmung mit den früheren Darlegungen über Stahlguß und Flußeisenguß weniger günstige Festigkeitseigenschaften aufweist, so muß er imstande sein, in gegebenen Fällen sein Urteil über ein solches Material zu fällen und Anweisungen und Vorkehrungen für eine zweckentsprechende Wärmebehandlung zu treffen.

Gegossenes Material besitzt bekanntlich zumeist die sog. Gußstruktur, auf deren ungünstige Folgen und Beseitigung früher hingewiesen wurde (S. 216). Auch bei perlitischen Nickelstählen, soweit sie in gegossenem Zustande vorliegen und die man alsdann besser unter dem Namen Nickelstahlguß zusammenfaßt, kann durch eine geeignete Glühbehandlung die unerwünschte Gußstruktur zum Verschwinden gebracht werden, d. h. das feinkörnigste Gefüge wird mit dieser Wärmebehandlung erzielt und hiermit auch eine Auslösung der Gußspannungen erreicht, wenn bei der Glühung die Temperatur der A_3-Umwandlung berücksichtigt wird. Für die perlitischen Nickelstähle mit 0,1, 0,2, 0,3, 0,4 und 0,5 v.H. Kohlenstoff und wechselndem Nickel- und Mangangehalt hat nun Meyer Temperaturtabellen (Verfeinerungstemperaturen) aufgestellt, die für die Praxis der Glühung dieser Stähle überaus wertvoll sind. Durch entsprechende Interpolationen lassen sich jeweils leicht diejenigen Temperaturen ermitteln, die bei einem Stahl von bestimmter Zusammensetzung zweckmäßig erscheinen. Zwei dieser Temperaturtabellen sollen hier wiedergegeben werden.

Glühtemperaturen der Stähle mit 0,2 v.H. Kohlenstoff für verschiedene Mangan- und Nickelgehalte.

v.H.	Mangan										
	0,0	0,1	0,2	0,3	0,4	0,5	0,6	0,7	0,8	0,9	1,0
Nickel 0,0	914	909	904	899	894	888	888	876	869	862	854
0,5	898	893	888	883	878	872	872	860	853	846	838
1,0	882	877	872	867	862	856	856	844	837	830	822
1,5	866	861	856	851	846	840	834	828	821	814	806
2,0	849	844	839	834	829	823	817	811	804	797	789
2,5	832	827	822	817	812	806	800	794	787	780	772
3,0	814	809	804	799	794	788	782	776	769	762	754
3,5	794	789	784	779	774	768	762	756	749	742	734
4,0	774	769	764	759	754	748	742	736	729	722	714
4,5	752	747	742	737	732	726	720	714	707	700	692
5,0	729	724	719	714	709	703	697	691	684	677	669

Die Nickelstähle und Nickelchromstähle (Chromnickelstähle).

Glühtemperaturen der Stähle mit 0,4 v.H. Kohlenstoff für verschiedene Mangan- und Nickelgehalte.

v.H.	Mangan										
	0,0	0,1	0,2	0,3	0,4	0,5	0,6	0,7	0,8	0,9	1,0
Nickel 0,0	894	889	884	879	874	868	862	856	849	842	834
0,5	878	873	868	863	858	852	846	840	833	826	818
1,0	862	857	852	847	842	836	830	824	817	810	802
1,5	846	841	836	831	826	820	814	808	801	794	786
2,0	829	824	819	814	809	803	797	791	784	777	769
2,5	812	807	802	797	792	786	780	774	767	760	752
3,0	794	789	784	779	774	768	762	756	749	742	734
3,5	774	769	764	759	754	748	742	736	729	722	714
4,0	754	749	744	739	734	728	722	716	709	702	694
4,5	732	727	722	717	712	706	700	694	687	680	672
5,0	709	704	699	694	689	683	677	671	664	657	649

Um nun die Brauchbarkeit der in den Zahlentafeln wiedergegebenen Glühtemperaturen zu erhärten, wurden die bei verschiedenen Temperaturen geglühten Stähle auf ihre Festigkeitseigenschaften geprüft, da ja die Festigkeitseigenschaften eines gegossenen Stahles in der Praxis am ehesten ein Bild davon geben, ob die Glühung zweckmäßig durchgeführt worden ist oder nicht. Bei geschmiedetem, also schon verfeinertem Material, wird natürlich eine so ausgeprägte Verbesserung beim Glühen nicht in die Erscheinung treten wie bei gegossenem Material, wenn man vergleichsweise bei solchen Materialien (gegossen oder geschmiedet) die bei den Zerreißproben gewonnenen Festigkeitswerte heranzieht. Recht deutlich wird jedoch der Unterschied in den Festigkeitswerten bei verschiedenartig geglühtem Material werden, wenn dasselbe stoßweise beansprucht wird. Die Kerbschlagprobe wird also auch bei gegossenen perlitischen Nickelstählen am ehesten Auskunft über die zweckmäßige Glühbehandlung geben, die jeweils zur Verfeinerung des Korns vorgeschlagen wurde. Die aus einem Gußblock mit 0,23 v.H. Kohlenstoff, 3,03 v.H. Nickel, 0,74 v.H. Mangan, 0,01 v.H. Phosphor, 0,04 v.H. Schwefel und 0,14 v.H. Kupfer herausgeschnittenen Probestücke für den Schlagversuch wurden bei verschiedenen Temperaturen verschieden lange geglüht und darauf zerbrochen. Die bei der berechneten Glühtemperatur von 770° C (A_3-Umwandlung) geglühte Probe zeigte nicht nur das feinste Gefüge, sondern auch die günstigste Schlagfestigkeit (spezifische Schlagarbeit), wie aus den Linienzügen der Abb. 189 deutlich hervorgeht.

Die Schlagfestigkeit, die bis 770° C eine Erhöhung erfährt, nimmt mit steigernder Glühtemperatur ab, um bei 980° C wieder bis auf den sehr niedrigen Wert über das ungeglühte Material zu sinken. Aus der Abb. 189 geht ferner hervor, daß die Schlagfestigkeit der Probe nach sechsstündiger Glühdauer bei Temperaturen unterhalb 750° C und oberhalb 770° C im allgemeinen niedriger liegt, als bei den Proben mit zweieinhalbstündiger Glühdauer. Eine lange Glühdauer bei Temperaturen in der Nähe der Umwandlungstemperatur wirkt aber auch weniger

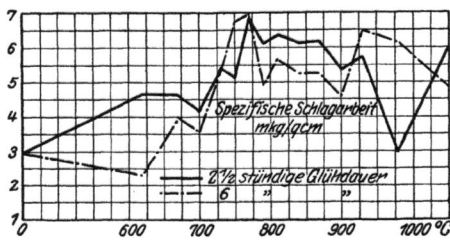

Abb. 189. Die Schlagfestigkeit eines Nickelstahls mit 0,23 v.H. Kohlenstoff und 3,03 v.H. Nickel bei verschiedener Glühtemperatur und Glühdauer. Nach Meyer.

ungünstig auf die Festigkeitseigenschaften ein als eine Glühung bei höheren Temperaturen. Mit Glühtemperaturen wenig oberhalb der Umwandlungstemperatur ist bei längerer Glühdauer der Vorteil verknüpft, daß die Gußstruktur vollständiger beseitigt wird als bei kürzerer Glühdauer. Bestätigt wird diese Tatsache durch den mikroskopischen Befund, daß nämlich die Ferritkörner in der Nähe der Umwandlungstemperatur mit der Glühdauer nicht in dem Maße wachsen wie bei höherer Temperatur. Auch bei einem geschmiedeten Material mit 0,27 v.H. Kohlenstoff, 1,8 v.H. Nickel und 0,88 v.H. Mangan, das noch Überhitzungserscheinungen (Gußstruktur) aufwies, konnte Meyer feststellen, daß die berechnete Glühtemperatur von 800° C sowohl für eine Verfeinerung des Gefüges als auch für die Verbesserung der Festigkeitseigenschaften (Schlagfestigkeit) vollkommen aus-

Die Nickelstähle und Nickelchromstähle (Chromnickelstähle). 329

reichte, und daß es nicht nötig ist, bei gewöhnlichen Schlagproben (30 × 30 × 160 mm) die lange Glühdauer von 6 Stunden zu wählen. Vielmehr wird schon bei einstündiger Glühung sowohl die Verfeinerung des Korns als auch eine möglichst hohe Schlagfestigkeit erzielt, die für dieses Material bei 800° C Glühtem-

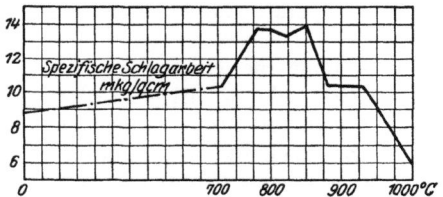

Abb. 190. Die spezifische Schlagarbeit eines geschmiedeten Nickelstahls mit 0,27 v.H. Kohlenstoff, 1,8 v.H. Nickel und 0,88 v.H. Mangan bei verschiedener Glühtemperatur. Nach Meyer.

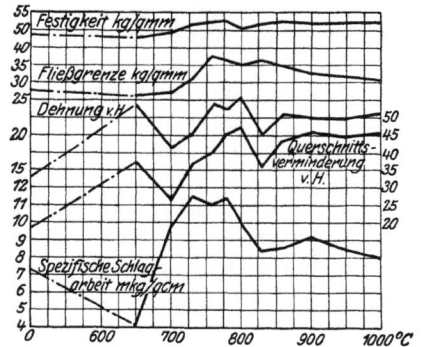

Abb. 191. Festigkeitseigenschaften eines Gußblocks mit 0,24 v.H. Kohlenstoff und 3,02 v.H. Nickel bei verschiedener Glühtemperatur. Nach Meyer.

peratur und einstündiger Glühdauer mehr als 16,27 mkg/qcm betrug und bei sechsstündiger Glühdauer auf etwa 14 mkg/qcm sank (Abb. 190).

Lehrreich sind ferner noch die Festigkeitsversuche (Zerreiß- und Schlagfestigkeit), die Meyer an einem Gußblock mit 0,24 v.H. Kohlenstoff, 3,02 v.H. Nickel und 0,44 v.H. Mangan vornahm und deren Ergebnisse die Abb. 191 veranschaulicht.

Die Güte des bei verschiedenen Temperaturen geglühten Materials wird hiernach bei der vorhandenen Temperatur von 785⁰ C (genauer 780⁰ C) am vorteilhaftesten verändert, die Schlagfestigkeit nimmt schon bei 800⁰ C merklich ab, während die übrigen Festigkeitswerte noch bei dieser Temperatur als günstig bezeichnet werden müssen. Auch hier stellt sich heraus, daß bei der kürzesten zweckmäßigen Glühtemperatur die Schlagfestigkeiten die höchsten Werte erreichen.

Faßt man diese über die Glühbehandlung der perlitischen Nickelstähle ermittelten sehr wichtigen Untersuchungsergebnisse zusammen, so kann man mit Meyer sagen, daß zur Beseitigung der Gußstruktur und auch der Überhitzungserscheinungen die auf S. 326 und 327 angegebenen Glühtemperaturen vollständig ausreichen, d. h. es muß die Temperatur der A_3-Umwandlung erreicht oder eben überschritten werden. Kleine Stücke müssen langsam auf diese Temperatur erhitzt werden, um dann langsam abzukühlen, bei größeren Stücken sowie solchen mit höherem Nickel- und Mangangehalt ist die erforderliche Glühtemperatur etwas höher als wie sonst zu bemessen. Wenn bearbeitete, nicht überhitzt gewesene Nickelstähle nur ausgeglüht werden sollen, ohne etwa vorhandene Spannungen zu beseitigen oder überhaupt sämtliche Festigkeitseigenschaften zu verbessern, so braucht die angegebene Glühtemperatur nicht vollständig erreicht zu werden.

Hiernach muß also die Anwendung der Kerbschlagprobe besonders bei den perlitischen Nickelstählen und auch Nickelchromstählen gefordert werden, wenngleich diese auch gegenüber der Kerbwirkung infolge ihres hohen Fließvermögens (hohe Zähigkeit) weniger empfindlich sind als die einfachen Kohlenstoffstähle. Diese Zähigkeit kann durch den Zerreißversuch (Zugversuch) nicht scharf ausgedrückt werden, so daß also schon aus diesem Grunde die Kerbschlagprobe, die die Überlegenheit der Nickelstähle und Nickelchromstähle gegenüber den Kohlenstoffstählen nach der folgenden Zahlentafel [1] klar veranschaulicht, am Platze ist. Man vergleiche hiermit die entsprechenden Werte der Kohlenstoffstähle in der Zahlentafel auf S. 73.

---

[1] Ehrensberger, a. a. O.

Die Nickelstähle und Nickelchromstähle (Chromnickelstähle).

Bruchgrenze kg/qcm	Streckgrenze kg/qcm	Dehnung v.H.	Querschnittsverminderung v.H.	Spez. Schlagarbeit mkg/qcm
5130	3980	23,3	70	42,1
5390	4160	26,7	72	42,2
5480	4510	25,7	66	42,5
5750	4420	29,5	73	41,8
5920	4510	23,3	61	37,8
6280	3980	21,8	64	32,0
7160	5660	23,5	66	35,0
7250	5660	20,0	68	36,0
7250	4860	18,0	66	37,6
7340	5300	16,7	60	24,2
7870	6720	14,5	66	32,8
8050	6190	16,7	61	27,0
8130	6720	15,1	66	26,6
8220	6900	14,8	63	26,6
8400	6900	14,3	64	25,2
8790	7640	15,2	63	24,2
8840	7600	20,3	64	26,3
9140	7640	15,1	62	22,1
9550	8490	10,8	58	21,5
10000	8310	13,3	56	19,3
10790	8130	13,0	47	16,0
11410	10170	8,3	51	14,0
13170	10880	7,7	46	11,0
19000	16350	6,5	31	8,3

Für die Härtung der perlitischen Nickelstähle sind die oben angegebenen Temperaturen maßgebend. Die Eigenschaften der gehärteten Nickelstähle sind um so besser, je schneller das Material in den Zustand der festen Lösung übergegangen ist, je schneller also die gewünschten Temperaturen erreicht worden sind. Da aber bei der Härtung die wertvollste Eigenschaft des Nickelstahls, die Zähigkeit, verloren geht, so fällt die Härtung bei den Nickelstählen, wenn nicht besondere Absichten bestehen, aus. Gleichwohl bewirkt aber eine Abschreckung aus Temperaturen oberhalb des Umwandlungspunktes, also aus dem Gebiet der festen Lösung, daß die perlitischen Nickelstähle martensitisch werden, die martensitischen neigen zur Austenitbildung (Polyeder), während die austenitischen Stähle mit niedrigeren Nickelgehalten martensitisches Gepräge erhalten und die hochlegierten Stähle hinsichtlich ihres Gefügeaussehens nicht verändert werden. Abschreckung aus Temperaturen unterhalb des Umwandlungspunktes ist wie bei allen anderen Stählen auch bei den Nickelstählen auf das Gefüge ohne Einfluß. Nichtsdestoweniger ist für jede Wärmebehandlung der Nickelstähle die Ermittlung des Umwandlungspunktes sowohl bei der Erhitzung als auch Abkühlung erstes Erfordernis. Nicht zu vergessen ist auch eine durchgreifende Wärmebehandlung, z. B. beim Vergüten, da die Festigkeitswerte des Randes und der Mitte eines Konstruktionsstückes sonst verschieden ausfallen können.

Einsatzgehärtete Nickelstähle werden wegen ihrer vorzüglichen Eigenschaften für viele Zwecke des Maschinenbaues bevorzugt, so namentlich im Motorenbau. In der Regel sind nur weiche Nickelstähle mit einem Kohlenstoffgehalt von 0,05—0,45 v.H. und einem Nickelgehalt von 1—6 v.H. für die Einsatzhärtung bestimmt, wenn neben hoher Bruchfestigkeit eine besonders hohe Zähigkeit verlangt wird. Aber die Kohlung (Zementation) wird wegen des Nickelgehaltes etwas verzögert, auch ist die Härte der gekohlten (zementierten) Außenschicht geringer im Vergleich zu einem im Einsatz gehärteten mittelharten Stahl.

Besonders hoch beanspruchte Zahnräder, Achsen, Wellen, Spindeln, Konusse usw., die aus diesem Material gefertigt sind und von denen Glashärte an der Oberfläche verlangt wird, werden mit Erfolg der Einsatzhärtung unterworfen. Sie brauchen dann nicht immer in Wasser abgeschreckt zu werden, um die größte Härte zu erlangen, weil bei einigen Nickelstählen schon durch den Nickelgehalt allein der perlitische Zustand in den martensitischen übergeführt wird, was bei gewöhnlichen Kohlenstoffstählen, wie früher besprochen wurde, nur durch Abschrecken zu erreichen ist. Besonders diejenigen Nickelstähle, deren Gefüge an der Grenze vom perlitischen zum martensitischen Zustande liegt, lassen sich durch Zementation ohne nachfolgendes Abschrecken in Wasser härten. Bei einem Stahlstab z. B. mit 0,14 v.H. Kohlenstoff und 8,1 v.H. Nickel, der vorher nur perlitisch war (Abb. 192), ist durch die Steigerung des Kohlenstoffgehaltes bis 0,8 und mehr v.H. die Außenschicht durch die Kohlenstoffaufnahme von selbst so hart (martensitisch) geworden (Abb. 193), wie ein Kohlenstoffstahl mit demselben Kohlenstoffgehalte, der nur durch Abschrecken in Wasser gehärtet werden kann. Der Kern dieses Nickelstahls ist perlitisch und daher zäh geblieben und hat dasselbe Aussehen wie nach Abb. 192 behalten. So ermöglicht also schon eine einfache Kohlung gewisser Nickelstähle die Gewinnung von

Die Nickelstähle und Nickelchromstähle (Chromnickelstähle). 333

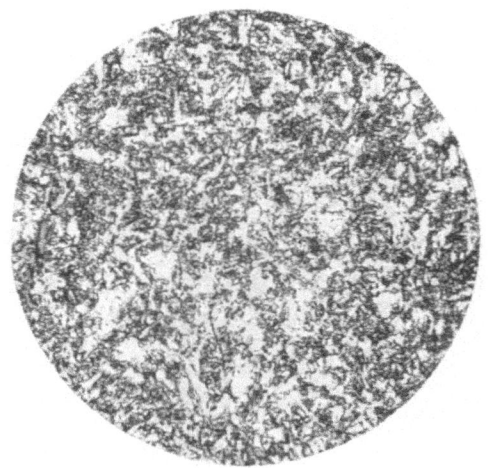

Abb. 192. Nickelstahl mit 0,14 v.H. Kohlenstoff und 8,1 v.H. Nickel. Ferrit und Perlit. V = 200.

Abb. 193. Wie Abb. 192, eingesetzt. Randschicht. Martensit. V = 200.

334 Die Nickelstähle und Nickelchromstähle (Chromnickelstähle).

Konstruktionsstücken mit harter Oberfläche, eine Tatsache, von der vielfach Gebrauch gemacht wird.

Bei Stählen mit geringen Nickelgehalten wird bei langer Glühung so wie bei gewöhnlichen Stählen in der Oberflächenschicht ein zementitähnliches Gefüge gebildet (Abb. 195).

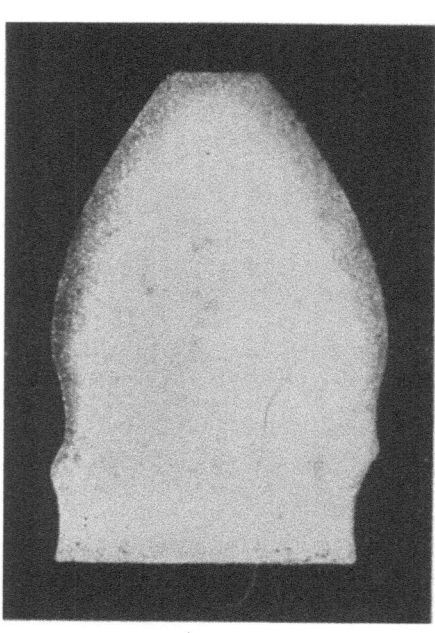

Abb. 194. Zahn eines einsatzgehärteten Automobilzahnrades mit 0,32 v.H. Kohlenstoff, 2 v.H. Chrom und 4,71 v.H. Nickel. Harte Randzone. V = 5.

Auch die Chromnickelstähle, deren Einsatzhärtung hier jetzt schon angeführt werden soll, eignen sich sehr gut für die Einsatzhärtung. Es kommen besonders solche Stähle in Betracht, die 0,15 bis 0,40 v.H. Kohlenstoff, 2—6 v.H. Nickel und 0,5—1,5 v.H. Chrom enthalten. Durch Zusatz von Chrom wird der gewöhnliche Nickelstahl härter. Für Zahnräder und Getriebeteile, die neben Glashärte an der Oberfläche noch einen ziemlich zähen Kern besitzen müssen, kommen diese Stähle in Frage. Durch Abschrecken dieser Stähle in Öl wird die gewünschte Glashärte der Oberfläche neben einem zähen Kern nicht erzielt, und daher kann das Abschrecken in Öl die Einsatzhärtung in diesem Falle nicht ersetzen [1]).

Da der Nickelgehalt der Nickelstähle der Vergröberung des Korns bei hohen Temperaturen und damit einem Sprödewerden entgegenwirkt, und da ferner auch die Haltepunkte der Nickelstähle durch den Nickelgehalt im Vergleich zu den Kohlenstoff-

---

[1]) Vgl. Metallurgie 1908. S. 217 und Stahl und Eisen 1909. S. 1186.

Die Nickelstähle und Nickelchromstähle (Chromnickelstähle). 335

stählen herabgedrückt werden, so wendet man bei einem eingesetzten Nickelstahl mit 2 v.H. Nickel folgende thermische Nachbehandlung an [1]):
1. Erwärmen auf 1000° C und Abschrecken;
2. Erwärmen über 750° C und Abschrecken bei etwa 700° C.

Würde man diesen Stahl nur einmal bei 700° C abschrecken, so würde auf Kosten einer sehr harten Außenschicht die Festigkeit des Kerns gering sein. Bei einem einmaligen Abschrecken aus einer Temperatur von 750° C würde sich die Zähigkeit des

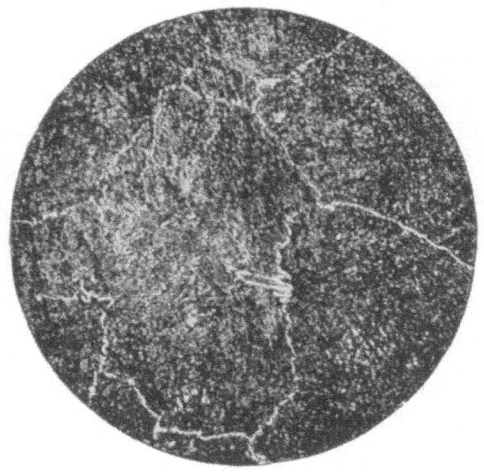

Abb. 195. Zu Abb. 194. Randzone mit zementitähnlichen Adern. V = 200.

Kerns erhöhen, dagegen die Härte der Außenschicht geringer sein. Bei einem Nickelstahl mit 6 v.H. Nickel erfolgt entsprechend seinen veränderten Haltepunkten das erste Abschrecken bei 850° C und das zweite Abschrecken bei 675° C. Die Nachbehandlung von eingesetzten Chromnickelstählen ist etwa die gleiche wie die der einfachen Nickelstähle.

Daß die Einsatzhärtung von Werkstücken aus Chromnickelstahl zuweilen die Vernichtung des Gegenstandes im Gefolge hat, konnte an einem Automobilzahnrad aus Chromnickelstahl

---

[1]) Guillet, Stahl und Eisen 1912. S. 61.

336　Die Nickelstähle und Nickelchromstähle (Chromnickelstähle).

festgestellt werden. Nach einer kräftigen Beanspruchung sprangen die Zähne vom Zahnfuß ab. Auf dem geätzten Querschliff eines solchen Zahnes (Abb. 194) erkennt man deutlich die äußere gehärtete Schicht, in der bei starker Vergrößerung zementitähnliche Adern zu sehen sind (Abb. 195). Längs dieser harten Adern, die trotz einer durchgreifenden Abschreckung nicht verschwanden, ist der Bruch der Zähne eingetreten. Der helle Kern des Zahnes besteht aus feinem Martensit, ist daher hart und spröde, worauf unter anderem das Abbrechen der Zähne zurückzuführen ist. Der Zahn eines richtig im Einsatz gehärteten Zahnrades aus Chromnickelstahl soll nach heftigen Stößen nicht abbrechen, sondern sich umbiegen lassen,

Abb. 196. Einsatzgehärteter Chromnickelstahl. Aufgerissene Außenschicht, die beiden Enden stehen in einem Winkel von etwa 105° zueinander. Nat. Größe.

wobei die äußere harte Schicht in vielen parallelen Rissen aufreißt, wie dies bei dem einsatzgehärteten Flachstab in Abb. 196 eingetreten ist.

Erfordert die Wärmebehandlung der einfachen Kohlenstoffstähle immerhin eine gewisse Übung und Erfahrung, die eine genaue Kenntnis der Zusammensetzung des Stahls und seiner Eigenheiten voraussetzt, so darf nach den Darlegungen über die perlitischen Nickelstähle nicht vorausgesetzt werden, daß eine richtige Wärmebehandlung dieser Stähle ebenso leicht oder schwierig ist, wie diejenige der gewöhnlichen Kohlenstoffstähle. Gerade die Wärmebehandlung von Sonderstählen birgt mehr Schwierigkeiten in sich, wie vielfach beobachtet werden kann, wenn man z. B. irgendwie wärmebehandelte Nickelstähle nachträglich untersucht, deren Ergebnisse keineswegs im Einklang stehen mit den Vorschriften, die beispielsweise die betreffenden Stahlwerke hierfür angeraten haben. Gegen Behandlungsfehler sind auch die Nickelstähle empfindlicher als die Kohlenstoffstähle, wenngleich auch zugegeben werden muß, daß jede Kalt- und Warmbildsamkeit (Schmiedbarkeit) und auch die Schweißbarkeit der perlitischen Nickelstähle keinerlei Schwierigkeiten begegnet, zumal die Wärmeleitfähigkeit wenig geringer als die der reinen Kohlenstoffstähle ist.

Heyn und Bauer untersuchten zwei Nickelflußeisenstücke mit einem Kohlenstoffgehalt von 0,9 v.H. und einem Nickelgehalte von 5,49 v.H., die beim Schmieden rissig geworden waren[1]). Das Kleingefüge dieser Stücke in der Nähe der Risse hatte grobkörnigen Aufbau ähnlich demjenigen, wie es in gegossenen Blöcken beobachtet wird und als Gußstruktur bezeichnet werden kann. Dieses Gefüge wurde jedoch bei einem Glühen von 900° C wieder feinkörnig. Auch sonst war das Gefüge einwandfrei, es fehlten Zonenbildungen, Schlackeneinschlüsse und Seigerungsstellen. Um eine etwa vorhandene Sprödigkeit des Materials festzustellen, wurden Kerbschlagproben vor und nach dem Ausglühen bei verschiedenen Wärmegraden vorgenommen. Der bei diesen Proben erzeugte Bruch war bei den ungeglühten Stählen und nach vorherigem Ausglühen bei 500, 600, 700, 800 und 1000° C sehr grobkörnig, und er wurde erst nach dem Ausglühen bei 1050, 1100, 1150 und 1200° C ein wenig feinkörniger, womit sich auch gleichzeitig die anfänglich hohe Sprödigkeit verringerte. Auch wurden aus dem einen rissigen Stück Stäbe herausgeschnitten, im Schmiedefeuer auf dunkle Rotglut erwärmt und ohne Schwierigkeit heruntergeschmiedet, ohne daß Rißbildung eintrat. An diesen ausgeschmiedeten Stangen wurden wiederum Kerbschlagproben vorgenommen, die teils in diesem Zustande, teils nach vorhergehendem Ausglühen geprüft wurden. Es konnte alsdann festgestellt werden, daß nach vorhergehendem Ausschmieden bei Rotglut und nachfolgendem Ausglühen die vor dem Ausschmieden vorhandene Sprödigkeit vollständig verschwand.

Bei der Feststellung der geeignetsten Schmiedehitze bei Stäben von geringem Querschnitt ergab sich, daß nicht nur die Höhe der Schmiedehitze, sondern auch die Zeitdauer von wesentlichem Einfluß ist, während welcher das Material auf dem Wärmegrad erhalten wird. Bis zur Schmiedehitze von 1200—1300° C ließen sich die Probestücke, ohne merkliche Risse zu zeigen, ausschmieden, wenn die Schmiedehitze nicht über zwei Stunden stieg, nur bei

---

[1]) Stahl und Eisen 1909. S. 632.

längerer Erhitzungsdauer bei 1200—1300°C traten beim Schmieden Risse auf. Bei großen Querschnitten 40 × 45 mm konnte als Grenzhitze für das Schmieden etwa 1130°C, bei Querschnitten 40 × 55 mm 1085°C festgestellt werden. Hieraus ergibt sich mithin, daß bei sehr großen Querschnitten die Grenzhitze noch tiefer rücken wird.

Aus diesen sehr lehrreichen Untersuchungen dürfte mithin hervorgehen, daß perlitische Nickelstähle beim Schmieden aufreißen können, wenn eine bestimmte obere Schmiedehitze, die jeweils nach der Größe des zu schmiedenden Stückes und der Zeitdauer der vorausgehenden Glühung ausgewählt werden muß, überschritten wird.

Hinsichtlich der Vergütung der perlitischen Nickelstähle sei auf den Abschnitt XII verwiesen.

2. Die martensitischen Nickelstähle. In der Praxis haben diese Stähle eine nennenswerte Anwendung nicht gefunden, doch hat man schon frühzeitig Versuche mit ihnen für Konstruktionszwecke gemacht. Die martensitischen Nickelstähle sind erklärlicherweise sehr schwer bearbeitbar, weil sie eine sehr hohe Festigkeit von etwa 130—140 kg/qmm besitzen, und schon aus diesem Grunde ist ihr Anwendungsgebiet begrenzt. Auch besitzen sie bei dieser sehr hohen Festigkeit eine niedrige Streckgrenze von etwa 68—75 kg/qmm. Man wird daher in der Praxis weniger einen martensitischen Stahl mit 12—16 v.H. Nickel wählen, zumal gerade die Streckgrenze für viele Zwecke allein maßgebend ist, sondern man wird einen gewöhnlichen vergüteten Chromnickelstahl mit 3—4 v.H. Nickel und 1—6 v.H. Chrom heranziehen, der natürlich auch von einer größeren Zähigkeit ist. Aber gerade für hochbeanspruchte Teile im Automobil- und Flugzeugbau besteht das Verlangen nach Werkstoffen mit hoher Festigkeit, wofür Stähle mit 110—120 kg/qmm Bruchgrenze, 90—100 kg/qmm Streckgrenze und 10—15 v.H. Dehnung geliefert werden. Die Kerbzähigkeit dieser Stähle nach der gewöhnlichen Kerbschlagprobe beträgt 10—15 mkg/qcm gegenüber Flußeisen mit etwa 35 kg/qmm Bruchfestigkeit und einer Kerbzähigkeit von nur 20—25 mkg/qcm.

Wird jedoch ausnahmsweise ein martensitischer Nickelstahl verwendet, der nach langsamer Abkühlung eine Kugeldruckhärte von 350—400 nach Brinell besitzt, so kann man ihn dadurch bearbeitbar machen, daß man ihn unterhalb des Ac_{123}-Punktes ausglüht oder anläßt. Hieraus dürfte es zu erklären sein, daß man diesem Glühverfahren in der Praxis vielfach begegnet. Nach diesem Glühverfahren macht man also **Lufthärter**, zu dem die martensitischen Nickelstähle gehören, weich, übersieht aber, daß es gleichfalls auch für **Selbsthärter** geschaffen ist. Man muß bekanntlich zwischen einem Lufthärter und einem Selbsthärter unterscheiden. Bei den Lufthärtern wird der Umwandlungspunkt durch die Abschreckung in der Luft so stark erniedrigt, daß der Stahl hierbei gehärtet wird, während bei einem Selbsthärter schon bei langsamster Abkühlung Härtung erzielt wird. Bei diesen Stählen wird sich also auch schon bei langsamer Erkaltung im Gefüge Martensit ergeben. Zwischen diesem Martensit und dem durch schnelle Abschreckung erhaltenen Martensit bei einfachen Kohlenstoffstählen besteht hinsichtlich des Gefügeaussehens kein Unterschied. Es ist daher auch einleuchtend, daß der Martensit der Selbsthärter sich gegenüber dem der gehärteten Stähle beim Anlassen genau gleich verhält, woraus wiederum für die Praxis eine Lösung für die Wärmebehandlung der als unbearbeitbar angesehenen martensitischen Chromnickelstähle hergeleitet werden kann (S. 347).

Diesen Stählen wird man aber den Eingang in die Praxis verstellen müssen, weil die Festigkeitszahlen allein noch nicht genügen, um sie als verwendbar anzusehen, vorausgesetzt, daß sie nicht noch andere, wertvolle Eigenschaften besitzen. Mit den billigeren perlitischen Nickelstählen erreicht man jedoch alle Eigenschaften, deren der Konstrukteur bedarf.

3. **Die polyedrischen (austenitischen) Nickelstähle.** Diese Stähle sollen zugleich mit den **austenitischen Chromnickelstählen** und **Nickelmanganstählen**, von denen allerdings auch nur wenige Eingang in die Praxis gefunden haben, besprochen werden. Auch diese Stähle können nicht gemeinsam dem Behandlungsverfahren wie die perlitischen Stähle unterworfen werden, für alle angewendeten austenitischen Stähle gibt es jeweils verschiedene Arten der Wärmebehandlung. Für die Praxis kommen zumeist nur in Betracht:

1. der 25prozentige Nickelstahl;
2. der 20—25 v.H. Nickel und 2—3 v.H. Chrom enthaltende Nickelchromstahl.

340 Die Nickelstähle und Nickelchromstähle (Chromnickelstähle)

Ferner sind noch bekannt:
3. der 15 v.H. Nickel und 5 v.H. Mangan enthaltende Hadfield-sche Nickelmanganstahl mit seinen Abarten und der in der praktischen Anwendung noch neue
4. Stahl mit 20 v.H. Chrom und 5—7 v.H. Nickel enthaltende Chromnickelstahl[1]).

Was den 25 prozentigen Nickelstahl, der von zäher Art ist (Abb. 197), anbetrifft, so wurden aus ihm bis vor nicht zu langer Zeit Turbinenschaufeln hergestellt, von welchem Material man heute wohl absieht (S. 362). Wird dieser Stahl einer gleichen

Abb. 197. Nickelstahl mit etwa 30 v.H. Nickel. $1/2$ nat. Größe.

Behandlung wie der 13 prozentige Manganstahl unterworfen, so wird er nach Guillet teilweise martensitisch und dadurch magnetisch (S. 288) und zähe. Man glühte ihn daher früher auch nur bei 850° C.

Der 20—25 v.H. Nickel und 2—3 v.H. Chrom aufweisende Nickelchromstahl ist hauptsächlich noch für Marinezwecke begehrt. Man schreckt ihn bei etwa 900° C ab, um ihn leichter bearbeitbar und unmagnetisch zu machen. Es werden alsdann folgende Festigkeitszahlen erreicht: 76 kg/qmm Bruchgrenze, 33,6 kg/qmm Streckgrenze und 65,5 v.H. Dehnung.

---

[1]) Maurer und Hohage, a. a. O.

Dieser Stahl mit dem sehr hohen Nickelgehalt kann durch den Hadfieldschen Stahl mit 15 v.H. Nickel und 5 v.H. Mangan ersetzt werden, der noch dadurch seine schwere Bearbeitbarkeit vermindert, daß man ihm 2—3 v.H. Chrom oder auch 3,5 bis 4,5 v.H. Silizium beifügt. Der ursprüngliche Hadfieldstahl mit 0,6 v.H. Kohlenstoff wurde bei 1100° C im Wasser behandelt und ergab eine Bruchgrenze von 81,5 kg/qmm, eine Streckgrenze von 32,5 kg/qmm und eine Dehnung von 57 v.H. (S. 288).

Strauß und Maurer[1]) haben den Chromnickelstahl mit etwa 20 v.H. Chrom und 5—7 v.H. Nickel eingehend untersucht. Bei einem Abschrecken von 1100—1200° C in Wasser werden im Gefüge gut ausgebildete Austenitpolyeder sichtbar. Der Stahl hat dann folgende Festigkeitszahlen: 80 kg/qmm Bruchgrenze, 38 kg/qmm Streckgrenze, 40 v.H. Dehnung und 25 mkg/qcm Schlagwiderstand im Vergleich zu dem alten 25 prozentigen Nickelstahl mit einer Bruchgrenze von 58—62 kg/qmm und einer Streckgrenze von 20—25 kg/qmm.

Gleich dem 13 prozentigen Manganstahl wird der hochprozentige Chromnickelstahl durch die Behandlung bei 1100—1240° C sehr zähe, verliert aber hierbei stark an Bearbeitungsfähigkeit, wie dies ebenfalls bei dem 25 prozentigen Nickelstahl der Fall ist.

Eine Reihe ähnlicher Stähle, auch wenn sie die gleiche thermische Behandlung bei 1100—1200° C erhalten haben, sind für die Praxis ohne Bedeutung. Der 20 v.H. Chrom und 5—7 v.H. Nickel enthaltende oben besprochene Chromnickelstahl besitzt wenigstens bei dieser Temperatur wohl ausgebildete zähe Polyeder, auch wird bei einem Stahl mit weniger Nickel und bei gleicher Behandlung auch das gleiche martensitische Gefügebild wie bei weichem Material erzielt, doch verdirbt die hohe Abschrecktemperatur diesen Stahl. Er ist aber dem 25 prozentigen Nickelstahl insofern gleich, als er durch Kaltbearbeitung stark magnetisierbar wird. Der einfache 25 prozentige Nickelstahl wird mitunter als eine sog. instabile Legierung angesehen, welche Eigenart er mit einer Reihe von Übergangsstählen in mehr oder weniger großem Maße teilt. Schon bei einem Zerreißversuch kann man bei einem solchen Stahl eine Kalthärtung bereits daran erkennen, daß die erhaltene Bruchgrenze mit der Kugeldruckhärte nicht in Einklang gebracht werden kann.

---

[1]) Kruppsche Monatshefte, a. a. O.

342 Die Nickelstähle und Nickelchromstähle (Chromnickelstähle).

Einen ausgezeichneten Überblick über die mechanischen Eigenschaften der perlitischen, martensitischen und polyedrischen (austenitischen) Nickelstähle mit 0,1 v.H. Kohlenstoff gibt Abb. 198[1]). Man sieht, daß die Zugfestigkeit geschmiedeter und langsam abgekühlter Nickelstähle mit dem Nickelgehalt langsam ansteigt. Bei etwa 6 v.H. Nickel nähert sich die Zusammensetzung dem Gebiet der martensitischen Stähle. Die Festigkeit steigt dann außerordentlich rasch an bis zu einem Gehalt von etwa 20 v.H. Nickel, wo der Höchstwert von 120 kg/qmm erreicht wird. Alsdann sinkt die Festigkeit auf etwa 40 kg/qmm bei 30 v.H. Nickel. Fließgrenze und Härte verhalten sich ähnlich, dagegen nimmt der Linienzug für die Dehnung den entgegengesetzten Verlauf. Die Schlagfestigkeit (Kerbzähigkeit) verändert sich bis 8 v.H. wenig, fällt dann praktisch auf Null, um von 22 v.H. Nickel ab wieder anzusteigen. Nach Abb. 198 mit ihren in die Augen springenden Höchst- und Tiefstwerten sind die Festigkeitseigenschaften der perlitischen Nickelstähle ähnlich denjenigen der Kohlenstoffstähle, die martensitischen Nickelstähle sind durch hohe Festigkeit und Härte bei großer Sprödigkeit gekennzeichnet, während die austenitischen Nickelstähle mittlere Festigkeit und gleichzeitig große Zähigkeit besitzen.

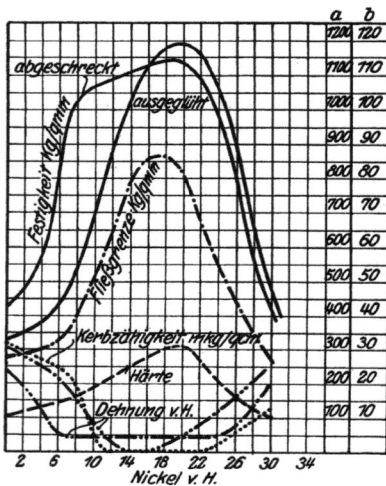

a = Härte nach Brinell;
b = Zugfestigkeit und Fließgrenze kg/qmm; Dehnung v.H.; Kerbzähigkeit mkg/qcm.
Abb. 198. Einfluß des Nickels auf die mechanischen Eigenschaften des schmiedbaren Eisens. Nach Goerens.

Wie alle Legierungen dehnen sich auch die Nickelstähle bei der Erwärmung aus und ziehen sich bei der Erkaltung wieder zusammen, es verändert sich also auch ihr Volumen. Es hat sich

---

[1]) Aus Ullmann, Enzyklopädie der technischen Chemie. 4. Band, S. 353.

Die Nickelstähle und Nickelchromstähle (Chromnickelstähle). 343

gezeigt, daß den kleinsten linearen Ausdehnungskoeffizienten ein Stahl mit 36 bis 38 v.H. Nickel und geringen Mengen Kohlenstoff besitzt, dem daher die Bezeichnung Invarstahl zugelegt wurde. Man kann sogar sagen, daß der Ausdehnungskoeffizient des Invarstahls praktisch gleich Null ist. Infolgedessen findet man ihn bei chronometrischen (Uhrpendeln) und geodätischen Geräten, die gegenüber Erwärmung unempfindlich sein müssen. Ein Stahl mit etwa 46 v.H. Nickel führt den Namen Platinit, weil dessen Ausdehnungskoeffizient ungefähr gleich dem des Platins ist. Er kommt für Glühlampendraht, als Ersatz für Platin in Betracht, auch für die Einfassung von optischen Linsen wird er bevorzugt.

Durch Zusatz von Nickel wird der elektrische Leitungswiderstand der Stähle vergrößert, der bis zu etwa 35 v.H. Nickel wächst, um dann im allgemeinen wieder zu fallen. Der elektrische Widerstand des Invarstahls ist etwa 8 mal so groß als der des reinen Eisens.

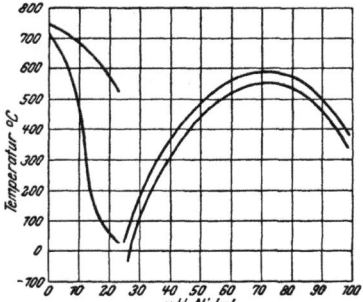

Abb. 199. Magnetische Umwandlung der Nickelstähle. Nach Osmond.

Das magnetische Verhalten der Nickelstähle erhellt aus Abb. 199. Hier sind die magnetischen Umwandlungspunkte in Abhängigkeit vom Nickelgehalt und der Temperatur aufgetragen. Mit steigendem Nickelgehalt sinkt die magnetische Umwandlung. Die beiden oberen Linienzüge deuten die Temperaturen der magnetischen Umwandlung bei der Erhitzung, die beiden unteren die Temperatur bei der Abkühlung an. Bei den Nickelstählen mit bis etwa 25 v.H. Nickel ist mithin eine ausgeprägte Temperaturhysteresis vorhanden, und zwar so, daß bei den gleichen Stählen das Auftreten bzw. Verschwinden des Magnetismus bei verschiedenen Temperaturen erfolgt, je nachdem erhitzt oder abgekühlt wird.

Der Unterschied zwischen der magnetischen Umwandlung bei der Erhitzung und Abkühlung und mithin auch die Temperaturhysteresis wächst mit dem Nickelgehalt. Zugleich aber sinkt die Temperatur der magnetischen Umwandlung sowohl bei der Erhitzung als auch Abkühlung. Eine Legierung mit etwa 20 v.H. Nickel, die aus dem Schmelzfluß abkühlt, ist zunächst unmagnetisch und erhält den Magnetismus erst bei etwa 100^0 C. Bei Abkühlung auf Zimmertemperatur und Wiedererhitzung verschwindet wieder der Magnetismus, der bei etwa 580^0 C wieder erscheint. Innerhalb des Temperaturbereichs von $100-580^0$ C kann also dieser Stahl zweimal verschieden magnetisch erhalten werden. Stähle mit dieser merkwürdigen Eigentümlichkeit heißen **irreversible Stähle,** weil ihre magnetische Umwandlung nicht bei gleicher Temperatur umkehrbar ist. Bei den **reversiblen Stählen** (die beiden rechten Linienzüge in Abb. 199) fällt die magnetische Umwandlung sowohl bei der Erhitzung als auch Abkühlung nahezu zusammen. Die Grenze zwischen den irreversiblen und reversiblen Nickelstählen liegt mithin bei etwa 25 v.H. Nickel. Hier ist die größte Temperaturhysteresis vorhanden. Stähle mit diesem Nickelgehalt sind also schon bei gewöhnlicher Temperatur ohne vorherige Abschreckung unmagnetisch. Bei den reversiblen Stählen mit einem Nickelgehalt von über 25 v.H. Nickel wächst die magnetische Umwandlung bis zu einem Nickelgehalt von etwa 70 v.H. bei einer Höchsttemperatur von etwa 600^0 C, um dann auf etwa 365^0 C, der Temperatur der magnetischen Umwandlung des Reinnickels, zu fallen. Nach Abb. 184 ist es nicht schwer, die Gefügebeschaffenheit der hier besprochenen irreversiblen und reversiblen Nickelstähle festzulegen. Der Nickelstahl mit 25 v.H. Nickel fällt in das martensitische Gebiet, doch ist es nicht ausgeschlossen, daß es ein Grenzgebiet gibt, wo derselbe Stahl unter gewissen Voraussetzungen (Abkühlung unter 0^0 C, Abschreckung usw.) sowohl irreversibel als auch reversibel sein kann. Der **Invarstahl** und ähnliche Legierungen haben ihren Platz im austenitischen Gebiet.

Die magnetischen Verhältnisse der Nickelstähle mit bis 25 v.H. Nickel sind ähnlich denjenigen der Manganstähle mit bis etwa 12 v.H. Mangan (S. 278).

In neuester Zeit ist auch das Gefügeschaubild der **Chromnickelstähle** nach Abb. 200 bekannt geworden [1]). In Ergänzung der bereits gemachten Angaben zerfallen diese Quaternärstähle (mit geringem Kohlenstoffgehalt) in vier Gruppen, deren Grenzen ebenfalls in der angegebenen Schärfe wohl kaum vorhanden sind.

---

[1]) Strauß und Maurer, Kruppsche Monatshefte 1920. S. 146.

Die Nickelstähle und Nickelchromstähle (Chromnickelstähle). 345

Das Schaubild an sich ähnelt sehr demjenigen der einfachen Nickelstähle, das in Abb. 184 vorgebracht wurde. Jede Gruppe der Chromnickelstähle läuft allmählich in die andere über, so daß auch hier **Übergangsstähle** gebildet werden.

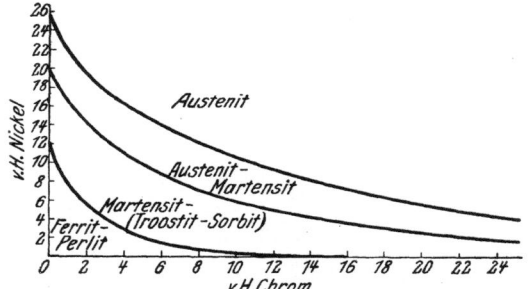

Abb. 200. Gefügeschaubild der Chromnickelstähle. Nach Strauß und Maurer.

Nach Abb. 200 unterscheidet man:
1. Die ferrit-perlitische Gruppe,
2. die martensitische und troosto-sorbitische Gruppe,
3. die austenit-martensitische Gruppe,
4. die austenitische Gruppe.

Die Stähle der austenitisch-martensitischen Gruppe erhalten durch Abschrecken von hohen Temperaturen zwar ein vollkommen

Werkstoff	Gewichtsabnahme			
	durch Rostung an der Luft, 30 Tage	in Seewasser, 30 Tage	in Salpetersäure 10 v.H., kalt, 14 Tage	in Salpetersäure 50 v.H., kochend, 2 Stunden
Flußeisen	100	100	100	100
Nickelstahl (9 v.H. Nickel)	70	79	97	98
Nickelstahl (25 v.H. Nickel)	11	55	69	103
Chromnickelstahl (0,15 v. H. Kohlenstoff, 14 v.H. Chrom, 2 v.H. Nickel)	0,4	5,2	—	—
Chromnickelstahl (0,25 v.H. Kohlenstoff, 20 v.H. Chrom, 8 v.H. Nickel)	0,0	0,6	0	0

346 Die Nickelstähle und Nickelchromstähle (Chromnickelstähle).

austenitisches Gefüge, durch Anlassen aber und auch durch mechanische Beanspruchungen, wie letztere z. B. im Zerreißversuch zum Ausdruck kommen, gehen sie wieder in das martensitisch-austenitische Grundgefüge zurück. Sowohl die martensitischen als auch die austenitischen Chromnickelstähle sind gegen Rost und Korrosion außerordentlich widerstandsfähig, wie aus der Übersicht auf S. 345 hervorgeht.

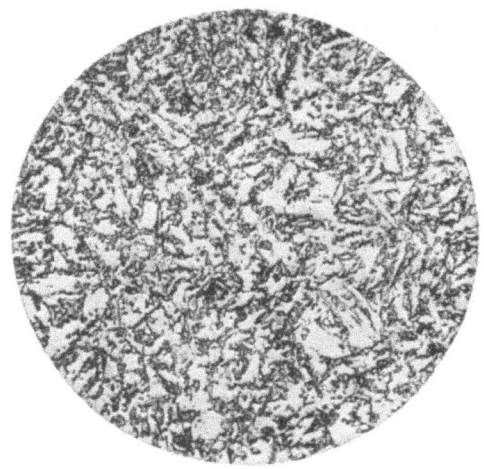

Abb. 201. Chromnickelstahl mit 0,13 v.H. Kohlenstoff, 2 v.H. Chrom und 3,8 v.H. Nickel. V = 200.

Die perlitischen Chromnickelstähle (Abb. 201) werden fast nur in vergütetem Zustande verwendet. Sie sind Lufthärter, weil schon eine Luftabkühlung zur Härtung genügt, während die martensitischen Chromnickelstähle selbsthärtendes Gepräge haben (S. 339), da sie im Gegensatz zu den ersteren auch bei genügend langsamer Abkühlung aus dem Gebiete der festen Lösung nicht weich werden, sondern ihren Ausgangszustand behalten. Bei gewöhnlicher Abkühlung erhalten aber auch die perlitischen Chromnickelstähle vielfach schon ein martensitisches Aussehen, sie sind hart geworden, weil der Rekaleszenzpunkt (S. 38) der perlitischen und auch der martensitischen Stähle in tiefere Temperaturen sinkt. Bei verzögerter Abkühlung hebt sich der

Die Nickelstähle und Nickelchromstähle (Chromnickelstähle). 347

Rekaleszenzpunkt dagegen auf höhere Temperaturen und auch schon hieraus ist zu folgern, daß auch die Wärmebehandlung der perlitischen Chromnickelstähle nach festen Grundsätzen entsprechend ihrem Verhalten bei gewöhnlicher und verzögerter Abkühlung genau festgelegt werden muß. Die Umwandlungen der Chromnickelstähle verlaufen eben viel träger als die der einfachen Kohlenstoffstähle und sind ferner nicht nur von der Zusammensetzung des Stahls, sondern auch von der Höhe der Ausgangsheiztemperatur (Anfangstemperatur) und der Abkühlungsgeschwindigkeit abhängig. Eine Härtung der Kohlenstoffstähle ist bekanntlich nur bei schroffer, schneller Abkühlung in Wasser möglich. Lufthärter, aber auch Selbsthärter lassen sich durch Anlassen weicher, also bearbeitbar machen, da das martensitische Grundgefüge durch diese Wärmebehandlungsart in die weichere Übergangsstufe, den osmonditischen oder einen ähnlichen Zustand übergeht (S. 175). Die Vergütung der Chromnickelstähle, die an einigen Beispielen auf S. 201 beschrieben wurde, findet daher durch diese Ausführungen eine einfache Erklärung und Vervollständigung. Der Chromnickelstahl in Abb. 201 besitzt bereits Anzeichen zum martensitischen Übergangsgefüge hin.

Nachdem in den vorhergehenden Darlegungen mehr die theoretische Seite der Nickelstähle beleuchtet worden ist, wird es dem Konstrukteur darauf ankommen, zu erfahren, in welcher Weise er die Kenntnis über die Grundlagen der Nickelstähle für seine Bauwerke ausnützen kann. Schon bei der einleitenden Besprechung über die perlitischen Nickelstähle S. 315 wurde bereits des Brückenbaues gedacht, deren Wichtigkeit hierfür der Konstrukteur schon verhältnismäßig früh erkannte. Gerade auf diesem Gebiete wurden an den Konstrukteur und den Erzeuger seiner Werkstoffe im Laufe der Zeit immer größere Anforderungen gestellt, die zwangsläufig stets ein besseres Material von hoher Widerstandsfähigkeit verlangten. So mußte allmählich das früher allgemein verwendete Schweißeisen dem zäheren, dehnbareren Flußeisen weichen und heute liegen die Verhältnisse so, daß auch dieses Material nicht ausschließlich mehr bei Brückenbauten auftritt. Ständig erwachsen dem Brückenbauer neue Aufgaben. Nicht nur die genaue Kenntnis der Stabkräfte, eine sinngemäße Verteilung und richtige Zusammenarbeit der Massen, die sich in den immer größer werdenden Anforderungen in den Eisenbauten auswirken, sondern auch die Pflege des Schönen, die Harmonie

348 Die Nickelstähle und Nickelchromstähle (Chromnickelstähle).

in den einzelnen Brückenelementen muß auch der Konstrukteur berücksichtigen [1]).

Es ist nur natürlich, daß bei der Einführung eines neuen Baustoffes in die Praxis mit besseren Eigenschaften für einen vorliegenden Zweck überlegt werden muß, ob sich die möglicherweise ergebenden Mehrkosten für dieses neue Material auch lohnen, wenn also auf der anderen Seite das Bauwerk in seinen Massen geringer, leichter ausfällt. Dies ist ein Punkt, den natürlich der Konstrukteur zunächst in erster Linie im Auge behalten muß. Da Nickel teurer als Eisen ist, wird im allgemeinen auch ein Nickelstahl teurer sein als gewöhnliches Flußmetall.

Die Frage über die Verwendbarkeit des Nickelstahls im Brückenbau ist zuerst in Amerika geklärt worden. Hier wurde bereits zu Anfang dieses Jahrhunderts ein Nickelstahl erprobt, bei dem der Nickelgehalt zum Kohlenstoffgehalt in einem bestimmten Verhältnis stand. Auch mußte er die höchste Bruch- und Elastizitätsgrenze und beste Bearbeitungsfähigkeit besitzen und gleichzeitig die Gewähr für unbedingte Sicherheit des mit ihm zu errichtenden Bauwerkes bieten.

Wenn hier vom Nickelstahl im Brückenbau die Rede ist, so ist damit nicht gesagt, daß nun das gesamte Material aus Nickelstahl bestehen muß. Der Konstrukteur wird dieses Material nur für solche Teile wählen, die Hauptkräfte zu übertragen haben, also zunächst für Zug- und Druckglieder, wie Gurtungen, Zugbänder, Längsträger usw., die unmittelbar in ihren Abmessungen von den jeweiligen Spannungen beeinflußt werden. Für Brückenteile von geringerer Bedeutung, wie Gitterstäbe, Aussteifungswinkel, Futterbleche, Geländer und anderes wird nach wie vor Flußeisen gewählt.

Schon in den ersten Jahren des angefangenen Jahrhunderts fand man in Amerika die Tatsache bestätigt, daß bei Brücken über 10 m Spannweite die Verwendung von Nickelstahl zu empfehlen ist, und bei einer Brücke aus Nickelstahl mit 600 m Spannweite wurde gefunden, daß sie nicht teurer ist als eine Brücke von 530 m Spannweite aus Flußeisen mit 44—45 kg Festigkeit.

Aus dem Gefügeschaubild der Nickelstähle auf S. 318 kann entnommen werden, daß bereits bei einem Gehalt von 8 v.H.

---

[1]) Vgl. Bohny, Stahl und Eisen 1909, S. 1438; 1911, S. 89, 184, 1287, 1642; 1912, S. 1993; 1913, S. 1549; 1914, S. 958 und 1487; 1915, S. 47 und 631; 1916, S. 137.

Nickel der Stahl ein martensitisches Gepräge erhält, er also Gefahr läuft, brüchig und spröde zu werden. Um also Nickelstahl mit den gewöhnlichen Werkzeugen noch bearbeiten zu können, darf natürlich der Nickelgehalt über ein bestimmtes Maß nicht hinausgehen, wenn er seine Bedeutung als Baustahl behalten will. Für Konstruktionsteile, die bearbeitet werden sollen, die also einem Hobeln, Bohren, Stanzen, Schneiden usw. unterworfen werden, darf der Nickelgehalt höchstens 3,5 v.H. betragen, während z. B. für Augenstäbe für den Brückenbau, die schon in gewalztem Zustande einbaufertig sind, 4,5 v.H. Nickel genommen werden können. Bei dem zuerst genannten Stahl beträgt die Bruchfestigkeit 74—85 kg/qmm, bei dem letzteren 82—91 kg/qmm. Natürlich muß sich die Höhe des Nickelzusatzes nach der Höhe der anderen Bestandteile, namentlich nach der des Kohlenstoffes richten, der zwischen 0,2 und 0,5 v.H. liegen kann. Da der Kohlenstoff die Festigkeits- und Elastizitätsgrenze des Eisens und damit die Brüchigkeit erhöht, aber andererseits wiederum seine Bearbeitungsfähigkeit vermindert, wird besonders die Brüchigkeit durch einen Nickelzusatz bekämpft, der das Eisen zäher und dehnbarer macht, also Eigenschaften hervorbringt, die gerade beim Brückenbau von wesentlicher Bedeutung sind. In der nachstehenden Zahlentafel[1]) wird eine Aufstellung der in Frage kommenden Nickelstähle für Brückenbauten mit ihren Festigkeiten im gewalzten Zustande gegeben.

Verwendungszweck	Kohlenstoff v.H.	Nickel v.H.	Mangan v.H.	Silizium höchstens v.H.	Phosphor höchstens v.H.	Schwefel höchstens v.H.	Zugfestigkeit kg/qmm	Fließgrenze kg/qmm	Mindestdehnung bei 200 mm Meßlänge (unter 12 mm Stärke) v.H.
Augenstäbe, Gelenkbolzen, Auflagerrollen	0,45 (0,40 bis 0,50)	4,25 (4,0 bis 4,5)	0,80 (0,75 bis 0,85)	0,04	0,03	0,04	81–91	46	12
Stab- und Profileisen, Bleche	0,38 (0,34 bis 0,42)	3,50 (3,25 bis 3,75)	0,70 (0,65 bis 0,75)	0,04	0,03	0,04	74–84	42	15
Nieten und Schrauben	0,15 (0,12 bis 0,18)	3,50 (3,25 bis 3,65)	0,60 (0,55 bis 0,65)	0,04	0,03	0,04	49–56	32	25

---

[1]) Stahl und Eisen 1909. S. 417.

Der Gehalt an Mangan, der bekanntlich ebenfalls die Festigkeit der Eisenkohlenstofflegierungen erhöht, kann 0,6—0,8 v.H. betragen. Auch die deutschen Brückenbauer können diese Zahlen als maßgeblich anerkennen, nur erscheinen die in der Zahlentafel vermerkten Dehnungen etwas gedrückt.

Es wurde berechnet, daß in Amerika in der damaligen Zeit (Anfang des Jahrhunderts) ein Nickelstahl mit 3,5 v.H. Nickel nur etwa 14 Pfg./kg (ein - Zehntel hiervon Mehrkosten für Bearbeitung, neun Zehntel für höheren Materialpreis) frei Baustelle mehr kostete als gewöhnliches Flußeisen, dagegen wurde eine um 66 v.H. größere Sicherheit erhalten, und auch die Kosten der Brücke aus Nickelstahl konnten infolge der allgemeinen Gewichtsverminderung bis zu 30 v.H. herabgesetzt werden. Der Nickelgehalt hat sich bei neueren Brücken aus Nickelstahl auf 2—2,5 v.H. ermäßigt anstatt 3,25—4 v.H. bei gleichen Festigkeitswerten namentlich in bezug auf die Streckgrenze. Hierdurch ergibt sich natürlich eine weitere Verbilligung der Brücke und auch der Gewichtsgewinn ist sehr bedeutend, wie Waddell, Bohny, Schanzer u. a. recht anschaulich in Linienzügen gezeigt haben, so daß es sich verlohnt, hierbei länger zu verweilen.

Jedem Brückenbauer ist bekannt, daß die Eisengewichte und alsdann auch die Eigengewichtskräfte bei Brücken im allgemeinen derartig ansteigen, die Kosten sich stark erhöhen und sich auch konstruktive Schwierigkeiten einstellen, die sich mit den gewöhnlichen Mitteln nicht mehr beheben lassen. Da sich der übliche Nickelstahl (in der Vorkriegszeit) im Preise gewöhnlich nicht viel höher stellte als das gewöhnliche Walzmaterial, hierfür aber ein besseres, zäheres und festeres Material vorlag, das mit um 50 v.H. und mehr höhere Beanspruchungen für die Brücke nutzbar gemacht werden konnte, so ließ sich mit dem neuen Baustahl eine bessere und wirtschaftlichere Ausgestaltung selbst von Brücken mit sehr großen Spannweiten erreichen.

Ein lehrreiches Beispiel, wie hoch die benötigten Eisenmassen der Brücken bei Verwendung verschiedenartiger Materialien sind, liefert Abb. 202, in der die Eisengewichte von zweigleisigen Eisenbahnbrücken mit freiaufliegenden Hauptträgern und kleineren und mittleren Spannweiten zusammengestellt und verglichen sind [1]).

---

[1]) Stahl und Eisen 1911, S. 90 und 184. — Für eingleisige Brücken ergibt sich ein ähnliches Schaubild. Vgl. Stahl und Eisen 1913. S. 1549.

Die Nickelstähle und Nickelchromstähle (Chromnickelstähle).

Die Senkrechten des oberen Linienzuges geben die Gewichte für den laufenden Meter Brücke bei Verwendung von Flußeisen, die Senkrechten der unteren Teile entsprechend die Gewichte bei Verwendung eines um 60 v.H. höher beanspruchten Materials z. B. von Nickelstahl mit etwa 60 kg/qmm mittlerer Festigkeit an. Man erkennt, daß die Eisengewichte bei Flußeisen außerordentlich

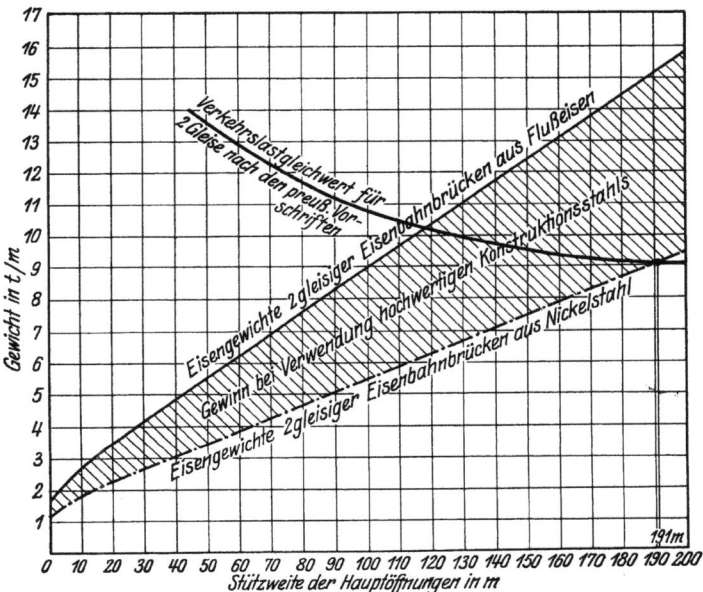

Abb. 202. Vergleich der Eisengewichte zweigleisiger Eisenbahnbrücken mit frei aufliegenden Trägern bei Ausführung in Flußeisen und Nickelstahl.
Nach Bohny.

schnell ansteigen. Bei 200 m Spannweite übersteigen sie z. B. schon das $1^3/_4$fache der Verkehrslast. Ein anderes Bild ergibt sich bei dem höher beanspruchten Nickelstahl, wo Eisengewicht und Verkehrslast erst bei rund 191 m Spannweite einander gleich sind. Der Unterschied in den Gewichten beträgt 35—40 v.H., dem man die höheren Kosten für die Brücke aus Nickelstahl entgegenstellen könnte. Vor dem Kriege waren diese Verhältnisse in Amerika z. B. so, daß bei Verwendung eines Stahls mit 3 bis 3,5 v.H. Nickel eine Ersparnis der Gesamtkosten zu verzeichnen war, in Deutschland dürfte die Ersparnis etwa 10 v.H. betragen haben, denen sich noch Ersparnisse in der Werkstatt und auf der Baustelle durch die Beförderung durchweg leichterer Stücke zugesellten. Diese bedingen auch eine Ermäßigung der Frachtkosten. Auch wird die Bewältigung der Kräfte in konstruktiver Hinsicht erleichtert, da bei Verwendung eines solchen hochwertigen Materials alle Kräfte und Querschnitte normaler und den üblichen Konstruktionsverfahren zugänglicher werden, so daß das ganze Bauwerk ein gefälligeres Aussehen annimmt. Diese hochwertigen Konstruktionsmaterialien können namentlich beim Bau beweglicher Bauwerke, wie Drehbrücken, Kippbrücken usw. vorgesehen

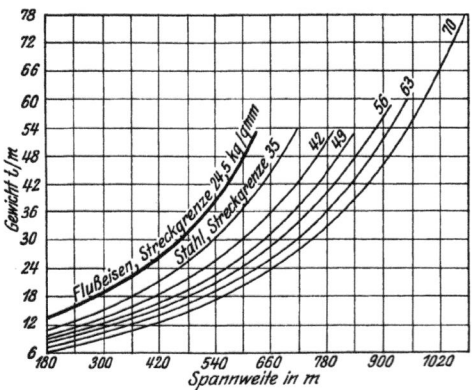

Abb. 203. Gewichte zweigleisiger Auslegerbrücken aus Flußeisen und hochwertigen Baustählen von verschieden hoher Streckgrenze.
Nach Waddell.

werden, wo der gesamte Mechanismus sowie die Eigengewichte und auch die unteren Bauten, überhaupt der ganze Betrieb, durch eine leichte Konstruktion wesentlich beeinflußt werden.

Die Ersparnis bei Verwendung eines Nickelstahls mit beispielsweise 35 kg/qmm Mindeststreckgrenze ist ganz bedeutend, noch mehr aber bei einem Nickelstahl mit 42 kg/qmm Streckgrenze. Jede weitere Steigerung der Streckgrenze bringt neue Vorteile mit sich, was Abb. 203 veranschaulichen dürfte. Es ist einleuchtend, daß eine weitere Verbilligung durch teilweisen Ersatz des Nickels, z. B. durch das billigere Chrom erreicht werden kann, eine Tatsache, auf die später noch besonders zurückgegriffen werden

Die Nickelstähle und Nickelchromstähle (Chromnickelstähle). 353

wird. So ist z. B. die neue Rheinbrücke in Köln aus Nickelchromstahl besonderer Zusammensetzung hergestellt.

Daß sich selbstverständlich für den Konstrukteur andere Grundsätze beim Gebrauch von Nickelstahl namentlich für Brücken ergeben als wie bei Verwendung von Flußeisen, ist ohne weiteres klar. Es würde zu weit führen, alle in das Gebiet der Statik hinüberspielenden und dem Brückenbauer geläufigen Grundsätze an dieser Stelle zu entwickeln. Ein eingehendes Studium aller der Arbeiten, die sich mit dieser Frage beschäftigen und deren Ergebnisse bei diesen Ausführungen zum Teil schon verwertet wurden, ist daher zweckmäßig (s. Fußnote S. 348).

In Amerika machte man schon im Jahre 1902 die besten Erfahrungen mit einem Nickelstahl von 2,5—3 v.H. Nickel, der auch als Ersatz für die im Jahre 1907 eingestürzte, aus Flußeisen gebaute Brücke über den St. Lorenzstrom bei Quebeck (von 65300 Tonnen in Ansatz gebrachtem Eisen waren 47200 Tonnen Nickelstahl) verwendet wurde. Der Nickelstahl mit mindestens 3,25 v.H. Nickel, höchstens 0,04—0,06 v.H. Phosphor, höchstens 0,05 v.H. Schwefel, höchstens 0,06 v.H. Mangan und höchstens 0,13 v.H. Silizium kann als ausgesprochener amerikanischer Nickelstahl für Brückenbauten bezeichnet werden, wobei die vorgeschriebene Zugfestigkeit zwischen 59,6 und 70,3 kg/qmm und die Streckgrenze zwischen 33,7 und 38,7 kg/qmm schwankt. Je nach der Festigkeit beträgt die Dehnung bei einer Körnerweite von rund 200 mm 19—15 v.H.

Nicht nur in Amerika, sondern auch in Deutschland und auch in Österreich hat man sich ebenfalls schon seit langer Zeit (seit etwa 1909) mit der Frage des Nickelstahls für Brückenbauten beschäftigt, und bereits eine Reihe stattlicher Brücken kennt man in Deutschland, die aus Nickelstahl hergestellt worden sind bzw. bei denen für wichtige Brückenglieder Nickelstahl gewählt wurde. Der namentlich von einem großen rheinischen Hüttenwerke schon vor etwa 12 Jahren erzeugte Nickelstahl steht dem amerikanischen nicht nach, und er besitzt bei einer Festigkeit von 56—65 kg/qmm, einer Streckgrenze von mindestens 35 kg/qmm, einer Dehnung von mindestens 18 v.H. bei 200 mm Meßlänge und einer Querschnittsverminderung von mindestens 40 v.H. einen Nickelgehalt von 2—2,5 v.H. Das Gießen und Walzen dieses Stahls ist im allgemeinen nicht schwierig, doch muß beim Walzen mehr Aufmerksamkeit, Zeit und Sorgfalt angewendet werden als beim Walzen von gewöhnlichem

Flußeisen. Der Elastizitätsmodul ist dem des Flußeisens gleich, d. h. rund 2 000 000 qcm. Das gleiche gilt von dem Ausdehnungskoeffizienten bei Temperaturänderungen, der rund $1/80000$ für jeden Grad C beträgt. Dieser deutsche Nickelstahl genügt allen Anforderungen, die man an ihn zu stellen gezwungen ist, und zusammenfassend kann man mit Bohny sagen: „Mit der Erhöhung der Festigkeitsziffern ist vor allem eine entsprechende, wenn möglich noch größere Erhöhung der Streckgrenze zu verlangen, da von letzterer die Beanspruchungen des fertigen Bauwerks und seine Sicherheit gegen bleibende Formänderung abhängt. Das Material muß möglichst zähe sein, um flachere Biegungen noch in kaltem Zustande vornehmen zu können, und um nicht mit jedem zu biegenden Stücke ans Feuer zu müssen. Zähigkeit und eine gewisse Geschmeidigkeit ist ferner notwendig beim Richten der Materialien und beim Einbau in fertige Konstruktionen, was ohne zu großes Federn erfolgen sollte. Ebenso dürfen Nietköpfe beim raschen Erkalten nicht abspringen. Es ist also neben einer großen Streckgrenze eine hohe Dehnung zu verlangen. Jedes Walzprofil muß in beliebigen Mengen und nach Bedarf der Brückenbauanstalt geliefert werden können. Die absolute Höhe der Festigkeit ist abhängig von der Bearbeitungsmöglichkeit des Walzstahls, und hierfür muß die Forderung gestellt werden, daß derselbe noch leidlich gut die im Brückenbau übliche Bearbeitungsform wie Hobeln, Bohren, Sägen, Stanzen usw. verträgt. Dasselbe gilt für den Nietenstahl, bei dem das Verputzen geschlagener Niete, das Herausschlagen fehlerhafter Niete in Frage kommt. Schließlich muß noch gefordert werden, daß man das härtere Material in der Werkstatt sowie im fertigen Bauwerk in einfacher Weise von dem gewöhnlichen Konstruktionseisen unterscheiden kann, da nach wie vor alle untergeordneten Teile einer Brücke, wie Futterstücke, Aussteifungen, Vergitterungen, Geländer usw. aus letzterem hergestellt werden. Verwechslungen könnten zu den verhängnisvollsten Folgen führen" (vgl. S. 317). Es ist einleuchtend, daß der Konstrukteur eigentlich ganz allgemein diese für den Nickelstahl geltenden Forderungen an alle härteren Konstruktionsmaterialien stellen muß, ob sie nun einfacher Siemens-Martinstahl, Stähle aus dem elektrischen Ofen, Stähle mit Zusätzen von Chrom, Vanadin, Titan usw. sind. Selbstverständlich muß hierbei auch die Preisfrage in genügende Erwägung gezogen werden.

Wenn nun auch an dieser Stelle die Vorteile des Nickelstahls für den Brückenbau eingehend gewürdigt worden sind, die kurz zusammengefaßt vor allem darin liegen, daß die Beanspruchungen an dieses hochwertige Material gegenüber Flußeisen um mindestens 60 v.H. gehoben werden, so ist nicht außer acht zu lassen, daß für ihn doch ein kostbarer und teurer Stoff, eben das Nickel, nötig ist, das gerade für Deutschland in der heutigen Zeit nur sehr schwer für teures Geld zu beziehen ist, da Deutschland bekanntlich nennenswerte ausbeutungsfähige Nickelerzlager nicht besitzt, vielmehr auf das Ausland, in der Hauptsache namentlich auf die neukaledonischen Erze angewiesen ist. Schon während des Krieges mußten die deutschen Hüttenwerke ihre Anstrengungen verstärken und die Erfahrungen, die man schon vor dem Kriege mit anderen hochwertigen Materialien, die ohne Nickel usw. verschmolzen wurden, weiter ausbauen. Zwar gehören die nachfolgenden Ausführungen nicht eigentlich in das Gebiet der Nickelstähle, sie sind aber wichtig genug, in diesem Zusammenhange besprochen zu werden.

Zu den Kriegserzeugnissen für Konstruktionszwecke gehört besonders der **Siemens-Martinstahl höherer Festigkeit**, der an Stelle von Nickelstahl schon vor dem Kriege in größerem Umfange für Brückenglieder verwendet worden ist. Einen solchen basischen Siemens-Martinstahl mit beispielsweise 50 bis 55 kg/qmm Festigkeit ist die hohe Dehnung von 20 v.H. eigen. Auch alle anderen Anforderungen, die man an dieses Material unbedingt stellen muß, wie große Zähigkeit, Unempfindlichkeit gegen Stöße auch bei Kälte, große Biegsamkeit usw. sind gewährleistet mit nur einem geringeren höheren Preise dieses Stahls gegenüber gewöhnlichem Flußstahl. Allgemein hat dieser Stahl 50—60 kg/qmm Festigkeit, 18 v.H. Mindestdehnung, 30 kg/qmm Mindeststreckgrenze und 40 v.H. Mindestquerschnittsverminderung (Bohny).

Auch der **Elektrostahl** kann als hochwertiger Werkstoff für Brückenbauten herangezogen werden, dessen Gleichmäßigkeit und Reinheit allgemein bekannt ist. Deutschen Hüttenwerken ist es bereits vor dem Kriege gelungen, Siemens-Martinwalzstahl und Elektrowalzstahl mit ähnlichen Festigkeitseigenschaften zu erzeugen wie Nickelstahl. Allerdings muß diesen **verbesserten Kohlenstoffstählen**, wie ja auch dem gewöhnlichen schmiedbaren Eisen nachgesagt werden, daß sie leichter zum Rosten neigen, als die für Brücken in Frage kommenden Nickelstähle, weil bekanntlich das Nickel an sich schon infolge seiner sehr geringen Verwandtschaft zum Sauerstoff (Luft) gegenüber dem Rost viel widerstandsfähiger ist als alle anderen Stähle ohne Nickel. Vergleichende Versuche ergaben folgende Werte (Bohny):

Die Gewichtsabnahme bei den betreffenden Proben betrug nach einer Dauer von etwa 7 Wochen in einer Lösung von 10 v.H. Kochsalz:

bei Nickelstahl . . . . 0,15 v.H.
„ Elektrostahl . . . . 0,17 „
„ Siemens-Martinstahl . . . . 0,19 „
„ Flußeisen . . . . 0,22 „

In Amerika konnte man eine Überlegenheit der Nickelstähle gegenüber Lokomotivgasen und anderen Rauchgasen beobachten. Diese Tatsache der Überlegenheit der Nickelstähle in bezug auf Abrosten gegenüber gewöhnlichem Flußeisen ist jedoch bei Brückenbauten deshalb nicht so wesentlich, weil die üblichen Anstriche vor der Einwirkung der Atmosphärilien schützen oder die Rostung wenigstens hintanhalten, bei Unterwasserbauten (Tunnelrohre, Schiebetore der Schleusen, große Wehrkörper usw.) muß man aber dem Nickelstahl als Konstruktionsmaterial den Vorzug geben.

Es liegt natürlich auch die Frage nahe, Nieten aus Nickelstahl, von denen bereits oben gesprochen wurde, anstatt aus gewöhnlichem Flußeisen oder auch aus Schweißeisen zu verwenden. Hier muß sich natürlich der Vergleich in erster Linie auch auf den Gleitwiderstand von Nickelstahlnietverbindung gegenüber denjenigen aus Flußmetall ausdehnen. Zur Kennzeichnung dieses Gleitwiderstandes (genauer Reibungswiderstand) soll hier angeführt werden, daß sich bekanntlich der warm hergestellte Niet bei der Abkühlung verkürzt und infolge der hierdurch auftretenden achsialen Spannkraft die zu verbindenden Teile aufeinanderpreßt. Der Reibungswiderstand verhindert eine Verschiebung dieser Teile, dessen Größe von der achsialen Spannkraft des Nietes und der Oberflächenbeschaffenheit der zu verbindenden Teile abhängt. Im allgemeinen ist dieser als Gleitwiderstand bezeichnete Reibungswiderstand unter sonst gleichen Umständen dem Gesamtquerschnitt einer Nietverbindung proportional. Durch das Verstemmen, das eine achsiale Verlängerung des Nietschaftes und hiermit eine größere achsiale Spannkraft hervorruft, wird der Gleitwiderstand vergrößert.

Die Nickelstähle und Nickelchromstähle (Chromnickelstähle).

Bei Versuchen fand Preuß[1]), daß die Festigkeit von Nickelstahlnietverbindungen das Zwei- bis Zweieinviertelfache gewöhnlicher Nietverbindungen verträgt und daß auch hinsichtlich des Gleitwiderstandes Nickelstahlnietverbindungen den bisher üblichen Nietverbindungen keineswegs nachstehen. An dieser Stelle interessieren die vergleichenden Versuche an verschiedenen Nickelstahlsorten in bezug auf ihre Eignung als Nietmaterial, deren Ergebnisse in der folgenden Zahlentafel aufgeführt sind. Sie enthält die bei zweischnittiger Scherung mit Rundstäben von 19 mm Durchmesser erhaltenen Werte für die Scherfestigkeit sowie die bei Zimmertemperatur gefundenen sonstigen Festigkeitszahlen.

Chemische Zusammensetzung				Scherfestigkeit	Proportionalitätsgrenze	Streckgrenze	Bruchgrenze	Dehnung	Querschnittsverminderung
Kohlenstoff v.H.	Mangan v.H.	Nickel v.H.	Chrom v.H.	kg/qmm	kg/qmm	kg/qmm	kg/qmm	v.H.	v.H.
0,1	0,35	4,0	1,0	81,8 {	33,7 / 34,0	46,8 / 47,5	55,3 / 56,5	20,2 / 20,2	79,3 / 78,3
0,15	0,8	3,2	—	75,0 {	30,0 / 30,8	36,4 / 35,9	51,2 / 51,2	24,2 / 23,4	64,0 / 64,0
0,36	0,29	3,4	—	99,6 {	27,4 / 30,5	— / —	78,4 / 78,8	16,6 / 16,4	44,3 / 44,3
0,15	0,6	3,2	—	82,7 {	30,5 / 30,5	37,9 / 37,9	52,3 / 51,9	27,2 / 12,5	62,8 / 62,8

Wenn ein Niet geschlagen wird, so tritt nach der Ansicht von Bach infolge der Abkühlung und der hierdurch bedingten Verkürzung des Nietschaftes eine achsiale Spannkraft im Niet auf, wie oben schon gesagt wurde. Diese preßt die zu vernietenden Teile so stark aufeinander, daß ein Gleiten derselben verhindert wird, wodurch wiederum eine Scherbeanspruchung des Nietschaftes ausgeschlossen bleibt. Es ergibt sich hieraus die Untersuchung der Frage nach den Festigkeitseigenschaften des Nickelstahls bei höheren Wärmestufen, weil nach dem Schlagen des Nietes erst dann eine achsiale Spannkraft in ihm auftreten kann, wenn die Abkühlung so weit gediehen ist, daß die Streckgrenze unterschritten ist, wenn der Niet sich nicht mehr im teigigen, sondern bereits schon im elastischen Zustand befindet.

---

[1]) Stahl und Eisen 1909. S. 422 und 1143.

358 Die Nickelstähle und Nickelchromstähle (Chromnickelstähle).

Abb. 204 enthält die Festigkeitswerte von den in Frage stehenden Nickelstahlnieten sowie die entsprechenden von Rudeloff erhaltenen Werte für Schweißeisen bei Warmzerreißversuchen, welches Material bekanntlich für Nieten noch gewählt wird [1]). Die Bruchgrenze des Nickelstahls liegt, wie vorauszusehen ist, bei höheren Werten als die des Schweißeisens, was besonders bei der Streckgrenze in die Augen springt. Aus diesen Versuchen ergibt sich daher, daß aus den oben angegebenen Gründen der teigige Zustand während der Abkühlung des Nietes

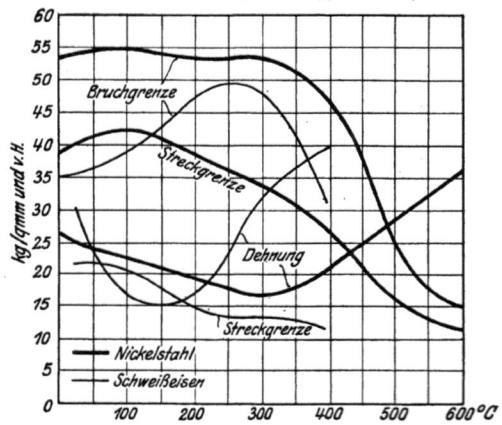

Abb. 204. Bruchfestigkeit und Dehnung von Nickelstahl und Schweißeisen bei hohen Temperaturen. Nach Preuß.

nach dem Schlagen bereits bei höherer Temperatur als bei Schweißeisennieten aufhört und hiermit der Eintritt elastischer Spannungskräfte bei Nickelstahlnieten eher beginnt.

In einem früheren Beispiel ist darauf hingewiesen worden, daß gerade beim Schmieden perlitischer Nickelstähle die Höhe der angewendeten Schmiedetemperatur von großer Wichtigkeit ist (S. 337). Auch bei Nickelstahlnieten ist die Untersuchung der Frage wertvoll, ob durch Überhitzung diese Nieten spröde werden. Die Ergebnisse von Preuß aus Kerbschlagversuchen (Probe mit 4 v.H. Nickel, 1 v.H. Chrom und 0,1 v.H. Kohlenstoff im Gasmuffelofen eine halbe Stunde jeweils auf 640, 740, 840, 940 und

---

[1]) Stahl und Eisen 1909. S. 422.

1040° C erhitzt und dann langsam abgekühlt) zeigten, daß, wie nicht anders zu erwarten war, die Zähigkeit durch Überhitzung abnimmt. Trotzdem liefert auch bei starker Überhitzung bis zur Weißglut die Biegezahl noch einen Wert, der als gute Biegezahl für Kesselbleche angesehen werden kann (S. 164)..

Für den Konstrukteur ist ferner noch die Frage von Bedeutung, welche Größe das elektrische Spannungsgefälle (elektrische Potentialdifferenz) zwischen Niet und dem zu vernietenden Blech aufweist, da naturgemäß eine gewisse Widerstandsfähigkeit gegenüber Wasser, besonders Meerwasser, vorhanden sein muß. Das elektrische Spannungsgefälle darf natürlich nicht zu hoch sein, um elektrolytischen Zersetzungen vorzubeugen. Preuß und Pungs fanden, daß die Potentialdifferenz Nickelstahl-Flußeisen bei Leitungswasser und 3,6 v.H. Kochsalzlösung (entsprechend dem Meerwasser) höher ist als diejenige Schweißeisen-Flußeisen (Schweißeisenniet-Flußeisenblech), aber auch die Zeit spielt hier eine besondere Rolle.

Im allgemeinen hat die Erfahrung gelehrt, daß ein wesentlicher Unterschied beim Vernieten von Flußeisenblech mit Nickelstahlnieten und Flußeisennieten mit Flußeisenblech besteht, und daß Nietverbindungen aus Nickelstahl erheblich mehr (bis zu 50 v.H.) aushalten als Flußeisennieten. Nickelstahlnieten ergeben auch beim Kerbschlagversuch ein wesentlich besseres Ergebnis als Flußeisen. Allerdings muß zugegeben werden, daß einmal zur Entfernung der Köpfe von Nickelstahlnieten wesentlich mehr Zeit nötig ist, als zum Abschlagen der Köpfe aus Flußeisen, die um so höher steigt, je höher der Kohlenstoffgehalt des Nickelstahls ist. Dem Abscheren setzt also der Nickelstahl erheblich höheren Widerstand entgegen als das Flußeisen. Gegenüber Stauchen und Flachhämmern der Nietschäfte in kaltem Zustande liefert das Flußeisen ein günstigeres Bild als Nickelstahl, während bei diesen Arbeiten am warmen Niet kein Unterschied zutage tritt. Der Bearbeitung durch Hobeln, Bohren, Fräsen, Meißeln setzt der Nickelstahl größeren Widerstand entgegen als das gewöhnliche Flußmetall, was natürlich die Werkstatt in Rücksicht ziehen muß. Im Vergleich zum Schweißeisennieten ist ein um etwa 25 v.H. höherer Preßdruck (Kraftbedarf der Nietpresse) zur Schließkopfbildung erforderlich. Für praktische Verhältnisse besteht kein Unterschied in der Wärmeausdehnung zwischen Kohlenstoff- und Nickelstahl mit einem Nickelgehalt bis zu 5 v.H.

aufwärts. In dieser Hinsicht sind also beide Materialien gleichwertig. Da die Nieten häufig Spannungsschwankungen und Wechseln ausgesetzt sind, so ist anderseits das Verhalten des Nietenmaterials gegenüber Ermüdungserscheinungen nicht außer acht zu lassen.

Es ist selbstverständlich, daß die Güte der Arbeit beim Bau von Brücken in Flußeisen oder Nickelstahl sehr verschieden ausfällt, je nachdem unter gewöhnlichen Umständen oder in großer Eile eine Brücke gebaut wird. Hier wie überall beim Bauen kann bei ausgezeichnetem Material eine schlechte Arbeit geliefert werden, die die Lebensdauer auch des Materials erstklassiger Brücken beeinträchtigt, und es gibt keine Formel, die in solchen Fällen über die Sicherheit von Konstruktionen Aufschluß gibt. Der Konstrukteur wird sich aber auch in der Wahl des Materials für Brücken nicht allein von der Spannweite leiten lassen, zumal es ihm bekannt ist, daß schwere Brücken aus Flußeisen gleich großen und leichteren aus Nickelstahl für den Eisenbahnverkehr vorzuziehen sind, weil die schwereren Brücken dynamischen Einflüssen schnellbewegter Lastenzüge besser standhalten. Eine Grenze für die Verwendung von Flußeisen ist da zu ziehen, wo die tote Last größer wird als die bewegliche Belastung.

Wenn auch über die Bedeutung des Nickelstahls für Brückenbauten noch nicht das letzte Wort gesprochen ist, so kann doch jetzt ganz allgemein gesagt werden, daß für Brücken gewöhnlicher Spannweite, die meist für den Konstrukteur in Frage kommen, sich der Nickelstahl mittlerer Zusammensetzung sehr gut eignet, auch gegenüber Flußeisen, wenigstens vor dem Kriege, und Ersparnisse bis zu 20 v. H. erzielt werden konnten. Für kleinere Brücken kann das durch seine gute Verarbeitungsfähigkeit und Zuverlässigkeit ausgezeichnete Flußmaterial beibehalten werden, während hinsichtlich der Verwendung von Nickelstahl für weitgespannte Brücken (über 600 m Spannweite) die Frage noch offen bleibt, wenngleich auch von vielen Fachleuten die Zweckmäßigkeit hochwertiger Baustähle auch in wirtschaftlicher Hinsicht für Brücken mit großen Spannweiten anerkannt worden ist. Ferner ist nicht zu vergessen, daß auch Nickelstahl gegenüber Rauch und Feuchtigkeit widerstandsfähiger ist als Flußmaterial, was von großer Wichtigkeit für die Unterhaltung namentlich weitgespannter Brücken ist.

Bei den ausführlichen Darlegungen über die Eignung des Nickelstahls für Brückenbauten wurde schon erwähnt, daß neben

Die Nickelstähle und Nickelchromstähle (Chromnickelstähle). 361

Nickel auch noch das Chrom vorteilhafte Wirkungen bei den Baustählen auslöst. Reine Chromstähle wurden schon vor etwa 50 Jahren in Amerika für Brückenbauten gewählt. Die allbekannte Straßenbrücke über den Mississippi bei Saint Louis enthält Bogenstücke aus Tiegelstahl, der 1,5 bis 2 v.H. Chrom aufweist, mit einer Mindestfestigkeit von 70,3 kg/qmm und einer Streckgrenze von 42 kg/qmm, die wohl die einzigste Brücke aus diesem Material geblieben sein dürfte.

Nicht nur in Amerika, sondern auch in Deutschland versucht man schon seit langem, das Nickel durch das billigere Chrom in Stählen für Brückenbauten teilweise zu ersetzen und man hat auch mit diesen neuen Chromnickelstählen bereits gute Erfahrungen gemacht. So bestehen z. B. die Hauptträger (Stabbögen, Versteifungsbalken und Hängestangen) der Eisenbahnbrücke über die Segerothstraße und Köln-Mindener Anschlußbahn bei Essen aus Chromnickelstahl, der im Vergleich zum gewöhnlichen Flußeisen um 60 v.H. höhere Spannungsziffern besitzt[1]). Das Gewicht der Hauptträger ist um 35 v.H. geringer, als wenn Flußeisen verwendet worden wäre. Das zähe Material ließ sich in der Werkstatt gut bearbeiten. Dasselbe gilt auch von den Chromnickelvanadinstählen, mit etwa 0,15 bis 0,25 v.H. Vanadin, mit denen man Qualitätsziffern bis zu 60 kg/qmm und mehr Festigkeiten erreicht hat. Grundlegende Versuche mit diesem letzten Stahl für Brückenbauten scheinen indes wohl noch nicht gemacht worden zu sein, wenn man nicht diejenigen anführen will, die 1909 bis 1910 in Amerika mit einem im Siemens-Martinofen erzeugten Stahl mit 0,25 v.H. Kohlenstoff, 0,17 v.H. Vanadin, 1,45 v.H. Nickel, 1,2 v.H. Chrom und 0,32 v.H. Mangan gemacht worden sind (Bohny). Es wurden mit diesem Stahl nach der Vergütung (Erwärmung auf 875^0 C und Abschrecken im Wasser, Wiedererwärmen auf 720^0 C und langsames Abkühlen) eine Zerreißfestigkeit von 68,8 kg/qmm und eine Streckgrenze von 57 kg/qmm, mithin hohe Werte, erzielt. Die Dehnung bei 305 mm Meßlänge betrug 30,3 v.H., bei 64 mm Meßlänge etwa 7 v.H. bei einer Querschnittsverminderung von rund 52 v.H. Der Bruch solcher Stäbe wies sehr feinkörniges Gefüge in Trichterform auf. Ein kaltgebogener und flach zusammengeschlagener Stab zeigte nicht die geringsten Anrisse an der Biegestelle. Auch

---

[1]) Kruppsche Monatshefte 1920. S. 105.

362 Die Nickelstähle und Nickelchromstähle (Chromnickelstähle).

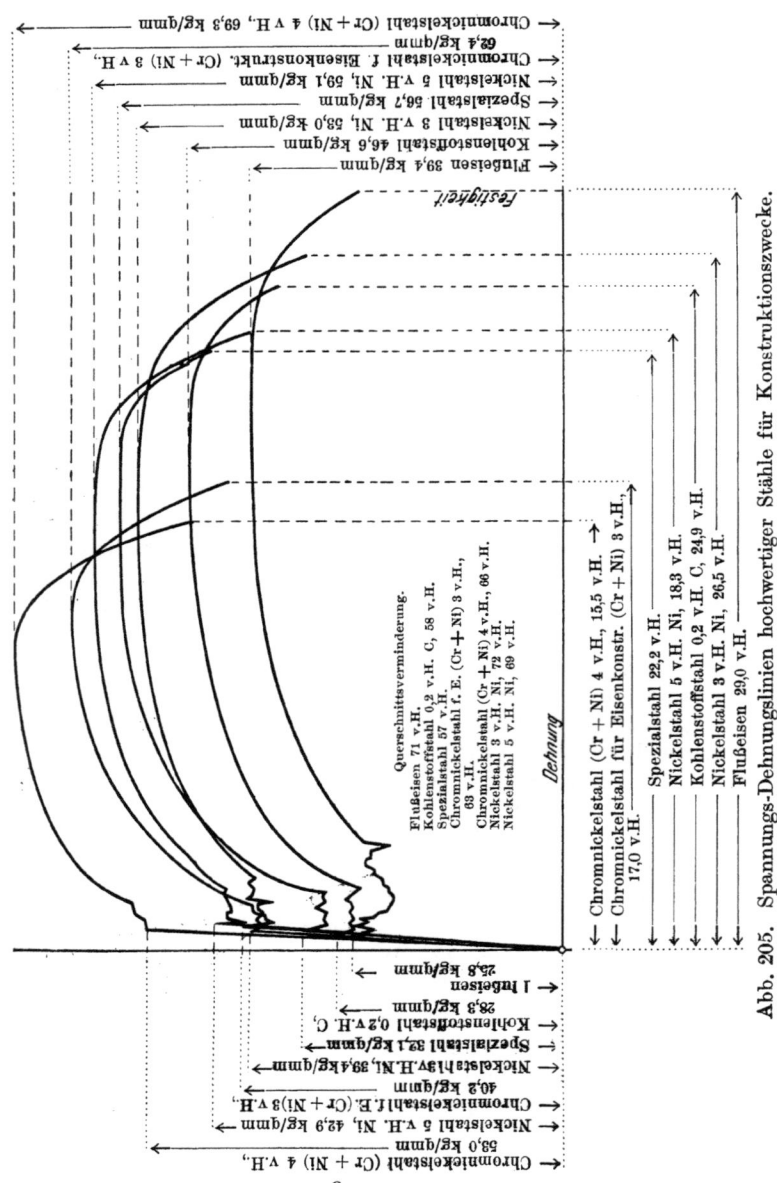

Abb. 205. Spannungs-Dehnungslinien hochwertiger Stähle für Konstruktionszwecke.

die Walzung dieses Materials soll ohne Schwierigkeiten vonstatten gegangen sein. Was die weitere Verwendung des Chromvanadinnickelstahls anbetrifft, so beschränkt sie sich nicht auf den Brückenbau allein, sondern er wird auch im Automobilbau für die Herstellung von Federn, beim Kriegsschiffbau für Deckplatten und im weiteren auch noch für Lokomotivrahmen usw. gelegentlich vorgesehen. Gerade dieser Vanadinstahl erweist sich gegen dynamische Einflüsse besonders widerstandsfähig. Die Amerikaner dürften bislang wohl die einzigsten und ersten sein, die bereits in der Vorkriegszeit Nickelchromvanadinstahl für Brückenbauten in ernsthafte Erwägung gezogen haben.

Faßt man alle diese Ausführungen über Nickelstahl, Chromnickelstahl und Chromnickelvanadinstahl für Brückenbauzwecke zusammen, so kann nicht ohne weiteres gesagt werden, daß diese Stähle das Feld bei Brückenbauten auch bei hohen Spannweiten erobern werden. Hat sich auch der Nickelstahl für Brücken durchaus bewährt, so kann doch damit gerechnet werden, daß in naher oder in weiterer Zukunft ein Sonderstahl gefunden wird, der für jede Brücke das einzig richtige Material darstellt.

Immer mehr gewinnt auch der Nickelstahl in geeigneter Zusammensetzung Eingang in den Turbinenbau[1]) und namentlich für das Schaufelmaterial bildet er einen bevorzugten Werkstoff. Erst im Laufe der Jahre nach vielfachen Erprobungen und Erfahrungen, die man mit diesem Material sammeln mußte, ist es gelungen, Überraschungen zu begegnen, denen gerade das Schaufelmaterial ausgesetzt ist. Bei der Wahl eines geeigneten Schaufelmaterials muß zunächst bedacht werden, daß infolge der abwechselnden Berührung mit feuchtem Dampf und feuchter Luft die Schaufellegierungen rostbeständig sein müssen. Neben genügender Festigkeit müssen sie aber auch eine bestimmte Oberflächenhärte, gute Bearbeitungsfähigkeit, Hitzebeständigkeit und vor allen Dingen große Unempfindlichkeit im strömenden Dampf besitzen. Während man Stahl- und schmiedeeiserne Schaufeln in der deutschen Marine nur bei Landanlagen mit wenig günstigen Ergebnissen erprobt hat, steht neben Kupferlegierungen (Messing- und Sonderbronzen) vor allen Dingen der Nickelstahl zur Zeit im Vorder-

---

[1]) Vgl. Lasche, Konstruktion und Material im Bau von Dampfturbinen. 2. Aufl. Berlin 1921 und Wallenborn, Stahl und Eisen 1921. S. 204.

Die Nickelstähle und Nickelchromstähle (Chromnickelstähle).

grund des Interesses. Aber über den Nickelstahl, der an sich schon zäh ist und schwerer rostet als gewöhnlicher Stahl, sind ganz verschiedene Meinungen verbreitet. Zoelly und Rateau verwenden Stahl mit 5 v.H. Nickel, weniger günstige Erfahrungen hat man ganz allgemein mit 25prozentigem Nickelstahl gemacht. Dies liegt zum Teil daran, daß die hochprozentigen austenitischen Nickelstähle eine außerordentlich tiefliegende Elastizitätsgrenze besonders in dem Temperaturbereich von 300 bis 400° C besitzen und die Wärmebehandlung und auch Kaltbearbeitung große Schwierigkeiten in sich bergen. Der Chromnickelstahl dagegen mit 0,15 v.H. Kohlenstoff, 2,0 v.H. Nickel und 14,0 v.H. Chrom scheint sich für diese Zwecke vorzüglich zu eignen, während ein 5 v.H. Nickel enthaltender Stahl sich nach praktischen Versuchen diesem unterlegen zeigte (Strauß und Maurer).

Verwendungszweck	Kohlenstoff v.H.	Nickel v.H.	Chrom v.H.	Bemerkungen
Rohre, Bleche, Nieten	0,05—0,15	1—2		roh oder im Einsatz gehärtet zu verwenden
Im Einsatz zu härtende Konstruktionsteile von Maschinen und Automobilen (Zahn- und Kettenräder, Nocken, Daumenwellen, Zapfen, Bolzen usw.)	0,05—0,15	2,5—8		
Kesselblech, Nieten, Brückenbaumaterial, Kanonenrohre	0,2 —0,45	1,5—3,5		geglüht oder vergütet zu verwenden
Kurbel- und Transmissionswellen, Achsen, Pleuelstangen	0,2 —0,45	3—5		
Zahnräder, Zapfen, Bolzen, Turbinenschaufeln	0,25—0,45	4—6		
Ventile für Explosionsmotoren, elektrische Widerstände	0,3 —0,5	25—28		Selbsthärter
Chronometrische, geodätische und ähnliche Feinmeßgeräte (Invarstahl)	0,5	35—38		
Glühlampendraht (Platinit), Linseneinfassungen	0,15	46		
Panzerplatten	0,25—0,45	1,5—3,0	0,5 —0,75	
Panzergranaten	0,5 —0,8	2—2,5	0,6 —2,0	
Höchstbeanspruchte Teile im Automobil- und Maschinenbau (Automobilstahl)	0,25—0,45	2,5—2,75	0,25—0,5	
Kurbelwellen	0,25—0,42	1,8—4,2	0,5—0,9	
Turbinenschaufeln	0,2 —0,4	2—4	10—14	
Nichtrostende Maschinenteile, Gebißplatten	0,2 —0,4	8—10	20—22	

Einen lehrreichen Überblick über die Festigkeitseigenschaften einiger hochwertiger Stähle für Konstruktionszwecke gibt noch Abb. 205, die ohne weiteres verständlich sein dürfte [1]). Sie kann als Ergänzung zu Abb. 198 dienen, soweit hier die einfachen perlitischen Nickelstähle in Betracht kommen. Außerdem sind in der Zusammenstellung (Mars) auf S. 364 die Verwendungsmöglichkeiten der Nickel- und Nickelchromstähle übersichtlich geordnet worden.

Im Gegensatz zu den Nickelsiliziumstählen, die zunächst nur theoretischen Wert besitzen und wie die reinen Siliziumstähle mit einem Siliziumgehalt bis 5 v.H. für praktische Zwecke geeignet sein dürften, scheinen die Nickelmanganstähle einige Bedeutung zu besitzen. Mangan übt eine günstige Wirkung auf die Nickelstähle aus, ja das Nickel kann zum Teil durch Mangan ersetzt werden. Die Ergebnisse von verschiedenen Versuchen an Nickelmanganstählen haben gezeigt, daß bei einem 3prozentigen Nickelstahl bei steigendem Mangangehalt die Festigkeit erhöht, das Fließvermögen aber vermindert wird. Ein 8 prozentiger Nickelstahl mit etwa 1 v.H. Kohlenstoff wird durch einen Manganzusatz von 0,6 bis 2,2 v.H. so fest und hart, daß er nicht mehr bearbeitet werden kann. Dagegen steigt bei einem Nickelstahl bis 12 v.H. Nickel und 0,7 bis 1,2 v.H. Kohlenstoff mit wachsendem Mangangehalt die Formänderungsfähigkeit, die Festigkeit dagegen nur dann, wenn auch der Kohlenstoffgehalt steigt. Im allgemeinen sind die Festigkeitseigenschaften der Nickelmanganstähle ähnlich denjenigen der perlitischen, martensitischen und austenitischen Nickelstähle. Die hochprozentigen Nickelmanganstähle zeichnen sich durch hohe Dehnung und unmagnetisches Verhalten aus.

Einige Nickelwolframstähle haben in gehärtetem Zustande eine hohe Elastizitätsgrenze und Zerreißfestigkeit, ohne daß zugleich Dehnung und Querschnittsverminderung merklich nachlassen.

Über die Nickelmolybdänstähle, Nickelvanadinstähle und Nickeltitanstähle kann noch nicht gesagt werden, ob sie in dem einen oder anderen Falle andere erprobte Stähle ersetzen können. Molybdän und Titan lösen in den Nickelstählen nur dann günstige Wirkungen aus, wenn sie in geringen Mengen vorhanden sind. Dies gilt auch von dem Aluminium in den Nickelaluminiumstählen, das wie das Vanadin in der Stahlerzeugung mehr als vorzügliches Reinigungsmittel denn als besonderer Legierungsbestandteil angesehen wird.

---

[1]) Stahl und Eisen 1013. S. 1867.

Sachverzeichnis.

Abnahmevorschriften 75.
Abschreckprobe 103.
Abstehenlassen 105.
Achsen 72, 86, 107.
Allevardstahl 304.
Allotrope Modifikationen 36.
— Zustände 36.
Allotropentheorie Osmonds 37.
Alteisen 6.
Altern 123, 144, 272.
Alterung, künstliche 273.
Aluminiumstähle 310.
Analyse, thermische 37.
Anlassen 39, 174.
Anthrazitroheisen 6.
Arbeit 61.
Arbeitsdiagramm 61.
Arbeitsfläche 62.
Arbeitsvermögen 61.
Ausbreitprobe 113.
Ausschießen 305.
Austenit 43.

Baggerbau 287.
Bandagen 107.
Bandeisen 134.
Bandstahl 134.
Baustähle, Erklärung der 11.
Bauwerkseisen 100.
Becherbruch 142.
Beizbrüchigkeit 97.
Bessemereisen 9, 94.
Bessemerflußeisen 9.
Bessemerflußstahl 9.
Bessemerstahl 9, 95.
Bessemerstahlguß 10, 214.
Biegeprobe 74, 90.
Biegezahl 164.
Biegungsfestigkeit 74.
Binärstahl 111.
Blasenstahl 176, 251.
Blaubruch 121.
Blaubrüchigkeit 121.

Blauhitze 121.
Blauwärme 121.
Bleche 51, 78, 98.
Bleche, dekapierte 98.
Blechvernietungen 70.
Blister steel 176, 251.
Blockguß 212.
Bördeln 121.
Borstähle 313.
Brinellsche Härtezahl 66, 74.
Bruchdehnung 56.
Brucheisen 6.
Bruchfestigkeit 47.
Bruchlast 54.
Brückenbau 347.
Brückenmaterial 100.

Chrommolybdänstähle 299.
Chromnickelstähle 196, 201, 314.
Chromnickelvanadinstähle 361.
Chromstähle 292, 361.
Chromvanadinstähle 298.
Chromwolframstähle 10, 292.
Corlißwalzenzugmaschine 72.

Damaszenerstahl 251.
Dauerbrüche 32.
Dauermagnete 298.
Dauerversuche 34, 74.
Deformationsgrad 140.
Dehnung 52, 56.
Dehnungen, bleibende 53.
— elastische 53.
Dehnungskoeffizient 54.
Dehnungszahl 57.
Doppelkarbidstähle 300.
Drähte 98.
Drahtseile 98.
Drehmesser 48.
Druckfestigkeit 72.
Dynamobleche 107, 269.
Dynamostahlguß 226.

Sachverzeichnis.

Edelstähle 11, 107.
Edelstahlwerk 11.
Eigenspannungen 140.
Eindruckverfahren 74.
Einsatzhärtung 177.
Einschnürung 59.
Einwirkungen, statische 67.
Eisenbahnachse 72, 73.
Eisenguß 6.
Eisenkohlenstofflegierungen, Erklärung der 1.
Elastizitätsgrenze 51.
Elastizitätsmaß 57.
Elastizitätsmodul 57, 65.
Elektroflußeisen 137.
Elektrolyteisen 211, 273.
Elektrostahl 10, 96, 105, 355.
Elektrostahlguß 10, 107, 214.
Emaillieren 92.
Entmischung 77.
Ermüdungserscheinungen 34.
Eutektikum 18.
Eutektischer Punkt 41.

Faserschicht, neutrale 170.
Federhärte 198.
Federn 98, 107.
Federstähle 291.
Feingefüge, Erklärung von 17.
Feinkorn 9, 243.
Feinkorneisen 9.
Feinmeßgeräte 55.
Feuerkisten 122.
Ferrit, Erklärung von 17.
Ferrochrom 11.
Ferrolegierungen 8, 11.
Ferromangan 11, 259.
Ferrosilizium 11, 259.
Ferrotitan 11.
Ferrowolfram 8.
Feste Lösung 42.
Festigkeit 48.
Festigkeitsprüfungsmaschinen 50.
Flachstab 51.
Fließfiguren 54.
Fließgrenze 53.
Flußeisen, Erklärung von 3, 7.
Flußeisenguß 10, 213.
Formänderungsarbeit 61.

Formstahl 214.
Frischeisen 8.
Frischfeuereisen 240.
Frischstahl 8.

Gärbstahl 9, 251.
Gasblasen 33, 49, 61, 93.
Gase, okkludierte 93.
Gasseigerungen 97.
Geschosse 100, 102.
Geschoßfabrikation 297.
Geschoßkörper 212.
Gesenkschmiederei 119.
Gewicht, spezifisches 66.
Ghost line 153.
Gleitlinien 171.
Glühspan 84, 97.
Glühstahl 6.
Grauguß 6, 26.
Grobkorn 9.
Grubenschiene 78.
Gußbruch 6.
Gußeisen 6, 8, 17, 23, 26, 49, 62.
Gußhaut 49.
Gußspannungen 219, 237.
Gußstahl 10, 105.
Gußstruktur 216, 326.
Güte 16.
Güteprüfungen 47.
Gütevorschriften 231.
Güteziffer 64.

Haarrisse 33, 171.
Hadfieldstahl 288, 340.
Haltepunkte 37.
Hämatitroheisen 231.
Hammerschlag 127.
Harmetverfahren 80.
Härte, künstliche 74.
— natürliche 74.
Härteader 153.
Härterisse 45.
Härtezahl 66, 74.
Hartguß 6, 23, 26, 35.
Hartstahl 214, 288.
Herdfrischeisen 240.
Herdfrischstahl 8, 9, 240.
Herdguß 6.
Herzstücke 107.

Sachverzeichnis.

Heuslersche Legierungen 314.
Hohlkehle 33, 72.
Holzkohlenroheisen 6, 7.
Hookesches Gesetz 57, 63.
Hufnageleisen 244.
Hysteresis 39.
Inverstahl 343, 344.
Irreversible Stähle 278, 344.
Kaleszenzpunkt 38.
Kaltbiegeprobe 113.
Kaltbruch 75.
Kalthärtung 132.
Kaltrecken 131.
Kaltspaltprobe 103.
Kalziumkarbid 102.
Kastenguß 6.
Keilnuten 72.
Kerben 33.
Kerbschlagprobe 68,163,196, 326,337.
Kerbschlagversuch 68.
Kerbwirkungen 33, 70.
Kerbzähigkeit 68.
Kesselbleche 49, 51.
Kesselroststäbe 106.
Kleingefüge, Erklärung von 17.
Knickfestigkeit 74.
Kobaltstähle 313.
Kohlenstoff, gebunden 3.
— ungebunden 4.
Koksroheisen 6.
Komplexe Stähle 11.
Kontraktion 60.
Kopf, verlorener 79.
Kraftanzeiger 51.
Kraftwirkungsfiguren 70.
Kritische Punkte 37.
Kugeldruckhärte 74.
Kugelfallhärte 74.
Kugellagerstahl 294.
Kugeln 296.
Kupferstähle 313.
Kurbelwelle 72, 120.

Laufradschaufeln 72.
Ledeburit 25, 27, 44.
Legierte Stähle 10.
Lieferungsbedingungen 47.
Lieferungsvorschriften 47.
Lufthärter 339, 347.

Lunkerbildung 80.
Lunkererscheinungen 77.
Luppen 240.
Luppenstahl 9.

Magnet, permanenter 268.
Magnetstahl 302.
Mahlscheiben 216.
Manganstähle 111, 277.
Manganstahlgüsse 275, 283.
Manometer 51.
Martensit, Erklärung von 43.
Martineisen 95.
Martinflußeisen 96.
Martinstahl 95.
Martinstahlguß 10.
Masseguß 6.
Martensscher Siegelapparat 55.
Materialspannungen 118.
Meißel 48.
Meßlänge 51.
Mitisguß 10.
Modifikationen 36.
Molybdänstähle 306.

Naturharte Stähle 11.
Nickelaluminiumstähle 365.
Nickelchromstahl 71, 314.
Nickelmanganstähle 365.
Nickelmolybdänstähle 365.
Nickelsiliziumstähle 365.
Nickelstahl 10, 71, 143, 196, 201.
Nickelstahlguß 326.
Nickeltitanstähle 365.
Nickelvanadinstähle 365.
Nickelwolframstähle 365.
Nieten 356.
Nieteisen 114.
Nietenstahl 354.
Normalflachstab 51.
Normalrundstab 50.

Oberflächenhärtung 176.
Osmondit 175.

Paketeisen 240.
Paketstahl 9.
Perlit, Erklärung von 17.
— körniger 167, 175.
— lamellarer 18, 167.
— streifiger 167.

Perlitpunkt 41.
Permanente Magnete 298.
Phase 36.
Platinit 343.
Pleuelstangenschrauben 72.
Poisonsche Konstante 61.
Preßmuttereisen 244.
Probeschweißung 127.
Proportionalflachstab 51.
Proportionalstab 50.
Proportionalitätsgrenze 52.
Puddeleisen 9, 105.
Puddelstahl 9, 105.
Qualität 16.
Qualitätsstähle 11.
Qualitätsstahlwerke 11.
Qualitätszahlen 66.
Quaternärstähle, Erklärung der 10.
Querschnittsverminderung 60.
Querschnittsverringerung 60.
Radbandagen 67.
Raffinierstahl 9, 251.
Randblasen 97.
Reckspannungen 104, 140.
Rekaleszenzpunkt 38.
Rekristallisation 169.
Rennstahl 8, 9, 240.
Reversible Stähle 344.
Ritzhärte 74.
Roheisen, Erklärung von 2.
— eutektisches 25.
— graues 6, 24.
— halbiertes 6, 23, 24.
— kalterblasenes 6.
— warmerblasenes 6.
— weißes 6, 24.
Rosemetall 314.
Rotbruch 75, 111.
Rückkristallisation 168.
Rundeisen 89.
Rundstab 50.
Sandadern 101.
Sandguß 6.
Scherfestigkeit 74.
Schieferbruch 32, 152.
Schienen 67, 78, 86, 100, 107.
Schlackeneinschlüsse 32, 33, 49.
Schlagarbeit, spezifische 68.

Schlagbiegeversuch 68.
Schlagfestigkeit 68.
Schlagversuch 67.
Schleifrisse 296.
Schliff 14.
Schmiedbares Eisen, Erklärung von 3.
Schmiedbarer Guß 6.
Schmiedbares Gußeisen 6.
Schmiedeeisen, Erklärung von 6, 7.
Schmiedeproben 74, 113.
Schnelldrehstähle 10, 292.
Schrauben 30, 31.
Schraubeneisen 244.
Schrumpfrisse 237.
Schubfestigkeit 74.
Schwefeleiseneutektikum 81.
Schwefelprobe 84.
Schweißdrähte 130.
Schweißeisen 7, 8, 100, 126, 133, 211.
Schweißen 124.
Schweißprobe 127.
Schweißpulver 128.
Schweißstäbe 130.
Schweißstahl 8, 100.
Schwindhohlräume 80.
Sehne 9, 243.
Seigerungen 32, 49, 77.
Seigerungserscheinungen 77.
Seigerungsstreifen 145.
Seilbrüche 98.
Selbsthärter 11, 288, 339, 347.
Shorehärte 74.
Siemens-Martinstahl 3.
Siliziummanganstähle 291.
Siliziumstähle 10, 259.
Siliziumstahlguß 260, 275.
Skleroskophärte 74.
Sonderstähle 10.
Sorbit 175.
Spannungs-Dehnungsdiagramm 61.
Spezialstähle 10.
Spiegelapparat 55.
Sprunghärte 74.
Stähle, eutektische 23, 63.
— komplexe 11.
— naturharte 11.
— selbsthärtende 11.
— übereutektische 23.
— untereutektische 23.

Stahlguß 10, 14, 15, 35, 49, 69, 93, 107, 116. 157, 159, 160, 173, 211,
Stahlformguß 10. [274, 290.
Stangen 78.
Stauchprobe 113.
Stehbolzen 123.
Streckfiguren 54.
Streckgrenze 53.

Tantalstähle 313.
Technologische Proben 74, 113.
Temperguß 6, 23, 27, 35, 49.
Temperkohle 4, 6.
Temperstahl 214.
Temperstahlguß 34, 35, 214.
Ternärstahl 10.
Thermische Analyse 37.
Thermitschweißung 130.
Thomaseisen 95.
Thomasflußeisen 9, 96.
Thomasstahl 9.
Thomasstahlguß 10.
Thomasroheisen 87.
Tiegelgußstahl 9, 105, 251.
Tiegelstahl 9, 96, 105, 251.
Tiegelstahlguß 10, 214.
Titanstahl 310.
Torsionsfestigkeit 74.
Transformatorenbleche 271.
Translationslinien 171.
Träger 100.
Tresorstahl 287.
Troostit, Erklärung von 175.
Turbinenbau 362.
Turbinenschaufeln 143.

Übergangsstähle 319, 345.
Überzogener Eisendraht 141.
U-Bootsteile 212.
Umkristallisation 138, 157.
Umwandlungspunkte 37.
Umwandlungstemperaturen 36.
Umwandlungswärme 36.
Uranstähle 313.

Vanadinstahl 306.
Verbundstahl 251.
Verdrehungsfestigkeit 74.
Veredelung 198.
Vergüten 197.

Verlagerungsgrad 140.
Verlorener Kopf 79.
Versuch, dynamischer 57.
— statischer 57.
Versuchslänge 51.
Verzinken 92.
Verzinnen 92.
Vorlegierungen 11.

Wagenachse 155.
Walzen 216, 294.
Walzdraht 100, 137.
Walzhaut 51.
Walzrisse 101.
Warmbiegeprobe 113.
Wärmespannungen 235.
Wärmetönungen 36.
Warmrisse 237.
Warmzerreißversuch 49.
Wasserstoffkrankheit 98.
Weicheisen 123.
Weichguß 6.
Weichhaut 171.
Weichhäutigkeit 189.
Wellen 72.
Werksatteste 197.
Widmannstättensches Gefüge 216.
Wolframstahl 10, 292.
Wurfgranatenschäfte 103, 154.

Zahnräder 184, 203, 233.
Zeilengefüge 146.
Zeilenstruktur 119, 145.
Zementit, Erklärung von 23.
Zementation 177.
Zementstahl 9, 250.
Zerreißfestigkeit 47.
Zerreißgrenze 54.
Zerreißlast 54.
Zerreißmaschinen 50.
Zerreißversuch 48.
Zinnstähle 313.
Zoreseisen 249.
Zugfestigkeit 47.
Zugkraft 51, 52.
Zugspannung 52.
Zunder 97.
Zusammenziehung 60.
Zustände, allotrope 36.
Zustandsdiagramm 40.

Verlag von Julius Springer in Berlin W 9

Die Werkzeugstähle und ihre Wärmebehandlung

Berechtigte deutsche Bearbeitung der Schrift "The heat treatment of tool steel" von Harry Brearley, Sheffield

Von

Dr.-Ing. **Rudolf Schäfer**

Dritte, verbesserte Auflage. Mit 226 Textabbildungen
1922. Gebunden GZ. 10

Aus den zahlreichen Besprechungen:

.... Wenn der Verfasser im Vorwort der ersten Auflage darauf hingewiesen hat, daß es sich nicht um eine wortgetreue Übertragung des englischen Textes handelt, sondern daß bei der Abfassung des Buches die Ergebnisse eigener Untersuchungen und Beobachtungen und weiterhin die entsprechende deutsche Literatur verwendet worden ist, so kann der Berichterstatter heute an Hand der dritten Auflage feststellen, daß das Buch nur noch dem Namen nach mit dem berühmten englischen Verfasser zusammenhängt, seinem Inhalt nach jedoch den Stempel eigener Geistesarbeit trägt. Die neue Auflage ist gegenüber der vorhergehenden zweiten erweitert..... Die beiden Abschnitte über legierte Werkzeugstähle sowie über Härteanlagen sind besonders ausgebaut worden. Die Darstellung des Buches ist klar und leicht faßlich, gut gewählte Beispiele unterstützen das Verständnis. Ein ganz besonderer Vorzug besteht darin, daß die wissenschaftlichen Erläuterungen in einer geschickt gewählten Form unter Vermeidung jeder Weitläufigkeit dem Praktiker verständlich gemacht sind. — Die Ausstattung des Buches ist, was in Anbetracht der heutigen Verhältnisse betont werden muß, ganz hervorragend. Das äußere Gewand ist dem Inhalt des Buches durchaus angepaßt. *Zeitschrift des Vereins deutscher Ingenieure.*

Probenahme und Analyse von Eisen und Stahl. Hand- und Hilfsbuch für Eisenhütten-Laboratorien. Von Prof. Dipl.-Ing. O. **Bauer** und Prof. Dipl.-Ing. E. **Deiß.** Zweite, vermehrte und verbesserte Auflage. Mit 176 Abbildungen und 140 Tabellen im Text. 1922. Gebunden GZ. 10

Die praktische Nutzanwendung der Prüfung des Eisens durch Ätzverfahren und mit Hilfe des Mikroskopes. Kurze Anleitung für Ingenieure, insbesondere Betriebsbeamte. Von Dr.-Ing. E. **Preuß** †. Zweite, vermehrte und verbesserte Auflage, herausgegeben von Prof. Dr. G. **Berndt**, Privatdozent an der Technischen Hochschule zu Charlottenburg und A. **Cochius**, Ingenieur, Leiter der Materialprüfungsabteilung der Fritz Werner A.-G., Berlin-Marienfelde. Mit 153 Figuren im Text und auf 1 Tafel. 1921.
GZ. 2,6; gebunden GZ. 3,5

Die Schneidstähle. Ihre Mechanik, Konstruktion und Herstellung. Von Dipl.-Ing. **Eugen Simon.** Dritte, vollständig umgearbeitete Auflage. Mit etwa 545 Textabbildungen. In Vorbereitung.

Die Grundzahlen (GZ.) entsprechen den ungefähren Vorkriegspreisen und ergeben mit dem jeweiligen Entwertungsfaktor (Umrechnungsschlüssel) vervielfacht den Verkaufspreis. Über den zur Zeit geltenden Umrechnungsschlüssel geben alle Buchhandlungen sowie der Verlag bereitwilligst Auskunft.

Verlag von Julius Springer in Berlin W 9

Metallurgische Berechnungen. Praktische Anwendung thermochemischer Rechenweise für Zwecke der Feuerungskunde, der Metallurgie des Eisens und anderer Metalle. Von **Joseph W. Richards,** Professor der Metallurgie an der Lehigh-Universität. Autorisierte Übersetzung nach der zweiten Auflage von Prof. Dr. **Bernhard Neumann,** Darmstadt und Dr.-Ing. **Peter Brodal,** Christiania. Unveränderter Neudruck. 1920.
Gebunden GZ. 24

Lehrgang der Härtetechnik. Von Studienrat Dipl.-Ing. **Johann Schiefer** und Fachlehrer **E. Grün.** Zweite, vermehrte und verbesserte Auflage. Mit 192 Textfiguren. 1921. GZ. 4,8; gebunden GZ. 6,5

Härte-Praxis. Von **Carl Scholz.** 1920. GZ. 1

Härten und Vergüten. Von **Eugen Simon.** Erster Teil: Stahl und sein Verhalten. Zweite, verbesserte Auflage. (7.—15. Tausend.) Mit 63 Figuren und 6 Zahlentafeln. (Bildet Heft 7 der „Werkstattbücher". Herausgegeben von Eugen Simon.)
Erscheint Anfang Sommer 1923.

Härten und Vergüten. Von **Eugen Simon.** Zweiter Teil: Die Praxis der Warmbehandlung. Zweite, verbesserte Auflage. (7.—15. Tausend.) Mit 105 Figuren und 11 Zahlentafeln. (Bildet Heft 8 der „Werkstattbücher". Herausgegeben von Eugen Simon.)
Erscheint Anfang Sommer 1923.

Die moderne Stanzerei. Ein Buch für die Praxis mit Aufgaben und Lösungen. Von **Eugen Kaczmarek,** Ingenieur. Mit 30 Textabbildungen. 1923. GZ. 1,1

Das Kupferschweißverfahren insbesondere bei Lokomotiv-Feuerbüchsen. Eine Anleitung. Von Regierungsbaurat **Adolf Bothe,** Leiter der Betriebsabteilung für Lokomotiven beim Reichsbahn-Ausbesserungswerk Grunewald. Mit 22 Textabbildungen. 1923. GZ. 1,6

Die neueren Schweißverfahren. Von Professor Dr.-Ing. **Paul Schimpke,** Chemnitz. Mit 60 Figuren und 2 Zahlentafeln im Text. (Bildet Heft 13 der „Werkstattbücher". Herausgegeben von Eugen Simon.) 1922. GZ. 1

Handbuch der Fräserei. Kurzgefaßtes Lehr- und Nachschlagebuch für den allgemeinen Gebrauch. Gemeinverständlich bearbeitet von **Emil Jurthe** und **Otto Mietzschke,** Ingenieure. Sechste, durchgesehene und vermehrte Auflage. Mit 351 Abbildungen, 42 Tabellen und einem Anhang über Konstruktion der gebräuchlichsten Zahnformen an Stirn-, Spiralzahn-, Schnecken- und Kegelrädern. 1923.
Gebunden GZ. 9

Werkstattstechnik. Zeitschrift für Fabrikbetrieb und Herstellungsverfahren. Herausgegeben von Dr.-Ing. **G. Schlesinger,** Professor an der Technischen Hochschule zu Berlin. Jährlich 24 Hefte.
Preis für den Monat Juli M. 7200

Die Grundzahlen (GZ.) entsprechen den ungefähren Vorkriegspreisen und ergeben mit dem jeweiligen Entwertungsfaktor (Umrechnungsschlüssel) vervielfacht den Verkaufspreis. Über den zur Zeit geltenden Umrechnungsschlüssel geben alle Buchhandlungen sowie der Verlag bereitwilligst Auskunft.

GPSR Compliance
The European Union's (EU) General Product Safety Regulation (GPSR) is a set of rules that requires consumer products to be safe and our obligations to ensure this.

If you have any concerns about our products, you can contact us on

ProductSafety@springernature.com

In case Publisher is established outside the EU, the EU authorized representative is:

Springer Nature Customer Service Center GmbH
Europaplatz 3
69115 Heidelberg, Germany

www.ingramcontent.com/pod-product-compliance
Ingram Content Group UK Ltd.
Pitfield, Milton Keynes, MK11 3LW, UK
UKHW021259180426
11947UKWH00015B/917